"十二五"国家重点图书出版规划项目
材料科学研究与工程技术系列

交通新材料
New Materials for Road Construction

张金升 谭旭翔 于业栓 叶亚丽 编著

哈尔滨工业大学出版社

内容提要

本书是关于交通新材料的著作,主要叙述公路和桥梁工程有关的交通新材料,内容包括:交通新材料概述、路面组成新材料(乳化沥青、再生沥青、集料改性、填料和外加剂新技术等)、纳米改性沥青、路面养护新材料、沥青混合料路面新材料、高性能水泥混凝土路面新材料、有机水硬性胶结料混凝土、桥梁工程新材料、交通安全控制新材料、隧道及地下空间交通工程新材料、轨道交通工具简介等。

目前图书市场上,鲜见有交通新材料方面的著作和教材,本书比较全面地总结了公路、桥梁等交通建设中使用的新材料,帮助读者了解交通新材料,使用新材料,对我国的交通建设可以起到一定的促进作用,对于我国高校和职业学校的教学,更是一本不可多得的有益教材。

本书可作为材料专业、土木工程专业和其他相关专业大学生和研究生的教材,可供从事交通材料研究和生产的技术人员参考,还可作为从事道路工程建设的工程技术人员的工具书。

图书在版编目(CIP)数据

交通新材料/张金升等编著.——哈尔滨:哈尔滨工业大学出版社,2014.1
ISBN 978-7-5603-4224-5

Ⅰ.①交… Ⅱ.①张… Ⅲ.①道路工程-建筑材料-新材料应用②桥梁工程-建筑材料-新材料应用 Ⅳ.①U414②U444

中国版本图书馆 CIP 数据核字(2013)第 196782 号

材料科学与工程图书工作室

责任编辑	何波玲
出版发行	哈尔滨工业大学出版社
社　　址	哈尔滨市南岗区复华四道街10号 邮编150006
传　　真	0451-86414749
网　　址	http://hitpress.hit.edu.cn
印　　刷	哈尔滨工业大学印刷厂
开　　本	787mm×1092mm 1/16 印张 26.25 字数 575 千字
版　　次	2014年1月第1版　2014年1月第1次印刷
书　　号	ISBN 978-7-5603-4224-5
定　　价	48.00元

(如因印装质量问题影响阅读,我社负责调换)

前　言

交通是国民经济的动脉,一方面,交通发展了,物质和文化才能畅通地传播,才有市场繁荣;另一方面,交通的发展,促使物质文化交流,人们的创造性思维得以激发,创造力得以充分发挥,进而进一步创造出更多更好的物质产品和文化产品。

"要想富,先修路",这是一个非常直观却蕴含深刻的认知。从历史上看,人们对交通建设从来没有将其置于可有可无的地位,从远古夏商周三代时期的井田古道,到秦统一六国后的"书同文车同轨"的大规模交通变革,再到两千多年以来历朝历代,无论何种情况,国家都是重视交通建设和发展的。尤其是改革开放以来,我国的国力增强了,首先优先投入发展的就是交通建设,三十多年来,我国的交通建设不可不谓突飞猛进,不可不谓一日千里,迅猛发展的交通建设反过来极大地促进了我国的经济建设,又使我们有能力多拿出一部分资金来发展交通建设,可以说,在我国,交通建设和经济建设已经到了相互促进相互支持水乳交融良性循环的有利发展时期。

近年来常听到人们评论说中国的交通建设已经过了极点,以后会逐渐萎缩等。但纵观国内外和古往今来交通建设发展的规律和实际情况,我们认为交通建设和经济发展、社会发展是互相依存、密切关联的。近几年来,我国的交通建设不但没有出现预测的萎缩,反而进一步发展,并且随着人们物质文化生活水平的提高,交通建设的质量要求和技术水平也在不断提高,展现了良好的发展空间。再者,近几年频发的经济危机,考验着人类的智慧,我国平稳度过经济危机并保持发展的重要举措之一就是积极地发展交通建设,所以近几年来国家对交通建设的投入是空前的,我国的交通建设依然展现了强大的发展后劲和勃勃生机。与其说对未来建设存在萎缩的担忧,倒不如说对我们的知识、材料、技术和素质等方面提出更高要求所带来的压力。当然,我们可以把"逐步萎缩"的提法,当作是一种激励和忧患意识的体现,"危者使平,易者使倾","其亡其亡,系于苞桑","生于忧患,死于安乐",作为交通人,其实是不可以懈怠的,要求我们时刻保持警醒,不断努力,为我国的经济建设和社会发展作出越来越大的贡献。

交通建设离不开材料,交通材料在交通建设中的地位和作用十分重要。首先是交通材料的用量非常大,材料成本在建设总成本中占有极大份额,直接影响资金的投入、资金运用和建设的发展。再者,交通材料的性能、质量决定交通建设的质量。材料是基础,材料处于决定地位,没有好的材料,再好的技术和设计都不能发挥作用。我国已建成的公路、桥梁工程,频发病害,主要是材料问题;国外发达国家公路桥梁质量好,也主要得益于材料,尤其是在技术高度发展的当今,结构设计和技术发展较完善,其交流和推广也迅速,反而是材料,发展相对滞后,成为技术整体发展的瓶颈和关键,从这个层面上讲,我们更应重视交通材料的研究和发展。第三,随着交通建设的发展,对交通工程的技术水平和质量要求不断提高,因而对交通材料也提出了越来越高的要求,这是未来发展的一个重要趋势和特征。

交通新材料的概念是相对于交通建设中常用的传统材料和量大面广的材料而言的。交通新材料具有一些新的功能,性能更高,更加环保和节能,同时要求成本尽量低。交通新材料是未来交通建设发展中更加需要的材料,也是国家大力提倡推广使用的材料,尽管一些交通新材料品种还不是很完善,但任何新生事物都是最有生命力的,交通新材料也有赖于在工程实践的使用中不断改进和完善。

交通新材料是一个涵盖极广的概念,涉及交通设施(公路、桥梁等)、运载工具(汽车、火车、轮船、飞机等)、交通管理等,用于海、陆、空领域和邮电通讯领域。单就陆上交通来讲,又有城市交通、公路交通、轨道交通、隧道交通、立体交通、桥梁工程、地下空间等所用的材料,这是一个广义的概念。通常我们所指的交通新材料,主要涉及公路和桥梁的主体工程和辅助设施建设中,所使用的区别于传统交通材料的新材料,因此大量使用的传统的集料、石料、沥青胶结料、水泥胶结料、常用的改性沥青等,不包含在交通新材料范围内,本书所论也仅仅局限于此。

目前,国内土木工程类专业方向和相关的材料专业方向,越来越重视交通新材料有关知识的学习,越来越多的学校开设交通新材料方面的课程。但考察国内图书和教材市场,虽然也有很多交通新材料方面的论著和资料,但大都是围绕某个专题,与"交通新材料"教学的目的不相吻合,国外也有一些类似的著作和资料,如[白俄罗斯]B. A. 韦连科著,王福卓译的《路用新材料》,也基本上讲的是一个专题。鲜见有交通新材料方面的综合性书籍和教材。鉴于上述情况,我们不揣鄙陋,组织土木工程方向和材料方向的教授专家和老师,编写了这部《交通新材料》著作。

本书由山东交通学院材料科学与工程学院张金升教授、谭旭翔讲师、山东交通学院土木工程学院于业栓讲师、叶亚丽博士负责撰写,撰写过程中得到山东交通学院李志高级实验师、葛颜慧博士、庄传仪博士、王彦敏副教授、郝秀红讲师、贺忠国主任实验师、夏小裕讲师、张旭讲师、李超讲师、庞传琴副教授、李月华讲师、徐静讲师、王琨副教授等人的大力协助,在此表示衷心感谢。书中引用了大量国内外技术资料和成果,谨向书后参考文献目录中提及的和未提及的专家学者表示衷心的感谢。

编 者
2013.3.15

目 录

第1章 绪 论 ... 1
1.1 交通与交通新材料 ... 1
1.2 国内外交通新材料的发展 ... 7

第2章 公路路面组成新材料 ... 15
2.1 乳化沥青 ... 16
2.2 再生沥青 ... 37
2.3 集料改性 ... 51
2.4 填料新技术 ... 53
2.5 外加剂材料新技术 ... 57

第3章 纳米改性沥青 ... 61
3.1 纳米改性沥青研究进展 ... 61
3.2 Fe_3O_4 纳米磁性粒子改性沥青工艺的研究 ... 67
3.3 纳米 Fe_3O_4 粒子对改性沥青三大指标的影响 ... 72
3.4 纳米 TiO_2 改性沥青抗光老化性能的研究 ... 77
3.5 纳米改性沥青制备和路用性能研究 ... 82
3.6 基于界面畸变和微区反应的 TiO_2 纳米改性沥青的机制研究 ... 91

第4章 路面养护新材料 ... 98
4.1 龟裂及坑槽处理——路面冷补系列 ... 98
4.2 路面裂缝处理 ... 117
4.3 雾封层养护技术及微薄罩面养护技术 ... 135
4.4 路桥防水技术 ... 148
4.5 路面防冻材料 ... 161
4.6 预防性养护 ... 161

第5章 沥青混合料路面新材料 ... 166
5.1 排水性沥青混合料 ... 166
5.2 彩色沥青混合料及其用途 ... 177
5.3 温拌沥青混合料 ... 181
5.4 乳化沥青碎石混合料 ... 185
5.5 稀浆封层混合料与微表处 ... 190
5.6 废旧橡胶沥青混合料 ... 201
5.7 机场道路沥青混合料 ... 207

	5.8	超薄沥青磨耗层沥青混合料	213
	5.9	柔性基层新材料	221
	5.10	RCC-AC 复合式路面	222
	5.11	再生沥青混合料	224

第6章 高性能水泥混凝土路面新材料 ... 233
 6.1 道路水泥和路用高性能水泥 ... 233
 6.2 路用高性能水泥混凝土 ... 240
 6.3 纤维高强水泥混凝土路面新材料 ... 245
 6.4 聚合物高强水泥混凝土路面新材料 ... 248

第7章 沥青-水泥双胶结料路面结构混合料路面——有机水硬性胶结料混凝土 ... 255
 7.1 概述 ... 255
 7.2 有机水硬性胶结料混凝土的种类与分级 ... 258
 7.3 有机水硬性胶结料混凝土结构的现代概念 ... 259
 7.4 有机水硬性胶结料混凝土的应用 ... 261
 7.5 有机水硬性胶结料混凝土的生产 ... 265
 7.6 有机水硬性胶结料混凝土的有关标准 ... 268

第8章 桥梁工程新材料 ... 270
 8.1 桥面铺装新材料 ... 270
 8.2 模板新材料 ... 275
 8.3 预应力筋新材料 ... 280
 8.4 桥梁修补加固新材料 ... 288
 8.5 智能材料 ... 295
 8.6 机制砂混凝土研制及其工程应用 ... 298
 8.7 其他新材料 ... 305

第9章 交通安全控制新材料 ... 307
 9.1 标线新材料 ... 307
 9.2 交通标志新材料 ... 313
 9.3 交通反光膜新材料 ... 322
 9.4 交通护栏新材料 ... 324
 9.5 道路标示新材料 ... 328
 9.6 道路减速设备新材料 ... 331

第10章 隧道及地下空间交通工程新材料 ... 344
 10.1 自密实防水混凝土 ... 344
 10.2 马丽散注浆材料 ... 353
 10.3 尿醛树脂注浆材料 ... 365
 10.4 陶粒混凝土研制及其工程应用 ... 369

10.5	隧道路面阻燃沥青	372
第 11 章	**轨道交通**	377
11.1	轨道运载工具和运输形式	377
11.2	城市轨道交通轨道结构材料	380
11.3	城市轨道交道其他材料	407
参考文献		410

第1章 绪论

1.1 交通与交通新材料

1.1.1 交通

交通(Communications)一词,按照汉语词典的解释,主要有两层意思,作为动词,指往来通达,如《管子·度地》中有"山川涸落,天气下,地气上,万物交通。",晋·陶渊明《桃花源记》中有"阡陌交通,鸡犬相闻。",康有为《大同书》辛部第三章中有"大同之世,全地皆为自治,全地一切大政皆人民公议,电话四达,处处交通。"。作为名词,是指从事旅客和货物运输及语言和图文传递的行业,包括运输和邮电(包括邮政和电信)两个方面,在国民经济中属于第三产业。

本书所论,是特种意义上的交通,是名词意义上的交通。因此作出限定:第一级限定——主要是指运输,即特指从事旅客和货物运输,不涉及邮电系统。东汉刘熙《释名》曰:"道者,蹈也;路者,露也。"意为道路是经过人们踩踏而成的,这种小路就是原始的交通,即交通之始。

交通工具的变革和交通的发展主要经历了四个时代。

①步行时代。自人类出现以来的很长一段时期,人们的交通方式都是步行,一切的生活和生产都依靠人或者驯化野兽(牲畜)来解决。

②马车时代。车轮的发明将人类带入了马车时代,严格地说是畜力车时代,这一运输工具的出现导致了道路雏形的产生,如在我国春秋战国时期就出现了"金牛道",秦始皇统一七国后修建了"驰道"、"驿道"。路网也因此产生,古代"九经九纬"的城市道路路网模式一直沿用至今。

③汽车时代。19世纪末出现的蒸汽机,为动力机械的产生创造了良好的条件,1885年,德国人戈特利布·戴姆勒制造了世界上第一辆燃油四轮汽车;同年,卡尔·本茨也制造了一辆燃油三轮汽车,以机器为动力的汽车的逐渐发展,代替了原来以牛马为动力的畜力车,成为交通史上的里程碑。

④智能交通时代。智能交通时代是迄今为止交通发展的高级阶段,也是未来交通发展的目标。在这一时代,汽车和道路交通的网络形成了一个具有智慧的综合体,能按照人类的主观意志,最大程度地发挥系统自身的功能,如会制造出无人驾驶的交通系统等。

交通运输的发展,意味着输送的便利、速度的快捷、效率的提高和运输费用的降低,对经济发展的各个方面都会产生积极的影响。①促进生产的地区分工;②鼓励生产规模的扩大;③开发自然资源,发展落后地区经济;④加速土地开发;⑤促进与交通运输相关的工业部门的发展;⑥平抑物价。另外,交通运输对社会发展具有重要影响,促进城市发展,影响城市形态,促进文化交流和物质交流,缩小城乡差别,改变人们的时空观念;交通运输对社会政治具有重要影响,形成和提高国家的统一性,提高国防军事反应能力,在实现政府目标、维护政治稳定方面发挥重要作用;交通运输对环境建设具有重要影响,一方面可以优化环境美化生活,另一方面也会产生许多负面影响,如植被破坏、水土流失、恶化生态环境、运输系统运转中的大量能源消耗、运载工具产生的大气污染等。因此,需要综合考虑,统筹兼顾。

交通运输有铁路、公路、水路、航空和管道五种方式。各种运输方式具有自身特点,各自组成独立的系统,它们在综合交通运输系统内发挥各自的作用,而又相互补充和依存,共同发挥支持社会生产、推动经济发展、提高人民群众物质和文化生活水平的作用。

交通运输系统主要由五个基本部分组成:

①运载工具——如火车、汽车、船舶、飞机、管道等,用以装载所运送的旅客和货物。

②站场——如火车站、汽车站、机场、港口等,作为运输的起点、中转点或终点,以供旅客和货物从运载工具上下和装卸。

③线路——如有形的铁路、道路、河道、管道和无形的航路等,作为运输的通道,供载运工具由一个站场点驶行到另一个站场点。

④交通控制和管理系统——为保证运载工具在线路和站场上安全、有效率地运行而制定的规则及设置的各种监视、控制、管理装置和设施,如各种信号、标志、通信、导(助)航以及规则等。

⑤设施管理系统——为保证各项交通运输设施处于完好或良好的使用或服务状况而设置的设施状况监测和维护(维修)管理系统。

按运载工具和运输方式不同,交通运输系统可分为五种基本类型:

①轨道交通运输——内燃、电力或蒸汽机车在固定的重型或轻型钢轨上行驶的系统,可分为城市间的铁路交通系统及区域内和城市内的有轨交通运输系统。

②道路交通系统——汽车在城市间的公路和城市内的街道上行驶的交通运输系统。

③水路交通系统——各种船舶在内河河道、沿海或远洋航线航行的交通运输系统。

④航空交通系统——飞机利用空中航路飞行的交通运输系统。

⑤管道交通系统——利用管道连续输送原材料的交通运输系统。

我国的铁路交通运输系统,主要有"八纵八横"。"八纵"为:①京哈通道——自北京经天津、沈阳、哈尔滨至满洲里,全长 2 344 km。②沿海通道——自沈阳经大连、烟台、胶州、新沂、长兴、杭州、宁波、温州、福州、厦门、广州至湛江,全长 4 019 km,其中烟大轮渡等还在规划建设中。③京沪通道——自北京经天津、济南、徐州、南京至上海,全长 1 463 km。④京九通道——自北京经聊城、商丘、南昌、龙川至九龙,全长 2 403 km。⑤京广通道——自北京经石家庄、郑州、武汉、长沙、衡阳至广州,全长 2 265 km。⑥大湛通道——自大同经太原、洛阳、襄樊、石门、益阳、永州、柳州、黎塘、湛江至海口,全长

3 108 km。⑦包柳通道——自包头经西安、重庆、贵阳、柳州至南宁，全长 3 011 km。
⑧兰昆通道——自兰州经宝鸡、成都至昆明，全长 2 261 km。"八横"为：①京兰（拉）通道——自北京经大同、呼和浩特、包头、银川、兰州、西宁至拉萨，全长 3 943 km。②煤运北通道——由大同至秦皇岛、神朔至黄骅港的 2 条运煤专用铁路构成，大秦铁路全长658 km。神黄铁路全长 855 km。③运煤南通道——由太原至青岛、侯马至日照港 2 条铁路构成。太青通道自太原经石家庄、德州、济南（及经长治、邯郸、聊城、济南）至青岛，侯日通道自侯马经月山、新乡、菏泽、兖州至日照港。④陆桥通道——自连云港经徐州、郑州、西安、宝鸡、兰州、乌鲁木齐至阿拉山口，全长 4 120 km。⑤宁西通道——自启动经南京、合肥、潢川、南阳至西安，全长 1 558 km，部分正在建设和规划中。⑥沿江通道——自重庆经荆门、武汉、九江、芜湖至南京（上海），全长 1 893 km。⑦沪昆（成）通道——自上海经杭州、株洲、怀化至贵阳、昆明（至重庆、成都），全长 2 653 km。⑧西南出海通道——自昆明经南宁至湛江全长 1 770 km。

我国的公路分为国道、省道、县道、乡道和专用公路五类。国道主干线的总体布局为"五纵七横"共 12 条线路，总长约 35 320 km。"五纵"为：①同江—三亚线——自同江经哈尔滨、长春、沈阳、大连，跨渤海湾，经烟台、青岛、连云港、上海，跨杭州湾，经宁波、福州、深圳、广州、湛江、海安，跨琼州海峡，经海口至三亚，总长约 5 700 km。②北京—福州线——自北京经天津、济南、徐州、合肥、南昌至福州，总长约 2 540 km。③北京—珠海线——自北京经石家庄、郑州、武汉、长沙、广州至珠海，总长约 2 310 km。④二连浩特—河口线——自二连浩特经集宁、大同、太原、西安、成都、昆明至河口，总长约 3 610 km。⑤重庆—湛江线——自重庆经贵阳、南京至湛江，总长约 1 430 km。"七横"为：①绥芬河—满洲里线——自绥芬河经哈尔滨至满洲里，总长约 1 280 km；②丹东—拉萨线——自丹东经沈阳、唐山、北京、集宁、呼和浩特、银川、兰州、西宁至拉萨，总长约 4 590 km；③青岛—银川线——自青岛经济南、石家庄、太原至银川，总长约 16 100 km；④连云港—霍尔果斯线——自连云港经徐州、郑州、西安、兰州、乌鲁木齐至霍尔果斯，总长约 3 980 km；⑤上海—成都线——自上海经南京、合肥、武汉、重庆至成都，总长约 2 970 km；⑥上海—瑞丽线——自上海经杭州、南昌、长沙、贵阳、昆明至瑞丽，总长约 4 090 km；⑦衡阳—昆明线——自衡阳经南宁至昆明，总长约 1 980 km。

交通运输系统由五大类庞大的运输系统构成，每一类里面又有比较庞杂的体系。交通类院校中主要涉及的是道路交通系统，因此，对本书我们作出第二级限定——涉及土木工程领域中的公路交通，即道路建设，不涉及铁路、水路、管道和航空。对于城市轨道交通所使用的材料，作一定探讨。

交通技术门类：主要有电气化交通技术、交通运输工程、道路工程、公路运输、铁路运输、水路运输、舰船工程、航空运输、交通运输系统工程、交通运输技术经济学、交通运输经济学、交通运输安全工程。

交通运输在社会生产中分为生产过程的运输和流通过程的运输。交通的生产活动是实现人和物的位移及信息传输，运输产品是以人公里和吨公里计量，邮电产品是以信息量和距离计量。交通运输工程的任务是探讨如何为交通运输系统提供和发展各项工程设施,包括系统和项目工程设施的规划、设计、施工、运营管理和维修养护等方面,以适应不断增长的交通运输需求。

1.1.2 交通材料

交通材料(土木工程材料)是指交通领域中所用的一切材料,一般是指交通运输领域中所用的材料(广义的还包括邮政和电信领域中所使用的材料)。对于交通运输领域中的材料又可分为:交通运输工具的制造材料,如汽车制造材料、轮船制造材料、火车制造材料、飞机制造材料、管道制造材料等;道路材料、桥梁材料、轨道交通材料、隧道交通材料、地下空间材料等建造运载工具行驶(或人们行走)的载体所使用的材料。后面这些材料大多属于土木工程材料领域,以区别于主要涉及机械工业的交通运输工具的制造材料。

由此可知,交通材料门类繁多,涵盖极广。其中运载工具及其制造材料的研究大多属于机械制造行业,而道路、桥梁等基础设施建设所用的材料属于土木工程材料,这也是通常意义上所说的(非广义的)交通材料。由此我们对本书所讨论的"交通材料"作出第三级限定:即涉及土木工程领域中的公路交通所用的材料,即道路建设、桥梁建设材料或者说是土木工程材料(实际上土木工程包含交通建设中的土木工程和工业与民用建筑建设中的土木工程,本书中特指交通建设中的土木工程,相应地,交通材料也特指交通建设中的土木工程材料)。

材料按照化学成分可分为四大类:金属材料、有机高分子材料、无机非金属材料、复合材料。则按此我们所说的交通材料也可以分为金属类土木工程材料、有机高分子类土木工程材料、无机非金属类土木工程材料、复合材料类土木工程材料。土木工程材料按化学成分分类见表1.1。

表1.1 土木工程材料按化学成分分类

	材料类别	材料亚类	品种举例
土木工程材料	金属材料	黑色金属材料	钢、铁等
		有色金属材料	铝、铜、铝合金等
	无机非金属材料	岩石与集料	砂、石、石材制品
		烧土制品	砖、瓦、玻璃、陶瓷等
		无机胶凝材料	水泥、石灰、石膏、水玻璃等
		混凝土及硅酸盐制品	混凝土、砂浆、硅酸盐制品等
	有机高分子材料	植物材料	木材、竹材等
		沥青材料	石油沥青、煤沥青、沥青制品等
		(其他)高分子材料	塑料、橡胶、涂料、黏结剂、人工合成材料等
	复合材料	金属与非金属复合材料	钢筋混凝土、钢纤维混凝土等
		金属与有机复合材料	轻质金属夹芯板等
		无机非金属与有机复合材料	聚合物混凝土、沥青混凝土、玻璃钢等

土木工程材料按在建筑物中的功能可分为：承重材料、非承重材料、保温和隔热材料、吸声和隔声材料、防水材料、装饰材料等。

土木工程材料按使用部位可分为：基础材料、结构材料、墙体材料、屋面材料、地面材料、饰面材料以及其他用途的材料等。

在实际应用中一般多按性能和作用进行分类，可分为：

①金属材料：主要有钢材、铝合金等。各种结构钢用于桥梁结构、铝合金用于桥梁装饰和道路标识、钢纤维用于钢纤维水泥混凝土路面和钢纤维沥青混凝土路面。

②无机胶凝材料：主要有石灰、石膏、水玻璃、水泥、镁质胶凝材料等。这些无机胶凝材料，既可用作水泥混凝土路面、二灰混凝土基层等的主要胶结材料，又可作为沥青混凝土路面中的添加剂材料，还可作为交通设施隔音防护材料（如镁质胶凝复合隔声带材料）等。

③水泥混凝土、砂浆：主要用于路面结构和桥梁铺装，或用于其他道路辅助设施。

④沥青材料：主要有石油沥青、煤沥青、页岩沥青等。主要作为结合料用于沥青混凝土路面，是我国公路路面的主要材料，是沥青混凝土路面结构的关键材料。

⑤沥青混合料：由沥青结合料、粗集料、细集料、矿粉、粉煤灰、石灰粉、纤维等外加剂，其他有机或无机添加剂等构成，可用于公路结构的面层、基层、底层。

⑥石材、碎石（粗集料、细集料）：主要用于沥青混凝土路面结构和水泥混凝土路面结构，是构成路面结构的主体材料和骨架材料。

⑦有机高分子材料：包括塑料、橡胶、胶黏剂等。主要用作改性沥青的原料，也可用作混凝土路面结构的添加剂材料。

⑧木材：用于某些传统的桥梁结构，用于某些交通辅助设施的结构材料等。

⑨防水材料：用于混凝土路面、桥梁结构、地下空间结构、隧道空间等的防水设施。

⑩其他用于交通建设的土木工程材料。

1.1.3 交通新材料

本书所介绍的交通材料，是指交通运输工程中涉及的一切材料。交通新材料则指交通建设中发展起来的新型的和有发展潜力的材料，对于一些常规应用的比较成熟的材料不在讨论范围之内，但对于一些虽然应用较多但还在不断发展变化的材料，一并列入新材料讨论的范畴。

通常，沥青混凝土 AC（属于热拌沥青混合料）路面中常用的沥青结合料和水泥混凝土路面中常用的水泥结合料，花岗石、石灰石等粗、细集料，以及高速公路和高等级公路用的聚合物改性沥青，应用普遍，比较成熟，因此不列入交通新材料的范畴。

交通新材料按其在交通建设中的作用可大致分为公路路面（桥梁）的组成新材料（原材料）、新型的公路路面混合料新材料（应用材料）、交通干线辅助新材料、公路桥梁修补维护新材料等。沥青混凝土路面中和水泥混凝土路面中，为了提高路面性能特意加入的添加剂材料，如木质素纤维，石灰、粉煤灰、水泥等改性成分，硅烷偶联剂等沥青或集料改性剂等，列入交通新材料讨论的范畴。作为节能材料和环保材料，乳化沥青和再生沥青列入交通新材料讨论范畴。作为探索中的材料,纳米改性沥青,由于它可在分子量级上根本改变沥青的结构和性能而与聚合物改性沥青具有本质区别,列入交通新材料讨论范畴。沥青混合料路面结构中除沥青混凝土以外的其他沥青混合料路面结构,如排水性沥青混合料、乳化沥青混合料、温拌沥青混合料、稀浆封层混合料、彩色沥青混合料等,列入交通新材料讨论的范畴。高性能水泥混凝土路面列入交通新材料讨论的范畴。路面养护新材料、桥梁加固修补新材料等,列入交通新材料讨论范畴。作为沥青路面和水泥路面以外的第三类路面——有机水硬性胶结料混凝土,或称沥青-水泥双胶结料路面结构混合料,综合了沥青路面和水泥路面的优点,实现有机无机胶凝材料的相互融合和良好配合,列入交通新材料讨论范畴。另外,桥梁工程中使用的材料、交通安全控制中使用的材料、轨道交通、隧道和地下空间使用的材料,一并列入交通新材料讨论的范畴。

1.1.4 土木工程与交通新材料

"要想富,先修路",交通建设关系到国计民生。涉及公路桥梁的土木工程是交通建设的主体,土木工程建设需要耗费大量人力、物力、财力,无论对于发达国家还是发展中国家,对于土木工程的投入,在整个国民经济中都要占相当大的比例,每当需要拉动国内经济时,都将土木工程作为主要的投入方向。在土木工程建设成本中,材料的成本占绝大部分,而且随着社会发展对土木工程技术水平要求的提高,越是先进的交通设施,其中材料的成本所占的比例也就越高。交通建设中使用的传统材料,具有很多优势,比如来源丰富、价格低廉,可以满足公路桥梁建设的基本要求等。但传统材料的弱点也是很突出的,如路面性能难以进一步提高、资源消耗大、能耗高、环境负荷大等,尤其是工程的耐久性较差,维护、维修和重建造成极大的社会负担。解决此类问题的方法,除了提高工程设计和施工水平以外,发展性能更好的交通新材料才是更根本的途径。

纵观国内外交通建设的发展情况,凡是重视交通新材料发展的国家和地区,交通建设就发展得快,工程质量相应地提高。比如,美国是一个交通建设较完备和先进的国家,他们仍然在著名的战略公路研究计划SHARP中,投入5 000万美元专门研究沥青材料。美国的耐久性路面的概念,早已定位在50年无大修,而我国的许多高等级公路,往往修筑不到5年就到了需要大修的程度,有的工程甚至时间更短。我国的公路桥梁建设耐久性较差有多方面的原因,交通新材料的研究比较薄弱无疑是一个比较重要的因素。

交通土木工程中要用到大量的交通新材料,新的结构、新的设计、新的性能和功能也需要更高性能的交通新材料的支撑,因此,交通新材料是保持交通土木工程发展和生命力的保障。

1.2 国内外交通新材料的发展

1.2.1 国内外交通发展简史

交通是随着人类生活和生产的需要而发展起来的。古代,人们为了生存取水,尽量沿河生活,水上交通就成为最早产生的运输方式。"伏羲氏刳木为舟,剡木为楫",说明独木舟早已在中国出现。在陆上交通方面驯马牛作为陆运工具出现得最早,此后出现马牛拉车而促进了道路的人工修筑,直至出现丝绸之路。古代地中海的腓尼基人和濒临地中海的希腊人在造船、航海方面均较领先。11 世纪,中国将指南针用于航海,促进了世界航海技术的发展。哥伦布发现新大陆,麦哲伦的环球航行,都推动了水上运输的进步。公元前 480 年,中国开凿了古老的运河邗沟,至秦朝又为粮运连通了长江与珠江两大水系的灵渠,成为水路自身联运的创举。18 世纪下半叶,蒸汽机的发明导致了产业革命,促进了机动船和机车的出现,从此开始了近代运输业。1807 年,美国人富尔顿首次将蒸汽机用于克莱蒙脱号明轮上。1825 年,英国发明家斯蒂芬森制造的蒸汽机车在英国斯托克顿达灵顿铁路上运行成功。19 世纪末到 20 世纪初,汽车、飞机相继问世。1885 年,德国人本茨制成内燃机为动力的汽车。1903 年,美国人莱特兄弟制成第一架内燃机推动的双翼飞机。在 20 世纪 50 年代后,管道运输伴随石油和煤炭的大量输送而发展起来。

古代的信息传送主要靠人力进行,用以传达军、政命令,设有邮驿。中世纪出现过私营邮递组织。17 世纪后,英、法等国出现专门的邮政,同时为官为民通信服务。1840 年,英国人希尔提出发行邮票,采用均一邮资制,是近代邮政的开端。中国于 1896 年建立了近代邮政。近代电信始于 1837 年美国人莫尔斯发明的电报机。1876 年,贝尔发明了电话。1895 年,意大利人马可尼和俄国人波波夫都发明了无线电报。这些发明具有划时代的意义。20 世纪 50 年代后,半导体与集成电路的出现,形成了大规模的现代化通信网。

交通设施有固定设施和流动设施之分。固定设施有线路、港、站、场、台等,流动设施指车、船、飞机等。世界各种运输方式线路总长 3 000 多万千米,其中铁路 130 多万千米,公路 2 000 多万千米,内河航道 50 多万千米,管道 150 多万千米,航空线路 530 多万千米。随着现代技术与经济发展,铁路行车时速可达 300~400 km,高速公路的汽车时速可达 200 km,船舶出现 50 万吨以上的巨型油船。运输工具向高速、大型化方向发展,运输线路逐步构成合理化的运输网,发展联运。邮电则向快速与综合业务数字化方向发展。

运输方式繁多但各有优势与特点:铁路运输能力较大,速度较快,成本较低,适于中长距离运输;公路运输投资相对为小,机动灵活,可实现门到门的运输,适于短途客货运输;水路运输具有运量大、能耗少、成本低,以及基建设施投资少的优点,但速度慢,适于大宗散货运输;管道运输成本低,可连续输送,适于流体和其他散粒状货物运输;航空运输则速度快,但成本高,适于中、长距离的客运与邮件运输。在世界范围内,公路运输的客、货运量居各种运输方式之首。表1.2是交通发展大事年表。

表1.2 交通发展大事年表

时间	交通发展大事
公元前5000年	北欧人已有鹿拉雪橇
公元前3500年	在美索不达米亚平原已有牛拉橇
公元前3000年	埃及出现有桨和帆的船;埃及已有通行车辆的道路
约公元前2700年	腓尼基人在地中海东岸兴建了西顿港和提尔港(在今黎巴嫩)
公元前2700年	中国长江流域出现用木桨的船
约公元前26世纪	相传中国人在黄帝时代创造了车
公元前2500年	埃及出现匙形船,尾部两侧有橹
约公元前2180年	巴比伦人修建了穿越幼发拉底河的砖衬砌人行通道
约公元前21世纪	《墨子》《荀子》《吕氏春秋》都记述了奚仲造车
公元前17世纪	中国商代已掌握造船技术
公元前16世纪	埃及底比斯墓画绘有制造精巧的双轮马车
公元前16世纪	中国已能制造有辐车轮的轻便两轮车
公元前11世纪	汉《尚书大传》有周成王时"越裳献雉,倭人贡鬯"的记载,表明当时中国同越裳、日本已有海上交通
公元前10世纪	亚述修筑石砌驿道
公元前8世纪	中国修筑烽火台用于报警和传递信息
公元前660年	小亚细亚西北部特洛伊地方筑起最早的灯塔
公元前6世纪	波斯帝国居鲁士时期开始由士兵传递政令;相传当时希腊人所著的《西氏航海指南》是最早的航路指南
公元前486年	中国开凿邗沟——大运河的最早一段,邗沟自扬州经射阳湖到淮安,连通了长江与淮河
约公元前280年	埃及亚历山大港建成灯塔,为古代世界七大奇观之一
公元前3世纪	中国战国末期的《韩非子·有度》有关于司南的记述
公元前221年	中国秦始皇颁"车同轨"令,修驰道
公元前214年	中国在今广西壮族自治区兴安县修成灵渠,连通了湘江和漓江。灵渠长33 km,设有陡门
公元前140年	中国汉代已能建造大型船舶——楼船;中国汉武帝时已开始进行海上贸易,海船远航至印度洋沿岸一些国家
公元前118年	中国汉代修筑贯通秦岭南北的褒斜道五百余里
公元前2世纪	中国西汉时利用观测北极星辨明航海方向
公元前2世纪	丝绸之路成为古代横贯亚洲的陆路交通干线
公元9—22年	中国有人取鸟羽制作两翼进行滑翔试验
公元66年	中国建成古褒斜道上的石门隧道,这是中国最早用于交通的隧道
公元2世纪	中国张衡发明指南车;中国出土的东汉陶模船中已有锚
公元220—265年	中国已有独轮车

续表 1.2

时间	交通发展大事
公元 223—271 年	中国《禹贡地域图》是现存最早交通图
公元 605—617 年	中国在今河北省赵县建成赵州桥(又名安济桥),桥为敞肩式单孔圆弧石拱桥
公元 7 世纪	经历代开凿,建成以洛阳为中心、南通杭州、北通北京的大运河,运河全长 2 700 km
公元 10 世纪	中国运河上建有复式船闸
公元 819 年	中国在江苏省苏州市建成宝带桥,桥为联拱石桥,全长 317 m
公元 976—997 年	中国张平用"穿池引水,再系其中"的方法建造船坞
公元 1056—1063 年	中国宋仁宗赵祯颁布邮驿专门法律《嘉祐驿令》74 条
公元 11 世纪	中国造船已采用水密隔舱结构
公元 1119 年	中国宋朱彧《萍洲可谈》载舟师"夜则观星,昼则观日,晦阴观指南针",表明指南针已用于航海
公元 1170 年	中国潮州建成升关式石砌桥——广济桥
公元 1192 年	中国在北京西南宛平县建成跨永定河的卢沟桥,桥全长 212.2 m
公元 12 世纪初	北宋末年《宣和奉使高丽图经》为中国现存最早的类似航路指南的著作
公元 1206 年	中国金章宗设快邮驿站"急递铺",元明继之
公元 1275 年	意大利旅行家马可·波罗到中国,留居 17 年后返威尼斯,撰《马可·波罗旅行记》
公元 13 世纪	大运河经改建,基本形成今天的路线和走向,大运河全长 1 794 km
约公元 1403—1424 年	中国设民信局,专为民间传递信件、物品和办理汇款
公元 1405—1433 年	中国航海家郑和率领船队,七下西洋,到达西亚和东非
公元 1477 年	法国路易十一世建立皇家邮政
公元 1487 年	葡萄牙航海家迪亚士第一次到达非洲最南端好望角
公元 1492—1504 年	意大利航海家哥伦布四次率领船队远航,发现他当时认为是亚洲的美洲大陆,开辟了欧洲去美洲的航线
公元 1497—1498 年	葡萄牙航海家伽马发现从欧洲绕好望角到达印度的航线
公元 1519—1521 年	葡萄牙航海家麦哲伦率领船队完成人类历史上首次环球航行
公元 1569 年	地理学家墨卡托发表了按等角正圆柱投影原理制作的世界图,他被尊为现代海图之父
公元 1661 年	英国邮件开始使用日戳
公元 1679 年	法国开始出版称为《关于时间和天体运动的知识》的天文历,其中包括供航海使用的年历
公元 1681 年	法国建造第一座通航隧道
公元 1706 年	中国在四川省泸定县建成大渡河铁索桥——泸定桥
公元 1730 年	英国人 J·哈德利发明双反射八分仪,后将刻度弧加长到 60°,成为六分仪
公元 1732 年	英国在泰晤士河口设置第一艘灯船

续表 1.2

时间	交通发展大事
公元 1760 年	世界上成立最早、目前规模最大的船级社——英国劳氏船级社成立,总部设在伦敦
公元 1769 年	法国人 N·J·居纽制成一辆前轮驱动的三轮蒸汽机车
公元 1779 年	英国建成世界上第一座铸铁桥塞文河桥
公元 1783 年	法国人蒙特戈菲尔兄弟制成载人的热空气气球,并进行人类第一次气球飞行
公元 1790 年	美国成立世界上最早的海上安全机构,1915 年改为现名——美国海岸警卫队
公元 1804 年	英国人 R·特里维西克制成矿山运煤用的蒸汽机车
公元 1807 年	美国人 R·富尔顿首次在"克莱蒙脱"号船上用蒸汽机推动两舷明轮
公元 1815 年	苏格兰人 J·马克铺筑碎石路面成功
公元 1817 年	法国创办邮政汇兑
公元 1818 年	美国"黑球"轮船公司首先开辟了纽约—利物浦之间的定期班轮航线
公元 1819 年	美国人 M·罗杰斯建造蒸汽机帆船"萨凡纳"号横渡大西洋成功; 法国巴黎街道上出现公共马车,这是建立城市公共交通的里程碑
公元 1821 年	英国建成第一艘铁壳船"阿隆·孟比"号
公元 1825 年	英国建成世界上第一条铁路——斯托克顿-达灵顿铁路
公元 1831 年	英国人皮斯库航海探险发现南极大陆;美国首先在铁路客车上采用二轴转向架
公元 1832 年	瑞典凿通连接北海和波罗的海的约塔运河
公元 1835 年	美国人 S·F·B·莫尔斯创造了电报通信用的莫尔斯电码
公元 1837 年	美国人 S·F·B·莫尔斯在机械师 A·L·维尔的帮助下发明电磁式电报机;法国铁路部门首先采用列车运行图
公元 1839 年	第一艘装螺旋桨推进器的"阿基米得"号船建成; 英国开始在伦敦附近的铁路车站和车站间用电报传送列车出发和到达的信息
公元 1840 年	英国开始实行均一邮资制,并发行世界上第一种邮票——"黑便士"
公元 1841 年	英国在铁路上装设世界上第一架臂板信号机
公元 1842 年	中国潘世荣制成以蒸汽机为动力的小火轮
公元 1843 年	英国建成穿越泰晤士河的水下人行隧道,隧道长 1 200 英尺,1865 年隧道改建为水下铁路隧道;英国首先在铁路车站采用机械集中联锁
公元 1844 年	美国建成最早的实用的长距离明线线路——华盛顿至巴尔的摩的电报线路,全长 64 km
公元 1848 年	法国人 J·L·兰波特用钢丝和水泥砂浆制成小型水泥船
公元 1849 年	德国从柏林和法兰克福敷设第一条长距离陆上电报线路
公元 1850 年	英国在英吉利海峡敷设了世界上第一条海底电缆,但因为没有铠装保护而于第二天被损坏;英国建成跨越梅奈海峡的布列坦尼亚桥,桥全长 460 m,为世界上第一座用熟铁板铆接的铁路箱形桥梁

续表 1.2

时间	交通发展大事
公元 1854 年	英国人 G·摩逊提出按辛普森积分法则计算船舶容积的丈量方法；法国在巴黎首次修筑沥青路面；英国人汤姆生发明潜水电报，提出信号传递的衰减理论
公元 1855 年	中国在长江口设置了最早的灯船——铜砂灯船
公元 1857 年	美国人 M·莫里绘制成最早的北大西洋海图；第一个《国际信号规则》出版
公元 1858 年	英国开始使用铁路区间闭塞
公元 1860 年	欧洲的航运、保险、贸易和理算界人士制定了格拉斯哥决议
公元 1861 年	英国创办邮政储蓄；法国出版第一本邮票目录《邮票》，载有邮票约 500 种
公元 1862 年	英国出版第一种集邮杂志《新知月刊》
公元 1863 年	英国伦敦建成世界上第一条地下铁道，线路长约 6.4 km
公元 1865 年	美国人 S·V·西克尔在宾夕法尼亚州用熟铁管敷设一条长 9 756 m 的输油管道；英国在因佛内斯首次修筑水泥混凝土路面；国际电报联盟宣告成立
公元 1866 年	英国敷设横渡大西洋的海底电缆成功，实现了越洋电报通信；中国创办福建马尾船政局(造船厂)
公元 1868 年	英国在伦敦首先设置交通信号灯
公元 1869 年	沟通地中海和红海的苏伊士运河建成通航，运河位于埃及东北部，长 173 km；大西洋航线上出现专门运煤的散货船；美国横贯大路铁路通车；奥地利最先发行明信片
公元 1870 年	美国人 E·詹内发明铁路车辆的自动车钩；英国伦敦出现了轨道马车
公元 1871 年	外商在中国开办有线电报
公元 1872 年	中国创办招商局；美国人 W·鲁宾逊研究成功直流电闭路式轨道电路
公元 1873 年	英国制成船舶导航仪器磁罗经；英国人 R·戴维森制成第一辆有实用价值的电动机车；英国在利物浦建成世界上第一个驼峰调车场
公元 1874 年	德、法、英等 22 国签署《伯尔尼条约》，成立邮政总联盟；英国人 H·J·劳森制成基本是现代形式的自行车；美国建成世界上第一座公路、铁路两用的钢拱桥——圣路易斯桥
公元 1875 年	苏格兰-美利坚科学家 A·G·贝尔在 T·华生的帮助下发明复式电报；奥地利人 S·马尔库斯制成装有两冲程内燃机的汽车，此车现存维也纳博物馆；联合王国-加尔各答班轮公会成立
公元 1876 年	苏格兰-美利坚科学家 A·G·贝尔发明电话；德国在斯毕道夫铁路编组站建成世界上第一个简易驼峰；德国人 N·奥托制成四冲程内燃机；中国出现第一条铁路淞沪铁路，铁路长约 14.5 km，由外商私自修筑
公元 1877 年	出现磁石电话交换机；美国在波士顿创建第一个电话局
公元 1878 年	中国开始由海关兼办邮政，首次发行邮票，第一套邮票通称为大龙邮票；邮政总联盟举行第二届代表大会，修订《伯尔尼条约》，改名为《万国邮政公约》；法国研制成功第一套列车自动停车装置

1.2.2 国内外交通新材料的发展

交通新材料的发展异常迅速,种类繁多,有的具有较好的发展前景,有的比较成熟并得到了较多应用。许多交通新材料在推广应用中还在不断地研究和完善。

1. 纳米改性沥青技术

目前常用的沥青改性方式是聚合物改性,即将橡胶、塑料等有机高分子材料剪切粉碎后加入沥青中,剪切粒度在毫米量级到亚微米量级不等,如 SBS 改性、SBR 改性、废旧橡胶改性等。这些改性方法,由于粒度较粗(几十微米以上),因此与沥青材料仅仅是物理上的混合,发生的是物理协同作用,较少有化学作用产生,不能改变沥青的微观结构,因而不可能从根本上改变沥青的性能,尤其是对于我国以石蜡基沥青为主的基质沥青,基本上没有任何改性作用。随着公路建设对沥青性能的要求越来越高,传统的改性沥青技术已不能满足要求。

最近十几年,纳米改性沥青成为研究热点。纳米改性沥青技术,就是将无机纳米粒子、有机纳米粒子、有机-无机复合纳米粒子等纳米材料均匀加入到基质沥青中,由于纳米粒子巨大的表面能和活性,纳米粒子与沥青分子产生多种物理作用和化学作用,在沥青材料中产生微区化学反应,形成界面畸变,改变了沥青的分子结构,从而可以从根本上改善沥青的性能。尤其是对于石蜡基石油沥青,用聚合物改性沥青技术不能消除石蜡的影响,而用纳米改性技术可以在微区内改变石蜡的结构和性能,产生微观结构协同作用,因而是石蜡基石油沥青改性改良的战略途径,对于我国的石蜡基石油沥青的改性和利用具有重要的意义。

无论聚合物改性还是纳米改性,改性剂的作用效果都与改性粒子的数目有关,聚合物改性剂一般为微米级以上,纳米改性剂则为纳米量级,一个微米级颗粒的体积可以容纳 $1\,000 \times 1\,000 \times 1\,000 = 10^9$ 个纳米粒子,即同样掺量情况下,纳米粒子的数量为聚合物粒子数量的 10 亿倍。由此可见,如果分散均匀,微量纳米颗粒的加入,其粒子数量也要比聚合物改性剂颗粒的数目多得多,同时纳米粒子还可与沥青分子产生化学协同作用,因此纳米粒子改性的效率很高。目前纳米粉的制备技术已经比较成熟,成本较低,改性沥青用的纳米粉要求不高,进一步降低了它的成本,而且加入量少,因此纳米改性沥青的生产成本可以低于聚合物改性沥青,而改性效果却是后者不可比拟的。

纳米改性沥青技术的关键是:①纳米粒子与沥青分子的相容性;②纳米粒子在基质沥青中的均匀分散;③纳米粒子在沥青中的稳定性即防止团聚。

2. 表面活性剂改性技术

表面活性技术在各个领域中都有广泛的应用,在交通材料领域中,主要用于沥青混合料的改性。沥青混合料是由沥青黏结料和粗细集料为主要组分的有机-无机复合材料,因此集料和沥青的黏结性对沥青混合料的性能有重要的影响。另外,沥青混合料路面在服役过程中不断受到水的侵蚀,而水与集料的亲和性要高于沥青和集料的亲和性,故集料表面的沥青膜容易被水取代而剥落,造成沥青混合料结构破坏。这些因素都要求进一步加强集料和沥青的结合性,使用表面活性剂是提高沥青混合料结合性的有效方法。

沥青混合料中表面活性剂的作用：一是改变表面状态以改善界面结合性；二是提高细集料和矿粉的分散性以促进集料的均匀分布从而形成良好的混合料结构；三是提高沥青混合料和易性以利于施工操作保证施工质量。

常用的集料主要有花岗岩和石灰石，相对而言花岗石强度更高而石灰石强度略低，花岗岩为酸性集料而石灰石为碱性集料，沥青则为弱酸性结合料，碱性的石灰石与弱酸性的沥青更易结合，酸性的花岗岩与弱酸性的沥青不易结合。为了发挥高强花岗岩集料的优势，必须采取措施促进花岗石与沥青的结合性，表面活性剂具有两亲性结构，亲水基易于与极性表面结合而亲油基易于与非极性表面结合，因而可以在固体表面或液体表面形成定向排列，其结果就是改变了固体或液体表面的极性，表面极性改变了，与其他物料的结合状况也会改变。用表面活性剂处理酸性花岗石，可以使花岗石表面呈非极性或弱碱性，促使与沥青的结合；表面活性剂加入沥青中，也会改变沥青膜表面的极性和酸碱性，同样促进与集料的结合。

矿粉和细集料的比表面积巨大，其表面能很高，极易借助团聚降低表面能从而影响它们在沥青混合料中的良好分散。利用表面活性剂对细集料和矿粉进行处理，可以降低集料和矿粉的表面能，促进物料分散，改善混合料性能，提高路面质量。表面活性剂处理花岗岩等酸性集料时还可提高与沥青的结合性，处理石灰石类碱性集料时可能对结合性产生一些副作用，一方面细颗粒与沥青的结合性很强，表面活性剂的加入不会造成实质影响，另一方面影响细颗粒与沥青结合的关键是团聚，而表面活性剂的加入正是解决了主要问题。

表面活性剂可以提高混合料的流动性、和易性，提高沥青混合料工作性，有时还可起到减少离析的作用。

3. 提高高性能水泥混凝土材料性能

水泥混凝土路面为刚性路面，相对于沥青混合料的柔性路面，具有自己的特点和优势，因而在某些地区和工程得到越来越多的应用。新材料研究的目的和任务是：发展高性能道路水泥，优化设计，提高施工技术，进一步提高高性能水泥混凝土路面的性能，满足交通建设的需求。

4. 常温沥青混合料路面技术

目前，工程上应用最多的还是热拌热铺沥青混合料路面施工技术，该种技术比较成熟，具有很多优点，但也存在能源消耗高、污染环境、沥青挥发造成浪费、操作条件差、沥青老化严重、施工质量控制存在盲点等弊端。后来发展的常温沥青混合料路面技术可以在一定程度上弥补上述缺点。常温沥青混合料技术包括液体沥青技术（加入轻油组分）和乳化沥青技术（加入水形成沥青乳液），尤其是乳化沥青技术发展较快，得到越来越广泛的应用。

5. 温拌沥青混合料技术

温拌沥青技术是指介于热拌沥青混合料和常温拌和混合料之间的沥青混合料拌和技术。温拌技术的核心是，采用物理或化学手段，增加沥青混合料的施工操作性，在完成混合料成型后,这些物理或化学添加剂不应对路面使用性能构成负面影响。温拌沥青混合料,其中最核心和最关键的是它的添加剂技术。

通过温拌沥青添加剂,使沥青混合料的拌和温度降低 30～60 ℃,弥补热拌技术的弱点并能提高工程质量、延长施工季节。温拌技术在国外应用比较广泛,我国近年来也有许多工程实例。

温拌添加剂(DAT)的主要成分是路用表面活性剂,分子结构由两部分组成:长碳链的亲油基团(尾部)和亲水的极性基团(头部)。头部亲水、尾部亲油的特性,决定了表面活性剂在介质中向界面位置富集的特性和特殊的介质溶解状态。在温拌沥青混合料拌和过程中,胶团周围的水分迅速蒸发,而亲油尾部接触沥青的机会大大增加,胶团发生反转。亲水头部朝内,尾部融入沥青中,将未及蒸发的水分包裹在胶团内部。完成碾压后,表面活性剂将向石料与沥青界面位置转移,在沥青内部的残余显著减少。

6. 沥青-水泥双胶结料混合料路面新技术

沥青路面和水泥路面各有优点和弱点,为了改善其性能,人们研究了 RCC-AC 复合式路面,在水泥混凝土路面上加铺沥青层,即修筑水泥混凝土与沥青混凝土复合式路面结构,这是两层结构,仍然有一些固有的缺点。而双胶结料混凝土水泥和沥青是完全结合在一起的,因而更能发挥复合材料的优异性能。

沥青-水泥双胶结料混合料路面新技术,就是将乳化沥青技术与水泥混凝土技术有机结合,乳化沥青破乳后释放的水分,正好可以为水泥混凝土的水化提供条件,免除了多余水分对沥青混合料的不良影响。

该种技术在白俄罗斯应用比较成熟,近几年我国也开始了应用和推广。

第2章 公路路面组成新材料

沥青路面的组成材料，主要分为胶结料、集料和外加剂。胶结料主要指（普通）沥青和改性沥青；集料主要是由各类岩石加工而成，或是作为工业副产品的粉粒状物料，按粒径分为粗集料、细集料和矿粉，按矿物组成则分为石灰石质、花岗石质、白云石质等；外加剂是为了增强沥青混合料某一方面功能或改善其施工工艺性能，在需要时加入的少量附加材料，主要有木质纤维素材料、水泥、粉煤灰等。

改性沥青是在普通沥青的基础上添加其他物质（各种橡胶、塑料等有机高分子聚合物材料以及无机物颗粒等），以改善沥青的一系列路用性能。普通沥青（未加改性剂）由于固有的性能弱点只能用于一般公路。目前，改性沥青不但用于高等级公路，同时也用于一般公路，因此它是一种常规的路面组成材料，应用十分广泛。现代路面建设发展的初期，改性沥青作为新兴技术曾是重要的新型材料，其技术不断完善同时又存在一些问题和盲区，传统改性沥青技术比较成熟定型，虽然有一些发展，但鲜有根本性突破。在长期的发展过程中，目前广泛使用的改性沥青已由路面组成新材料转化成常规的路面组成材料，因此常规改性沥青技术不作为交通材料新技术介绍，读者可参阅《沥青材料》等书籍。

沥青路面胶结料材料中，乳化沥青技术、再生沥青技术由于其节能和环保效益备受人们关注，虽然已发展了若干年，但在性能上都还存在一些弱点，技术上还存在一定难度，应用上还不是那么普遍，然而从长远的角度看，它们都有着很大的发展空间，因而可以作为新型的路面组成材料（工艺技术）。稀释沥青（在沥青中加入汽油、煤油、柴油等溶剂使沥青在常温下呈液体状态），尽管施工比较方便且提供充足时间使沥青混合料形成良好结构，但由于其在能源和环保方面的缺陷，并不提倡使用，我国也不将此列入沥青产品牌号，因此不作为新型路面组成材料介绍。近年来，纳米技术与沥青结合产生了纳米改性沥青技术，由于纳米材料可以在微观层面上影响沥青材料的组成和结构，因此可以从根本上改善沥青的性能，解决传统改性沥青技术所不能解决的问题，将有可能使改性沥青技术产生革命性的突破。虽然纳米改性沥青技术还有许多问题需要探讨，应用推广还有许多工作要做，但从目前的研究成果和发展前景来看，它无疑是最具发展空间的路面组成材料。

为了更好地发挥路面组成材料的性能，使各组分能够更好地结合发挥协同作用，有时要对某些集料和矿粉进行改性处理，有时要加入一些外加剂。集料改性和外加剂技术仍在不断发展中，本书中将其作为新型路面组成材料进行介绍。

2.1 乳化沥青

在现代繁重交通的作用下,要求路面具有高温稳定性,同时又具有低温抗裂性,因此通常采用黏稠沥青作为结合料。为满足施工的要求,必须将黏稠沥青加热至流动状态,才能洒布或拌和。有时需要将黏稠沥青用轻质油类稀释,制成轻质沥青,可以常温施工。以上这两种方法都存在一定的缺点。热法施工,最大的缺点是沥青加热需要消耗大量能量,同时污染环境并影响施工操作人员健康;制成轻质沥青,虽然可以常温施工,但是浪费大量昂贵的溶剂油,同时这些轻油挥发于空气中同样会对环境造成污染。随着科学技术的进步,就产生了沥青的一种冷态使用技术——乳化沥青与稀浆封层。将沥青乳化分散在水中,而制成乳化沥青,这种沥青既能常温施工,又可节约稀释溶剂油,已得到越来越多的重视和应用。

2.1.1 乳化沥青的发展过程

1. 乳化沥青

用于公路工程的沥青材料在常温下一般是一种半固体黏稠状物质,要在公路工程中应用,就必须使它成为液态,才能用于喷洒或与矿料拌和。为使其成为液态,目前有三种方法:一是常用的加热法,就是将沥青加热至 130 ~ 180 ℃,使其成流动状态,然后在高温下喷洒或与加热后的矿料拌和;二是用汽油、煤油、柴油等溶剂将石油沥青稀释成液体沥青,此产品也称轻制沥青或稀释沥青,然后在常温下喷洒或与矿料拌和;三是将沥青乳化。

乳化沥青是将黏稠沥青加热至流动态,再经高速离心、搅拌及剪切等机械作用,而形成细小微粒(粒径约为 2 ~ 5 μm),沥青以细小的微滴状态分散于含有乳化剂的水溶液中,形成水包油状的沥青乳液,由于乳化剂稳定剂的作用而形成均匀稳定的分散系。这种乳状液在常温下呈液状。

乳液包括油包水型和水包油型两种。当连续相为水、不连续相为油时,即为水包油型(图 2.1),反之为油包水型。

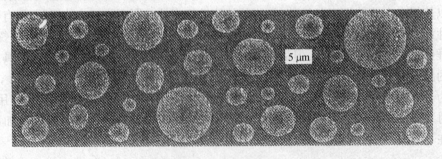

图 2.1 水包油型

水包油型乳液中,根据其颗粒的大小,可分为普通乳液和精细乳液。普通乳液颗粒的粒径一般为 1~20 μm,精细乳液颗粒的粒径一般为 0.01~0.05 μm(在微乳液范围)。

乳化沥青为普通乳液,其典型的颗粒粒径 $r(\mu m)$ 分布为:$r<1,28\%$;$1\leq r\leq 5,57\%$;$r>5,15\%$。

目前广泛使用的是热沥青,但热沥青施工需要大量的热能,特别是大宗的砂石料需要烘烤热,操作人员施工环境差,劳动强度大。使用乳化沥青施工时,不需加热,可以在常温下进行喷洒或拌和摊铺,可以铺筑各种结构的路面。而且乳化沥青在常温下可以自由流动,并且可以根据需要做成不同浓度的乳化沥青,做贯入式或透层容易达到所要求的沥青膜厚度,这是热沥青不可能达到的。乳化沥青发展至今天,其使用范围非常广泛,见表 2.1。

表 2.1 乳化沥青使用范围

表面处置	沥青再生	其他	
雾状封层	现场冷拌和	土壤稳定	透层
砂封层	现场热拌和	基层稳定	裂缝
稀浆封层	全厚度再生	填坑	填补保护层
微表处	场拌	黏层	贯入式
开普敦封层		防尘剂	

2. 乳化沥青的发展过程

乳化沥青的发展始于 20 世纪初,最早被用于喷洒以减少灰尘,20 世纪 20 年代在道路建筑中普遍使用。起初乳化沥青的发展速度相对较慢,受制于可利用的乳化剂和人们对如何使用乳化沥青缺乏足够的知识。通过改进乳化设备和人们的不断实践,乳化沥青的型号和等级不断发展,现在的选择范围已经非常广泛。事实上,有一些道路必须使用乳化沥青。明智的选择和使用可以获得重大的经济效益并有利于环保。20 世纪 30 年代至 50 年代中期,乳化沥青的使用数量在缓慢而稳定地增长。第二次世界大战后,随着道路承载量的加大,道路设计者们开始限制乳化沥青的使用。从 1953 年起,沥青黏结料的使用量迅速增加,乳化沥青的使用数量也在稳定地上升。

乳化沥青的应用已有八九十年了,但前 40 多年由于所使用的材料性能不佳和当时的技术状况较差,其效果不甚理想。近 40 年来,由于界面化学和胶体化学的发展,乳化剂品种的增多,性能提高,拓宽了乳化沥青的应用范围;机电技术的发展使加工工艺和施工设备臻于完善,乳化沥青的优越性才得到了充分的发挥,世界上许多国家开始大量使用乳化沥青进行公路的修筑和养护。

我国应用乳化沥青,可以追溯到新中国成立前,但真正推广使用还是 20 世纪 70 年代后期的事。首先由交通部立题,对这项技术进行攻关研究,后又由国家作为节能项目予以推广。

乳化沥青稀浆封层技术是乳化沥青的具体应用之一,目前已成为乳化沥青应用的重点。国际上为了开展各国间的学术交流,成立了国际稀浆封层协会(ISSA)。目前,稀浆封层技术在世界各国发展很快,可以说是日新月异,这与国际稀浆封层协会的工作和不懈的努力是分不开的。

我国为了推进乳化沥青和稀浆封层技术的发展,开展广泛的学术交流,1987年成立了中国公路学会道路工程学会乳化沥青学组。乳化沥青学组成立20余年来,举办多种类型的培训班,出版交流刊物,召开每年一次的学术年会,开展国际的学术交流,对我国乳化沥青技术的发展起到了引导和推动作用。

乳化沥青使用量增大的因素有:

①20世纪70年代的能源危机,美国联邦能源署对中东石油禁运迅速采取保护措施。乳化沥青不需要用石油溶解为液体,乳化沥青还可以在不需要特别加热的情况下使用,这两点因素都有助于能量的节约。

②可以减少环境污染,从乳化沥青中游离出的碳氢化合物的数量几乎为零。

③一些型号的乳化沥青能够包裹在潮湿的石料表面,从而减少因加热和风干石料所需要的燃料。

④乳化沥青多种型号的可利用性,不断发展的最新的乳化沥青品种和施工工艺可满足应用需求。

⑤在偏远地区能够用冷材料施工。

⑥乳化沥青的适用性可用于对现有道路细微缺陷的预防性保养,以达到延长使用寿命的作用。

能量的维护和环境污染这两个因素加速了乳化沥青在实际中的应用。早期美国联邦公路局发布了一条公告,直接关注燃料的节约,这样就使乳化沥青代替稀释沥青成为现实。从那时起,美国所有的州都允许或命令用乳化沥青代替稀释沥青。

交通运输是国民经济的命脉,公路运输是交通运输的主要方式之一,因此各国在一方面重视各级公路建设的同时,也十分重视已铺路面的经常性的维修和养护。在能源危机的影响下,在筑路养路工程中要求节省能源、节约资源、保护环境、减少污染的呼声越来越高。在这种形势下,如何节省能源和资源,如何改善热沥青施工的工作环境,已引起筑路和养护部门的重视。在长期的筑路实践中,人们越来越深刻地认识到发展和应用乳化沥青技术,是达到上述要求的可取途径。

在前40余年的发展过程中,主要发展的是阴离子乳化沥青。这种乳化沥青虽然有节省能源、使用方便、乳化剂来源广且价格便宜等优点,但是,这种乳液与矿料的黏附性不太好,特别是与酸性矿料的黏附性更不好。这是因为阴离子乳化沥青中沥青的微粒表面带有阴离子电荷,当乳液与矿料表面接触时,由于湿润矿料表面普遍也带有阴离子电荷,同性相斥使沥青微粒不能尽快地黏附到矿料表面上。若要使沥青微粒裹覆到矿料表面,必须待乳液中水分蒸发后才能进行,两者在有水膜的情况下难以相互结合,如图2.2所示。

阴离子乳化沥青与矿料的裹覆只是单纯的黏附,沥青与矿料之间的黏附力低。若在施工中遇上阴湿或低温季节,乳液的水分蒸发缓慢,沥青裹覆矿料的时间延长,这样就影响路面的早期成型,延迟开放交通时间。另外,因石蜡基与混合基原油的沥青增多,当时的阴离子乳化剂对于这些沥青难以进行乳化。因而在这一时期中,乳化沥青虽然在发展着,但是发展的速度并不快。

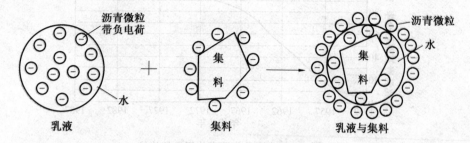

图 2.2　阴离子乳化沥青与矿料表面的黏附

随着近代界面化学和胶体化学的发展,近 40 年来,阳离子乳化沥青发展速度很快。阳离子乳化沥青中的沥青微粒上带有阳离子电荷,当与矿料表面接触时,由于异性相吸的作用,使沥青微粒很快地吸附在矿料的表面上,如图 2.3 所示。

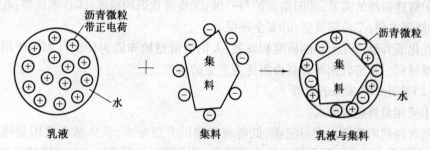

图 2.3　阳离子乳化沥青与矿料表面的黏附

由图 2.3 可见,乳液中沥青微粒带正电荷,湿矿料表面带负电荷,两者在有水膜的情况下仍可以吸附结合。因此,即使在阴湿或低温季节(5 ℃以上),阳离子乳化沥青仍可照常施工。阳离子乳化沥青可以增强与矿料表面的黏附力,提高路面的早期强度,可以较快地开放交通,同时它对酸性矿料和碱性矿料都有很好的黏附能力。因此,阳离子乳化沥青既发挥了阴离子乳化沥青的优点,同时又弥补了阴离子乳化沥青的缺点,使乳化沥青的发展进入了一个新的阶段。

由于应用乳化沥青施工简便、现场不需加热、节省能源、效果显著,尤其在旧沥青路面的维修与养护中更显示了其特有的优越性。因此,目前世界上许多国家如西班牙、德国、英国、法国、瑞士、瑞典、加拿大、美国、俄罗斯等,都在公路工程的铺筑和养护上大量应用乳化沥青。图 2.4 是法国乳化沥青使用量的趋势。尽管这些国家热沥青搅拌厂很多,他们每年仍然使用大量乳化沥青修路和养路,其中 90% 为阳离子乳化沥青,从而提高了公路的好路率与铺装率。

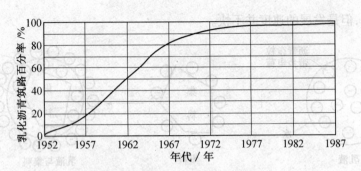

图 2.4　法国乳化沥青使用量的趋势

3. 乳化沥青的未来发展

(1) 发展乳化沥青的必要性

从国内外的发展与现状来看,发展乳化沥青主要基于以下几点:

①修建新路的需要;②旧路养护与升级;③质量意识的提高;④技术优势;⑤经济可靠;⑥使用方便;⑦应用灵活;⑧安全环保。

乳化沥青经过几十年的研究和发展,人们已清楚地知道为什么且如何使用这一有效的新材料。未来乳化沥青将扮演更为重要的角色。

(2) 乳化沥青未来的发展

①使用量将越来越大。

随着路网的逐渐形成与完善,低等级道路的升级要求,乳化沥青使用量将越来越大;随着环保意识的增强和能源的逐渐紧张,乳化沥青占沥青的比例也将越来越高。据 *ISSA Report* 介绍,全世界稀浆封层和改性稀浆封层的乳化沥青用量在不断增长,1996 年为 291.1465 万吨,1999 年为 360.343 万吨。

②使用范围将越来越广。

乳化沥青的使用除了新建道路外,更重要的应用领域是预防性养护和矫正性养护。

③质量将越来越好。

随着乳化技术、胶体磨技术(生产与控制系统)、配方技术的不断发展,乳化沥青生产更趋于专业化。有资料显示,欧洲乳化沥青发展的新趋向为:可以控制破乳时间的乳化沥青;掺聚合物的乳化沥青;高浓度乳化沥青,浓度达到 65% ~ 69%;精制乳化沥青,一般乳化沥青微粒直径的中间值为 3 ~ 5 μm,而精制乳化沥青的中间值为 1 ~ 2 μm。

在美国,战略公路研究计划(SHRP)中将有关乳化沥青列入专题研究,这无疑会对乳化沥青技术产生影响。乳化沥青的破乳特性、残留物的技术性能和改性乳液的技术要求是今后几年的研究重点。

2.1.2　乳化沥青的特点及社会经济效益

乳化沥青具有无毒、无臭、不燃、干燥快、黏结力强等特点,特别是它在潮湿基层上使用,常温下作业,不需加热,不污染环境,同时避免了操作人员受沥青挥发物的危害,并且加快了施工速度。在建筑防水工程中采用乳化沥青黏结防水卷材做防水层,造价低、用量省,既可减轻防水层质量,又有利于防水构造的改革。

现在乳化沥青筑养路技术已被越来越多的施工人员所掌握,乳化沥青应用量越来越大,应用范围越来越广。实践证明,用乳化沥青筑养路有以下几个特点。

1. 提高道路质量

热沥青的可操作温度为 130~180 ℃,当用作黏层时,由于原路面为常温,喷洒的热沥青迅速凝固,不再具有流动性,因此很难保证洒布的均匀性。由于黏层所需的沥青用量很少,热沥青洒布机很难达到这一精度要求,沥青过多,将可能带来泛油;沥青过少,则不均匀,黏结效果减弱。而乳化沥青的沥青含量可以任意调整,最高可达 67%,最低 10% 以下,因此可以根据洒布量和洒布机的具体情况,实现要求的目标。再如贯入式路面,用热沥青的贯入深度有限,而且一般只占集料的上半表面,如果使用乳化沥青则可贯入到底,并可使集料的 3/4 表面附着沥青,因此其路面的质量将会得到较大提高。总之,乳化沥青常温下的可流动性、水溶性等将使路面质量提高。

2. 扩大沥青使用范围

自从乳化沥青使用以来,随着乳化沥青技术的不断发展,已有许多热沥青不可能做到的,用乳化沥青都能够实现。例如,对出现轻度老化性龟裂的路面,用雾状黏层(Fog Seal)方法,可迅速填裂,并让表面沥青再生,封闭路面雨水,延长路面寿命。再如土壤稳定(Soil Stability),用乳化沥青可与土壤拌和均匀,并使沥青均匀地分散在土壤中,形成土壤中的黏结力,使土基达到一定的强度要求,从而实现柔性基层的目的。近几十年,我国大量使用的稀浆封层技术,就是一个很好的例证。用乳化沥青稀浆封层可以做成 3~15 mm 的不同厚度的路面,封闭路面水,保护原路面不使其继续老化、硬化,延长路面寿命。

3. 节约能源

采用热沥青修路时,一般需要消耗大量能源为沥青材料和矿料加热。如将 1 t 沥青从 18 ℃ 升温到 180 ℃ 时,按理论计算需用柴油 10 kg,或用普通煤 20 kg。但是,对各地公路部门调查资料表明,加热 1 t 沥青实际消耗的燃料远远超过理论计算所需量。据调查几个筑路部门,实际燃料消耗量高达理论计算需用量的十余倍。采用热沥青筑路之所以要消耗这么多燃料,主要是在施工过程中,为了时刻保持沥青应有的温度,常常要对沥青进行重复加温与持续加温。在沥青的运输和使用过程中,沥青每倒运一次就要加热一次。如果施工中出现机械故障,或因气候、材料、人员等各种意外情况造成停工时,运到现场的沥青必须持续不断地进行保温,需消耗大量的燃料,并且也容易引起沥青材料的老化。

采用乳化沥青筑养路时,只需在沥青乳化时一次加热,而且沥青加热温度只需达到 120~140 ℃,仅此就比热沥青降低 50 ℃ 左右。尽管在生产沥青乳液时也需要消耗一些能源,如制备乳化剂水溶液需要加热、乳化机械需要消耗电能等,但据统计,用乳化沥青筑养路比用热沥青可节约热能约 50% 以上。图 2.5 是法国不同罩面施工的能量消耗比较。

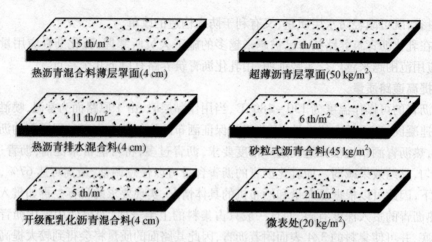

图 2.5　法国不同罩面施工的能量消耗比较（1 th＝10^6 cal）

4. 节省材料

乳化沥青与矿料表面具有良好的工作度和黏附性，可以在矿料表面形成均匀的沥青膜，容易准确地控制沥青用量，保证矿料之间能有足够的结构沥青，使混合料中的自由沥青降低到适宜程度，因而提高了路面的稳定性、防水性与耐磨性。对已铺的乳化沥青路面的观察，高温季节较少出现壅包、推移、波浪，低温季节较少出现开裂，显示出其特有的优越性。这是由于在施工过程中，沥青的加热温度低，加热次数少，沥青的热老化损失小，因而增强了路面的稳定性与耐久性。

各种路面结构热沥青用量与乳化沥青用量的比较见表 2.2。

表 2.2　各种路面结构沥青用量的比较

路面结构形式	热沥青用量	乳化沥青		节约沥青/%
		用量	折合沥青用量	
简易封层(1 cm)	1.0～1.2 kg/m²	1.2～1.4 kg/m²	0.72～0.84 kg/m²	30
表面处治(拌和2 cm)	3.0％～4.5％	4.0％～7.0％	2.4％～4.2％	12
多层表处(层铺3 cm)	4.0～4.6 kg/m²	4.8～5.4 kg/m²	2.88～3.24 kg/m²	28
贯入式(4 cm)	4.4～5.1 kg/m²	6.0～6.8 kg/m²	2.4～4.08 kg/m²	11
沥青碎石	2.5％～4.5％	3.5％～6％	2.1％～3.6％	20
中粒式混凝土	4.0％～5.5％	6.0％～8.0％	3.6％～4.8％	12
细粒式混凝土	4.5％～6.5％	6.5％～9.5％	3.9％～5.7％	13
黏、透层油	0.8～1.2 kg/m²	0.8～1.2 kg/m²	0.48～0.72 kg/m²	40

从表 2.2 可见，用乳化沥青筑养路一般可节省沥青 10％～20％。另外，特别是阳离子乳化沥青与碱性和酸性矿料都有良好的黏附效果，扩大了矿料的来源，便于就地取材，减少材料的运输量，降低工程造价。

5. 延长施工季节

阴雨与低温季节是热沥青施工的不利季节，也是沥青路面发生病害较多的季节。特别在我国多雨的南方，常在阴雨季节沥青路面路况急速下降，出现了病害无法用热沥青及时修补，在行车的不断碾压与冲击下，使病害迅速蔓延与扩大，致使运输效率降低，油耗与轮胎磨损增加,交通事故增多。而采用乳化沥青筑养路,可以少受阴湿和低温影响,发现路面病害可以及时修补,从而能及时改善路况,提高好路率和运输效率。同时乳化沥青可以在雨后立即施工,以减少雨后的停工费用和机械的停机台班费用,并能提前完成施工任务。

延长施工季节的重要意义在于加速公路建设,并有利于沥青路面的及时养护,制止病害的加剧与扩大。关于用乳化沥青施工可延长施工的时间,随各地区气候条件而有所不同,一般可延长施工时间一个月左右。

6. 减少环境污染,改善施工条件

生产乳化沥青与生产热沥青比较能减少环境污染。乳化沥青的生产过程都是在密封状态中进行,沥青的加热温度低(120~140 ℃),加热时间短,污染程度较轻。热沥青由于沥青加热温度高(160~180 ℃),加热时间长,沥青蒸汽中的有害物质对环境污染严重。表2.3是乳化沥青车间与热沥青车间环境监测结果的对比。

表2.3　乳化沥青车间与热沥青车间环境监测结果的对比

监测项目	乳化沥青车间	热沥青车间	降低倍数
苯并(a)芘/($\mu g \cdot m^{-3}$)	2.0×10^{-5}	1.49×10^{-4}	7.4
酚/($\mu g \cdot m^{-3}$)	0.023	3.14	136
总烃/($\mu g \cdot m^{-3}$)	2.5	22.27	9
苯/($\mu g \cdot m^{-3}$)	未检出	未检出	
二甲苯/($\mu g \cdot m^{-3}$)	未检出	未检出	

环境监测结果表明:乳化沥青车间的环境污染得到明显改善,严重危害工人健康的致癌物苯并(a)芘的含量明显下降,酚和总烃含量也大大降低。这些有害物质的含量都低于国际标准。

当然,随着设备与技术水平的提高,热沥青和乳化沥青的生产环境及条件还将得到明显改善。

现场施工时,由于乳化沥青拌制混合料不需加热,避免了因灼热沥青而引起的烧伤、烫伤,也避免了摊铺高温混合料的沥青蒸汽的熏烤,改善了不利的施工条件,降低了工人的劳动强度,深受筑路工人们的欢迎。

乳化沥青是一种节约、安全、环保、有效且通用的道路材料,这已得到世界各国道路工作者的认可。但是,乳化沥青有一定的使用范围和方法,只有正确使用乳化沥青,才能显示出乳化沥青的优点,提高道路性能。

2.1.3 乳化沥青的机理及其制备

1. 乳化沥青的材料组成

乳化沥青是将黏稠沥青加热到流动态,经机械作用使之在有乳化剂、稳定剂的水中分散成为微小液滴(粒径 2~5 μm)而形成的稳定乳状液。

(1)沥青

沥青是乳化沥青的基本成分,在乳化沥青中占 55%~70%。沥青的化学组成和结构等对乳化沥青的制作和性质有重要影响。一般认为沥青中活性组分较高者较易乳化,含蜡量较高的沥青较难乳化,且乳化后储存稳定性差。相同油源和工艺的沥青,针入度较大者易于形成乳液。

用于路用乳化沥青的沥青,针入度大多为 100~250(0.1 mm)。沥青的易乳化性与其化学结构有密切关系,与沥青中的沥青酸含量有关,一般认为沥青酸含量大于 1% 的沥青,易于乳化。

(2)水

水是乳化沥青中的第二大组分,水的质量和性质会影响乳化沥青的形成。水常含有各种矿物质或其他影响乳化沥青形成的物质。一般要求水质不应太硬,并且不应含有其他杂质,水的 pH 值和钙、镁等离子对乳化都有影响。

(3)乳化剂

乳化剂是乳化沥青的关键组分,含量虽低,但对乳化沥青的形成起关键作用。乳化剂分为无机和有机两类,无机乳化剂常用的有膨润土、高岭土、石灰膏等;有机乳化剂一般为表面活性剂,常用有机乳化剂有十二烷基磺酸钠、十八烷基三甲基氯化铵、十六烷基三甲基溴化铵等。

乳化剂是一种表面活性物质,分子结构上表现为,一端为亲水基团,另一端为亲油基团。亲油基团一般为碳氢原子团,由长链烷基构成,结构差别较小。亲水基团则种类繁多,结构差异较大。根据亲水基团把乳化剂分为离子型和非离子型两大类,离子型乳化剂按其离子电性分为阴离子型、阳离子型、两性离子型。

(4)稳定剂

稳定剂可改善沥青乳液的均匀性,减缓颗粒之间的凝聚速度,提高乳液的贮存稳定性,增强与石料的黏附能力。掺加稳定剂还可降低乳化剂的使用剂量。

稳定剂分为无机和有机两类。无机稳定剂不是表面活性剂,常用的稳定效果最明显的无机盐类物质有氯化铵、氯化钙和氯化镁等。常用的有机稳定剂是聚乙烯醇,它与阳离子乳化剂复合使用对含蜡量高的沥青的乳化及贮存稳定性起良好的作用。此外,还可采用聚丙烯酰胺、糊精、MF 废液等。

稳定剂在生产沥青乳液时,是同时加入还是后加乳液,需试验确定。除此之外,根据需要可在乳化剂溶液中添加无机、有机酸,调整 pH 值,可改善乳化的效果,是否添加及添加的剂量需经试验确定。

设计乳化沥青组成之前,需知道乳化沥青各个组分的用量范围,其用量范围应根据对乳化沥青的性能要求通过试验来确定,不同的原材料其用量也不相同。沥青的用量一般为50%~70%;乳化剂的用量取决于临界胶束浓度,通常为0.3%~5%(无机乳化剂的用量较大,为3%~30%);水的用量30%~50%;对于辅助材料,不同品种的乳化剂,其用量和选择各不相同。例如,阴离子乳化沥青需选择碱性调节剂,阳离子乳化沥青需酸性调节剂,对无机乳化沥青很少加入酸碱调节剂,其用量甚微,这些都需要试验来确定。

2. 乳化沥青形成机理

水是极性分子,沥青是非极性分子,两者表面张力不同,因而两者在一般情况下是不能互相容合的。当靠高速搅拌使沥青成微小颗粒分散在水中时,形成的沥青-水分散体系是不稳定的,因为颗粒间的相互碰撞,会自动聚结,最后同水分离。当加入一定量的乳化剂时,由于乳化剂是表面活性物质,在两相界面上产生强烈的吸附作用,形成吸附层。吸附层中的分子有一定取向,极性基团朝水,与水分子牢固结合,形成水膜;非极性基团朝沥青,形成乳化膜。当沥青颗粒互相碰撞时,水膜和乳化膜共同组成的保护膜就能阻止颗粒的聚结,使乳液获得稳定。

(1)乳化剂降低界面自由能的作用

沥青乳液是沥青为分散相、水为分散介质的分散体系。水在80℃时表面张力为62.6 mN/m,沥青在80℃时为24 mN/m,二者存在较大的界面张力,当热熔的沥青经机械作用以微滴状态分散于水中时,沥青有较大的表面积,所形成的体系在热力学上是不稳定的。沥青液滴相互碰撞聚结,以缩小界面、减小自由能保持体系的稳定和平衡,使之符合能量最低原则,沥青乳液中的沥青将聚结。

沥青乳液体系的表面自由能(ΔG)为

$$\Delta G = \sigma_{aw} \Delta S \tag{2.1}$$

式中,ΔG为由沥青微滴与水形成的表面自由能;σ_{aw}为沥青与水的界面张力;ΔS为沥青微滴的表面积。

试验证明,水中掺入乳化剂后,水的表面张力可大大降低,接近沥青的表面张力,使水与沥青的界面张力大大减小,保持体系稳定。

(2)界面膜的保护作用

在水中加入具有乳化作用的表面活性剂以后,乳化剂在两相界面上形成吸附层,乳化剂的极性基团朝向水,非极性基团朝向沥青,使沥青和水的界面张力下降,当沥青液滴周围吸附的表面活性剂分子达到饱和时,在沥青液滴与水的界面上形成界面膜,此膜具有一定的强度,对沥青液滴具有保护作用,当沥青液滴相互碰撞时,不易聚结,能保护乳液的稳定(图2.6)。此保护膜的紧密程度和强度与乳化剂水溶液的浓度有密切关系,沥青乳液中乳化剂达到一定浓度时,界面膜由密排的定向分子组成,膜的强度较大,界面张力降低,形成较稳定的沥青乳液。

(3)界面电荷的稳定作用

沥青乳液中的沥青液滴周围形成了一层带有电荷的保护膜,为双电层结构(图2.7)。电荷来源于电离、吸附和沥青微滴与水之间的摩擦作用。这层带电荷的保护膜能起稳定作用,沥青液滴互相碰撞时,因相同电荷的相互排斥作用,阻止了乳状液滴的聚析,形成了稳定的体系。双电层的电荷组成根据乳化剂的离子性质而定。双电层的厚度对乳液的稳定性和黏度有很大影响。

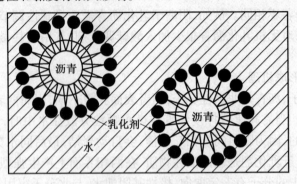

图 2.6 乳化剂在沥青液滴表面形成界面

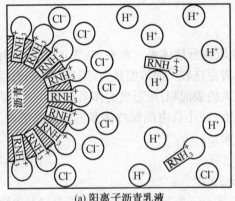
(a)阳离子沥青乳液

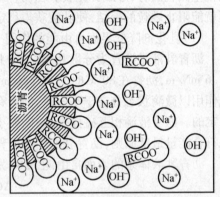
(b)阴离子沥青乳液

图 2.7 沥青乳液中沥青-水界面上电荷层

3. 乳化沥青分裂机理

在路面施工时,乳化沥青与集料接触后,为发挥其黏结的功能,沥青微滴必须从乳液中分裂出来,在集料表面聚结形成一层连续的沥青薄膜,这一过程称为分裂。其微滴分裂形成沥青薄膜的过程如图 2.8 所示。乳化沥青分裂的机理,目前有下列几种理论解释。

(1)电荷理论

电荷理论认为,集料可分为带正电荷的碱性石料和带负电荷的酸性石料。阴离子乳液由于沥青微粒带负电荷,与表面上基本带正电荷的碱性石料(如石灰岩、白云岩等)具有较好的黏附性;同样,阳离子乳液由于沥青带正电荷,与表面基本带负电荷的酸性石料(如花岗岩、硅质岩等)结合较好,黏附性强。

(2)化学反应理论

化学反应理论认为,传统的电荷理论是值得怀疑的,因为实践表明,带正电荷的阳离子乳液不仅能与带负电荷的酸性集料具有较好的黏附性,而且与带正电荷的碱性集料同样具有较好的黏附性。因此认为,阳离子乳液与碱性集料具有好的黏附性,是由于石灰石与阳离子乳液中的 HCl 作用,形成 H_2CO_3,在水中 H_2CO_3 又可电离出 CO_3^{2-},它与阳离子乳化剂电离后的正电荷原子团具有较好的亲和力其化学反应可表示为

$$CaCO_3 + 2HCl \longrightarrow CaCl_2 + H_2CO_3$$

$$H_2CO_3 \longrightarrow 2H^+ + CO_3^{2-}$$

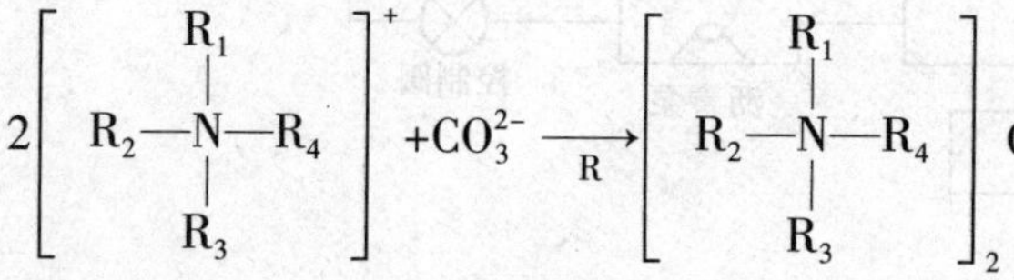

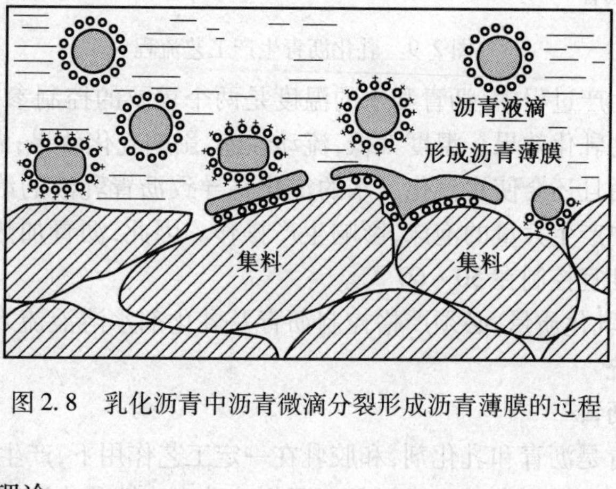

$$2\left[\begin{array}{c} R_1 \\ R_2-N-R_4 \\ R_3 \end{array}\right]^+ + CO_3^{2-} \xrightarrow{R} \left[\begin{array}{c} R_1 \\ R_2-N-R_4 \\ R_3 \end{array}\right]_2 CO_3$$

图 2.8　乳化沥青中沥青微滴分裂形成沥青薄膜的过程

(3)振动功能理论

化学反应理论的解释并未能取得所有研究者的赞同。有的研究者另辟途径,提出一种振动功能(Vibration Kinebic Energy)理论。这种理论认为,阳离子乳液由于具有较高的振动功能,对酸性集料或碱性集料表面都具有较好的亲和力。

4. 乳化沥青的制备

生产乳化沥青的基本工艺过程是将沥青加热熔化,温度达 140~150 ℃,同时将水加热到 50~80 ℃,将乳化剂和稳定剂按一定的比例加入热水中,搅拌使之溶解,然后将沥青和水溶液按一定的比例通过混溶机,或将沥青按比例慢慢加入水溶液中,同时加以高速剪切,使沥青乳化而获得乳化沥青,主要生产工艺流程如图 2.9 所示。

目前,使用机械分散法制造乳化沥青的设备类型较多,归纳起来主要有胶体磨类乳化机、均化器类乳化机、搅拌式乳化机等三类。乳化机是乳化设备中最为关键的部分,对乳液质量影响很大,从使用的角度来看,除要求乳化机经久耐用、高效低耗、使用方便、安全可靠以外,还要看能否满足对乳液质量的要求。衡量乳液质量的一项重要指标是沥青微粒的均细化程度。均细化程度越高,乳液的使用性能及贮存稳定性就越好。一般情况下,胶体磨类乳化机在均细化方面优于均化器类乳化机,而均化器类乳化机又优于搅拌式乳化机。

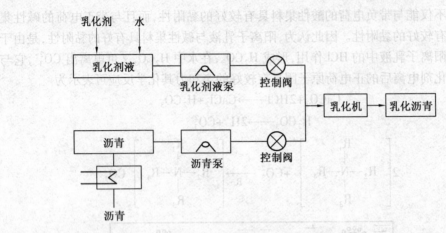

图 2.9　乳化沥青生产工艺流程

在乳化沥青生产过程中,沥青和水的温度是两个重要的控制参数。温度过高或过低都将影响沥青的乳化效果。温度太低,流动性差,影响乳化效果;温度太高,不仅消耗能源,增加成本,而且还会使水汽化。水的汽化将导致沥青乳液的浓度发生变化,同时也会使乳化过程中产生大量的泡沫,影响生产操作。因此,沥青加热温度不能过高,乳化剂水溶液的温度宜控制在 50~60 ℃。

此外,为保证乳化质量,必须严格控制沥青及乳化剂水溶液流入乳化机的计量,应有严格的计量系统。

5.改性乳化沥青

改性乳化沥青是沥青和乳化剂,和胶乳在一定工艺作用下,产生的液态沥青。改性乳化沥青和乳化沥青区别在于生成时是否添加胶乳。改性乳化沥青是将聚合物改性沥青进行乳化,得到改性乳化沥青,一般用于微表处施工。

改性乳化沥青有两种制法:①用胶乳 SBR 加水和基质沥青,放入乳化改性沥青试验机进行高速剪切;②先用 SBS 对基质沥青进行改性,然后将 SBS 改性沥青放入乳化改性沥青试验机进行高速剪切。乳化改性沥青是一种冷拌沥青,多用于路面的养护,如微表处,也可用于黏层、稀浆封层。其中,PCR 表示喷洒型乳化改性沥青,一般在黏层中使用。还有一种是 BCR——拌和型乳化改性沥青,一般在微表处中使用。这两种区别在于标准黏度和软化点等不同。PCR 是属于喷洒型,BCR 为搅拌型。

改性乳化沥青目前主要有 SBS 改性乳化沥青和 SBR 改性乳化沥青,也有其他聚合物改性乳化沥青。一般 SBS 改性乳化沥青要用改性沥青,SBS 含量一般为沥青的 3%,乳化方法跟普通乳化基本相同,就是要注意一下温度,改性沥青的温度一般要加热到 180 ℃左右;SBR 改性乳化沥青一般是向皂液或者是乳化沥青中添加胶乳即可,温度也没有特殊要求。

2.1.4 乳化沥青的应用

1. 乳化沥青的应用

由于乳化沥青是一种含水的沥青材料,在常温下呈流动状态,因此可在常温下用潮湿的矿料筑路养路。但在使用过程中,必须掌握用乳化沥青筑路的特点,这样才能保证施工质量,取得预期的效果。沥青乳液与矿料接触后,经过与矿料的黏附、破乳、析水过程,然后乳液才恢复其沥青性能,经过压实后可以基本形成稳定的路面,再经过行车的反复碾压,最后形成坚实的路面。因此,用乳化沥青筑路,在施工技术上与用热沥青相比,有其不同的特殊要求,必须根据这种材料的特性,掌握其施工规律和方法。同时,阳离子乳液与阴离子乳液其性能也有很大差别,在施工中必须分别对待。

在道路建筑工程中,乳化沥青可以与湿集料黏附,黏结力强,且施工和易性好,易于拌和,可节约沥青用量,是一种有广阔发展前景的筑路材料。道路用乳化沥青类型的选用应根据使用目的、矿料种类、气候条件选用,对酸性集料以及当石料处于潮湿状态或在低温下施工时,宜采用阳离子乳化沥青;对碱性石料且石料处于干燥状态,或与水泥、石灰、粉煤灰共同使用时,宜采用阴离子乳化沥青。目前,在公路沥青路面的养护方面,表现出广泛的前景。但是,高速公路沥青路面的维修养护对乳化沥青的应用提出了更高的要求。显然,普通的乳化沥青、乳化沥青稀浆封层只适用于普通公路。为提高乳化沥青的使用性能,满足高速公路维修养护的需要,国际上许多国家已开始研究开发了高分子聚合物改性乳化沥青。用于改性的聚合物主要有 SBR 胶乳、氯丁胶乳、EVA、SBS 等。实践证明,聚合物改性乳化沥青能够改善道路裂缝、变形阻力、疲劳裂缝、骨料保持力和路面的防水性能,对路面的使用寿命也有一定的延长作用。

阳离子乳化沥青的技术性能好,它与矿料的黏附靠电荷吸附,与大部分石料都能很好黏结,适用性能广泛,并能在矿料潮湿的情况下、气温较低的情况下应用。因此,在我国阳离子乳化沥青应用比较广泛,乳化剂品种也比较多。阴离子乳化沥青由于其乳化剂价格便宜,具有较好的经济效益,在我国也得到了应用。阴离子乳化沥青与碱性石料黏附性好,在我国南方盛产石灰石的地区得到大量应用。这两种乳化沥青各有其特点,应根据施工条件的需要,因地制宜、因时制宜、扬长避短地选择使用。

用乳化沥青筑路对路基和基层同样应有严格的要求,对于路基与基层的施工质量,必须遵照有关的技术规范与工程设计的要求。乳化沥青路面施工前应按有关规范的规定对基层进行检查,当基层的质量检查符合要求后才可修筑面层。基层应符合下列要求:

①具有足够的强度和适宜的刚度。
②具有良好的稳定性。
③干燥收缩和温度收缩变形较小。
④表面平整、密实,拱度与面层一致,高程符合要求。

乳化沥青路面多用于 1 000~2 000 辆/天交通量的道路,在熟练掌握施工技术的条件下,也可用于 4 000~5 000 辆/天交通量的道路。乳化沥青尤其适用于沥青路面的维修和养护(封层、罩面、修补坑槽等)。

乳化沥青在道路工程中应用很广,可以用于表面处治、贯入式路面及沥青碎石、沥青混凝土等路面结构,冷拌沥青混合料路面,修补裂缝,还可用作透层油、黏层油、封层油、稀浆封层等,也可用于旧沥青路面材料的冷再生及砂石路面的防尘处理。乳化沥青的各种不同的用途,各有其不同的技术要求与施工方法,必须严格地按照规定的要求,才能保证施工质量。由于乳化沥青混合料的成型有个过程,因此其早期强度较低,应注意做好路面的早期养护,用适当的措施提高路面早期强度。乳化沥青的品种及适用范围见表2.4,道路用乳化沥青技术要求见表2.5。同时,在高温条件下宜采用黏度较大的乳化沥青,寒冷条件下宜使用黏度较小的乳化沥青。

表2.4　乳化沥青品种及适用范围

分类	品种及代号	适用范围
阳离子乳化沥青	PC-1	表面处治、灌入式路面及下封层用
	PC-2	透层油及基层养生用
	PC-3	黏层油用
	BC-1	稀浆封层或冷拌沥青混合料用
阴离子乳化沥青	PA-1	表面处治、灌入式路面及下封层用
	PA-2	透层油及基层养生用
	PA-3	黏层油用
	BA-1	稀浆封层或冷拌沥青混合料用
非离子乳化沥青	PN-2	透层油用
	BN-1	与水泥稳定集料同时使用(基层路拌和或再生)

表2.5　道路用乳化沥青技术要求

试验项目		品种及代号									
		阳离子				阴离子				非离子	
		喷洒用			拌和用	喷洒用			拌和用	喷洒用	拌和用
		PC-1	PC-2	PC-3	BC-1	PA-1	PA-2	PA-3	BA-1	PN-2	BN-1
破乳速度		快裂	慢裂	快裂或中裂	慢裂或中裂	快裂	慢裂	快裂或中裂	慢裂或中裂	慢裂	慢裂
粒子电荷		阳离子(+)				阴离子(−)				非离子	
筛上残留物(1.18 mm筛)/%		≤0.1				≤0.1				≤0.1	
黏度	恩格拉黏度 E_{25}	2~10	1~6	1~6	2~30	2~10	1~6	1~6	2~30	1~6	2~30
	道路标准黏度 $C_{25,3}$/s	10~25	8~20	8~20	10~60	10~25	8~20	8~20	10~60	8~20	10~60

续表2.5

试验项目			品种及代号								
			阳离子				阴离子				非离子
			喷洒用			拌和用	喷洒用			拌和用	喷洒用 拌和用
			PC-1	PC-2	PC-3	BC-1	PA-1	PA-2	PA-3	BA-1	PN-2	BN-1
蒸发残留物	残留分含量/%	≥	50	50	50	55	50	50	50	55	50	55
	溶解度/%	≥	97.5				97.5				97.5	
	针入度(25 ℃)/0.1 mm		50~200	50~200	45~150		50~200	50~300	45~150		50~300	60~300
	延度(15 ℃)/cm	≥	40				40				40	
与粗集料的黏附性,裹覆面积		≥	2/3			—	2/3			—	2/3	
与粗、细粒式集料拌和试验			—			均匀	—			均匀		
水泥拌和试验的筛上剩余/%		≤	—				—				—	3
常温贮存稳定性 1d/%		≤	1				1				1	
5d/%		≤	5				5				5	

表2.5中,P为喷洒型,B为拌和型,C、A、N分别表示阳离子、阴离子、非离子乳化沥青;表2.5中的破乳速度,与集料的黏附性、拌和试验的要求及所使用的石料品种有关;贮存稳定性根据施工实际情况选用试验时间,通常采用5 d,乳液生产后能在当天使用时也可用1 d的稳定性;当乳化沥青需要在低温冰冻条件下贮存或使用时,尚需进行-5 ℃低温贮存稳定性试验,要求没有粗颗粒、不结块;如果乳化沥青是将高浓度产品运到现场经稀释后使用时,蒸发残留物等各项指标为稀释前乳化沥青的要求。

乳化沥青类型根据集料品种及使用条件选择。阳离子乳化沥青可适用于各种集料品种,阴离子乳化沥青适用于碱性石料。乳化沥青的破乳速度、黏度宜根据用途与施工方法选择。制备乳化沥青用的基质沥青,对高速公路和一级公路,宜符合道路石油沥青A、B级沥青的要求,其他情况可采用C级沥青。

2. 改性乳化沥青的应用

目前,应用较多的是用于黏层油及下封层的喷洒型改性乳化沥青,以及微表处用的拌和型改性乳化沥青。改性乳化沥青的品种和适用范围见表2.6。改性乳化沥青技术要求见表2.7。

表2.6 改性乳化沥青的品种和适用范围

	品种	代号	适用范围
改性乳化沥青	喷洒型改性乳化沥青	PCR	黏层、封层、桥面防水黏结层用
	拌和用乳化沥青	BCR	改性稀浆封层和微表处用

表2.7 改性乳化沥青技术要求

试验项目			品种及代号	
			PCR	BCR
破乳速度			快裂或中裂	慢裂
粒子电荷			阳离子(+)	阴离子(+)
筛上剩余量(1.18 mm)/%		≤	0.1	0.1
黏度	恩格拉黏度 E_{25}		1~10	3~30
	沥青标准黏度 $C_{25,3}$/s		8~25	12~60
蒸发残留物	含量/%	≥	50	60
	针入度(100 g,25 ℃,5 s)/0.1 mm		40~120	40~100
	软化点/℃	≥	50	53
	延度(5 ℃)/cm	≥	20	20
	溶解度(三氯乙烯)/%	≥	97.5	97.5
与矿料的黏附性,裹覆面积		≥	2/3	—
贮存稳定性	1d/%	≤	1	1
	5d/%	≤	5	5

从表2.7可以看出,在改性乳化沥青技术中,与普通乳化沥青一样,并列了恩格拉黏度和道路标准黏度两种方法,蒸发残留物的含量、针入度、软化点、延度指标等也与国外要求相近,但延度的测定温度为5 ℃。

3. 乳化沥青稀浆封层

沥青路面由于长年处于风吹、雨淋、日晒、冻融等自然气候的侵蚀下,使路面材料中的沥青与矿料不断产生物理与化学的变化,并且逐渐降低其适应气候变化的能力。又由于路面上行驶车辆的作用,会造成沥青路面不断发生开裂,而随着裂缝的出现,会造成路面的透水,引起基层的变软和表面坑槽的出现,从而使路况变坏,会降低车辆的行驶速度,增加车辆的磨损与油耗。因此,对沥青路面尽早进行预防性养护是保护沥青路面、延长道路使用寿命、提高运输效率、降低运输成本的重要环节。

对沥青路面来说什么是最经济、有效的养护方法呢?美国的亚利桑那州做了一个示范研究,他们比较了下列三种方法:

第一种是对一新建路20年内不作养护,然后再重建;第二种是对一新建每10年加铺一层热拌沥青混凝土;第三种是作有计划的预防性养护。

研究结果表明:有计划预防性养护路面的费用比不保养使用20年再重建的费用要低63%,比每10年加铺一次的费用要低55%,而且路面性能还要好得多。国外一般都是用稀浆封层施工来作路面的预防性养护,如图2.10所示。

目前,我国已有大量的沥青路面,其中大部分是简易的表面处治路面。随着经济的发展,交通量的增加,这些沥青路面大部分都处于超负荷与超期服役状态,急需进行大中修或维修养护。另外近几年新建的沥青路面也需要进行经常的维修养护。因此,我国目前沥青路面的维修养护任务很重。由于我们的公路部门经常会遇到沥青材料与经费的不足等问题,以及养路工作线长、面广、零星、分散、施工繁琐、工效低等,常常使该维修养护的路面得不到保养,不能形成良性循环。

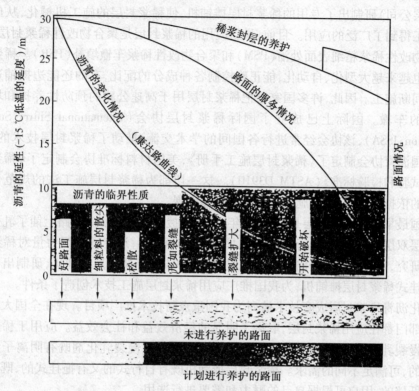

图 2.10 路面性能的变化

在这种形势下,加速研究与发展我国的稀浆封层施工法是迫切需要的。因为这种施工法既可节省沥青与资金,又可加速维修养护的速度,提高工作效率。稀浆封层施工法无论对旧油路面或新建油路面,无论对低等级道路或高等级道路,无论对城市道路或郊区公路,都可以产生显著的经济效益和社会效益。稀浆封层可以使磨损、老化、裂缝、光滑、松散等病害,迅速得到修复,起到防水、防滑、平整、耐磨等作用。对于新铺的沥青路面,例如贯入式、表面处治、粗粒式沥青混凝土、沥青碎石等比较粗糙的沥青路面,在其表面做稀浆封层处理后,可以作为保护层与磨耗层,显著提高路面质量。在桥梁的表层上用稀浆封层处理后,可以起到罩面作用,但很少增加桥身自重。在隧道中的路面经过稀浆封层处理后,可以不影响隧道的净空高度。因此,稀浆封层施工法在道路工程中有着广阔的发展前景。

稀浆封层施工法自 20 世纪 40 年代就开始应用,当时是用普通的水泥混凝土搅拌机拌和稀浆、混合料,再运送到现场后人工摊铺而成 1~5 mm 比较薄的封层。初始采用的是阴离子乳化沥青,破乳成型时间往往是 4~5 h 或更长,对矿料的要求也较高。所以主要是在气候温暖地区使用,并且是交通量较小的农村道路、居民区、公园小路等。

20 世纪 60 年代以后,对阳离子乳化沥青进行了深入的研究和应用,发现阳离子乳化沥青的固化时间快,原因是乳液和矿料之间的反应快。把阳离子乳化沥青用于稀浆封层固化时间较短,并且对矿料的要求也较低。同时美国斯堪道路公司(当时是杨氏稀浆封层公司)研制出了专用的稀浆封层摊铺机,使稀浆封层的施工机械化,从此稀浆封层施工得到了广泛的应用。目前,最新应用的稀浆封层是聚合物改性稀浆封层,它分为聚合物改性稀浆精细表面处治(PSM)和聚合物改性稀浆车辙填补(PSR)。稀浆封层摊铺机也越来越大型化、自动化,能正确控制各种成分的配比,有的还能边摊铺边上料连续不间断施工。因此,许多国家已把稀浆封层用于高速公路的预防性养护和填补高速公路的车辙。国际上已成立了国际稀浆封层协会(International Slurry Surfacing Association, ISSA),该协会经常进行各国间的学术交流,推动了稀浆封层技术的发展。同时美国沥青协会制定了《稀浆封层施工手册》,美国材料标准协会制定了《稀浆封层混合料试验和检验标准》(ASTM D3910)。这一切都为稀浆封层施工法的规范化提供了足够的依据,使稀浆封层施工法得到了迅速发展。

我国最早应用稀浆封层是在1981年,当时在援建赞比亚赛曼公路上铺了乳化沥青稀浆封层双层表面处治,经行车使用效果良好。1987年,辽宁省组织力量对稀浆封层进行了研究,并参照赛曼公路工程中使用的SB-804型稀浆封层摊铺机,研制出了自行式和拖挂式稀浆封层摊铺机,为我国推广应用稀浆封层施工技术创造了条件。

乳化沥青稀浆封层成套技术被列为我国重点新技术推广项目。现在全国大部分省市公路部门都在应用稀浆封层,取得了明显的经济效益和社会效益。应用于稀浆封层施工的慢裂乳化剂和稀浆封层摊铺机,国内均有生产。慢裂乳化剂既有阴离子的又有阳离子的,可满足不同的需求。稀浆封层摊铺机既有自行式的又有拖挂式的,既有高档的又有低档的,用户可根据自己的财力和需要进行选用。

(1)乳化沥青稀浆封层的作用

稀浆封层是由连续级配集料、填料、乳化沥青、水拌匀后摊铺在路面上的一层封层,主要作用为:

①防水作用。

稀浆混合料的集料粒径较细,并且具有一定的级配,乳化沥青稀浆混合料在路面铺筑成型后,它能与路面牢固地黏附在一起,形成一层密实的表层,可防止雨水和雪水渗入基层,保持基层和土基的稳定。

②防滑作用。

由于乳化沥青稀浆混合料摊铺厚度薄,并且其级配中的粗料分布均匀,沥青用量适当,不会产生路面泛油的现象,路面具有良好的粗糙面,摩擦系数明显增加,抗滑性能显著提高。

③耐磨耗作用。

由于阳离子乳化沥青对酸、碱性矿料都具有良好的黏附性,因此稀浆混合料可选用坚硬耐磨的优质矿料,因而可得到很好的耐磨性能,延长路面的使用寿命。

④填充作用。

乳化沥青稀浆混合料中有较多的水分,拌和后呈稀浆状态,具有良好的流动性。这种稀浆有填充和调平作用,对路面上的细小裂缝和路面松散脱落造成的路面不平,可用稀浆封闭裂缝和填平浅坑来改善路面的平整度。

(2) 乳化沥青稀浆封层的应用范围

乳化沥青稀浆封层施工技术在我国还是一项新技术，在目前主要用于以下几个方面：

①旧沥青路面的维修养护。

路面经过一段时期的使用后，会出现疲劳，路面会呈现开裂、松散、老化和磨损等现象。如果不及时维修处理，破损路面受地表水的侵蚀，将使基层软弹，路面的整体强度下降，导致路面的破坏。如果沥青路面在没有破坏前就采取必要的预防性养护措施——乳化沥青稀浆封层，将会使旧路面焕然一新，并使维修后的路面具有防水、抗滑、耐磨等特点，是一种优良的保护层，起到了延长路面使用寿命的作用。

②新铺沥青路面的封层。

在新铺双层表处路面第二层嵌缝料撒铺碾压完毕后，其最后一层封层料可用乳化沥青稀浆封层代替。由于稀浆流动性好，可以很好地渗入嵌缝料的空隙中去，因此它能与嵌缝料牢固地结合。又因为稀浆封层集料的级配与细粒式沥青混凝土相似，摊铺成型后，路面外观类似细粒式沥青混凝土路面，它具有外观和平整度好的特点，并且有良好的防水和耐磨性能。

新铺筑的粗粒式沥青混凝土路面，为了增加其防水和磨耗性能，可在该路面上加铺一层乳化沥青稀浆封层保护层。其厚度为 5 mm，仅为热沥青砂厚度的一半，可以节省资金，并具有施工简便和工效高的特点。

在新铺筑的沥青贯入式或沥青碎石路面上加铺乳化沥青稀浆封层，可使路面更加密实，防水性能更好。

③在砂石路面上铺磨耗层。

在平整压实后的砂石路面上铺筑乳化沥青稀浆封层，可使砂石路面的外观有沥青路面的特征，提高砂石路面的抗磨耗性能，防止扬尘，改善行车条件。

④水泥混凝土路面和桥面的维修养护。

乳化沥青稀浆封层对水泥混凝土具有良好的附着性，当水泥混凝土路面因多年行车后，路面产生裂缝、麻面或轻微不平时，采用乳化沥青稀浆封层后，可改善路面的外观，提高路面的平整度，延长水泥混凝土路面的使用寿命。在桥梁的行车面层采用乳化沥青稀浆封层处治可起到罩面作用，并且很少增加桥面的自重。

4. 聚合物改性乳化沥青稀浆封层(微表处)

(1) 国内外概况

随着交通量的日益增长，车辆大型化，重载超载严重，以及车辆渠化等，交通对路面的要求越来越高。而沥青路面对气温、雨水和日照等自然因素十分敏感，其承载能力和防止病害水害能力相对偏低，直接影响沥青路面的使用性能和耐久性。因此，为了提高沥青路面的质量，对沥青进行改性越来越受到国内外道路工作者的重视。近年来，用聚合物改善沥青的性质，提高路面使用性能，延长路面的使用寿命，已成为国内外沥青路面技术发展的趋势。

在国外,随着聚合物改性沥青的普遍应用,聚合物改性乳化沥青也在迅猛地发展。从20世纪六七十年代,德国首先展开对聚合物改性乳化沥青稀浆封层的研究,科学家们从常规的乳化沥青稀浆、混合料配方着手,加入特殊的高分子聚合物和添加剂,制成聚合物改性乳化沥青稀浆封层混合料,摊铺厚度较大的封层用以修复路面上的车辙,而不破坏昂贵的道路标线。封层的固化时间加快,与原路面黏附得十分牢固,聚合物改性乳化沥青稀浆封层技术也就从此问世。美国、澳大利亚于20世纪80年代初开始采用这项技术。

目前,聚合物改性乳化沥青稀浆封层已被认为是修复道路车辙及其他多种路面的病害最有效、最经济的手段之一。它在欧美和澳大利亚已得到普及,并且正在向世界其他地区推广、发展。因此,国际稀浆封层协会也将其英文名字由 International Slurry Seal Association 改为 International Slurry Surfacing Association,仍然简称 ISSA。ISSA 将 Slurry Surfacing 分成 Slurry Seal 和 Micosurfacing。Slurry Seal 翻译为稀浆封层,Microsurfacing 翻译为微表处,其技术要求和使用性能均有较大的区别。微表处可用于超薄抗滑表层(PSM)和车辙填补(PSR)。ISSA 在原来的稀浆封层实施细则 ISSAA 143-91 的基础上,修订成为 ISSAA 143-2000,对微表处的设计、试验、质量控制、测试等作出规定,使微表处在全世界范围内有了很大的发展。美国沥青协会制定了稀浆封层施工手册,ASTM 制定了 D3910 稀浆封层混合料试验和检验标准,日本乳化沥青协会制定了橡胶沥青乳液标准。

为了使专业名词与国际一致,本节"聚合物改性乳化沥青稀浆封层"一词统称"微表处"。表2.8 为世界一些主要国家的微表处的年用量。

表2.8 一些主要国家的微表处年用量

国家	美国	加拿大	南非	英国	德国	法国	西班牙	意大利	澳大利亚
年用量(万 m²)	4 500 *	500 *	434	275	2 000	700	1 000	100	160

注:*美国、加拿大统计资料为混合料吨数,此为大致折算的数据

微表处是功能最完善的道路养护方法之一,它是一种采用高分子聚合物使乳化沥青改性的铺筑技术,对出现在城市干道、高速公路和机场道路上的各种病害的修复最为有效。

目前,在世界上稀浆封层技术已被广泛应用,它不仅能延长道路寿命,同时也很经济。普通稀浆封层技术与微表处技术都是利用由级配集料、乳化沥青、填料和水所组成的混合料进行施工的,不同的是后者所采用的材料是经过严格检测筛选出来的,其中还包括高分子聚合物和其他添加剂,因而相比之下微表处技术具有更多的优点。

(2)微表处的应用特点

①施工速度快。连续式稀浆封层机1天之内能摊铺500 t 微表处混合料,折合为一条10.6 km 长的标准车道,摊铺厚度最小可达9.5 mm,施工后1 h 即可通车,适用于大交通量的高等级公路及城市干道。

②微表处可提高路面的防滑能力,增加路面色彩对比度,改善路面性能,延长路面使用寿命。

③成型快、工期短、施工季节长、可夜间作业等优点,尤其适于交通繁忙的公路、街道和机场道路。

④常温条件下作业,降低能耗,不释放有毒物质,符合环保要求。

⑤在面层不发生塑性变形的条件下,可修复深达 38 mm 的车辙而无需碾压。

⑥因为微表处层很薄,所以在城市主干道和立交桥上应用不会影响排水,用于桥面也不会增加多少质量。

⑦在机场,密级配的微表处能作防滑面层而不会产生破坏飞机发动机的散石。

⑧由于它能填补厚达 38 mm 的车辙,而且十分稳定,也不产生塑性变形,所以它是不用铣刨解决车辙问题的独特方法。

微表处填补了普通稀浆封层和热拌沥青混凝土摊铺各自存在的缺陷。确切地说,微表处是一种完善的道路养护方法。

2.2 再生沥青

单独存在的沥青材料,由于是一个不透气的密闭系统,且常规储存在沥青罐等容器中不直接接受阳光等外部自然环境,除表层外一般老化进程很慢,没有必要进行再生处理。沥青混合料中的沥青,由于受到施工时的热老化作用以及长期自然环境下服役过程中氧化、阳光照射、温度变化、雨水侵蚀、车辆载荷摩擦等各种老化因素的作用,性能会逐渐下降,导致路面破坏。这部分老化沥青是与各种粗细集料混合在一起的,不能直接利用,同时分离困难,因而沥青分离价值不大或无分离必要,但它是一种含能材料,并且在自然界中不能自然消解造成环境污染,因此人们就发展了沥青再生技术。沥青再生主要是指沥青混合料中所含沥青的再生,并且沥青再生一般是与沥青混合料的再生同时进行的。

2.2.1 再生沥青混合料概述

1. 沥青再生技术及其发展和意义

沥青路面再生利用技术,是将需要翻修或者废弃的旧沥青路面,经过翻挖、回收、破碎、筛分,再和新集料、新沥青材料、再生剂等适当配合,重新拌和,形成具有一定路用性能的再生沥青混合料,用于铺筑路面面层或基层的整套工艺技术。沥青路面的再生利用,能够节约大量的沥青和砂石材料,节省工程投资,同时有利于处治废料,节省能源,保护环境,因而具有显著的经济效益和社会、环境效益。近三十多年来,世界各国广泛进行了沥青路面再生利用的试验研究,取得了丰硕的成果,并且已在生产中大面积推广应用。现在,沥青路面再生利用技术已成为当代公路建设中的有待进一步发展的重大科学技术之一。

美国开展再生沥青混凝土技术起步最早,再生沥青混合料的产量约占沥青混合料总用量的1/2,到 1985 年已使用再生沥青混合料达 2 亿吨以上,节约投资达 16 亿美元以上。日本、前苏联、英国、德国、意大利等,从 20 世纪 70 年代起开始研究,到 90 年代,日本再生沥青混合料用量约占沥青混合料总量的1/2。我国的沥青混合料再生利用技术研究起步较晚,在20世纪80年代初各省市公路部门才开始沥青混合料的再生研究,但方法主要是在旧沥青路面材料中掺配新沥青或乳化沥青的重复使用技术,对旧沥青混合料中的老化沥青起到化学改性,恢复旧沥青路用性能和技术指标。

早在1915年美国就开始了旧沥青混合料的再生利用。而1973年由于石油危机的爆发,燃油供应困难,筑路用的砂石材料供应不足,加上严格的环保法制,又使砂石材料的开采受到限制,以至砂石材料价格上涨。1974年,美国开始大规模推广沥青路面再生技术;1980年,有25个州共使用了200万吨热拌再生沥青混合料;到1985年,美国全国再生沥青混合料的用量猛增到2亿吨,几乎是全部路用沥青混合料的一半,并且在再生机理、混合料设计、再生剂开发、施工设备等方面的研究也日趋深入和成熟。日本从1976年开始这方面的研究,目前路面废料再生利用率已超过70%,而在前联邦德国1978年就已将全部废弃沥青路面材料加以回收利用,芬兰几乎所有的城镇都组织旧路面材料的收集和储存工作。过去再生材料主要用于轻型交通的路面和基层,近几年已应用于重交通道路上。现在再生沥青混合料的应用已非常普遍,而且每当新材料用于沥青路面时,都要说明是否会影响沥青路面的再生利用。

德国、日本等国家再生技术研究和应用发展很快,除在沥青混凝土厂集中厂拌生产再生沥青混合料,还开发研制出专供现场就地加热进行表面再生的机械。

前苏联很早也对沥青路面再生进行了研究。1984年,苏联出版了《再生路用沥青混凝土》一书,该书详细论述了厂拌再生和路拌再生的方法。

欧美国家先后出版了《沥青混合料废料再生利用技术》《旧沥青再生混合料技术准则》《路面沥青废料再生指南》等一系列规范、指南,提出了适合于各种条件下沥青混合料的再生利用方法,并在再生剂开发、再生混合料设计和拌制工艺,以及与之配套的各种挖掘、铣刨、破碎、拌和等机具的研制和开发等方面都有卓著的成就,形成了一套比较完善的再生实用技术,达到了规范化和标准化的成熟程度。

我国在20世纪70年代,一些公路养护部门就已自发进行了废旧沥青路面材料的再生利用。1982年,交通部科技局将沥青路面再生利用作为重点科技项目下达,由同济大学负责该课题研究的协调,山西、湖北、河南、河北等省(市)参加,分别确定主攻方向,开展比较系统的试验研究。通过室内外大量的试验和研究,不仅在再生机理、沥青混合料的再生设计方法、再生剂的质量技术指标等方面取得突破性的进展,而且在热拌再生和冷拌再生的施工工艺、再生机械等多方面取得了系统的研究成果。据不完全统计,至1986年,我国铺筑再生沥青路面已累计超过600 km。到20世纪90年代,我国开始了大规模的高速公路建设,沥青路面再生技术的研究和推广暂时被搁置下来。到2004年底,我国已建成高速公路累计超过3.42×10^4 km,一些先建成的高速公路的沥青路面陆续到了大修阶段。沥青路面再生作为一种养护技术,又被重新提了出来。许多国外厂商将其技术引入中国,国内一些企业也抓住这一机遇开发了相应的再生产品和再生设备,这对进一步提高我国旧沥青混合料的再生利用技术,加强这一技术的开发和推广应用是非常重要的。

多年的实践证明,再生路面与同类型全新沥青路面相比较,无论从外观上,还是从实际使用效果上都没有明显差别。在理论研究方面,从化学热力学和沥青流变学的角度研究了沥青在老化过程中其流变行为的变化规律,研究了再生剂的作用和再生剂的质量技术指标,此外,对再生沥青混合料的物理力学性能进行了系统的评价性试验。改革开放后修筑了大量的沥青路面,到现在很多路面已进入了维修或改建期,而我国的优质路用沥青又相对贫乏,所以对沥青路面再生利用技术的更深入研究必将对我国交通事业的发展产生积极深远的影响。

铺筑再生沥青路面的经济效益,由于大大减少了筑路材料的用量,因而节省了工程费用。尤其在缺乏砂石材料的地区,由于砂石材料都是从外地远运而来,成本较高,采用沥青路面再生技术,所节约的工程投资十分可观。即使在盛产砂石材料的地区,也能够节约大量材料费用。根据美国联邦公路管理局的调查,旧沥青路面再生利用,可节约材料费53.4%,路面降低造价25%左右,沥青节约50%。1980年,美国使用了约5 000万吨旧路面材料,节约投资达3.95亿美元。我国在20世纪80年代的经验表明,由于铺筑再生沥青路面,其材料费平均节省45%~50%。因为翻挖路面、破碎、过筛、添加再生剂等需要增加费用外,与铺筑新沥青路面相比较,降低工程造价20%~25%,大体上与国外许多国家的经验相当。

再生路用沥青混凝土(RAP)是把由路面上清除下来的旧沥青混凝土进行加工处理后的混合料,加工方法可在旧料中加入结合料、再生剂(也称塑化剂、复苏剂)和石料作添加剂,也可不加上述添加剂。旧沥青混凝土主要来自道路破除或改建以及路面修复工程。

再生沥青混凝土可作为面层的中层和下层材料使用,在修筑沥青混凝土路面时,旧沥青混凝土中加入一定数量的矿料、结合料和再生剂,可把它作为主要材料使用,也可作为新混合料的添加剂使用。在某些场合,如果旧沥青混凝土作为路面基层材料使用,此时旧沥青混凝土一般不作再生处理。再生旧沥青混凝土的主要目的是在技术上能正确地把它作为二次原料使用,即作为修筑路面基层和面层材料的辅助来源。

重复利用旧沥青混凝土可减少购置短缺沥青材料的费用,降低材料的长途运费。另外,还可减少仓储面积,改善周围环境条件。

在旧沥青混凝土中加入少量再生剂以恢复它的弹性,这是沥青混凝土的再生方法之一。解决旧沥青混凝土的再生问题,需要确定原有沥青混凝土的物理力学性能随时间的变化程度,进而揭示其在工程建设中重复使用的可能性。

美国、联邦德国、法国、芬兰等国对旧沥青混凝土路面的重复利用问题进行了大量研究工作,研制成功了一系列清除、加热和加工处理旧沥青混凝土路面的机械设备,使旧沥青混凝土路面的再生工艺水平大为提高。

以前沥青混凝土路面大中修的主要方法是加铺新的沥青混凝土层,现在出现了下列新的工艺方法:

①把被磨损的沥青混凝土路面加热、翻松、整型再压实成型,而不需要加入新的材料。

②把被磨损待修部位的沥青混凝土路面加热后翻松,与新添加的沥青混凝土混合料拌和均匀,摊铺整形,碾压成型。

③把被磨损的沥青混凝土面层清除下来送往工厂,在专用设备中使之再生。再生旧料时可以加入沥青、再生剂或石料作添加剂,也可以不加入此类添加剂。

上述各种工艺方法可作为重复利用旧沥青混凝土的各自基础,可以说,再生利用旧沥青混凝土是节约道路建材,降低工程造价,减少环境污染的一个重要途径,再生利用旧沥青混凝土的优点还在于彻底消除原有路面的裂缝、壅包、松散等病害对上层沥青混凝土的影响,还可以对基层病害进行适当处理,消除了路面结构中的隐患。总而言之,再生利用旧沥青混凝土符合可持续发展的战略思想,将成为今后道路研究工作的一个重要研究方向。

2. 沥青老化程度的评定

沥青路面失去路用功能的原因是多方面的,如路面结构设计不合理、基层强度不足、水的破坏作用、混合料配合比设计不合理、沥青老化、交通状况等诸多因素,可以说由沥青老化导致的路用功能的丧失只是原因之一,所以对旧沥青路面进行再生之前,首先要弄清楚是否由沥青老化而引起的路面破坏。这里就涉及沥青老化的判断问题。

从物理性质的角度来说,目前对旧沥青的品质进行评价时,国内外还是普遍使用黏度(或针入度)、延度、软化点三大指标。老化后的沥青表现为黏度增大、针入度下降、软化点上升、延度减小。一般来说这种表现越明显,沥青的老化程度就越深。但是迄今为止,国内外还未见有对沥青老化进行具体量化评定的报道,一般还是凭经验来判断。

从化学组分的角度来说,对沥青的化学组分进行分析一般有三种方法:三组分,即油分、胶质和沥青质;四组分,即饱和分、芳香分、胶质和沥青质;五组分,即链烷分 P、氮基 N、第一酸性分 A_1、第二酸性分 A_2 和沥青质 A。无论采用何种组分分析,国内外大量试验都已证明,老化沥青与常规沥青材料相比在化学组分上都有明显的变化,其表现为油分减少,胶质和沥青质增加,芳香分减少。过去曾有学者提出优质沥青化学组分的合格区域以此来判断沥青的老化程度。但是由于沥青化学结构的复杂性,合格区随原油品种、加工工艺的不同而改变,因而难以用一个固定的合格区来衡量旧油的老化程度。

国外曾有人用反应组分与无反应组分的比值来表征沥青性能的优劣性,即:

(氮基+第一酸性分)/(链烷分+第二酸性分) = $(N+A_1)/(P+A_2)$

若比值在 0.4～1.0 之间,为优质沥青;1.0～1.2 为良好;1.2～1.5 为合格;大于 1.5 为劣质沥青。但是由于上述比值没有顾及沥青质含量对沥青品质的影响,因而不尽合理。

综上所述,国内外目前对沥青老化程度的判断还没有一个确切的标准,大部分还是凭经验进行的。

3. 沥青混凝土老化作用机理

沥青路面使用过程中,沥青会发生老化现象,这是由于在各种因素作用下,路面材料将发生复杂的结构变化和化学变化的缘故。空气中的氧、空气、温度、水和矿料的表面状态等都会对薄沥青膜层产生影响。这种情况下,沥青混凝土的老化速度与它的剩

余孔隙率有关。研究认为,下列过程将使沥青的组分和性质发生变化:

①沥青表面油分的挥发,这一过程与沥青中易挥发组分的含量、黏度和温度有关。

②在阳光和紫外线的直接照射下,主要发生在沥青外表面上的氧化聚合反应和部分聚合反应。

③在氧化作用下,沥青发生的缩聚反应。空气中的氧将破坏沥青的结构,并使其相对分子质量增大,沥青的吸附力随之增强,即沥青与石料表面的黏结强度将随着沥青混凝土的老化程度而增大。沥青与空气接触将被氧化,在阳光照射下这一氧化过程会由于路面被加热并发生光化学反应而加速进行。

沥青的聚合作用与其黏度和沥青、混凝土强度的增高有密切关系。但沥青黏度增高会使路面变脆,其结果是增加路面磨损,降低其形变能力,最终导致沥青混凝土路面出现裂缝。

沥青的老化是由于沥青的胶质结构胶凝收缩造成的,即沥青凝胶体分解为两相——液相和更加浓缩的凝胶相。胶凝收缩作用通常在高温下才会发生,这时在沥青混凝土表面呈现出薄膜状的油点,使沥青混凝土变脆,进而遭到破坏。

经常起作用的大气因素使沥青混凝土的性质及其状态逐渐发生变化,这些变化过程大多是不可逆转的。沥青是决定沥青混凝土老化的主要组分,而氧则是改变沥青性质的主要因素。当沥青发生氧化聚合作用时,矿料起着催化的作用,从而增加了高分子化合物的数量。

沥青对矿料颗粒表面的吸附力是其老化过程中的重要因素。当使用多孔矿质材料时,沥青不仅能对颗粒的外表面还能对其内表面产生吸附作用。沥青的老化和其他过程一样,将引起其结构的改变,而结构的改变则是以其化学性质的变化为基础的。由于沥青混凝土是一种团体颗粒被液相所分割的混凝土结构,所以在荷载长期作用下,颗粒之间产生的相互位移和摩擦,使沥青混凝土的矿质部分发生分解(碎裂),这就是沥青混凝土的第二种老化现象。石料组分在汽车荷载作用下发生的碎裂将导致路面的弯沉变形。每发生一次弯沉变形,路面结构层中就产生一次粒状材料的相互位移,使颗粒产生相互磨损,颗粒尺寸变小则发生松散和崩裂。由于石料的分解而使路面强度降低即被认为材料出现了疲劳现象。

沥青混凝土路面的破坏过程表现为其内部的磨损,这是路面结构中石料骨架逐渐碎裂的结果。在路面交付使用后的最初2~3年内,石料骨架的碎裂并不会降低沥青混凝土的强度特性,因为,在此期间内,内部磨损形成的石屑将同路面结构中某些多余的结合料互相结合。

剪应力也和压应力一样,会使石料骨架逐渐碎裂。因为,当其颗粒相互移动时,在颗粒接触的各点将产生剪应力。

如果沥青混凝土内部存在着多余的孔隙,矿料部分就会发生碎裂现象,因为水可以透入沥青混凝土的内部,造成它的破坏。在沥青混凝土骨架发生碎裂时,机械荷载起了主要作用。当有车辆通过时,沥青混凝土的矿质颗粒将承受动力荷载,此时接触应力可能大大超过这种材料的强度极限,造成路面的破坏。

车辆荷载作用下,矿质颗粒将产生位移,在矿质颗粒的接触部位产生摩擦力,造成颗粒表面的破坏,形成细粒组分。

沥青混凝土矿料的碎裂过程中,材料的内摩擦角随之减小,抗剪强度下降。矿质混合料级配组分的分解导致矿料的骨架性发生变化,骨架性首先影响到沥青混凝土的剪切稳定性,因为剪力主要是由骨架来承受的,调整砂的粒级可以改变混合料的级配组成。

沥青混凝土矿料组分的分解程度与沥青混凝土的结构和矿料组分的强度特性有关。在 1.18~0.6 mm、0.6~0.3 mm、0.15~0.074 mm 粒级范围内,矿料的分解程度最严重。在车辆荷载作用下,在上述粒级范围内产生的接触应力将超过材料的强度极限,最后导致其破坏。

对于旧沥青混凝土,首先是它的形变能力下降,特别是当温度在零度以下时尤为显著。而剪切稳定性、沥青的黏度、沥青混凝土的强度等性质则提高了。这是因为随着时间的推移,沥青混凝土在大气和运输因素的影响下发生变化,结果使 20 ℃ 和 60 ℃ 时的强度指标增加,饱水性降低,弹性减小,脆性提高。沥青混凝土强度的提高是由于沥青黏度逐步增加和沥青与矿料颗粒表面的黏结力逐步增大,而沥青与矿料表面黏结力的增大则是沥青吸附能力增大的结果。

饱水性降低是由于沥青混凝土路面在交付使用的最初几年内密实度逐渐提高。这种现象与矿料颗粒和磨耗产物在车辆荷载作用下的重新分布有关,水稳性系数则基本保持不变。

旧沥青混凝土路面的塑性是逐步下降的。当沥青混凝土失去必要的塑性后会发生显著变化,在其内部产生较大的拉应力,形成裂缝。这样,沥青混凝土的老化主要是降低了它的形变能力。这是因为:

①沥青混凝土组分中的沥青性质,将在气候因素作用下的热氧化分解过程中逐渐发生变化。在沥青同石料的接触部位,这一过程进行得更加迅速。

②在车辆荷载作用下,除沥青性质发生变化外,沥青混凝土的矿料组分也将发生分解,其分解程度与矿料的级配组成有关。矿料的分解程度具有随时间而衰减的性质,这是因为矿料颗粒之间的接触面逐渐增加,接触应力日趋减小的缘故。

③因为沥青混凝土的结构变化主要与沥青的性质变化有关,所以可以确定,沥青混凝土的老化过程也和沥青一样,可分为三个阶段:

a. 沥青混凝土所有强度指标提高过程,这是沥青混凝土中凝胶结构逐渐形成的阶段。

b. 上述过程继续在沥青中形成很高刚性的空间结构——最高强度结构阶段。

c. 沥青中油分含量减少,弹性减小,脆性提高——强度下降阶段。

随沥青的老化,沥青的内聚力、黏附性和塑性下降,沥青混凝土的形变能力也下降,导致路面在低温下发生破坏。

2.2.2 沥青再生机理与方法

1. 沥青的老化与再生

为了适时改善旧沥青混合料的使用性能,进行旧沥青混合料的再生具有非常重要的意义。

根据再生方式和拌和地点不同,可将其分为现场冷再生、现场热再生、工厂热再生三种再生模式。具体使用何种再生方式,应根据旧路面的实际情况、新路面应达到的要求以及实际的施工能力等因素综合确定。

旧沥青路面的再生,关键在于沥青的再生。从理论上来说,沥青的再生是沥青老化的逆过程。分析沥青材料在老化过程中流变行为的变化规律,给我们启迪:当使旧沥青材料的流变行为反向逆转,使之回复到适当的流变状态,那么,旧沥青的性能也将恢复而获得再生。因此,从流变学的观点来看,旧沥青再生的方法可以归结为以下两点:

①将旧沥青的黏度调节到所需要的黏度范围以内。

②将旧沥青的复合流动度予以提高,使旧沥青重新获得良好的流变性质。

沥青材料是由油分、胶质、沥青质等几种组分组成的混合物。不仅如此,就沥青的某一组分,如油分,它也并非是单体,而是由分子量大小不等的碳氢化合物所组成的混合物。在石油工业中,根据沥青是混合物的原理,将几种不同组分进行调配,可得到性质各异的调和沥青;或者将某种组分,如富芳香分油与某种高黏度的沥青相调配;或者将某种低黏度的软沥青与高黏度的沥青相调配,都可以获得不同性质的新沥青材料。用这种方法所生产的沥青称为调和沥青。

旧沥青的再生,就是根据生产调和沥青的原理,在旧沥青中,或者加入某种组分的低黏度油料(即再生剂);或者加入适当稠度的沥青材料,经过调配,使调配后的再生沥青具有适当的黏度和所需要的路用性质,以满足筑路的要求。这一过程就是沥青再生的过程,所以,再生沥青实际上也是一种调和沥青。当然,旧沥青与再生剂、新沥青的混合是在伴随有砂石料存在的条件下进行的,远不及石油工业中生产调和沥青调配得那么好。尽管如此,两者的理论基础却是相同的。

石油工业中,生产调和沥青是根据油料的化学组分配伍条件进行生产的,工艺比较复杂。进行旧沥青再生,则不可能通过调节组分的方式来控制再生沥青的性能。对于再生沥青性能的控制,是通过黏度的调节以及测试再生沥青相应的物理量来实现的。

2. 现场冷再生

沥青路面现场冷再生是利用旧沥青路面材料以及部分基层材料进行现场破碎加工,并根据新拌混合料的级配需要加入一定的新集料,同时加入一定剂量的添加剂和适量的水,根据基层材料的试验方法确定出最佳的添加剂用量和含水量,从而得到混合料现场配合比,在自然的环境温度下连续完成材料的铣刨、破碎、添加、拌和、摊铺以及压实成型,重新形成结构层的一种工艺过程。

现场冷再生的特点:可以用来修补各种类型的路面破损;改善原有路面的几何形状和横断面坡度;可通过基层承载力的提高,提高路面等级;实现面层、基层同时破碎,保证结构的整体性,对旧路基的影响小,破坏少;铣刨、破碎、调加、拌和、摊铺、压实可一次完成,不存在旧路材料的运输或废弃,大大提高生产效率,缩短施工工期,降低工程造价;不受特殊气候条件的影响以延长施工季节,而且现场不需加热沥青,节省能源,减少环境污染,实现环保要求;充分利用旧路材料,大大减少新料用量,节约资源。

现场冷再生的主要原理是:将铣刨、破碎的沥青路面材料作为基层中的骨料重新利用,与添加剂(如水泥、石灰等)加水充分拌和后,产生一系列的物理、化学反应,如水泥水化后与破碎旧路面材料发生作用、石灰加入后产生离子交换作用或 $Ca(OH)_2$ 的结晶作用,使混合料的强度不断增强,刚度和稳定性不断提高,经过进一步的碾压成型、养生后形成水泥类、二灰类等与半刚性基层性质类似的基层材料。其中添加剂的主要作用是对旧混合料起黏结作用,有时又称为黏结剂,黏结剂除了水泥、石灰外,还可采用乳化沥青、泡沫沥青等,这几种黏结剂可以单独使用,也可以复合使用,具体剂量应通过试验确定。

不过现场冷再生的混合料质量难以达到面层质量要求,一般只能用于基层,在国外多用于乡村道路的现场翻修。对于高速公路原有优质旧沥青混合料仅用于再生基层的骨料,其利用率比较低,不直接采用现场冷再生。当原有公路等级比较低,可通过旧路面材料现场冷再生提高基层质量进行路面升级,此时可充分发挥其使用效率。通常现场冷再生可以用来修复原有路面的车辙、养护时的坑槽以及荷载裂缝等病害。因为工序简单、施工周期短,可以用于交通比较繁忙的路段。该再生方式对施工环境条件依赖性小,可以适应各种施工季节。

3. 现场热再生

现场热再生是采用特殊的加热装置在短时间内将沥青路面加热至施工温度,然后利用一定的工具将面层铣刨一定深度(通常为 25 mm 左右),再根据混合料的性能要求掺配新集料、再生剂、新沥青等材料,充分搅拌后进行摊铺碾压成型的一整套工艺流程。

现场热再生可以对原路面已经破损、剥落的集料重新拌和,确保沥青的裹覆质量,使已经老化变脆的沥青路面重新"焕发青春",提高沥青混合料的使用质量,改善路面抗滑、平整等使用性能;同常规的常温修补相比,现场热再生只需进行热软化、补充新料、混合整平并碾压成型。其施工工艺并不复杂,而常温修补还需要空气压缩机、挖切机具、装载新混合料和废旧料的车辆等配套设备,设备投资大,因而采用现场热再生可以减少工程设备投资、减少施工人员和路面施工封闭区域,确保交通畅通;因现场热再生使新旧料形成一个整体,没有明显的接缝,结合强度高,平整度好,可以实现废物利用,减少油耗,尽量减少材料的运输量,大大降低维修成本,有人分析表明,采用现场热再生,与传统路面维修技术相比,可节约成本 20%～50%。

现场热再生的关键在于沥青的再生。再生沥青实际上也是一种调和沥青。

在旧沥青中添加再生剂、新沥青所调配成的再生沥青,其黏度计算式为

$$\lg \eta_R = X^\alpha \lg \eta_b + (1-X)^\alpha \lg \eta_o \tag{2.1}$$

式中,η_R 为再生沥青的黏度,Pa·s;η_b 为再生剂或新沥青材料的黏度,Pa·s;η_o 为旧油的黏度,Pa·s;X 为再生剂或新沥青材料的掺配比例,以小数计;α 为黏度偏离指数,对

于低黏度油料(再生剂)$\alpha=1.20$,对于黏稠沥青$\alpha=1.02$,液体沥青$\alpha=1.05$。

由于沥青的针入度与黏度有一定关系,故再生沥青的针入度与旧油、新沥青的针入度之间关系为

$$\lg P_R = X^\alpha(\lg P_b - A) + (1-X)^\alpha(\lg P_o - A) + A \tag{2.2}$$

式中,P_R为再生沥青的针入度,0.1 mm;P_b为新沥青针入度,0.1 mm;P_o为旧油的针入度,0.1 mm;X为新沥青材料的掺配比例,以小数计;A为常数,$A=4.6569$。

通过添加再生剂或新稠油沥青,可使旧沥青的黏度等指标调配至预期要求,实现旧沥青的再生目的,这也是旧沥青路面热再生的基本原理。

现场热再生尽管可用旧沥青层的全部材料,但加上新骨料后,可能会改变原路面标高,如果路面纵断面要求限制较严时,其使用受限。另外再生后混合料质量很难完全达到高速公路的面层要求,因此现场热再生主要用于路基完好,路面破损深度小于6 cm的情况,并要求原沥青材料经过再生后可以恢复其原有的性能和寿命。通常现场热再生主要用于修复表面产生的波浪、纵向开裂、表面车辙等情况,适用于快速修补路表严重破损和交通比较繁忙的路段及要求交通中断不太久的情况。

4.工厂热再生

工厂热再生是将旧路面翻松后,就地打碎后运到再生处理厂或运到厂内再打碎,利用一种可以添加旧沥青混合料的沥青混凝土搅拌设备,根据路面不同层次的质量要求,进行配合比设计,确定旧混合料的添加比例,并加入新骨料、稳定处理材料或再生剂等,得到满足路面性能要求的新的沥青混合料。

工厂热再生可将原有路面材料直接回收,处理后重新铺筑,可以适用于所有的路面病害,而且可以确保再生混合料的质量,保证路面铺筑质量,使路面各方面性能,如平整度、抗滑性等与普通热拌沥青混合料类似或接近,可适用于高等级公路使用性能的修复。其再生原理与现场热再生基本相似,主要通过添加再生剂使旧沥青性能得以恢复。

2.2.3 沥青再生剂

再生剂的一般定义是:用以改善结合料的物理化学性质而添加于沥青之中的材料,或具有能改善已老化的沥青物理性能的碳氢化合物。再生沥青路面混合料的生产过程中使用再生剂的目的是:

①恢复再生沥青的性质,使混合料在施工中和施工后具有适宜的黏度。
②从耐久性考虑,恢复再生沥青材料应有的化学性能。
③用以提供混合料所需的结合料。

1.再生剂的作用与种类

沥青路面经过长期老化后,当其中所含旧沥青的黏度高于10^6 Pa·s,或者其针入度低于40(0.1 mm)时,就应该考虑使用低黏度的油料作再生剂。

对于热再生,再生剂的作用十分重要,再生剂的作用主要有以下几点。

①调节旧沥青的黏度,使其过高的黏度降低,达到沥青混合料所需的沥青黏度。在工艺上使过于脆硬的旧沥青混合料软化,以便在机械和热的作用下充分分散,和新沥

青、新集料均匀混合。

②渗入旧料中与旧沥青充分交融,使在老化过程中凝聚起来的沥青质重新溶解分散,调节沥青的胶体结构,从而达到改善沥青流变性质的目的。

③提供足够的新的结合料以满足配合比设计的要求。

常用再生剂主要有棉酚树脂,石油油分精馏萃取物。可以用作再生剂的低黏度油料,主要是一些石油系的矿物油,如精制润滑油时的抽出油、润滑油、机油以及重油等。有些植物油也可以用作为再生剂。在工程中可以利用上述各种油料的废料,以节省工程投资。

2. 再生剂的技术要求

使用再生剂是使旧沥青混凝土恢复其塑性的途径之一,从化学角度讲,沥青再生是老化的逆过程,可以采用再生剂调节沥青(旧油)的化学组分使其达到平衡,如图2.11所示。图中采用的是五组分分析法,其中,P 为链烷分,N 为氨基(氮基),A_1 为第一酸性分,A_2 为第二酸性分,As 为沥青质。

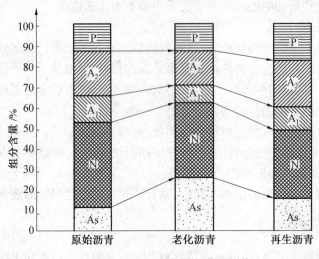

图2.11 老化沥青化学组分的调节

从组分调节角度出发,必须遵循以下原则,才能使老化的沥青(旧油)恢复(或超过)原来的性能。

①沥青中饱和分的含量必须保持在适当的范围内(根据沥青性质而异,通常为10%~18%最佳)。

②沥青的组成参数在适当的范围内(通常为0.4~1.2,高黏度沥青比值可达1.5)。

③沥青的胶溶剂与胶凝剂的比值通常最小应在1.5以上。

④沥青质的含量与软沥青质的含量应保持一定的比值。

由于再生剂是在施工前或在施工拌和中喷洒到旧料中,目的是调整旧料的性能,因此必须满足以下的技术要求。

①再生剂必须具有较强的亲和力与渗透能力,应根据旧料硬化的程度选用适当黏

度的再生剂。若再生剂过分黏稠,则缺乏渗透性;反之,则会在热拌时迅速挥发,失去效用。通常,再生剂的 25 ℃ 黏度在 0.1～20 Pa·s 为好。

②再生剂必须具有溶解和分散沥青质的能力,旧沥青中沥青质的含量越高,要求再生剂溶解和分散的能力也越高。芳香分具有溶解和分散沥青质的能力,而饱和分则相反,它是沥青质的促凝剂。因此,再生剂中芳香分含量多少是衡量再生剂质量的重要技术指标之一。

美国 Davidson 等人按罗斯特勒的五组分分析法提出再生剂应具有足够的氮基馏分,以抵抗沥青质的凝聚作用,要求限制饱和分的含量,氮基/饱和分应在 1.0 以上,而极性馏分/(饱和分+芳香分)应在 0.4 以下。Dunning 则提出,再生剂的芳香分含量应大于 60%。

③对于热拌再生来说,施工中要承受高温作用,如果再生剂耐热性不好会影响再生效果。同时,再生剂沥青混合料铺筑在路面上,还将受到大气自然因素的作用,故再生剂必须具有一定的耐热性和耐候性。在室内可以根据薄膜烘箱试验前后黏度比进行控制。表 2.9 是再生剂技术指标建议值。

表 2.9 再生剂技术指标建议值

技术指标	黏度(25 ℃)/(Pa·s)	流变指数(25 ℃)	芳香分含量/%	表面张力/(10^{-3} N·m)	薄膜烘箱试验黏度比($\eta_{后}/\eta_{前}$)
建议值	0.01～20	≥0.09	≥30	≥36	<3

④旧沥青混凝土的再生剂应很好地与沥青相溶合,并具有较小的挥发性和足够的时间稳定性。用再生剂再生沥青混凝土的工艺过程应简单易行,而再生剂本身则应该价格低廉,货源充足;再生剂在使用过程中还应对人体无害。

⑤再生剂必须具有良好的流变性质,也就是说,再生剂的复合流动度应具有较高的数值。由于低黏度油料是以某种组分为主要成分的近似单组分物质,不存在或极少存在沥青质,故它多呈牛顿液体性质。因此,低黏度油料的复合流动度大都接近于 1。

由于旧沥青中所含的沥青质数量不同,为达到同样的再生效果所需再生剂芳香分含量也不同。具体采用何种再生剂,应根据再生效果而定。再生效果是指旧沥青添加再生剂后恢复原沥青性能的能力,最敏感的就是沥青延度恢复的程度,故再生效果以再生沥青的延度与原沥青延度的比 K 表示。

例如,回收沥青的沥青质含量为 10%,为获得 95% 以上的再生效果,则由图 2.12 查得再生剂芳香分的含量至少应达到 10% 以上。为检验再生剂的再生效果,曾经在室内用重交通道路沥青加热老化,使其针入度降低至 12(0.1 mm),然后用富芳香分糠醛抽出油进行调和,使针入度恢复 100(0.1 mm),结果测得再生沥青的延度达 105 cm。再生沥青的延度不能完全恢复,因为再生沥青中含有滤纸过滤不掉的细矿粉,影响沥青正常地拉伸。

表面张力不同的再生剂,对旧沥青的再生效果是不同的,故表面张力也是评价再生剂质量的技术指标之一。再生效果与再生剂表面张力和旧油沥青质含量三者之间的关系如图 2.13 所示。

综上所述,再生剂适当的黏度、良好的流变性质、富含芳香分以及良好的耐候性,是再生剂质量的主要技术指标。

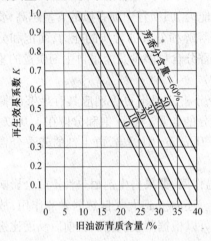
图2.12 再生剂芳香分含量与再生效果的关系

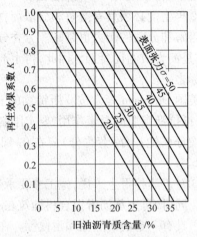
图2.13 再生剂表面张力与再生效果的关系

3. 再生剂质量技术标准

目前,国内外都很重视再生剂的开发研究,再生剂的品种也非常之多。

关于再生剂,国内各省多因地制宜,根据省内材料来源和成本的实际出发,并考虑到掺和难易程度、旧油类别等因素,开发出适合本省的再生剂。国内目前还没有统一再生剂技术标准,根据现有的研究成果提出再生剂质量技术标准见表2.10。表2.10中关于芳香分含量和表面张力的建议值是按旧油所含的沥青质小于或等于15%提出来的。表2.11是几种再生剂质量指标的实测值。

表2.10 再生剂推荐技术指标

技术指标	黏度(25 ℃)/(Pa·s)	复合流动度(25 ℃)	芳香分含量/%	表面张力比(25 ℃)/(10^{-3} N·m^{-1})	薄膜烘箱试验黏度 $\eta_{后}/\eta_{前}$
建议值	0.01~20	>0.90	>30	>36	<3

表2.11 几种再生剂质量指标测试值

再生剂	黏度(25 ℃)/(Pa·s)	复合流动度(25 ℃)	芳香分含量/%	表面张力比(25 ℃)/(10^{-3} N·m^{-1})	薄膜烘箱试验黏度 $\eta_{后}/\eta_{前}$
糠醛油	17.3	1.048	46.6	49	<3
润滑油	0.248	1.044	10.2	35	<3
机油	0.037	1.100	7.5	32	<3
玉米油	0.030	1.092	3.2	34	<3

上海市政工程研究所曾研制出五种再生剂,在华东地区使用较广泛,其质量指标见表2.12。

云南省公路科研所近几年在再生技术研究中广泛使用的再生剂有两类:稀油型(如渣油、油-200号)及轻柴油加机械油配制的低黏度油溶型两类。其再生剂的原材料和配合比(质量比)见表2.13。

表2.12 几种常用再生剂的技术指标

项目	质量指标				
	A_1	A_2	A_4	A_5	A_6
相对密度	0.837	0.84	0.87	0.88	0.86
塞氏黏度(25 ℃)/($m^2 \cdot s^{-1}$)	10.8	14	45	60	15
凝点/℃	−5	−7	−10	−20	−6
闪点/℃	103	108	180	185	110
水分/%	痕迹	痕迹	痕迹	痕迹	痕迹
与酸、碱性集料黏结性	好	好	好	好	好

表2.13 再生剂的原材料和配合比

A_1	0号轻柴油60%	30号机械油40%
A_{2w}	0号轻柴油60%	15号汽油机润滑油40%

国外目前的再生剂品种很多,美国、日本、德国、俄罗斯等国家都有本国的技术标准。美国较常用的几种再生剂见表2.14。

表2.14 美国较常用的几种再生剂

厂商	Ashland Petroleum Co.	Kpppers Co.	Soumderd Petroleum Co.
再生剂名称	Slurry Oil	Chevron X109	Dutrex /Reclamite
厂商	Sell Oil Co.	Union Oil Co.	Numerous Company
再生剂名称	One-Component System	Cutback Asphalt	Soft Asphalt Cement

第13届太平洋沿岸沥青规范会议制订的热拌再生混合料再生剂建议规范见表2.15,美国威特科公司再生剂质量标准见表2.16。前苏联再生剂质量标准见表2.17。由此看出,再生剂的要求主要在于其化学组成、黏度、耐老化性能等方面。

表2.15 第13届太平洋沿岸沥青规范会议热拌再生混合料再生剂建议规范

技术指标	ASTM试验方法	RA5	RA25	RA75	RA250	RA500
黏度(140 ℉)/(Pa·s)	D2170 或 D2171	0.2~0.8	1.0~4.0	5.0~10.0	15.0~35.0	40.0~60.0
闪点/℉	D92	>400	>425	>450	>450	>450
饱和分/%		<30	<30	<30	<30	<30
回转薄膜烘箱残渣						
黏度比/%	D2872	<3	<3	<3	<3	<3
质量变化/%		<4	<4	<4	<4	<4
相对密度	D70 或 D1298			实测值		

注:$t/℃ = 5/9(t/℉-32)$

表2.16 美国威特科公司再生剂质量标准

技术指标	目 的	试验方法	$L^①$	$M^①$	$H^①$
黏度(60 ℃)/(Pa·s)	调剂再生混合料中沥青的黏度	ASTM D2174-071	0.08~0.5	1~4	5~10
闪点/℃	操作时注意	ASTM D92-72	>177	>177	>177

续表 2.16

技术指标	目 的	试验方法	$L^{①}$	$M^{①}$	$H^{①}$
挥发性	防止由于挥发而引起硬化和污染空气				
初期沸点/℃		ASTM D160–61	>149	>149	>149
2%			>191	>191	>191
5%			>210	>210	>210
黏附性(N/P)	防止离析	ASTM D2006–70	>0.5	>0.5	>0.5
极性馏分/(饱和分+芳香分)	再生沥青的耐久性	ASTM 2006–70	0.2~1.2	0.2~1.2	0.2~1.2
密度	用于计算	ASTM D70–72	实测值		

①适宜的抽吸温度:$L=46$ ℃,$M=88$ ℃,$H=93$ ℃

表 2.17 前苏联再生剂质量标准

技术指标	化学成分(质量分数)			黏度$(C_{60,5})$/s	加热损失(160 ℃,5 h)/%	闪点
	链烃-环烷烃/%	芳香烃/%	树脂/%			
蒸馏萃取物	7~10	85~90	5~7	5	0.13	>190
残留萃取物	12~17	75~85	5~8	13	0.44	>200

日本再生剂质量标准见表 2.18,与前面几个标准相比,日本提出的依据有所不同,主要考虑以下因素:

①为保证人体安全,再生剂应不含有毒物质。
②在考虑施工性能和旧料物理性能恢复的基础上确定 60 ℃ 黏度。
③从施工安全考虑,要求再生剂有足够高的闪点。
④为保证再生路面的耐久性,规定了再生剂薄膜烘箱试验后的黏度比和质量损失。

表 2.18 日本再生剂质量标准

项目	试验方法	质量
黏度/s	JIS K2283	80~1 000
闪点/℃	JIS K2265	230 以上
薄膜烘箱试验后黏度比(60 ℃)	JIS K2283	2 以下
薄膜烘箱试验后/%	JIS K2207	±3 以内
相对密度	JIS K2249	实测
组分分析		实测

不过日本对于再生剂的化学组成并没有提出具体要求,而再生剂的组成对旧混合料的再生效果至关重要,这也是日本标准的不足之处。

表 2.19 对原沥青混凝土、旧沥青混凝土和再生沥青混凝土的各项指标进行了比较。混凝土抵抗剪切的能力用 50 ℃ 时的剪切稳定性指标加以评定,此时极限允许剪应力具有最小值。

表2.19 原有、老化、再生沥青混凝土指标比较

<table>
<tr><th colspan="2" rowspan="2">指标</th><th rowspan="2">体积保水率/%</th><th rowspan="2">体积膨胀率/%</th><th colspan="3">在下列温度(℃)时的抗压强度极限/MPa</th><th rowspan="2">水稳性系数</th><th rowspan="2">长期保水状态下的水稳性系数</th></tr>
<tr><th>20</th><th>50</th><th>0</th></tr>
<tr><td rowspan="4">沥青混凝土</td><td>原有的</td><td>2.50</td><td>0.65</td><td>66</td><td>22</td><td>78</td><td>1.10</td><td>0.90</td></tr>
<tr><td>老化的</td><td>1.90</td><td>0.17</td><td>72</td><td>22</td><td>87</td><td>1.05</td><td>0.89</td></tr>
<tr><td rowspan="2">再生的</td><td>用残留萃取物再生剂</td><td>1.32</td><td>0</td><td>40</td><td>11</td><td>75</td><td>0.96</td><td>0.84</td></tr>
<tr><td>用精馏萃取物再生剂</td><td>1.36</td><td>0</td><td>38</td><td>11</td><td>69</td><td>0.90</td><td>0.88</td></tr>
<tr><td colspan="2">标准要求</td><td>1.5~3.5</td><td>≥0.50</td><td>≮24</td><td>≮10</td><td>≮120</td><td>≮0.90</td><td>≮0.50</td></tr>
</table>

旧沥青混凝土的剪切稳定性指标略高于原来混凝土的标准,加入再生剂可使这些性质略有下降,但此时剪应力的绝对值则与原始材料的类似指标相差无几(表2.20)。

表2.20 抗剪强度变化表

沥青混凝土	下列垂直荷载(MPa)下的抗剪强度/MPa		
	0	0.2	0.5
原有沥青混凝土	1.35	3.35	6.05
旧的沥青混凝土	1.65	3.40	6.20
残留萃取物再生	1.30	3.05	5.75
精馏萃取物再生	1.35	3.00	5.50

再生剂不仅可以恢复沥青混凝土的形变能力,与原来的指标相比,还可以大大改善这一指标。再生剂所以能改善旧沥青混凝土的形变能力,是因为它改变了沥青的胶体结构。沥青组分中的固体沥青质和树脂均被表面塑化。芳香烃组分包含在原油油分精馏萃取物中,它是沥青质的良好溶剂。对旧沥青混凝土进行热处理过程中,沥青逐渐被软化并从石料表面流开,其表面上的沥青膜越来越薄,从而形成了一定数量的自由体沥青。为了保持沥青混凝土的性质,必须在加热的沥青混凝土混合料中添加一定数量的矿质材料:砂、碎石以及少量的矿粉。

以上主要讲了沥青的再生机理和再生剂,关于沥青混合料的再生工艺和再生沥青混合料设计方法,将在"沥青混合料路面新材料"一章中介绍。

2.3 集料改性

2.3.1 集料改性的目的

目前,大多数的公路路面结构是沥青混凝土路面,沥青混凝土路面是由沥青作为胶结料,将粗细集料(石子)和矿粉等黏结在一起,经过摊铺碾压等工艺,而形成的一种坚硬耐久的路面结构。沥青与石料的界面称为油石界面,它是沥青混凝土结构组成的决定性因素,直接影响到沥青混凝土的高温稳定性、水稳定性、结构强度等一系列重要性能。由于石料表面的官能团和结构缺陷,使得石料表面更容易与空气中的氧、水分子作

用,而沥青属于复杂的有机高分子混合物,极性低且具有憎水性,故二者的相容性差,难以形成良好的界面黏结。沥青路面的病害多与油石界面的黏结不佳密切相关。

沥青路面的耐久性主要依靠沥青与集料之间的黏附程度,虽然施工方法、交通条件、环境因素及沥青混合料的性质对沥青路面的性质有影响,但水和矿料的作用是影响沥青路面耐久性的主要因素之一。在我国,水损害已经成为路面早期破坏的主要原因。沥青路面的水损害与两种过程有关,首先水能侵入沥青中,使沥青与集料的黏附性减小,从而导致沥青混合料的强度和劲度减小;其次水能进入沥青薄膜和集料之间,阻断沥青与集料表面的相互黏结。沥青与集料黏附性与沥青和集料的物理和化学性质相关。集料按二氧化硅的含量可以分为三种类型,集料化学组成中 SiO_2 质量分数大于65%者称为酸性集料, SiO_2 质量分数在52%~65%者称为中性集料, SiO_2 质量分数小于52%者称为碱性集料。例如,路面材料中常用的石灰岩属于碱性集料,花岗岩属于酸性集料。经验证明,碱性集料比酸性集料的抗剥落能力强,但酸性集料,如花岗岩、石英岩等,虽然与沥青的黏附性不好,但耐磨性好、强度高。沿海地区的花岗岩分布面积广,但由于它属于酸性集料,导致其在沥青路面的路用性能还比较差,为了能够合理利用该酸性石料进行沿海地区沥青路面建设,便于沿海地区就地取材,降低工程造价,充分发挥花岗岩的耐磨性好、强度高等优良性能,研究酸性集料与沥青的黏附性有很大的实用价值。

2.3.2 酸性集料改性的方法

花岗岩主要成分为二氧化硅,为典型的酸性石料。花岗岩强度高、耐磨性好、化学性能稳定,因此是良好的筑路材料。但花岗岩显酸性,与呈弱酸性的沥青材料黏附能力差,当花岗岩沥青混合料经受水的侵害时,容易造成沥青薄膜剥落,导致沥青路面粒料飞出、松散,出现坑槽等各种水损害。

油石界面改善措施主要有以下方法:

①石灰浆处理集料以使集料表面改性,改善石料与沥青的结合性。

②用消石灰粉或水泥粉部分代替矿粉,一方面消石灰粉分布在石料表面可对石料起到表面改性作用,另一方面掺入消石灰粉后可直接改善矿粉等填料与沥青的结合性。

③在沥青中掺入胺类有机物、偶联剂等作为抗剥落剂,改善沥青和石料的黏结性。

④使用高分子偶联剂等表面活性剂制备的溶液对石料进行表面改性,以改善石料与沥青的结合性。

⑤其他方法。

消石灰是现在常用也是最经济的抗剥落剂,可以采用浓度为20%~30%的消石灰对集料进行预处理,使酸性集料的表面得到改善,形成表面的一层碱性成分,提高了与沥青的黏附性。

消石灰也可掺进集料中,同时加入到拌和机。消石灰可以提高酸性集料与沥青的黏附性,一般情况下,消石灰的用量约为混合料总量的2%。

胺类等有机高分子材料作为抗剥落剂,这类抗剥落剂均为表面活性剂,利用其极性与集料结合,加强与沥青的黏附性。由于集料本身的属性不同,必须使用不同的表面活性剂。通常情况下,抗剥落剂是为改善酸性集料与沥青黏附性的,所以抗剥落剂大都是阳离子型的,基本是胺类表面活性剂。但普通胺类表面活性剂在高温时易分解,不稳定,所以选择高温时稳定、难分解且具有阳离子、阴离子两种极性的表面活性剂是最理想的。

硅烷偶联剂作为抗剥落剂。偶联剂中含有两种官能团,即亲水基团和亲油基团,亲油基团可与沥青中的油分具有良好的相容作用和结合性,亲水基团与无机物表面具有良好的相容作用和结合性,并且和水分子可发生一定的化学作用。偶联剂改善油石界面结合性的机理为:偶联剂与石料表面空隙中残留的水分子发生反应,减少水分对油石界面的影响,增加沥青与石料间的黏结面积,形成有力的机械黏结;偶联剂在石料表面上发生缩聚反应生成聚硅氧烷偶联层,形成了化学吸附,其界面黏结力和耐久性比一般沥青混凝土中的油石界面好得多;偶联层具有亲油性,减小油石界面接触角,可提高沥青在石料表面的润湿和浸润速度,通过偶联层增加沥青和石料的结合性。因此,硅烷偶联剂可有效地改善沥青和石料的界面黏结。

2.3.3　碱性石料的改性方法

石灰岩为典型的碱性石料,一般认为与沥青具有良好的黏结性,但在实际应用中,由于石料表面的吸附水、结构缺陷和表面状态等原因,降低了油石界面的结合强度。对碱性石料进行表面改性,可以进一步提高石料和沥青的结合强度。一般采用钛酸酯偶联剂等表面活性剂对石灰石进行表面改性。有关碱性石料的改性方法还在进一步研究中。

2.4　填料新技术

非金属矿物填料表面由于各种官能团的存在及与空气中的氧或水分的作用,使之与填料内部的化学结构差别甚大。大多数非金属矿物填料具有一定的酸碱性,其表面有亲水性基团,并呈极性,容易吸附水分。而有机聚合物则具有憎水性,因此两者之间的相容性差,界面难以形成良好的黏结。为了改善填料和树脂的相容性,增强二者的界面结合,要采用适当的方法对无机填料表面进行改性处理。

填料表面改性的目的是:提高无机填料颗粒与聚合物的相容性,增强相互间的结合力,改善填料在聚合物中的分散性,最终提高填充聚合物的综合性能。

2.4.1　表面改性方法

1. 表面活性剂和偶联剂处理

表面活性剂分子中一端为亲水性的极性基因,另一端为亲油性的非极性基因,用它处理无机填料时,极性基团能吸附于填料粒子表面。如用各种脂肪酸,脂肪酸盐、酯、酰胺等对碳酸钙进行表面处理时,由于脂肪酸及其衍生物对钙离子具有较强的亲和性,所以能在表面化学吸附,覆盖于粒子表面,形成一层亲油性结构层,使处理后的碳酸钙亲油疏水,与有机树脂有良好的相容性。

偶联剂的分子中通常含有几类性质和作用不同的基团,能够改善无机填料与聚合物之间的相容性,并增强填充复合体系中无机填料与聚合物基料之间的界面相互作用。如用钛酸酯偶联剂处理碳酸钙,由于它能与填料表面的自由质子发生化学吸附,从而在填料表面形成有机单分子层,大大提高了与聚合物基料之间的亲和性。

采用表面活性剂和偶联剂的处理工艺有干、湿两种。干法是将无机填料充分脱水后,在一定温度下与雾化的表面活性剂或偶联剂等反应制成活性填料;湿法也称为溶液法,是将表面活性剂或偶联剂与水或低沸点溶剂配制成一定浓度的溶液,然后在一定温度下与无机填料在搅拌反应机中反应,从而实现无机填料的表面改性。

2. 聚合物包覆改性

将相对分子质量几百到几千的低聚物和交联剂或催化剂溶解或分散在一定溶剂中,再加入适量的无机填料,搅拌、加热到一定温度,并保持一定时间,便可实现填料表面的有机包覆改性。如采用相对分子质量为 340~630 的双酚 A 型环氧树脂和胺化酰亚胺交联剂溶解在乙醇中,加入适量的云母粉,经一定时间搅拌反应后,得到环氧预聚物与交联剂包覆的活性无机填料。同理,将大分子量聚合物在一定的溶剂中配成一定浓度的溶液,加入适量的填料中,在一定的温度下搅拌一定时间,即可得到高聚物包覆的无机填料。如用 2% 聚乙二醇包覆改性 $CaCO_3$、硅灰石等。此外,聚烯烃低聚物(如无规聚丙烯和聚乙烯蜡),其分子结构和聚烯烃相近,可以用作在聚烯烃类复合材料中填充的无机填料的表面改性剂。

3. 不饱和有机酸处理

不饱和有机酸,如丙烯酸等,与含有活泼金属离子(含有 SiO_2、Al_2O_3、K_2O、Na_2O 等化学成分)的填料(如长石、石英、红泥、玻璃微珠、煅烧高岭土等)在一定条件下混合时,填料表面的金属离子与有机酸上的羧基发生化学反应,以稳定的离子键结构形成单分子层,包覆在无机填料粒子表面。由于有机酸的另一端带有不饱和双键,具有很大的反应活性,因此,这种填料具有较强的反应活性。在生产复合材料时,用这种带有反应活性的填料与基体树脂混合,在加工成型时,由于热或机械剪切的作用,基体树脂就会产生游离基与活性填料表面的不饱和双键反应,形成化学交联结构。在使用过程中,复合材料中的大分子在外界的力、光、热的作用下,也会分解产生不稳定的游离基,这些游离基首先与活性填料残存的不饱和双键反应,形成稳定的交联结构。

用有机酸对无机填料进行表面处理时,有机酸的用量必须控制在仅仅使填料表面均匀包覆单层分子膜。用量过多将使复合材料的耐热性能下降,并使制品外观恶化。但用量过少,不能形成单分子膜,也将影响复合效果。

用有机酸处理无机填料表面的方法有三种:

①喷雾法。无机填料经充分脱水干燥后,在混合机中高速搅拌下,将定量的有机酸以雾状或液滴态缓缓加入反应。温度控制在室温以上,一般为 50~200 ℃,反应时间为 5~30 min。为避免有机酸在反应过程中聚合,可加入适量阻聚剂,如对苯二酚、甲氧基

对苯二酚、邻苯醌、萘醌等,阻聚剂用量为有机酸的0.5%左右。在反应过程中不能有液态水存在,因此,使用时应选用无水有机酸。

②溶液法。将定量的有机酸溶于有机溶剂,如甲醇、乙醇、丙酮、甲乙酮、乙酸乙酯等,配制成一定浓度的溶液。无机填料经充分脱水干燥后与溶液混合,搅拌反应5~30 min,温度为25~50 ℃,并加入适量阻聚剂,以防止活泼双键遭到破坏。反应结束后,滤去溶剂,干燥后即得表面改性处理的活性填料。

③过浓度法。无机填料经充分脱水干燥后,与过量浓度的有机酸反应。有机酸可用少量甲苯、二甲苯、乙烷、庚烷、四氯化萘、四氯化碳等非极性溶剂稀释。反应可用喷雾法或溶液混合法,反应结束后,用极性溶剂,如甲醇、乙醇等清洗、过滤、干燥、精制即得活性填料。

2.4.2 石灰岩矿粉(碳酸钙)的表面改性

石灰岩矿粉为碱性石料,一般认为与沥青黏结料具有较高的结合强度,实际情况也是如此,因此石灰岩矿粉作为填料广泛应用于沥青路面。在实际应用中,受料源等因素的限制,石灰岩中碳酸钙矿物的含量不一定很高,还会有较多的其他杂质。采用就地取材的石灰岩矿粉作为填料铺筑沥青路面,难以满足《公路沥青路面施工技术规范》(JTG F40—2004)对填料碱性指标的技术要求,因此,添加生石灰粉提高路用石灰岩碱性是推广多年的做法。虽然与直接应用的未改性的石灰岩填料相比,掺加生石灰粉后能够获得较好的路用性能,但就其耐久性而言仍不十分理想。主要原因,一是掺加生石灰粉的矿料仍是无机矿料,与沥青材料不能融为一体因而易受水分子的侵蚀,同时表面能较高容易造成团聚影响沥青的均匀浸润;二是石灰岩中若碳酸钙含量波动较大,料源不稳定会造成掺加生石灰粉的数量比例难以控制。

然而,即便是质量较好的石灰岩矿粉,直接利用矿粉作为填料并不能达到与沥青最好的结合。实际上,矿粉经粉碎磨细后产生了新的表面,具有较大的表面积,因此表面能极高。表面能越高,颗粒间吸附作用越强,矿粉越倾向于团聚。石灰岩矿粉属于无机非金属填料,其本身与属于有机高分子混合物的沥青材料性能差异较大,相容性并不好,因此很难避免团聚现象。表面能越高,越难在沥青中均匀分散,因此越易形成团聚,从而影响沥青混合料的综合性能。对无机材料进行表面有机改性,降低其表面能,使其不易产生团聚,从而易于在高分子沥青材料中均匀分散。同时,改性后的矿粉与沥青材料更易相容,改善沥青与矿粉的结合性。

通常,热拌沥青混合料中粗集料的比表面积为0.5~3 m^2/kg,而矿粉的比表面积往往可达300~2 000 m^2/kg,甚至更大。在沥青混合料中矿粉用量虽仅占7%左右,但其表面积却占矿质混合料总表面积的80%以上,因此,矿粉的性质,特别是其表面性质,对沥青混合料的抗剪强度影响很大。虽然依照目前沥青混合料的设计理论,矿粉用量稍有下降,但其表面积在矿质混合料中仍然占据主导地位,因此,对矿粉填料表面进行改性处理,对提高沥青混合料的综合路用性能具有较大的实际意义。

石灰岩的主要化学成分是碳酸钙,适用于碳酸钙表面改性的改性剂有硬脂酸

（盐）、钛酸酯偶联剂、铝酸酯偶联剂等。考虑改性剂分子对石灰岩矿粉表面的化学包覆、产品用途及质量、改性工艺、成本以及环保等方面的要求，尤其是表面改性剂的分解温度条件，不仅要求表面改性剂的分解温度或沸点应高于应用时的加工温度，而且还要适用于沥青混合料的施工拌和温度。

2.4.3 二氧化硅矿粉表面改性

用于塑料、橡胶及其他树脂的石英粉及其他形式的二氧化硅粉体，为了使其表面与高聚物基料相容性好，以使填充材料的综合性能及可加工性能得到提高和改善，必须对其进行表面处理。

粉碎后的石英粉或其他二氧化硅粉体在水和空气的作用下可能出现 Si—OH（硅醇基）、Si—O—Si（硅醚基）及 Si—OH……O（表面吸附自由水）等官能团。因此，很容易接受外来的官能团，如硅烷的氨基、环氧基、甲基丙烯、三甲基、甲基和乙烯基等有机官能团，这就为二氧化硅粉体的表面改性奠定了一定基础。

石英粉或其他二氧化硅粉体的表面化学改性主要使用硅烷偶联剂，包括氨基、环氧基、甲基丙烯基、三甲基、甲基和乙烯基等各种硅烷偶联剂。硅烷偶联剂的—RO 官能团可在水中（包括填料表面所吸附的自由水）水解产生硅醇基，这一基团可与 SiO_2 进行化学结合或与表面原有的硅醚醇基结合为一体，成为均相体系。这样，既除去了 SiO_2 表面的水分，又与其中的氧原子形成硅醚键，从而使硅烷偶联剂的另一端所携带的与高分子聚合物具有很好的亲和性的有机官能团—R′牢固地覆盖在石英或二氧化硅颗粒表面，形成具有反应活性的包覆膜。有机官能团—R′和环氧树脂等高分子材料具有很好的亲和性，它能降低石英或二氧化硅粉体的表面能，提高与高聚物基料的润湿性，改善粉体与高聚物基料的相容性。此外，这种新的界面层的形成，可改善填充复合体系的流变性能。

影响石英粉及其他二氧化硅粉体表面处理效果的主要因素有：硅烷偶联剂的品种、用量、使用方法及处理时间、温度、pH 值等。

由于硅烷的有机官能团—R'对高聚物或树脂之类的材料具有选择性，因此，选择硅烷偶联剂时应考虑沥青混合料所用沥青的组成和性能。硅烷偶联剂的用量可根据石英或二氧化硅粉体的比面积来确定，也可以根据试验来确定最佳用量。

改性处理工艺一般有三种，即湿法、干法和干-湿结合法。

除了硅烷偶联剂外，锆铝酸盐偶联剂以及聚合物等也可用于二氧化硅粉体的表面处理。HIDEKO T 等人通过沉淀方法首先在 SiO_2 粉体（平均粒径 0.65 mm 的沉淀二氧化硅）表面包覆 $Al(OH)_3$，然后再用聚二乙烯基苯包覆 SiO_2/Al_2O_3 粒子，以提高二氧化硅粉体的应用性能，满足某些特殊用途的需要。

用于涂料、皮革制品、化妆品等消光剂的高孔隙率超细二氧化硅，一般采用脂肪酸（如硬脂酸）和聚乙烯蜡进行表面包覆改性。

阳离子表面活性剂，如十六烷基三甲基溴化铵，也可用于二氧化硅粉体的表面改性。由于二氧化硅的等电点较低，故粒子在水介质中通常荷负电，且随 pH 升高，荷电点增多。用阳离子表面改性剂进行表面处理后,粒子表面的负电荷逐渐减少,最后可转变为荷正电的粒子,这说明通过适量阳离子表面改性剂在粒子表面的吸附可使白炭黑获得有机化改性。白炭黑粒子对阳离子表面改性剂的吸附是一种静电吸附。

2.5 外加剂材料新技术

沥青混合料主要材料有:作为黏结材料的沥青结合料、作为骨架结构的粗细集料、作为填充材料的矿粉,除此之外,为了提高沥青混合料的路用性能和施工性能,往往还要加入少量的添加剂材料,如加入木质纤维材料以防止沥青混合料在施工过程中离析,同时纤维材料还可提高沥青混凝土的强度;加入水泥改善油石界面的结合状况;加入粉煤灰改善沥青混合料的施工性能和路用性能等。

2.5.1 纤维材料

为防止沥青的滴漏,在 SMA 混合料中,目前都加入纤维材料。

1. 纤维在 SMA 混合料中的作用

(1) 吸附作用

纤维直径一般小于 20 μm,有相当大的比表面积,每克纤维提供的比表面积达数平方米以上。纤维分散到沥青中,其巨大的表面积成为浸润界面,在界面层中,沥青和纤维之间会产生物理和化学作用,如吸附、扩散、化学键合等作用。这种物理和化学作用,使沥青呈单分子排列在纤维表面,形成结合力牢固的结构沥青界面层。结构沥青比界面层以外的自由沥青黏结强、稳定性好。与此同时,由于纤维及周围的结构沥青一起裹覆在集料表面,使集料表面的沥青膜增大,同普通密级配沥青混合料相比,沥青膜约增厚 65%~113%,集料表面的沥青与 SMA 的骨架密实结构,有利于减缓沥青的老化速度,延长路面的使用寿命。

(2) 温度稳定作用

纵横交错的纤维所吸附的沥青,增大了结构沥青的比例,减少了自由沥青,使得 SMA 混合料的温度稳定性提高。

(3) 加筋作用

在我国民间,在抹墙的灰浆中,常加入切碎的稻草,可起到防止灰浆开裂,增强强度的作用,即加筋作用。在 SMA 混合料中的纤维,会对混合料受到外力作用而出现开裂时有阻滞作用,从而提高沥青路面裂纹的自愈能力,减少裂缝的出现。

此外,纤维对沥青还具有增韧作用,能够增强对集料的握裹力,保持路面的整体性而不易松散,即使开裂的路面也因为纤维的牵连作用而不致破碎松散。

2. 纤维的种类

纤维的种类很多,有天然纤维和人造纤维,有无机纤维和有机纤维。

(1) 木质纤维

木质纤维属于有机纤维,是植物在加工成纸浆和纤维浆液过程中,通过物理、化学处理,最终有一部分纤维剩余出来,经过洗涤、过滤、喷雾、干燥等工艺过程,形成棉絮状木质纤维。

由于木质纤维是生产纸浆或纤维浆液过程中的副产品,所以资源丰富,价格较低。木质纤维大量使用是出于经济的考虑,但木质纤维易吸水、耐热性差、耐磨性差。

(2)有机合成纤维

有机合成纤维有聚丙烯腈纶纤维和聚酯纤维等。聚丙烯腈纶纤维很细,1 g 中含有 170 万根长 4 mm 的纤维。由于其强度高,在沥青路面中能够吸收拉应力,故具有一定增强作用。但成本高,所以应用受到一定的限制。聚酯纤维的性质与聚丙烯腈纶纤维基本相似。

(3)矿物纤维

矿物纤维由玄武岩等矿物质在高温下熔融抽丝而成,强度高、耐腐蚀、耐高温、不燃烧,与沥青的黏附性好,但抗折性差。

2.5.2 水泥

1. 水泥的品种与生产工艺

水泥呈粉末状,与适量的水混合以后,能形成可塑性的浆状体,并逐渐凝结、硬化,变成坚硬的固体,且能将散粒材料或块状材料胶结成整体,因此,水泥是一种良好的矿物胶凝材料,属于水硬性胶凝材料。

水泥有多个品种,按其水硬性物质分为硅酸盐系水泥、铝酸盐系水泥、硫铝酸盐系水泥等,其中硅酸盐系列水泥产量最大、应用最广泛。按其用途和性能又可分为通用水泥、专用水泥和特性水泥三大类。通用水泥是指土木工程中大量使用的、一般用途的水泥,主要指硅酸盐系列水泥,专用水泥是指有专门用途的水泥(如砌筑水泥、道路水泥等),特性水泥则是指某种性能比较突出的水泥(如快硬水泥、抗硫酸盐水泥、低热水泥、中热水泥、白色水泥、彩色水泥等)。

硅酸盐水泥的生产工艺简称为"两磨一烧",即生料制备、熟料煅烧和水泥粉磨三个过程。第一是硅酸盐水泥的生产原料为石灰石原料、黏土质原料和少量校正原料,经破碎,按一定比例配合、磨细,并调配均匀的过程,称为生料制备。第二是生料在水泥窑内高温煅烧至约 1 450 ℃,部分熔融得到以硅酸钙为主要成分的硅酸盐水泥熟料,称为熟料煅烧。第三是熟料加适量石膏,有时还加入适量的混合材料共同磨细成水泥,称为水泥粉磨。

2. 硅酸盐水泥的成分

水泥是由多种矿物成分组成,不同的矿物组成有不同的特性,改变生料配料及各种矿物组成的含量比例,可以生产出各种性能的水泥。

(1)硅酸盐水泥熟料

硅酸盐水泥熟料简称熟料,经高温烧结而成,主要矿物组成是:硅酸三钙($3CaO \cdot SiO_2$)、硅酸二钙($2CaO \cdot SiO_2$)、铝酸三钙($3CaO \cdot Al_2O_3$)、铁铝酸四钙($4CaO \cdot Al_2O_3 \cdot Fe_2O_3$)。水泥在水化过程中,四种矿物组成表现出不同的反应特性。

(2)石膏

一般水泥熟料磨成细粉与水相遇会很快凝结,无法施工。水泥磨制过程中需加入适量的石膏(主要采用天然石膏和工业副产石膏),主要起到缓凝作用,同时还有利于提高水泥早期强度、降低干缩变形等性能。

(3)混合材料

为了达到改善水泥某些性能和增产水泥的目的,生产水泥过程中有时还要加入混合材料。按照矿物材料的性质,混合材料可分为活性混合材料和非活性混合材料。

①活性混合材料

活性混合材料指具有火山灰性或潜在水硬性的混合料,如粒化高炉矿渣、火山灰质混合材料以及粉煤灰等。

粒化高炉矿渣是冶炼生铁时的副产品,冶炼生铁时浮在铁水上面的熔融渣由排渣口排出后,经急冷处理而成的粒状颗粒。粒化高炉矿渣的主要成分是 CaO、Al_2O_3、SiO_2,一般在 90% 以上,具有较高的化学潜能,但稳定性差。

凡天然的或人工的以 SiO_2、Al_2O_3 为主要成分的矿物质原料,磨成细粉后,本身并不硬化,但与石灰混合后加水能起胶凝作用的,称为火山灰质混合材料。

火山灰质混合材料按其成因可以分为天然的和人工的两类。天然的火山灰质混合材料有火山灰、凝灰岩、浮石、沸石岩、硅藻土等。人工的火山灰质混合材料有:烧黏土、烧页岩、煤渣、煤矸石等。

粉煤灰是火力发电厂用煤粉为燃料时排出的细颗粒废渣,含有较多的 SiO_2、Al_2O_3 和少量的 CaO,具有较高的活性。

②非活性混合材料

非活性混合材料在水泥中主要起填充作用,本身不具有(或具有微弱的)潜在的水硬性或火山灰性,但可以调节水泥强度,增加水泥产量,降低水化热。常用的非活性混合材料有磨细的石灰石、石英岩、黏土、慢冷矿渣及高硅质炉灰等。

3. 水泥的应用

水泥作为最主要的土木工程材料之一,用途广,用量大,在工业与民用建筑、道路、桥梁、隧道、水利、海港和国防等工程建设中具有突出贡献。水泥作为无机胶凝材料,与砂石骨料、掺合料、水和外加剂等可制成各种混凝土及其构件,也可配制各种砂浆。

2.5.3 粉煤灰

1. 生产

粉煤灰是火力发电厂燃煤发电排出的一种工业废渣,是磨细的煤粉在锅炉中经 1 100~1 500 ℃下燃烧后从烟囱排出并被收集的细灰,是土木工程中最常使用的一种废渣填料。粉煤灰可以通过静电吸附(干法排灰)或沉灰水池(湿法排灰)来收集,一般以湿排粉煤灰居多。

2. 成分

粉煤灰在干燥状态时呈灰白色或浅灰色,无黏结性;在潮湿状态时呈灰色或灰褐色;浸水后易于流散。试验资料表明,国内粉煤灰的各种化学成分一般相差并不大,主要成分为氧化硅、氧化铝和氧化铁,低钙粉煤灰三者的总含量一般可达到70%以上。我国大多数粉煤灰的化学成分:SiO_2(40%~60%)、Al_2O_3(15%~40%)、Fe_2O_3(3%~10%)、CaO(2%~8%)、MgO(0.5%~5%)。由于煤种、煤粉细度以及燃烧条件不同,使得粉煤灰的化学成分含量波动较大。

3. 应用

目前,粉煤灰在土木工程中主要用作混凝土掺合料(粉煤灰掺入混凝土后,不仅可以取代部分水泥,而且能改善混凝土的一系列性能)、水泥混合材料,还可以填充路基,配制石灰工业废渣稳定类半刚性路面基层材料等。

第3章 纳米改性沥青

3.1 纳米改性沥青研究进展

3.1.1 引言

沥青是一种重要的路用建筑材料,沥青混凝土(黑色)路面具有水泥混凝土(白色)路面所不具备的一系列优良性能。公路建设用沥青主要为石油沥青,石油沥青可分为直馏沥青、氧化沥青、乳化石油沥青、液体石油沥青等。但石油炼制过程直接所得的沥青不能满足高等级公路(高速公路)及重交通道路的要求,因此需要对其进行改性,尤其是我国的石油主要为石蜡基属,所产石油沥青感温性能较差,更需要对其改性。

我国改性沥青的研究一直比较薄弱,高等级公路用沥青几乎不得不全部采用进口沥青,这一方面增加了建设成本,另一方面对我国丰富的石油沥青资源是一种极大的浪费。近年来,随着我国经济建设和公路建设的飞速发展,国内越来越重视对沥青材料改性的研究。国外改性沥青的研究和生产,历史较长,经验较多,近年来对纳米改性沥青技术的研究也有一定进展,但在理论和应用中均还存在一定问题。

我们在借鉴国内外改性沥青研究经验的基础上,拓展思路,采用一种全新的沥青纳米改性方法,即0维纳米材料及其相容和分散技术,经初步试验,效果较好。

3.1.2 聚合物改性沥青概述

沥青是由一些极其复杂的高分子碳氢化合物和它们的一些非金属(氧、硫、氮等)衍生物所组成的混合物。为了改善沥青的使用性能,如黏附性能、感温性能、摩擦性能、抗氧化性能、抗老化性能及耐久性等,就要对沥青进行改性处理。沥青改性的方法很多,有物理法、化学法和物理化学方法,可以对沥青进行蒸馏、分离、结构重组、分解、加成、聚合、引入非碳氢原子和基团等,也可以加入各种添加剂进行改性。添加剂改性工艺简便,生产成本低,因此被广泛采用。沥青添加剂的种类很多,主要有各种树脂、橡胶等高分子聚合物,硫磺,金属络合物,纤维类物质,微填料类(炭黑、火山灰、粉煤灰、页岩粉、各种矿质粉和石粉,粒度74 μm以下),各种化工改性制剂(流变剂、抗剥落剂、抗老化剂、防滑剂、胶体状态添加剂)等,碳纤维、硅藻土、蒙脱土等对沥青改性均有一定效果,然而人们研究最多的还是聚合物改性剂。

聚合物沥青改性剂种类较多,但是,不同的改性剂都有其固有的特点,通过研究和应用,改性剂的使用品种和数量也在不断地变化。例如,北美从以前使用PE(聚乙烯)发展到现在基本全部使用SBS(苯乙烯–丁二烯–苯乙烯嵌段共聚物);欧洲所使用的

EVA(乙烯-醋酸乙烯共聚物)已逐渐被 SBS 所替代;美国也从使用 PE+EVA 等其他品种转向使用 SBS;我国也是从使用 PE 到 PE+SBS 到目前以 SBS 为最主要的改性剂。就目前而言,国内外使用取得成效并形成规模的主要是各种聚合物,其他种类应用不多。用于道路改性的聚合物一般分为以下三类。

1. 橡胶类

橡胶即聚合物弹性体,可分为天然橡胶、合成橡胶、再生橡胶三种。在道路工程中应用于沥青改性的,以合成橡胶为主,主要有丁苯橡胶(SBR)、氯丁橡胶(CR)、聚苯乙烯-异戊二烯(SIR)、乙丙橡胶(EPOM)、丙烯酸丁二烯共聚物(ABR)等。

丁苯橡胶是丁二烯-苯乙烯聚合物,根据苯乙烯含量的多少,又分为许多品种。用于沥青改性多采用苯乙烯含量为 30% 的丁苯橡胶。

橡胶作为沥青改性剂,是研究最多且用途最广的一种,早在 1845 年英国就公布了沥青掺加橡胶的专利。1901 年法国进行了实验路的铺筑,1935～1940 年荷兰约在 30 处工程中进行了实际施工。1942 年日本试用了掺加胶乳的乳化沥青,以及后来采用天然橡胶粉末的改性沥青来铺路。经过大量的试验、分析和观察,表明橡胶对沥青性能有很好的改善效果,它可以提高沥青的软化点,改善低温下的流动性,降低针入度,提高延度(尤其是低温下的延度),使沥青产生可逆的弹性变形。近几十年中,世界各国,特别是美国对橡胶的掺加方法、使用性能、施工工艺以及改性机理进行了广泛的研究。事实证明,橡胶沥青用途很广,它可用做各种沥青路面的黏结料、应力连接层以及低模量消应力薄膜等。

根据橡胶形态的不同,有板块状橡胶、粉末橡胶、橡胶胶乳、胶浆等,使用时根据橡胶沥青配制的方法不同选择某种形态的橡胶制品。

2. 树脂类

树脂又可分为热塑性树脂和热固性树脂。热塑性树脂主要有聚乙烯(PE)、乙烯-醋酸乙烯共聚物(EVA)、聚苯乙烯等。在道路工程中应用于沥青改性的,主要是 PE 和 EVA。采用热塑性和热固性树脂改性沥青很早以前就有人研究,并取得了一定的成就。通过研究,人们认为,用树脂改性可使沥青的针入度下降,软化点上升,而延度减小。用它们作为路用沥青的改性剂可以大大改善沥青路面的高温稳定性,提高抗车辙能力,减薄路面厚度,降低道面造价等。但是树脂类改性剂,可使沥青及其混合料的低温脆性增大,掺加时易分解,以及与沥青相容性差等,因而限制了其使用。尽管如此,由于有些树脂(如聚乙烯、无规聚丙烯等)比较便宜,而且可以直接掺加,所以很多研究者仍然致力于树脂改性沥青的研究,尽力使其扬长避短地应用于路面工程中,特别是在对沥青低温性能要求不高的温和地区。

3. 热塑性橡胶类

热塑性橡胶又称为热塑性弹性体。近年来,随着化学工业的发展,高分子化学及产品的研究有了新的突破,涌现出大批的聚合物新产品,其中最引人注目的为热塑性弹性体,这类产品具有橡胶的性能,同时又具有热塑性树脂的性能。早期生产热塑性弹性体是采用橡胶和热塑料构成的机械混合物,其性能取决于二者成分的相对比例。近年来,新型聚合引发剂的发现和发展促进了热塑性弹性体的发展,各种类型的嵌段聚合物相继问世。1980 年以来,许多国家相继发表了有关热塑性弹性体改善道路沥青的文献,研究认为,热塑性弹性体对沥青结合料的温度稳定性、形变模量、低温弹性和塑性都有很好的改善。常用的热塑性弹性体主要有苯乙烯-丁二烯-苯乙烯嵌段共聚物(SBS)、苯乙烯-异戊二烯-苯乙烯嵌段共聚物(SIS)等。在道路工程实际应用中,以 SBS 为多见。

SBS 质轻多孔,既有橡胶的弹性性质,又有树脂的热塑性性质,因而兼有橡胶和树脂的特性。根据苯乙烯和丁二烯所含比例的不同和分子结构的差异,SBS 分为线型结构和星型结构两种。

3.1.3 纳米改性沥青国内外研究现状

纳米技术处于微观(分子、原子级水平)和宏观之间的所谓介观领域,因此纳米材料具有神奇的小尺寸效应、表面效应、宏观量子隧道效应等优异性能。纳米改性沥青之所以不同于其他改性沥青,根本原因在于纳米改性沥青是从微观结构上改变沥青性能。大家知道,微观结构是宏观性能的唯一决定因素,因而纳米改性沥青能够从根本上大幅度改善沥青性能,这是其他沥青改性方法所不能比拟的。

纳米改性沥青首先研究的是聚合物基纳米复合材料,它不同于金属基纳米复合材料和无机非金属基(陶瓷基)纳米复合材料,有其独特的工艺过程和性能特点。

聚合物基纳米复合材料由于其独特的力学、热学、光、电、磁等性能,已经吸引了学术界和工业界相当大的兴趣。Eidt 等人利用纳米复合技术制备了高性能的沥青/弹性体/层状硅酸盐纳米复合材料,将聚合物/层状硅酸盐纳米复合材料中的纳米复合技术和研发思路应用于改性沥青,有望研发出高强、高韧性、耐高温性、抗老化的道路用改性沥青材料。

Eidt 等人研究了蒙脱土纳米改性沥青。蒙脱土(Montmorillonite,MMT),是一种人们熟知的天然黏土,它是一种广泛应用的层状纳米硅酸盐。在与聚合物进行复合的过程中,蒙脱土的片层得以插层或剥离从而获得插层型或剥离型的聚合物基纳米复合材料。从复合材料性能的角度来看,剥离型的纳米复合结构更能发挥材料的纳米效应。图 3.1 为沥青/层状硅酸盐纳米复合材料的 TEM 显微照片。

图 3.1 沥青/层状硅酸盐纳米复合材料的 TEM 显微照片

图 3.2 为聚合物/层状硅酸盐复合材料的结构示意图。从图 3.2 可以看出,按传统的复合技术,只得到普通的聚合物基复合材料,而采用纳米复合技术将得到插层型聚合物/层状硅酸盐纳米复合材料、剥离型聚合物/层状硅酸盐纳米复合材料。同普通的聚合物基复合材料相比,聚合物/层状硅酸盐纳米复合材料,尤其是剥离型聚合物/层状硅酸盐纳米复合材料具有以下优异的性能:

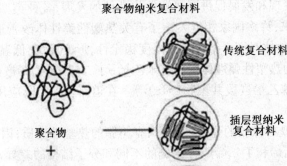

图 3.2 聚合物/层状硅酸盐纳米复合材料结构示意

① 对聚合物的增强、增韧作用。
② 提高了材料的耐热性能(高的热变形温度和分解温度)。
③ 提高了材料的阻燃和耐烧蚀性能。
④ 提高了材料的阻隔性能。
⑤ 提高了材料的尺寸稳定性,减少了材料内部的残余应力。

虽然纳米技术在聚合物/层状硅酸盐纳米复合材料中的应用已经获得了许多很好的结果,在改性沥青中的应用也具有很好的前景,但目前国内外在这方面的研究很少,纳米复合技术在改性沥青中的应用仍然面临许多困难。如何实现硅酸盐在沥青中的完全剥离和纳米分散、提高道路用改性沥青材料的综合性能等方面将是以后研究工作的重点。

3.1.4 0 维纳米材料改性沥青的研究

纳米材料根据其纳米尺度和维数可以分为:原子团簇和超微粒子(零维——量子点)、纳米线和纳米管(一维——量子线)、纳米薄膜和多层膜(二维——量子面),由原子团簇和超微粒子组成凝聚态固体(三维——量子体)。

1. 基本思路

(1)采用 0 维纳米粒子

Eidt 等人关于插层型和剥离型蒙脱土纳米改性沥青的研究,在实际应用中效果不理想。首先,沥青为大分子复杂化合物,蒙脱土为层状硅酸盐,二者形成良好插层型和剥离型的条件较苛刻;第二,蒙脱土即使完全溶胀或剥离,也只是二维(片状)纳米材料,几何尺寸较大,不易与沥青混合均匀;第三,片状颗粒易带较多的表面电荷,增加了静电聚结力,因而不利于沥青-蒙脱土纳米体系的形成和分散。采用 0 维纳米添加剂后,可有效解决上述三方面问题。目前的超微粉制备技术可将任何物料制备成纳米量级,形成圆形或近圆形纳米粒子,它们易于在复合材料中扩散,且粒子所带电量少,容易破坏双电层而去电。

(2) 纳米无机粒子与沥青(高聚物材料)性能互补

由于无机纳米粒子巨大的比表面积,及对沥青砼骨料的结合性,可增大沥青黏附力。纳米粒子均匀分散在沥青中,相当于无数个微小的骨料颗粒,将沥青材料紧紧地结合在一起,可以抵抗低温收缩产生的应力,在重载荷下,根据裂纹扩展受阻机制,消耗应力应变能,改善其脆性和低温性能。无机纳米粒子的加入,增加了沥青材料的内聚力,提高了黏度,使得高温下沥青材料不易变形、软化和流动,因而有利于其高温性能的提高。另外,无机纳米粒子的加入还有利于改善沥青的摩擦性能和抗老化性能等。

2. 技术关键

(1) 无机纳米粒子与沥青的相容性研究

无机材料一般都是亲水性的,而沥青是憎水性材料,根据相似相容原理,二者性能差别很大,很难用直接的办法混合均匀。我们采用纳米粒子表面改性技术,使纳米粒子表面包覆一层两亲性表面活性剂,其中亲水性一端全部指向无机纳米粒子,憎水基一端全部指向外侧,形成憎水端组成的球状外壳,这样得到的复合纳米粒子表面是憎水性的,因而能够与憎水性的沥青材料良好结合。纳米粒子的改性原理如图 3.3 所示,其中,⚲表示两亲性表面活性剂分子,○表示非极性溶剂分子,↕表示相互吸引。图 3.3 中沥青为非极性分散介质,无机纳米粒子为极性分散相。

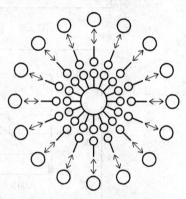

图 3.3 纳米粒子的改性原理

(2) 纳米粒子的分散

良好分散是发挥沥青纳米复合材料优异性能的又一关键。纳米添加剂用量一般应控制为少量或微量(考虑成本),要想使这少量的纳米粒子在微观水平上均匀分散于沥青中,不是一件容易事。沥青材料本身黏度较大,成分复杂,进一步增加了纳米粒子分散扩散的困难。纳米粒子由于其巨大的比表面积,表面能极高,为了降低体系能量,就有极强烈的聚结趋势,聚结以后的纳米粒子尺寸大大增加,一方面使得均匀分散更加困难,另一方面又可能使其失去纳米效应。我们主要采取四种措施解决纳米粒子在沥青中的分散问题:①加入分散剂以减少纳米粒子团聚;②将纳米粒子制备成胶体体系(水基或油基),使纳米粒子保持悬浮、稳定,进一步消除团聚;③纳米粒子在沥青中分散时,加热沥青降低其黏度,以利于纳米粒子扩散(布朗运动);④分散过程中强力剪切搅拌进一步帮助纳米粒子扩散。

3. 实验研究的初步结果

我们对实验的初步结果作了表征和分析,其中纳米改性沥青的三大指标均有不同程度改善,针入度指标降低 20.20%,延度指标提高 32.08%,软化点提高 2.45 ℃,实验结果如图 3.4~3.6 所示。

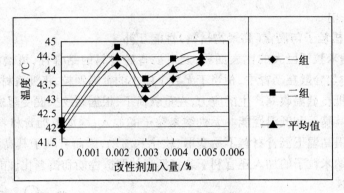

图 3.4　软化点随改性剂加入量变化曲线图

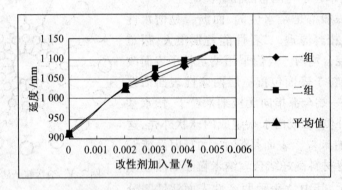

图 3.5　延度随改性剂加入量变化曲线图

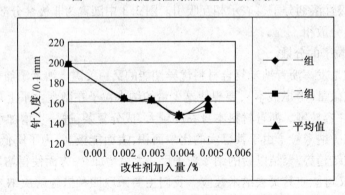

图 3.6　针入度随加入改性剂量变化曲线图

4. 0 维沥青纳米复合材料经济分析

以微量的纳米材料加入到传统材料中,即能大大地改善传统材料的性能,此一现象已被无数的实验和研究所证实,这也是利用纳米技术对沥青改性课题提出的理论基础。

纳米添加剂的比例很小(约为千分之几),但颗粒数目很多(为微米级超细粉的数百万到数十亿倍),可以布满整个沥青材料,在大大改善材料性能的同时,不使成本有较大的提高,从根本上提高了材料的性价比,因此可取得较高的经济效益和资源效益。

据分析计算(过程从略),在纳米改性沥青的制备过程中,纳米粒子加入量为

0.3%~0.5%,成本较未改性的沥青约增加 300~500 元/吨。国产改性沥青与普通沥青的差价约为 800~1 000 元/吨,进口改性沥青与国产普通沥青的差价约为 1 100~1 400 元/吨。因此,0 维纳米改性沥青产品在经济上也是完全可行的。

3.1.5 改性沥青纳米复合材料研究展望

①应当继续开展蒙脱土纳米改性沥青的研究,以使其不断完善。

②无机纳米粒子为沥青改性添加剂的研究将成为新的研究热点,需要优化选择合适的添加剂材料和工艺条件。

③将 0 维的有机纳米粒子和金属纳米粒子作为沥青改性剂,在理论上也是可行的,应该加以探讨。

④纳米粒子与沥青材料的相容性和分散性,是沥青纳米复合材料研究和生产中的关键,应进一步加强研究。

⑤纳米技术必将在提升交通材料产业方面做出巨大贡献。交通材料是一个传统产业,在国民经济中占有重要地位,急需用高新技术进行提升和改进。用纳米技术和其他高新技术提升传统产业是传统材料的重大发展方向,是传统产业紧跟时代快速发展的重要措施,在科技高速发展的今天,这是传统产业面临的挑战和机遇,谁抓住了这一机遇,谁就能领先一步,谁就能占尽先机,谁就能立于不败之地,谁就能得到大发展。

3.2 Fe_3O_4 纳米磁性粒子改性沥青工艺的研究

3.2.1 纳米改性沥青的基本原理

近几年来,纳米技术正在逐渐渗透到交通材料领域,纳米改性沥青就是其中一种。它是将纳米材料(有机、金属或无机非金属)引入沥青材料中,以神奇的纳米效应改善沥青的各项性能,如高温稳定性、低温抗裂性、抗疲劳性、摩擦性能(防滑性能)、抗老化性能和耐久性、对水的稳定性、施工和易性等。

大家知道,无论对于固体或者液体,表面分子都要比内部的分子具有较高的能量,这就是表面能。纳米材料分散度极高,具有巨大的比表面积,因此表面能巨大,导致它具有非常大的活性,产生一系列奇异的纳米效应。纳米颗粒掺入沥青中,巨大的表面能可以影响到与之接触的沥青分子的性质,在某种程度上改变沥青的微观结构,从而改善沥青的路用性能;另外,纳米颗粒的加入,较聚合物改性沥青,可以在更加微观的层面上形成复合材料,更好地发挥复合材料取长补短的优势;再者,目前的纳米改性沥青的添加材料,大多为无机纳米粒子或有机-无机复合纳米粒子,与有机的基质沥青可以得到更好的性能互补。纳米材料较高的分散度可以保证在复合材料中有较多数量的纳米粒子,保证了纳米改性的效率。

纳米改性沥青是一种沥青纳米复合材料。纳米添加剂材料(分散相)与沥青基质材料(分散介质)的相容性和分散稳定性,是纳米改性沥青优异性能得以发挥和体现的关键因素。相容性就是分散相和分散介质在微观上能够良好结合、良好适应,要设法调整两相界面结构使之相似或相近,降低界面能,使二者融为一体(相似相容原理)。只有改善了相容性,才能使纳米粒子和沥青基质良好结合,提高材料性能;反之,相容性不好,不仅材料性能得不到提高,还会使材料性能变坏。分散性稳定性就是要使纳米材料在微观尺度上良好地分散于沥青材料中并能处于长期稳定状态。宏观的分散、短时的稳定是容易做到的,而微观上的分散和稳定则要困难得多,尤其是对沥青纳米复合材料,界面性能差异较大、沥青黏度较高、纳米粒子极易团聚等因素更增加了微观上良好分散稳定的难度。若纳米材料不能在微观上均匀分散于沥青中,则可能以团聚体形式存在或引起纳米粒子局部富集或偏析,造成复合材料微观结构不均匀,引起力场畸变,不但影响纳米效应的正常发挥,有时还会起相反的作用。若纳米材料在沥青中不能长期保持均匀分散状态,即稳定性差,在纳米改性沥青存放运输或由其铺设的路面服役过程中,会引起材料微观结构的渐变,同样是十分有害的。

相容性是分散稳定性的基础因素和必要条件,但不是充分条件。如何采取适当的技术手段和工艺措施,使其良好混合,并使纳米材料均匀稳定地分散于沥青材料中,是我们研究的最终目的。本节结合我们近几年关于纳米材料和改性沥青的研究实践,对其相容性和分散稳定性进行分析探讨。

3.2.2 相容性研究

1. 有机纳米材料作为纳米改性沥青添加剂

沥青材料是一种复杂的高聚物等分子的混合物,其本身就是一种典型的有机材料。纳米有机材料添加剂在化学键性和微观结构上与沥青材料具有某些相似之处,根据相似相容原理,二者的相容性问题比较容易解决。但国内外有机材料纳米改性沥青的研究较少,主要原因为:

①有机材料属于大分子,较难用常规方法分散到纳米量级。

②有机材料分子结构复杂,支链较多,长链分子自身或相互之间易发生缠绕,因而即便制成纳米量级也难于保证不团聚。

③适合于降低有机纳米材料表面能、防止团聚的表面活性剂和分散稳定剂较少。

④有机纳米材料与沥青材料的物理性能互补性不强,也难于产生新的效应,因而限制了其应用。

2. 金属纳米材料作为纳米改性沥青添加剂

按现有技术,几乎可以将任何金属材料用比较方便的方法(激光法、等离子体法、自蔓延燃烧法等)制备成纳米量级,金属材料与沥青材料互补性也较强,应该是一种比较有前途的纳米沥青改性方法。但迄今为止,该方面的研究报道较少,主要原因为:

①金属材料的金属键不同于离子键、共价键(极性共价键)、分子键等键合,化学结合性有其特殊性,因而金属材料与其他材料的结合难度更大。

②有关金属表面活性剂的研究较少,即便有,也只是利用填隙原子或合金原理有限地改变金属材料(表面)的微观力场,很难将金属材料微颗粒的表面性质进行根本性的

改变。

③金属材料的抗氧化性能、绝热性能、耐磨性能、高温力学性能等不如无机非金属材料。

④金属材料,尤其是稀有金属和贵金属材料的成本较高,来源也远不如无机非金属材料广泛。但金属材料毕竟在理论上能与沥青材料实现性能互补,预计随着研究的深入和拓展,将有金属材料纳米改性沥青的研究逐步展开。

3. 无机非金属材料作为纳米改性沥青添加剂

无机非金属材料与沥青材料性能差别较大,要达到良好相容,必须对无机非金属材料纳米粒子进行表面改性。无机非金属材料表面改性的研究较多,用于无机非金属材料的表面活性剂和分散剂技术比较成熟,而且无机非金属材料与沥青材料互补性较强,因而无机非金属纳米改性沥青成为该领域的研究热点。

(1)蒙脱土纳米改性沥青的相容性研究

蒙脱土是一种层状硅酸盐材料,作为纳米改性添加剂使用,必须对蒙脱土进行有机化处理,方法是:将一定量的季铵盐配制成水溶液,缓慢滴加到提纯后的钠基蒙脱土的悬浮液中,加热到一定温度,强烈搅拌反应一段时间,将反应液抽滤,得白色沉淀物,用去离子水反复洗涤至无 Br^-,然后干燥,即得有机化蒙脱土。这样得到的蒙脱土已经在层间和表面进行了改性,可与沥青基质很好相容。将有机化的蒙脱土加入到加热到一定温度的沥青材料中,并强力剪切搅拌,可在沥青纳米复合材料中形成插层性或剥离性结构。

(2)Fe_3O_4 纳米改性沥青的相容性研究

选择 Fe_3O_4 纳米粒子作为改性剂,其中一个原因是它的制作成本低,较容易通过湿化学共沉淀法或胶体研磨粉碎法制备。

Fe_3O_4 为亲水性物质,沥青为憎水性物质,要使二者相容,必须进行表面处理。首先,在 Fe_3O_4 粒子上包覆一层表面活性剂进行表面改性。表面活性剂一般为两亲性分子,即一端为亲水基,另一端为憎水基,亲水基一端易与 Fe_3O_4 表面结合,故表面活性剂在颗粒表面吸附时,亲水基一端全部指向 Fe_3O_4 颗粒中心,憎水基一端全部向外,形成具有憎水基球状外壳的纳米 Fe_3O_4 复合粒子,由于憎水基外壳与沥青材料性质相近,故可与沥青材料很好相容。我们在大量实验的基础上,选择合适的表面活性剂,严格控制制备过程和参数,制得了包覆良好的 Fe_3O_4 纳米粒子,图 3.7 所示为其高分辨透射电子显微镜(HTEM)照片。由图 3.7 可见,纳米粒子外部包覆有一层均匀的无定型表面活性剂,其厚度约为 1~1.5 nm。

(3)其他无机非金属材料的纳米改性沥青相容性

无机非金属材料一般为离子键、共价键/极性共价键,多为亲水性物质,或者能用表面活性剂降低其表面能。无机非金属材料一般都与沥青材料具有较强的互补性。从理论上讲,绝大多数无机非金属材料都可以制备成纳米尺度,与沥青材料形成沥青纳米复合材料,这里的关键是要找到同时适合于纳米添加剂材料和沥青材料的表面活性剂,并采取适当的工艺对纳米粒子进行包覆处理。关于表面活性剂的研究较多,理论上也较成熟,这为拓展无机非金属纳米改性沥青的研究领域奠定了良好的基础。我们正在尝试用更多种类的无机非金属材料制备纳米改性沥青,优化选择添加剂材料的种类,以期开发出在性能上与沥青互补性更大、成本更低廉、工艺更简便的纳米改性沥青复合材料。

图 3.7　Fe_3O_4 纳米粒子表面无定形外壳 HTEM 图像

3.2.3　Fe_3O_4 纳米改性沥青的分散稳定性研究

为了促进 Fe_3O_4 纳米粒子在沥青中的分散,主要采取四种措施:

①将 Fe_3O_4 纳米粒子制备成胶体体系(水基或油基),利用表面活性剂的作用、双电层稳定作用、布朗运动动力稳定作用等,使纳米粒子处于良好的悬浮稳定状态,避免纳米粒子聚结。

②纳米粒子在沥青中分散时,加热沥青降低其黏度,以利于纳米粒子扩散。

③分散过程中强力剪切搅拌进一步帮助纳米粒子扩散。

④对沥青纳米复合材料体系进行脱水(使用水基纳米胶体体系时)或蒸馏(使用油基纳米胶体体系时)处理。由于纳米粒子外层包覆表面活性剂,因此减小了粒子之间的团聚趋势,加之沥青具有较高黏度,纳米粒子在沥青材料中均匀分散后,可以长期稳定而不至于扩散聚结。

1. 纳米胶体体系的稳定作用

图 3.8 为制得的 Fe_3O_4 纳米胶体体系透射电子显微镜(TEM)显微照片,可以看出,纳米粒子细小均匀,基本无团聚现象。

该胶体体系的稳定机制主要有:

①表面活性剂空间位阻作用。包覆后的 Fe_3O_4 纳米粒子,表面有一层 1~1.5 nm 厚的表面活性剂外壳,当两粒子相撞时,中间就隔着3 nm 左右的无定型物质,这一距离可大大减弱分子间力引起的聚结作用。

②弹性位阻作用。如图 3.9 所示,纳米 Fe_3O_4 粒子外面的球状无定型外壳,本身具有一定的强度和刚度,因此当两个粒子碰撞时,可看成弹性碰撞,产生弹性力,而使两粒子重新分开。

③双电层稳定作用。纳米 Fe_3O_4 粒子分散度大,表面能高,极易吸附溶液中的离子而带电,形成双电层,带有双电层的粒子相撞时,由于静电斥力和因双电层交联区电荷密度增大而引起的向外扩散的扩散斥力,而使两粒子重新分开,如图 3.9 所示。通过调

整胶体体系 pH 值、体系离子强度,进行超声波强力分散等措施,使胶体体系扩散双电层增大,提高了胶体体系的稳定性。

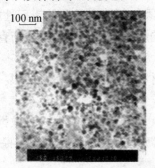 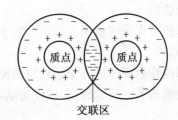

图 3.8　Fe_3O_4 纳米胶体体系 TEM 图像　　图 3.9　双电层交联产生的扩散斥力

2. 分散过程中的加热和强力剪切搅拌

分散过程中的加热和强力剪切搅拌可配合完成。注意:加热温度不宜过高,防止沥青老化;加热温度太低则沥青黏度大不利于搅拌和扩散,一般控制加热温度在 100 ℃左右。剪切搅拌时注意搅拌的强度。纳米胶体溶液以雾状分次喷入搅拌状态下的沥青中,注意每次喷入量不宜过多,避免沥青涨沸溢出。对于水基纳米胶体体系,带入的水分在加热和搅拌的同时可逐渐脱除;对于油基纳米胶体体系,需要另外的蒸馏过程,以便脱去带入的轻油组分,避免轻油组分残留带来的性能恶化。

3. 乳化纳米改性沥青

乳化纳米改性沥青或称纳米改性乳化沥青,即当纳米粒子以水基胶体溶液的形式引入时,不脱除或不完全脱除其水分,而是通过一定措施制成乳化纳米沥青复合材料。用高速搅拌磨将沥青/水基纳米胶体混合物破碎成微粒子,借助于乳化剂(磺酸钠盐或油角皂等)的作用使其分散成乳化液或微乳液。一般多使用水包油型的乳化液。

乳化沥青具有不燃、无臭、干燥快、使用方便、施工简单等许多优点。乳化沥青可冷态施工,节省大量能源,并减少环境污染,有利于工人健康;乳化沥青具有良好的工作性,和易性好,可均匀分布在石料表面;有较好的黏附性,提高沥青结合力并可节省沥青用量;它对石料的浸润性好而施工方便,特别是代替液体沥青用于道路表面处理,从节省生产液体沥青的轻油来说,对我国是十分有利的;使用乳化沥青可延长施工季节,特别是阳离子乳化沥青,几乎可以不受阴湿或低温季节影响,能及时进行路面的维修和养护;使用乳化沥青时,可用湿的砂石料,这对我国南方多雨地区更为适用。

对于纳米乳化改性沥青,最大的特点是乳化沥青易于使纳米添加剂材料分散和稳定。特别是微乳液乳化沥青,由于微乳化是体系自由能降低的自发过程,所以它是热力学上稳定的体系。施工时通过一定的破乳措施即可使乳化沥青与骨料良好结合。乳化沥青加上纳米改性,赋予沥青材料一系列全新的优异性能,同时简化了沥青纳米复合材料的制备工艺,易于质量控制,保证了沥青纳米复合材料良好性能的发挥。目前此项研究正在进行中。

3.2.4 结论

①制备良好的沥青纳米复合材料,关键是使添加剂纳米组分的表面性能与沥青材料相似或相近,加入表面活性剂以改进分散相(纳米粒子)与分散介质(沥青)的相容性是一有效方法。

②纳米粒子在微观水平上均匀分散于沥青材料中,是发挥沥青纳米复合材料优良性能的保障。

③纳米改性沥青已成为交通材料的研究热点,必须重视相容性、分散性、稳定性和微观结构及机理等方面的研究,以便为纳米改性沥青的研究、生产和应用提供指导。

3.3 纳米 Fe_3O_4 粒子对改性沥青三大指标的影响

纳米材料由于处于介观领域,因而具有许多奇异的效应,如小尺寸效应、表面效应、量子隧道效应等。表现在宏观物理性能上,则可以使材料的性能产生质的突变,如,绝缘体变为导体、导体变为绝缘体、神奇的发光现象、光催化灭菌自清洁效应、超高强度和超高韧性等。

3.3.1 原材料

主要原材料有:氯化铁 $FeCl_3 \cdot 6H_2O$(分析纯),用于合成纳米 Fe_3O_4 粒子;氯化亚铁 $FeCl_2 \cdot 4H_2O$(分析纯),用于合成纳米 Fe_3O_4 粒子;氨水 NH_4OH(分析纯),在纳米 Fe_3O_4 粒子合成中用作碱源和催化剂;油酸(分析纯)、油酸钠(分析纯)、SD-03 等,用作表面活性剂,包覆 Fe_3O_4 粒子以防止其团聚;柴油,作为胶体体系分散介质;蒸馏水,用于纳米 Fe_3O_4 粒子的洗涤及作为胶体体系分散介质;稀盐酸(质量分数为 3% HCl),调整胶体体系的 pH 值,保持体系稳定;商品沥青(未加改性剂),作为基础沥青加入纳米粒子后将其改性;甘油滑石粉隔离剂(甘油:滑石粉=2:1),用作沥青脱模剂;$AgNO_3$(分析纯),用于配制检测 Cl^- 的指示液;无水乙醇(分析纯),用于清洗、洗涤等;滤纸,用于清洗过滤等;溶剂三氯乙烯等,用于沥青清洗;其他如脱脂棉、食盐等。

3.3.2 研究方案与技术路线

1. 基本思路

将无机 Fe_3O_4 纳米粒子通过表面活性剂加入到沥青中,利用纳米材料的奇异效应,改善沥青的感温性能、摩擦性能、抗老化性能等。

2. 研究方案

①用湿化学共沉淀法制备(水基)Fe_3O_4 纳米磁性液体,用喷壶(喷出的液体呈雾状)将其加入到商品石油沥青中,经搅拌分散后制成试件,测其各项指标,以研究其性能。

②用湿化学共沉淀法制备(水基)Fe_3O_4纳米磁性液体,将其放入离心机中进行分离,将分离所得的黑色Fe_3O_4纳米颗粒加入到商品石油沥青中,经搅拌分散后制成试件,测其各项指标,以研究其性能。

③用湿化学共沉淀法制备(柴油基)Fe_3O_4纳米磁性液体,测柴油的沸点,将柴油基Fe_3O_4纳米磁性液体加入到商品石油沥青中,用蒸馏的方法消除柴油对沥青的影响,经搅拌分散后制成试件,测其各项指标,以研究其性能。

3. 技术路线

①原材料(氯化铁、氯化亚铁、氨水、SD-03)→制备Fe_3O_4纳米磁性液体(水基)→分离Fe_3O_4纳米磁性液体→将纳米粒子加入到商品沥青中进行剪切搅拌→做成常用试件→测改性沥青的指标。

②原材料(氯化铁、氯化亚铁、氨水、SD-03)→制备Fe_3O_4纳米磁性液体(水基)→边剪切搅拌边加入Fe_3O_4纳米磁性液体到商品沥青中,蒸发完其中的水分并使Fe_3O_4纳米粒子均匀的分散到沥青中→做成常用试件→测改性沥青的指标。

③原材料(氯化铁、氯化亚铁、氨水、柴油)→制备Fe_3O_4纳米磁性液体(柴油基)→将纳米粒子加入到商品沥青中进行剪切搅拌→蒸馏以除去其中的柴油→做成常用试件→测改性沥青的指标。

3.3.3 实验过程

1. 水基及油基Fe_3O_4纳米胶体溶液的制备

实验方案:利用湿化学共沉法的基本原理,通过胶体体系中的溶液反应直接合成纳米胶体粒子,并以表面活性剂包覆,改变制备过程中各种参数和表面活性剂种类和用量,遴选出最佳配方和工艺,最后对系列配方进行检测和表征。基本化学反应为

$$2Fe^{3+} + Fe^{2+} + 8OH^- \longrightarrow Fe_3O_4 + 4H_2O$$

实验步骤:精确称量一定量$FeCl_3 \cdot 6H_2O$和$FeCl_2 \cdot 4H_2O$分别配制成0.4M溶液,将两种溶液按一定比例($FeCl_2 \cdot 4H_2O$溶液稍过量)混合搅拌,在密闭条件下滴加质量分数为25% NH_4OH溶液,同时配合滴加表面活性剂,NH_4OH稍过量以保证反应完全。反应完毕后充分搅拌0.5 h,然后清洗沉淀3~5次,洗去过多的Cl^-。用加热水浴法排除多余的NH_3,用稀盐酸调整pH值为酸性,接着进行超声波分散1 h,制得稳定悬浮的磁性液体。实验过程中随时对制得样品进行磁性检测,逐步调整工艺和参数。纳米粒子胶体体系制备工艺流程如图3.10所示。

2. 纳米改性沥青复合材料的制备

将基础沥青加热到一定温度后,采取边对沥青进行剪切搅拌边加入纳米添加剂的办法得到沥青纳米复合材料。实验步骤如下:

①商品沥青的处理(低温脱水):由于购置的沥青含水率较高,影响沥青的性能,将沥青试样放入恒温烘箱中进行脱水(烘箱温度80 ℃左右),直至沥青表面不出现气泡为止。

②称量烧锅质量为m_1,将脱水后的沥青置于烧锅中,称量其总质量为m_2,沥青的

质量为 $m_3 = m_2 - m_1$。根据沥青的质量计算所需的改性剂的质量为 m_4，进而计算出所需要水基 Fe_3O_4 纳米磁性液体的体积。用量杯量出其体积，倒入喷壶中。

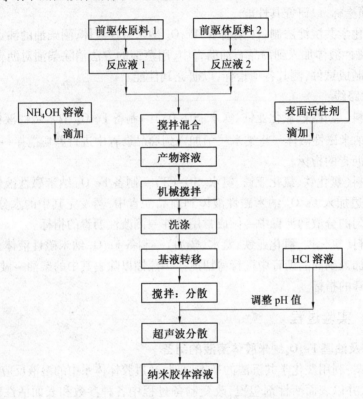

图 3.10　纳米粒子胶体体系制备工艺流程

③将烧锅放在可调万用电炉上加热到 80～90 ℃左右，保持恒温。用强力电动搅拌机进行搅拌，边搅拌边分次用喷壶向其中加入 Fe_3O_4 纳米磁性液体（一次加入的量不宜太多，防止液面上升从烧锅中溢出）。直至纳米磁性液体全部加完，水分全部蒸发，热沥青基本无气泡，液面基本恢复到未加改性剂前的水平。再充分搅拌 10～20 min，直至 Fe_3O_4 纳米粒子均匀地分散到沥青材料中，即得到纳米复合材料改性沥青。

3. 针入度实验

改性沥青纳米复合材料制备完成后，即可测其针入度指标，并将其与未加改性剂的基础沥青的针入度进行对照，见表 3.1。

利用针入度仪，测量沥青试样在规定的温度条件下，100 g 的标准针在 5 s 的时间内贯入沥青试样的深度。

表3.1　未加入改性剂与加入改性剂后针入度对照

改性剂加入百分比	针入度		平均值	降低值	降低百分率%
	一组	二组			
未加入改性剂	①200 ②196 ③197 平均值:198	①195 ②190 ③210 平均值:198	198	0	0
加入0.2%改性剂	①160 ②165 ③165 平均值:163	①163 ②162 ③168 平均值:164.3	163.7	34.3	17.35
加入0.3%改性剂	①165 ②157 ③163 平均值:161.7	①162 ②163 ③160 平均值:161.7	161.7	36.3	18.33
加入0.4%改性剂	①154 ②141 ③143 平均值:146	①145 ②149 ③150 平均值:148	147	51	24.75
加入0.5%改性剂	①165 ②162 ③165 平均值:164	①153 ②154 ③149 平均值:152	158	40	20.20

4. 延性试验

测定纳米改性沥青的延度指标并与未加改性剂的基础沥青进行比较。把沥青试样制成8字形的标准试件(最小断面为1 cm^2)。在规定速度和规定湿度下测定拉断时的长度。未加入改性剂与加入改性剂后延度比较见表3.2。

5. 软化点试验

测定纳米改性沥青的软化点指标并与未加改性剂的基础沥青进行比较。将沥青试样注于内径为18.9 mm的铜环中,环上置一质量为3.5 g的钢球,在规定的加热速度下进行加热,使沥青试样逐渐软化,直至在钢球作用下产生规定挠度时的温度。未加入改性剂与加入改性剂后软化点比较见表3.3。

6. 实验技术的关键

Fe_3O_4纳米胶体溶液体系的制备,主要包括:

①表面活性剂对纳米粒子的包覆。包覆情况的好坏直接影响纳米粒子与沥青材料的相容性,这也是制得性能良好的纳米改性沥青的重要基础。

②制备所得的Fe_3O_4溶液的分散。分散良好并保持稳定,有利于后续过程纳米粒子在沥青中的分散和稳定。

用加热并强力剪切搅拌的方法将制备所得纳米粒子均匀地分布到沥青大分子材料

中。主要控制点为:

①加热的温度不能太高,防止沥青老化。

②一次加入的纳米胶体液体量不宜过多,防止因水分过多引起液面升高,导致沥青溢出;搅拌的速度也不宜太快,防止沥青溅出。

③搅拌充分,使 Fe_3O_4 纳米粒子均匀地分散到沥青中,并使水分蒸发完全。

表3.2 未加入改性剂与加入改性剂后延度比较

改性剂加入百分比	延度		平均值	增高值	提高百分比%
	一组	二组			
未加入改性剂	①887 ②930 ③934 平均值:917	①877 ②912 ③938 平均值:909	913	0	0
加入0.2%改性剂	①1 019 ②1 025 ③1 036 平均值:1 026.7	①1 003 ②1 037 ③1 053 平均值:1 031	1 028.85	115.85	12.69
加入0.3%改性剂	①1 010 ②1 062 ③1 087 平均值:1 052.7	①1 047 ②1 078 ③1 091 平均值:1 072	1 062.35	149.35	16.36
加入0.4%改性剂	①1 033 ②1 080 ③1 126 平均值:1 079.7	①1 058 ②1 090 ③1 143 平均值:1 097	1 088.35	175.35	19.21
加入0.5%改性剂	①1 100 ②1 121 ③1 156 平均值:1 125.7	①1 073 ②1 131 ③1 161 平均值:1 121.7	1 123.7	210.7	23.08

表3.3 未加入改性剂与加入改性剂后软化点比较

改性剂加入百分比	软化点			提高值	提高百分比%
	一组	二组	平均值		
未加入改性剂	41.9	42.2	42.05	0	0
加入0.2%改性剂	44.2	44.8	44.5	2.45	5.8
加入0.3%改性剂	43.0	43.7	43.35	1.3	3.1
加入0.4%改性剂	43.7	44.4	44.05	2	4.8
加入0.5%改性剂	44.3	44.7	44.5	2.45	5.8

3.3.4 分析讨论

从针入度、延度、软化点变化曲线上可以看出,沥青的性能指标并不都是随加入改性剂的百分比的提高而一直有规律的变化,这一点与我们的预测有一定差别。

软化点的变化随着加入改性剂的百分比的提高,呈不很规则的抛物线变化。但总的来讲,加入纳米粒子后总能提高沥青的软化点,证明纳米粒子在沥青中起到了有益的作用。至于为什么曲线中有下降部分,分析认为,一是可能存在实验误差;二是由于实验条件较简陋,所制备的 5 种纳米改性沥青(纳米粒子含量不同)的制备质量存在差异。具体原因和机理尚不清楚,有待进一步的研究。

沥青的延度随着加入改性剂百分比的提高,呈一直增大的曲线变化。纳米粒子在沥青中起微骨料的作用,能与沥青大分子良好结合,故能增加其黏度,提高其延度。但纳米粒子加入量不能无限制增加,需要考虑成本及对其他性能的影响。需要进一步地研究以确定最佳性价比时的纳米粒子加入量。

针入度的变化曲线也不是很有规律,这可能与试件的数量不够多,造成描点不够紧密和实验的一些误差有关。但针入度曲线足以说明加入纳米粒子对提高该项性能是有利的。

3.3.5 结论

①通过湿化学沉淀法制备了水基和柴油基 Fe_3O_4 纳米胶体体系,该方法简便易行、成本低廉、科学合理,现在已经是一套比较成熟的纳米 Fe_3O_4 胶体溶液制备工艺。

②制得的纳米改性沥青的三大指标均有提高,研究达到了预期的目的。

③通过研究,证明了利用 0 维纳米材料(球状纳米粒子)可以制得性能良好的沥青纳米复合材料,在纳米改性沥青材料制备理论上取得突破。

④沥青中加入 Fe_3O_4 纳米粒子为纳米改性沥青探索了一种发展方向,但该项研究远未完善,尚有许多繁杂而有意义的工作要做。例如,优化选择纳米添加剂材料;将侧重纳米物理改性的研究逐步拓展到纳米化学改性的研究;深入探讨纳米改性的微观机制;研究石蜡基沥青纳米改性课题等。

3.4 纳米 TiO_2 改性沥青抗光老化性能的研究

选用纳米 TiO_2 对沥青进行改性。采用自制紫外光源环境箱对基质沥青和改性沥青进行紫外线光老化试验,根据光老化前后沥青性能指标的变化,研究纳米 TiO_2 对提高沥青抗光老化性能的作用。结果表明:与基质沥青比较,同样经紫外光照射后,改性沥青的低温延度明显高,且光照前后软化点变化的比值也低于基质沥青,说明纳米 TiO_2 的掺入能够明显提高沥青的抗光老化能力。

沥青在路面中,受到各种自然因素的作用,组分移动、逐渐老化,最后导致路用性能随之衰降。沥青的老化常分为高温引起的热老化和由太阳光(主要是紫外线)照射引起的紫外老化。目前,沥青的热老化研究比较成熟,紫外老化研究则一直未能受到普遍重视,我国西北部地区紫外线辐射强烈,所以选择一种比较合适的紫外线抗老化剂来改善沥青的抗光老化性能,对提高沥青路面的使用寿命具有重要意义。提高沥青抗光老化性能的传统方法是添加有机紫外线吸收剂,这种方法对聚合物的防护作用是通过优先吸收机理来实现的,在紫外区中,抗老化剂对紫外线的吸收能力应该强于聚合物及其所含可以引发光化学反应之杂质的吸收能力。但有机紫外线吸收剂存在一些固有的缺陷:①其本身也是一种有机物,也会被紫外线侵害,影响其使用的持久性;②其对紫外线的吸收具有一定的选择性,往往只对一定波长范围的紫外光具有强吸收作用。相对而言,有些无机纳米材料对紫外线具有强吸收和屏蔽性能,并且能较好地克服上述有机紫外线吸收剂的不足。

TiO_2 性质稳定,具有良好的屏蔽紫外线功能。同时,纳米材料与其他材料不同,具有特殊的界面效应,极易与其他原子结合而使其稳定,而纳米改性技术和纳米复合材料研究就是利用纳米表面活性为生产所用。目前,在国内无机纳米粒子对聚合物的改性研究比较多,而对于纳米二氧化钛应用于改性沥青,研究其路用性能的报道比较少见。因此研究人员在沥青中添加纳米 TiO_2,通过对比分析基质沥青及改性沥青老化前后针入度、延度、软化点三大性能指标,探讨不同掺量的纳米 TiO_2 对提高沥青抗光老化性能的作用。

3.4.1 试验部分

1. 试验原材料

试验采用沥青为滨州生产的 A 级 70 号沥青,紫外线抗老化剂采用金红石型纳米 TiO_2,粒径为 100~200 nm 的白色粉体。

2. 试验方案的确定

①确定纳米 TiO_2 的用量质量分数为 1%、3%、5%。

②确定基质沥青和改性沥青性能指标试验温度:针入度试验设定为 5 ℃、15 ℃、25 ℃;延度试验设定为 5 ℃、15 ℃。

③采用自制的紫外光源环境箱对基质沥青和改性沥青进行紫外线光老化试验,试件在紫外线灯下分别照射 2 h、5 h 后进行三大指标试验。

④综合分析 TiO_2 对沥青的改性机理。

3. 试样制备

以纳米 TiO_2 为改性剂,通过高速剪切机强制剪切搅拌,使其充分分散到基质沥青中。

①将沥青通过 0.6 mm 的滤筛,在容器中倒入一定数量的沥青,并将其放入电热套中加热至 170 ℃,启动高速剪切仪剪切沥青,并按要求剂量加入纳米 TiO_2 粉,然后以 2 500~3 000 r/min 的速度剪切 30 min,期间要求温度 170 ℃左右。

②剪切 30 min 后,将试样放入电热鼓风干燥箱中恒温 165 ℃,均化 30 min。

③取出试样,浇注试件。

3.4.2 试验结果分析

1. 纳米 TiO_2 对基质沥青三大指标的影响分析

按质量分数为 1%、3%、5% 的剂量掺入纳米 TiO_2，制备改性沥青试样，分别测试其针入度、软化点及延度，结果见表 3.4。

表 3.4 纳米 TiO_2 对沥青三大指标的影响

TiO_2 掺量/%		0	1	3	5
针入度 (100 g,5 s,0.1 mm)	5 ℃	9	8	9	8
	15 ℃	26	25	25	25
	25 ℃	69	68	68	68
延度/cm	5 ℃	5.63	4.81	3.58	6.01
	15 ℃	195.60	86.01	80.70	86.03
软化点/℃		50.2	50.2	50.5	50.9

分析表 3.4，可以看出 TiO_2 掺量对于沥青三大指标的影响。

随着温度上升，沥青的针入度值随之增大，黏度降低，与基质沥青的变化规律相一致。另外，TiO_2 的掺入对沥青针入度影响不大，表明纳米颗粒与沥青作用不仅存在简单的物理吸附作用，可能还存在比较复杂的化学作用。

在一定的 TiO_2 掺量下，随着温度上升，延度也随之上升；但随着 TiO_2 掺量增加，改性沥青的延度变化不规律，5 ℃ 时改性沥青的延度先减小后增大，掺量为 5% 时改性沥青的延度较基质沥青增加；15 ℃ 时改性沥青的延度下降很明显，但掺量为 3% 以后，随掺量的增加延度略有回升。一般认为延度反映沥青的柔韧性，延度值越大，沥青的柔韧性越好。低温下延度越大，则沥青的抗裂性能越好，加入纳米 TiO_2 以后，5 ℃ 延度增大，由此可见改性后沥青的低温性能得到了改善。

软化点随着 TiO_2 掺量的增加而略有增加，说明掺入 TiO_2 后，沥青的高温稳定性有所改善。可见，TiO_2 的加入对沥青产生了硬化效应，使沥青胶浆黏度增加，软化点提高。

综合表 3.4 可看出，纳米 TiO_2 的掺入使沥青的高温性能和低温性能都有所改善。但是，TiO_2 掺量可能存在最佳值，只有适当的掺量才能够充分发挥改性剂的作用，较好地改善沥青各方面性能。

2. 纳米 TiO_2 改性沥青抗紫外线性能分析

采用自制的紫外光源环境箱对基质沥青和改性沥青进行了紫外线光老化试验，通过对试样进行紫外线照射 2 h、5 h 后沥青三大指标的变化，研究 TiO_2 对沥青抗紫外线老化性能的影响。

(1) 紫外线照射对沥青针入度的影响

图 3.11 是紫外线照射对沥青针入度的影响。从图 3.11 可以看出，强紫外线照射后，基质沥青和改性沥青的针入度与光照前相比较都有较大的降低，这说明紫外线照射后使沥青老化，轻质油分不断挥发，使沥青变硬变脆，针入度降低；紫外线照射 2 h 后，随 TiO_2 掺量的增加针入度先降低后逐渐增大，这说明随着 TiO_2 掺量的增加，TiO_2 均匀地

分散于沥青中,而金红石型纳米 TiO_2 的折射率很高,对光的反射、散射能力很强,从而对紫外线具有良好的屏蔽功能,降低了紫外线对沥青针入度的影响。5 h 照射后,紫外线对基质沥青的影响更大,基质沥青的针入度降至 38(0.1 mm),同样经紫外照射,掺量 5% TiO_2 的改性沥青比基质沥青的针入度提高了 37%,这说明 TiO_2 对紫外线具有强吸收作用。

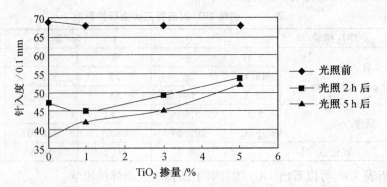

图 3.11 紫外线照射对针入度的影响

注:①为 25 ℃针入度,可注明;
②光照前 1%试样针入度下降可能是以热老化为主。因为同时存在改性和老化两种作用;
③从光照前的曲线看,纳米钛对基质沥青基本无改性作用,原因可能是分散不足

(2) 紫外线照射对沥青软化点的影响

软化点反映沥青的温度敏感度,同时也反映了沥青的黏度,软化点越高,则其等黏温度越高,温度稳定性越好。图 3.12 是紫外线照射对软化点的影响。由图 3.12 可知,在相同的 TiO_2 掺量下,紫外线照射后沥青的软化点均有所增加,而且随着照射时间的增加,影响随之增大,对沥青的高温性能有利。从光照前的曲线看,纳米钛对基质沥青基本无改性作用,软化点仅变化 0.7 ℃;从软化点变化量角度讲,掺加纳米钛后进行紫外照射,掺加量对软化点影响很小。

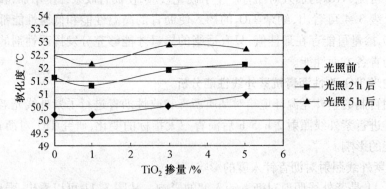

图 3.12 紫外线照射对软化点的影响

同样经紫外线照射处理,改性沥青软化点较基质沥青高,为了更好地评价沥青抗紫外线光老化的性能,用沥青紫外线光老化前后软化点变化的比值 A 进行比较。

$$A = (T_h - T_q)/T_q \times 100\%$$

式中, T_q、T_h 分别为紫外线老化前后的软化点。

紫外线照射 2 h、5 h 前后软化点变化的比值 A,如图 3.13 所示。

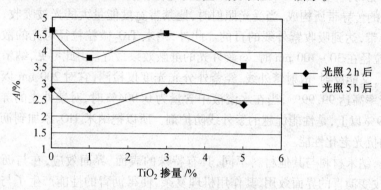

图 3.13 紫外线照射前后软化点的变化

从图 3.13 可以看出,当 TiO_2 的掺量为 1% 和 5% 时改性沥青的 A 值明显低于基质沥青,TiO_2 的掺量为 3% 时改性沥青的 A 值和基质沥青相当,略低于基质沥青。

(3) 紫外线照射对沥青延度的影响

图 3.14 为基质沥青与纳米 TiO_2 改性沥青光照前后 5 ℃ 延度的变化曲线。由图 3.14 可以看出,基质沥青 5 ℃ 延度随着光照时间的增加降低较大,掺加 TiO_2,改性沥青光照后 5 ℃ 延度不降低反而有所增加。掺量 5% TiO_2 的改性沥青延度性能较稳定并略有提高,光照 5 h 后的延度比基质沥青光照前的数值还大。

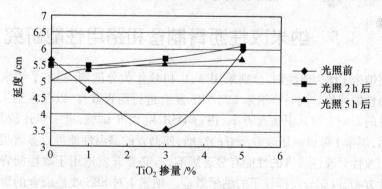

图 3.14 紫外线照射对延度的影响

通过对纳米 TiO_2 不同掺量改性沥青在紫外线光老化前后的性能对比得出,5% 掺量的改性沥青低温延度最稳定,且软化点变化率最小,从防止沥青低温开裂的角度考虑,掺加 5% 的纳米 TiO_2 能够有效地增强沥青抗紫外线光老化的能力。

3. 机理分析

沥青结合料的老化是影响沥青路面使用寿命的重要因素,为了降低紫外线对沥青等聚合物高分子材料的老化作用,可以通过加入光稳定剂。常用的光稳定剂有光屏蔽剂、紫外线吸收剂和能量转移剂(淬灭剂)。常用的光屏蔽剂包括炭黑、氧化锌、镉红、镉黄、钛白粉及有机颜料酞菁蓝、酞菁绿。选用纳米 TiO_2 作为抗光老化剂,主要是因为金红石型纳米 TiO_2 的折射率很高,对光的反射、散射能力很强,从而对紫外线具有良好的屏蔽功能;另一方面,TiO_2 是一种多功能的 n 型半导体,其电子结构由价电子带和空轨道形成的传导带所构成,当受光照射时,比禁带宽度能量大的光被吸收,价带的电子激发至导带,达到吸收紫外线的目的。此外,纳米 TiO_2 微粒粒径对光的散射有很大影响,一般粒径在 30~100 nm 时,对紫外光的屏蔽效果最好。由此可见,纳米 TiO_2 既能吸收紫外线,又能反射、散射紫外线,经紫外分光光度仪检测,它对 200 nm 以上的紫外光线的屏蔽率高达 99.99%,当在水溶液中含量为 0.004% 时,对紫外光的屏蔽率仍然维持在 99.9% 以上,是性能优越的紫外线防护剂。所以把纳米 TiO_2 添加到沥青中可以提高沥青的抗光老化性能。

但是,纳米材料与其他材料不同,具有特殊的表面、界面效应,在与沥青相互作用后,可以改变沥青的界面效用,其作用机理复杂,使得沥青的性能产生了与其他类型改性沥青变化规律不一致的地方,对于纳米材料改性沥青还有待进一步研究。

3.4.3 结论

研究者用自制的紫外光源环境箱对基质沥青和不同 TiO_2 掺量的改性沥青进行紫外线光老化试验,对比分析了照射前后沥青三大指标性能的变化,结果表明:紫外线照射后,5% TiO_2 掺量的改性沥青的低温延度明显高于基质沥青,改性沥青光照前后软化点变化的比值 A 也低于基质沥青,且针入度恢复最明显。从防止沥青低温开裂的角度考虑,掺加 5% 的纳米 TiO_2 能够有效地增强沥青抗紫外线光老化的能力。

3.5 纳米改性沥青制备和路用性能研究

采用纳米 I 作为改性剂,分别采用 A、B 和 C 作为分散剂,制备了纳米改性沥青并进行路用性能评价。同时将纳米 I 与 SBS 复合进行沥青改性,以考察纳米 I 对聚合物改性沥青的影响。对其中优选方案,进行 DSR 和 BBR 试验,进一步评价其路用性能。结果表明,纳米 I 可以明显改善沥青的性能,使沥青的高温性能得以显著提高。纳米粒子的表面改性对改性沥青的性能有显著影响,有必要开发适用于改性沥青的纳米粒子表面改性方案,以充分发挥粒子的纳米效应。纳米 I 对 SBS 改性沥青的影响表现为高低温路用性能的全面提高。

3.5.1 引言

纳米材料是指三维空间尺度至少有一维处于纳米量级(1~100 nm)的材料,它是由尺寸介于原子分子和宏观体系之间的纳米粒子组成的新一代材料。当粒子尺寸小到纳米量级时,性质就从量变转换为质变,其力学、热学、电学、磁学和光学性质发生根本性变化。纳米粒子的尺寸小,比表面积大,位于表面的原子占很大比例。由于表面原子具有不饱和的悬挂键,性质很不稳定,使纳米粒子的活性大大增加,这就导致由纳米微粒构成的体系出现了不同于通常的大块宏观材料体系的许多特殊性质,如表面与界面效应、小尺寸效应、量子尺寸效应及宏观量子隧道效应等。

基于这些特殊性质,在传统材料中加入纳米粉体可以大大改善其性能或带来意想不到的性质,这已成为改善材料性能的一条重要途径。近年来,纳米技术也逐渐渗透到交通建筑材料领域,道路工作者已开始尝试将纳米技术应用于改性沥青材料的研究和开发,以提高沥青路面的路用性能,满足交通发展的需要。沥青路面的宏观路用性能是由路面材料组成的微观结构所决定的,尤其是在微米和纳米尺寸下发生的作用,因而纳米改性沥青能够从根本上大幅度改善沥青性能。

目前用的较多的是层状纳米硅酸盐,已经积累了部分研究成果。荷兰 Delft 大学将蒙脱土纳米黏土用于沥青改性,对所得改性沥青及沥青混合料的路用性能做了较为全面的测试,发现其抗老化、抗车辙及力学性能都有所提高。吴少鹏等人也用蒙脱土纳米层状硅酸盐改性沥青,分别发现沥青的老化性能、混合料的高温和水稳性能显著提高。纳米层状硅酸盐改性沥青的研究虽然取得了一定成果,但还是明显存在一些缺陷:

①沥青为大分子复杂化合物,与层状硅酸盐二者之间形成良好插层型和剥离型的条件较苛刻。

②层状硅酸盐即便完全溶胀或剥离,也只是二维(片状)纳米材料,几何尺寸较大,不易与沥青混合均匀。

③片状颗粒易带较多的表面电荷,增加了静电聚结力,因而不利于沥青-层状硅酸盐纳米体系的形成和分散。

而无机纳米粒子不存在这些缺陷,且正好与沥青(或高聚物材料)性能互补。由于无机纳米材料粒子巨大的比表面积,可增加沥青材料的内聚力,提高黏度,使得高温下沥青材料不易变形、软化和流动,因而有利于高温性能的提高;纳米粒子均匀分散在沥青中,相当于无数个微小的骨料颗粒,将沥青材料紧紧地结合在一起,可以抵抗低温收缩产生的应力,在重载荷下,根据裂纹扩展受阻机制,消耗应力应变能,改善其脆性和低温性能;另外,无机纳米粒子的加入还有利于改善沥青的摩擦性能和抗老化性能等。基于此思想,张金升等人采用 Fe_3O_4 纳米磁性液体改性沥青,马峰等人研究了纳米 $CaCO_3$ 对沥青性能的影响,都得到了一定的改善作用。也有将纳米粒子与聚合物进行复合改性的研究,肖鹏和刘大梁等人分别利用纳米 ZnO 和纳米 $CaCO_3$ 与 SBS 复合改性沥青,陈宪宏等人研究了纳米 SiO_2 与 SBR 对乳化沥青的复合改性作用。RILEM 国际材料与结构协会也于 2008 年专门成立了纳米沥青技术协会(TC of NBM),并计划不定期召开国际纳米沥青会议,可见纳米技术已经为沥青改性带来了全新的视野,必将成为沥青改性的一个趋势。

研究者采用纳米 I 作为改性剂,研究纳米改性沥青的制备工艺,评价其路用性能,探索改性沥青的新理念和新技术,促进纳米改性沥青技术的发展。

3.5.2 原材料和试验方法

1. 试验原材料

改性剂:纳米 I 粒子、SBS 改性剂颗粒。

分散剂:A、B、C。

调节助剂:D、E,是分散剂发挥分散作用的必要助剂。

基质沥青:AH-70。

2. 室内制备工艺

(1)未加分散剂的纳米 I 改性沥青

称取不同剂量的纳米 I 粒子,与 500 g 基质沥青初步搅拌均匀后,在 170 ℃下高速剪切搅拌 30 min 后浇模测试,搅拌速度为 5 000 r/min。

(2)加分散剂的纳米 I 改性沥青

纳米粒子的比表面积很大,表面能高,处于非热力学稳定态,这使得它们很容易团聚在一起,而形成带有若干弱连接界面的尺寸较大的团聚体,这种团聚的二次粒子难以发挥其纳米效应,使材料达不到理想的性能。而且由于表面有大量硅羟基,使纳米 I 具有强亲水性,在有机基体中的分散性和浸润性尤其不好。所以要使纳米粒子对沥青产生改性作用,必须要对纳米粒子进行表面改性或进行分散处理,克服纳米粒子的团聚,同时使之由强亲水性转为一定程度的疏水性,从而与有机基体之间具有良好相容性。

采用物理法和化学法相结合的原则解决纳米粒子在沥青中的分散问题:

①加入分散剂以减少纳米粒子团聚。

②加热沥青降低其黏度,以利于纳米粒子扩散。

③分散过程中强力剪切搅拌,克服纳米粒子的大团聚,进一步帮助纳米粒子扩散。

根据以上原则,具体的实施方案如下:

①称取 25 g 纳米 I 粉末(沥青质量的 5%),不同剂量的分散剂 A,与 500 g 沥青初步搅拌均匀后,在 170 ℃下高速剪切搅拌 30 min 后浇模测试,搅拌速度为 5 000 r/min。

②称取 25 g 纳米 I 粉末(沥青质量的 5%),不同剂量的分散剂 B 溶液,适量的 E 调节 pH 值至 4~5,使 B 在酸性条件下发生凝聚反应,同时与 500 g 沥青初步搅拌均匀后,在 170 ℃下高速剪切搅拌 30 min 后浇模测试,搅拌速度为 5 000 r/min。

③在 20 mL D 溶剂中,加入不同剂量的分散剂 C,用 E 调节 pH 值为 3~4,使之在室温下醇解 1 h。称取 25 g 纳米 I 粉末(沥青质量的 5%),与 500 g 沥青初步搅拌均匀后,加入已醇解的 C,在 170 ℃下高速剪切搅拌 30 min 后浇模测试,搅拌速度为 5 000 r/min。

(3)纳米 I 和 SBS 复合改性沥青

称取 25 g SBS 颗粒(沥青质量的 5%),不同剂量的纳米 I 粒子,与 500 g 基质沥青先在 1 000 r/min 低转速下剪切 10 min,使 SBS 充分溶胀;然后在 5 000 r/min 高转速下剪切 30 min,使 SBS 逐渐变细,最后以微米级细小颗粒均匀分散于基质沥青中;温度均控制在 175 ℃左右。

3. 路用性能评价试验方法

考虑改性沥青的综合路用性能,采用三大指标作为改性效果的评价手段,同时采用60 ℃动力黏度作为评价改性沥青高温稳定性能的指标,包括:25 ℃针入度、软化点、10 ℃延度、60 ℃动力黏度。其中针入度反映沥青硬度,软化点和60 ℃动力黏度反映高温性能,10 ℃延度反映低温性能。试验按《公路工程沥青及沥青混合料试验规程》(JTG E20—2011)操作,60 ℃动力黏度采用布洛克菲尔德方法。

Superpave沥青结合料规范中,根据路面性能的要求对沥青进行PG分级。如,PG70-16,前面的数字70为"高温级",指结合料至少满足70 ℃高温的性能要求,同样后面的数字-16为"低温级",指结合料满足-16 ℃的低温性能要求。

其中,高温等级由DSR试验确定:

①原样沥青在高温级时测定动态剪切模量 G^* 和相位角 δ,其标准值为 $G^*/\sin\delta$(车辙因子)>1.0 kPa,以此代表沥青的高温性能。

②将经RTFOT后的沥青残留物在高温级时进行DSR试验,其标准值为 $G^*/\sin\delta$>2.2 kPa,以此代表沥青在拌和及铺筑过程短期老化后的沥青性能要求,以防止车辙。

③经过RTFOT和PAV后的残留物在常温下做DSR试验,其标准值为 $G^*\cdot\sin\delta$(疲劳因子)<5 000 kPa,以此代表长期老化过程,模拟路面服务年限内的老化和疲劳等性能的要求,防止疲劳开裂。

低温等级由BBR和DTT试验确定:在路面最低温度级加10 ℃条件下,由BBR试验测沥青的蠕变劲度 S 和蠕变速率 m,要求在30 s时的 S<300 MPa,m>0.3。如果测定结果 S>300 MPa,则还需要在最低温度级加10 ℃条件下做DTT试验,要求破坏应变 ε_f>1.0%,m>0.3,以代表该沥青是否有抵抗最低路面温度时的性能,防止低温缩裂。

针对上文所制备的各种纳米I改性沥青,选择其中性能表现最为优异的改性方案,进行DSR和BBR试验,进一步评价其高低温性能,同时选择基质沥青和SBS改性沥青作比较。所用沥青为原样沥青,上述研究中暂未考虑老化的影响。

3.5.3 试验结果与讨论

1. 未表面改性的纳米I改性沥青性能

为了消除制备过程中加热对改性效果评价的影响(主要是沥青老化),对基质沥青也进行相同工艺的加工,从而使改性效果评价更为准确。采用不同掺量的未表面改性纳米I,经上述室内制备工艺(1)制备的改性沥青,其基本路用性能见表3.5。

表3.5 未表面改性的纳米I改性沥青

沥青类型	针入度 (100 g,5 s, 25 ℃) /0.1 mm	软化点 /℃	延度 (5 cm/min, 10 ℃) /cm	布氏黏度 (60 ℃) /(Pa·s)
AH-70	64.5	49.7	18.1	299
AH-70+3% I	62.2	54.5	10.1	499
AH-70+5% I	61.2	55.8	10.5	667
AH-70+7% I	55.3	60.1	7.8	1 380

从表3.5可以看出,纳米Ⅰ对基质沥青性能的影响规律很清晰,即针入度减小,软化点和黏度提高,延度降低,且掺量越大,效果越明显。纳米Ⅰ具有巨大的比表面积,它的表面能量可以明显改变沥青的性能,使沥青的高温性能提高,如掺量为7%时,软化点可以提高10 ℃,60 ℃黏度提高了3倍以上。尽管如此,纳米Ⅰ的掺入可能会造成低温性能的下降。

2. 表面改性工艺对沥青性能的影响

采用直接从市场上购买的成品表面改性纳米Ⅰ粒子制备改性沥青,按上述室内制备工艺(1),掺量均为基质沥青质量的5%。试验结果与基质沥青性能相比,评价其改性效果;与未改性的纳米Ⅰ粒子相比,评价表面改性的影响,试验结果见表3.6。

表3.6 成品表面改性纳米Ⅰ粒子改性沥青

沥青类型	针入度 (100 g, 5 s, 25 ℃) /0.1 mm	软化点 /℃	延度 (5 cm/min, 10 ℃) /cm	布氏黏度 (60 ℃) /(Pa·s)
AH-70	64.5	49.7	18.1	299
5%Ⅰ	61.2	55.8	10.5	667
5% Titanate modified Ⅰ	70.3	52.1	15.2	365
5% KH550 modified Ⅰ	69.5	51.9	14.9	364
5% DNS-3 modified Ⅰ	54.8	54.9	6.5	585

由表3.6可以看出,各种表面改性纳米Ⅰ的掺入,使得基质沥青的性能均有不同程度的改变,如软化点与黏度有不同程度的提高,延度有所降低,针入度没有明显的变化规律。而与未改性的纳米Ⅰ相比,改性之后对基质沥青性能的改善效果不但没有提高,反而有所削弱。原因可能是:所选用的几种材料,均为复合材料领域常用的,在改性沥青领域尚无前人尝试过;或者由于质量问题,市售产品未进行有效改性。总之,试验结果表明,这些方案并不适合于沥青改性,同时也可以说明,纳米粒子的表面改性对改性沥青的性能有显著影响,不同的表面改性工艺导致最终的效果不同,应根据基体材料的特殊属性选择适宜的改性方案。为此,研究者发明了如上述室内制备工艺中所述的改性沥青制备工艺(2),以获得性能较好且能够稳定相容的改性沥青,具体试验结果如下。

3. 采用上述工艺制备的改性沥青性能

采用上述室内制备工艺(2)所述的方案制备改性沥青,试验结果见表3.7,其中分散剂的用量为占纳米Ⅰ粒子的质量比。

表3.7 不同方案的纳米Ⅰ粒子改性沥青

沥青类型	针入度 (100 g,5 s,25 ℃) /0.1 mm	软化点 /℃	延度 (5 cm/min,10 ℃) /cm	布氏黏度 (60 ℃) /(Pa·s)
AH-70	64.5	49.7	18.1	299
5%Ⅰ	61.2	55.8	10.5	667

续表 3.7

沥青类型		针入度 (100 g,5 s,25 ℃) /0.1 mm	软化点 /℃	延度 (5 cm/min,10 ℃) /cm	布氏黏度 (60 ℃) /(Pa·s)
A	5%I+3%A	61.3	53.4	12.1	638
	5%I+5%A	60.0	54.9	15.3	679
	5%I+7%A	54.7	55.1	12.4	745
	5%I+9%A	56.1	54.7	14.6	650
B	5%I+1%B	65.4	54.0	13.2	443
	5%I+1.5%B	62.9	55.0	11.9	568
	5%I+2B	68.2	53.3	17.3	170
	5%I+3%B	60.6	54.5	12.3	530
C	5%I+1%C	53.5	55.3	9.0	630
	5%I+2%C	61.7	56.8	7.7	778
	5%I+3%C	61.2	56.6	8.3	745
	5%I+4%C	65	55.5	10.9	650

由表 3.7 可以看出，采用不同的分散剂以及不同的用量，所得改性沥青的性能差异很大。尽管分散剂的用量非常少，只是纳米 I 用量的百分之几，与基质沥青相比更是微乎其微，但对最终性能的影响却有显著差异。在所有的方案中，针入度最大相差 15 (0.1 mm)，软化点最大相差 3.6 ℃，延度最大相差 10 cm，黏度相差 3 倍。

在制备过程中，分散剂有合适的用量，太少不能形成分散效果，过多又会在粒子表面形成多分子吸附层，造成分散剂与基体的接触，不能充分发挥纳米粒子自身的功能特性，同时表面过量的自由高分子链也容易发生桥连，颗粒变大沉降，使相容体系失稳。根据试验结果，主要考虑软化点与黏度等高温指标，综合考虑其他性能，可以发现：采用 A 作为分散剂，在掺量为 7% 时效果最好；使用 B 作为分散剂，在掺量为 1.5% 时效果最好；使用 C 作为分散剂，在掺量为 2% 时效果最好。其中又以添加 2%C 的方案最优异，与未改性纳米 I 相比，软化点和黏度均有显著的提高，因此该方案是目前的最佳改性方案，后续进一步性能评价中也采用此方案。

4. 纳米 I 和 SBS 复合改性沥青

为了评价纳米 I 对聚合物改性沥青性能的影响，采用上述室内制备工艺(3)的方案制备纳米 I 与 SBS 复合改性沥青，试验结果见表 3.8。

表 3.8 纳米 I 与 SBS 复合改性沥青

沥青类型	针入度 (100 g,5 s,25 ℃) /0.1 mm	软化点 /℃	延度 (5 cm/min,10 ℃) /cm	黏度 /(Pa·s)
AH-70	64.5	49.7	18.1	299(60 ℃)
5%SBS	41.4	80.9	44.2	2.463
5%SBS+1%I	44.5	81.1	49.5	2.950
5%SBS+3%I	48.5	82.5	51.5	3.025
5%SBS+5%I	46.3	85.1	46.6	4.438

注：表中的黏度为 135 ℃ 布氏黏度，几种沥青的 60 ℃ 布氏黏度均大于 3 000 Pa.s

由表 3.8 可以看出,纳米 I 和 SBS 复合改性沥青在 SBS 改性沥青的基础上高低温性能同时有所提高,表现为软化点和黏度等高温指标的提高,而低温延度并没有降低反而有所增加。且随着纳米 I 掺量的增加,改变的效果更显著。因此纳米 I 和 SBS 复合改性是一个较好的方案,而且在实际生产中,只需要用于制作 SBS 改性沥青的高速剪切设备即可,无需增加额外设备。

5. DSR 试验

DSR 试验选用 Bohlin Instrument 生产的 CVO100 型自动流变仪,根据 Superpave 沥青结合料规范,以 10 rad/s 的固定角速率(频率为 1.59 Hz)进行动态剪切。试验按照 AASHTO T315 规范操作,选择车辙因子作为评价指标,结果见表 3.9。

表 3.9 纳米 I 改性沥青的车辙因子 $G^*/\sin\delta$ Pa

沥青类型	64 ℃	70 ℃	76 ℃	82 ℃	88 ℃
AH-70	2.9822e+03	1.4178e+03			
5%I+2%C	8.7687e+03	4.2228e+03	2.0348e+03	1.1092e+03	
5%SBS	1.1734e+04	5.9012e+03	3.1023e+03	1.5551e+03	
5%SBS+5%I	1.4533e+04	8.1297e+03	4.2434e+03	2.2977e+03	1.1947e+03

由表 3.9 可以看出,以 64 ℃ 的车辙因子作为高温评价指标,不管是基质沥青还是 SBS 改性沥青,纳米 I 的加入都可以明显改善其高温性能。如果不考虑老化的影响,以原样沥青 $G^*/\sin\delta>1.0$ kPa 作为高温分级标准,纳米 I 改性沥青比基质沥青提高了两个温度等级,与 SBS 改性沥青相当,而纳米 I 和 SBS 复合改性沥青在此基础上又提高了一个温度等级,表明纳米 I 可以显著提高沥青的高温性能。

6. 零剪切黏度指标

随着研究工作的不断深入和路面胶结料新材料的出现,尤其是改性沥青在公路施工中的大量使用,人们发现车辙因子与改性沥青混合料的抗车辙性能关联性较差,即用车辙因子很难正确地预测改性沥青混合料的抗车辙性能。近年来,研究发现沥青胶结料的零剪切黏度(Zero Shear Velocity,ZSV)与沥青混合料的抗车辙性能有较好的关联,这不仅适用于重交沥青,而且也适用于改性沥青。该指标的提出在以欧洲为首的许多国家和地区引起了广泛的关注。

ZSV 是剪切速率接近于 0 时的黏度极限值,通过 DSR 试验的频率扫描加载模式来获得。在 0.1~10.0 Hz 内对沥青结合料进行动态频率扫描,采用 Sybilski 提出的四参数交叉模型(Cross Model)计算 ZSV,计算式为

$$\frac{\eta-\eta_\infty}{\eta_0-\eta_\infty}=\frac{1}{1+(K\omega)^m} \tag{3.1}$$

式中,η 为复合黏度;η_0 为第一牛顿区域黏度、零剪切黏度(ZSV)或绝对黏度;η_∞ 为第二牛顿区域黏度;K 为具有时间量纲的材料常数;ω 为角频率,rad/s;m 为无量纲材料常数。

一般情况下,黏度扫描时的剪切频率为 0.1~100 rad/s,在这一频率范围内可以假设 $\eta_0\gg\eta\gg\eta_\infty$,于是交叉模型可简化为

$$\eta = \frac{\eta_0}{1+(K\omega)^m} \quad (3.2)$$

试验得到的四种沥青在 60 ℃ 高温条件下的动态频率扫描结果及 Cross 模型拟合曲线如图 3.15 所示,并按照 Cross 模型进行拟合,计算所得的 ZSV 结果见表 3.10,并与 60 ℃ 的布氏黏度做比较。

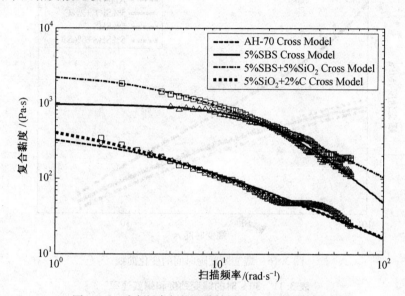

图 3.15　动态频率扫描试验结果及 Cross 模型拟合曲线

表 3.10　动态频率扫描试验的 Cross 模型拟合结果

沥青类型	K/s	m	η_0/(Pa·s)	R	布氏黏度/(Pa·s)
AH-70	0.29	0.96	417	0.987 9	299
5%I+2%C	0.67	0.88	693	0.992 7	778
5%SBS	0.05	1.82	961	0.997 7	>3 000
5%SBS+5%I	0.17	1.11	2 500	0.998 6	>3 000

由表 3.10 可以看出,根据频率扫描试验结果计算所得的 ZSV 与试验所得的布氏黏度在数值上有一定出入,但所得的规律是一致的,即黏度大小顺序为:5%SBS+5%I>5%SBS>5%I+2%C>AH-70。由图 3.15 可以看出,四种沥青的复合黏度均随着频率的增加而降低,明显表现出非牛顿流体的特性,即剪切触变性。同时可以看出,随着频率的增加,纳米 I 加入的影响逐渐减弱,如频率大于 1 Hz 左右时,基质沥青 AH-70 与 5%I+2%C 改性沥青的试验结果基本重合;频率大于 3 Hz 左右时,SBS 改性沥青与 5%SBS+5%I 复合改性沥青的试验结果趋于一致,表明纳米 I 在低频条件下的影响可能更为显著。根据时温等效原则,低频对应高温,因此纳米 I 对于改善沥青在高温条件下的性能将更为显著。

7. BBR 试验

BBR 试验采用 Cannon Instrument 生产的 TE-BBR 设备,采用气动加载方式,可实现精确预加载、卸荷和试验过程中的恒荷控制,试验温度设定为 -12 ℃,按 AASHTO T313 规范的试验方法进行。试验得到的四种沥青的蠕变劲度随时间的变化曲线如图 3.16 所示,30 s 时的蠕变劲度 S 和蠕变速率 m 值见表 3.11。

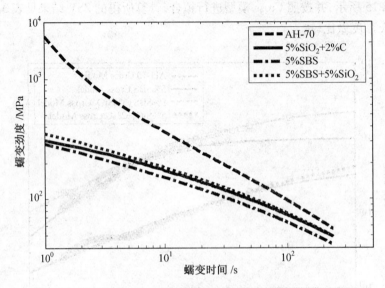

图 3.16 蠕变劲度随时间的变化曲线

表 3.11 30 s 时的蠕变劲度和蠕变速率

沥青类型	蠕变劲度 S/MPa	蠕变速率 m 值
AH-70	122	0.588
5%I+2%C	84.9	0.424
5%SBS	73.5	0.414
5%SBS+5%I	88.2	0.429

SHRP 研究认为,若沥青材料的劲度 S 太大,则呈现脆性,路面容易开裂破坏,而表征沥青劲度随时间的变化率 m 值越大,则意味着当温度下降使路面产生收缩时,结合料的响应如同降低了劲度的材料,从而导致材料中的拉应力减小,低温开裂的可能性也随之减小。

由图 3.16 和表 3.11 可以看出,四种沥青均能够满足在 30 s 时的 $S<300$ MPa,$m>0.3$ 的要求,因此均满足 -22 的低温等级。5%I+2%C 的蠕变斜率 m 值小于基质沥青 AH-70,说明纳米 I 的加入降低了基质沥青的低温抗断裂性能,这与低温延度指标的结果是一致的。而对于 SBS 改性沥青,纳米 I 的加入则使 m 值增大,提高了低温性能,这也与低温延度指标的规律一致。然而 SBS 改性沥青的 m 值比基质沥青小很多,若据此推断 SBS 改性沥青的低温性能差是不科学的,因为大量试验数据和工程经验表明 SBS 改善了沥青的低温性能。有研究指出,由于弹性体类(如 SBS)改性沥青的应力松弛模式同塑性体类及非改性沥青有明显的差异,导致 PG 分级往往会低估弹性体类(如 SBS)改性沥青的低温抗裂能力。尽管如此,纳米改性沥青的低温性能还有待进一步研究确定。

3.5.4 结论

采用纳米 I 作为改性剂,研究纳米改性沥青的制备工艺,并采用常规指标试验和 SHRP 指标试验评价其路用性能,得到一些有益的结论,可以为纳米改性沥青的发展起到促进作用。纳米 I 具有巨大的比表面积,它的表面能量可以明显改变沥青的性能,使沥青的高温性能得以显著提高。纳米粒子的表面改性对改性沥青的性能有显著影响,有必要开发适用于改性沥青的纳米粒子表面改性方案,以充分发挥粒子的纳米改性效应。研究中所采用的改性方案,取得了一定的效果,其中以添加 2% C 的方案最优异,进一步提高了沥青的高温性能。同时在 SBS 改性沥青的基础上制备了纳米 I 和 SBS 复合改性沥青,使得性能又有所提高,表现为高低温路用性能指标的全面提高。采用零剪切黏度 ZSV 和 DSR 的车辙因子 $G^*/\sin\delta$ 等高温指标,以及 BBR 的蠕变劲度 S 和蠕变速率 m 等低温指标,进一步评价沥青的改性效果,得到的结论与常规指标试验基本相同,只是在具体数值上有所差异。其中由蠕变速率 m 分析得到 SBS 改性沥青的低温性能低于基质沥青的结果是不合理的,可能是因为该评价方法低估了弹性体类(如 SBS)改性沥青的低温抗裂能力。在进行频率扫描试验时发现,随着频率的增加,纳米 I 加入的影响逐渐减弱,表明纳米 I 在低频条件下的影响可能更为显著。根据时温等效原则,纳米 I 对沥青高温性能的改善可能更为有效。

3.6 基于界面畸变和微区反应的 TiO_2 纳米改性沥青的机制研究

针对传统聚合物改性沥青存在的问题,尤其是国产石蜡基石油沥青感温性差且难于改性的难题,发挥纳米材料的奇异效能,用 TiO_2 等无机纳米粒子对沥青改性。从微观结构和组成层面深入研究纳米改性的机理已成为该项技术的关键。结合道路工程应用研究其性能和机理。采用高分辨电镜等手段和红外光谱、拉曼光谱等分析以及显微化学方法,研究纳米粒子/沥青复合材料改善沥青性能的微观机制。提出界面畸变、纳米微区反应、沥青组分重组等科学概念,探讨界面畸变和显微组成变化的机理,揭示纳米微区反应对纳米改性沥青显微结构影响的规律,阐明 TiO_2 纳米粒子与沥青分子间显微化学作用对沥青化学组成的影响,探索纳米颗粒改变沥青微区结构和组成、影响沥青组分分布的规律,深入研究纳米改性对沥青宏观性能的影响及其机理,形成原创性知识产权的成果。为纳米改性沥青技术的发展提供理论依据,为我国高等级公路用改性沥青的国产化奠定理论基础,促进我国交通建设。

传统的改性沥青技术大多是在基质沥青中添加各种聚合物或其他无机材料,这些技术都有各自的优点,也有各自的缺点和局限,如,仅对某几种性能有促进作用或在改善某种性能的同时可能使其他性能恶化,改性作用的范围较窄,由于起改性作用的主要是机械共混因而不能从根本上改善沥青材料的微观结构和性能,尤其是不适合于石蜡基石油沥青的改性(我国绝大多数石油矿田正是石蜡基),等等。另外,改性剂掺量大、工艺复杂、质量不易控制等,因而限制了其应用和发展。

由于纳米颗粒的尺度微小接近于原子团簇,具有独特而奇异的表面效应、小尺寸效应、体积效应和量子隧穿效应,使它可以在微观尺度上影响沥青材料的结构和性能,为从根本上提高和改进沥青的路用性能提供了有效途径。揭示纳米改性沥青的界面组织和微观结构的机制,是研究纳米改性沥青改性机理的关键,可以借此建立纳米改性沥青技术的理论体系,更好地指导纳米改性沥青技术的研究,尤其是促进我国量大面广的石蜡基石油沥青改性技术的发展,有利于我国的公路建设和国民经济发展。

交通建设是国民经济的动脉,改性沥青是交通建设最重要的材料,对沥青进行纳米改性是从根本上解决沥青性能问题的有效方法和战略途径,揭示纳米改性沥青的微观机制是纳米改性沥青技术的关键,研究纳米-沥青微观结构的界面畸变和微区反应以及纳米效应对沥青组分重组的影响,是纳米改性沥青研究中关键科学问题中的关键。

3.6.1 国内外研究现状

近年来纳米改性沥青的研究较多,且多集中在纳米改性沥青的制备工艺和性能改进上,关于纳米改性沥青微观组织结构和机制机理方面的研究略显薄弱且不深入。理论上讲,有机高分子纳米材料、金属纳米粒子、无机非金属纳米粒子以及它们之间的组合都可以用作沥青改性,目前研究较多的是无机纳米粒子改性沥青和有机-无机复合纳米改性沥青,后者主要是指有机化蒙脱土技术,即首先将蒙脱土进行有机化处理形成插层型或剥离型聚合物纳米复合材料,然后与沥青共混进行改性。这种改性方法的工艺复杂,蒙脱土有机化程度不易控制。无机纳米改性沥青则由于其复合过程直接、纳米颗粒与沥青组分产生协同作用以及无机纳米粒子-沥青间的良好互补性,使其具有很大的优越性和良好的发展潜力。我们进行的工作主要针对无机纳米粒子改性展开论述和研究。

1. 国外研究现状

Larisa Shiman 等人研究了纳米复合材料对 PG58(Performance Grade)沥青混合料高温流变性能的影响,指出纳米改性沥青复合材料的高温流变学性能的促进导致了 PG58 沥青混合料稳定性、黏附性、耐久性等性能的提高。Wei Zheng 等人研究了纳米技术对未来土木工程实践应用的影响,重点论述纳米技术将对土木工程技术的影响,论述了纳米改性沥青的研究发展现状,展现了良好的发展前景。Feipeng Xiao 等人研究了碳纳米粒子对沥青混合料短期老化流变学行为的影响,指出掺加纳米粒子后有助于提高老化薄膜的断裂强度、复合模量和弹性模量,并能促进抗车辙性。Wynand Jvd M Steyn 研究了纳米技术在路面工程中的潜在应用,指出纳米技术可大大改进路面材料的性能,通过纳米技术对路面材料进行表征可更好地了解和优选路面材料。D. A. Rozental 等人研究了纳米级细分散石墨粉尘对沥青性能和组成的影响,指出纳米石墨粉影响了沥青中各化学成分的组成分布(即组分微调作用),并使沥青的针入度降低、软化点提高,其他各项性能也得到明显改善。Eidt Jr C. M 等人研究纳米改性沥青的性质指出,经纳米复合改性后的沥青其各项指标尤其是高温稳定性和低温抗裂性都得到显著提高；Goh S. C等人研究了防冻液对纳米改性沥青混合料抗张强度的影响；Steyn，W. J等人研究了纳米技术对公路工程的潜在应用；Amirkhanian A 等人研究了碳纳米管对沥青混合料高温流变性能的改善作用。

上述研究者在纳米改性沥青研究方面获得了很有价值的成果，但却很少研究纳米改性沥青微观组织结构，某些文章有所涉及但论述不深，而对纳米改性沥青改性机制等科学问题的探讨比较少。国外研究者对纳米改性沥青的研究，在方向上有失偏颇，可能是由于观念和国情的不同，比如国外学者一般不把蜡含量作为沥青指标，原因在于国外环烷基石油沥青（低蜡含量）居多，在其蜡含量范围之内蜡的含量变化对沥青性能影响较小，而我国则主要是石蜡基石油沥青，在此蜡含量范围内蜡含量对沥青性能影响甚大。相对而言，中国学者对纳米改性沥青的微观结构、微区组成改善以及机制探讨更加重视。

2. 国内研究现状

姚辉等人对纳米改性沥青的微观和力学性能进行了研究，掺加纳米材料后，沥青针入度、延性、软化点、黏度及劈裂强度、回弹模量、车辙、水稳定性等性能都有改善，通过对纳米改性沥青进行原子力显微镜表征，表明纳米改性沥青在微观结构上产生了明显变化，这是纳米改性沥青改善性能的基础，作者在探讨纳米改性沥青微观机制方面做了一些有益探索，但未对显微结构做深层次表征和分析，未对界面结构和微观结构组成的变化做研究。肖鹏等人研究了 ZnO/SBS 改性沥青微观结构和宏观性能之间的关系，利用荧光显微镜、图像采集系统以及专业分析软件取得纳米改性沥青的一系列微观结构数据，结果表明，纳米改性沥青微观结构参数与改性剂量以及宏观性能指标间均具有较好的相关性，该项研究未涉及界面结构和微观组成的变化，而这对揭示纳米改性沥青的改性机制更为重要。王骁等人对蒙脱土/SBS 改性沥青进行了研究，利用 X-射线衍射和荧光显微镜表征其微观结构，结果表明形成了剥离型的复合纳米结构，提高了沥青的黏度和软化点，改进了老化性能，该项研究验证了有机蒙脱土的剥离型微观结构及其对改性沥青性能的促进作用，对已有的有机蒙脱土改性沥青理论有所发展，但未能取得突破性进展。肖鹏等人对 ZnO/SBS 改性沥青性能与机理进行了研究，利用电镜技术和红外光谱表征其结构，表明纳米改性沥青可提高 SBS 在沥青中分散效果，从而改善其高温性能、低温性能和抗老化性能，该项研究通过微观表征其改性机制，着重在分散机制的促进方面，指出 SBS 与沥青主要是物理改性，而纳米 ZnO 与沥青主要是化学改性，该项研究的重要意义在于明确了纳米改性中的化学作用，但该项研究仍未能对微观组织和微区组成进行研究，对更深层次的界面问题和微观组成变化未做研究。

以上研究者通过微观结构表征和分析对纳米改性沥青的改性机理进行了不同程度的探索，取得了一些有价值的结论，但他们的共同局限是没有对界面畸变、微区组成、沥青组分的变化等更本质的问题进行探讨。

张春青等人研究了纳米 TiO_2 改性沥青的抗紫外线老化能力，得出纳米 TiO_2 可显著改善沥青抗老化指标的结论。开前正等人对纳米改性沥青的热反射性能进行了实验研究,通过掺入高折光指数的纳米 TiO_2 和纳米 SiO_2,提高了沥青混凝土的反射率,降低了吸收率和路面温度,从而提高了沥青的高温性能。叶超等人研究了纳米 TiO_2 改性沥青混合料的路用性能,结果表明,利用纳米 TiO_2 对沥青改性,可全面提高沥青混合料的路用性能。张荣辉等人对纳米 $CaCO_3$ 和橡胶粉复合改性沥青进行了研究,以助剂增加 $CaCO_3$ 与沥青的相容性,制得的纳米改性沥青,软化点、高温性能和水稳定性明显提高,针入度和延度性能也略有改善;刘大梁等人研究了纳米碳酸钙/SBS 改性沥青的性能,结果表明,纳米 $CaCO_3$ 对 SBS 改性沥青具有增强效果,高温稳定性和低温韧性都有所提高;马峰等人对纳米 $CaCO_3$ 改性沥青的路用性能进行了研究,纳米 $CaCO_3$ 与沥青基质形成均匀稳定的共混体系,改善了沥青的高温性能。

以上研究者在纳米改性沥青的制备及性能研究方面做了多方面的探索,为纳米改性沥青技术的研究和发展做出了较大贡献。但以上研究主要是围绕应用进行的,未涉及纳米改性沥青微观结构和机制等科学问题。

TiO_2 纳米粉具有来源广泛、价格低廉、性能稳定等特点,加之具有良好的抗氧化性能和抗老化性能,因此选择以 TiO_2 纳米粉为主对沥青进行改性研究。

3.6.2 纳米改性沥青界面和微区反应研究意义

我们从新的角度提出,纳米改性沥青机理的研究应该从界面畸变、微区反应、沥青组分重组等理念出发,揭示纳米改性沥青的界面组织、结构畸变、协同效应、纳米微区反应、沥青组分变化等关键科学问题,阐明纳米改性沥青机制,为纳米改性沥青的研究发展尤其是为开发我国石蜡基石油沥青纳米改性技术奠定基础。

①从全新的角度研究纳米改性沥青的机制,是目前路面材料和聚合物共混材料研究的前沿和热点,从微观上弄清楚纳米复合材料界面的机制已成为解决纳米改性沥青根本问题的关键,本项研究提出和验证新的理念,为纳米改性沥青技术提供理论指导,具有较大的学术价值。

②提出纳米改性沥青界面畸变、纳米微区反应、沥青组分重组等科学概念,探索纳米效应在微观上对沥青材料的作用机制,揭示纳米效应改变沥青微区结构和组成、影响沥青组分分布的内在规律,深入探讨纳米改性对沥青性能的影响及其机理。

③利用纳米技术对沥青材料进行改性,可大大提高改性沥青的各项性能,尤其是针对我国主要是石蜡基石油沥青的国情,用常规方法难以改性,纳米改性可在微观上影响石蜡成分的结构和性能,具有重要的工程应用前景。有望改变我国高等级公路用改性沥青长期依赖进口的状况,对于开发利用我国本土石油沥青资源、节约成本、提高路面质量,具有明显的实际意义。

④我们提出的纳米改性沥青机理研究的方向之一,是针对纳米复合材料界面问题,而界面问题是复合材料的核心问题。虽然以纳米改性沥青为研究对象,但某些结论同样适用或可借鉴于其他类型纳米材料的研究,具有一定的普遍的科学意义。

3.6.3 纳米改性沥青界面和微区反应研究的内容和目标

1. 主要研究内容

①利用高分辨透射电镜等多种显微技术和喇曼光谱等谱学分析和显微化学分析理论,研究纳米改性沥青微区界面的畸变,探索其微观机制及对沥青性能影响的机理。

纳米颗粒具有高的活性和表面能,在 TiO_2/沥青界面上将产生结构调整和变形,形成过渡层,有利于纳米颗粒与沥青的结合,提高相容性、均匀性、稳定性。界面畸变可能形成特殊活化层,影响石蜡等沥青组分的性能,并产生新的界面复合效应。

②通过显微结构的分析和显微化学的研究,探索纳米粒子与沥青的协同效应,揭示纳米效应对微区组成的影响,阐明纳米微区反应与沥青性能改善的关系。

纳米颗粒和沥青相互融合和影响,使本不亲和的有机/无机界面产生亲和力,受力时 TiO_2 粒子和沥青中聚合物分子协同产生的痉挛作用和弹性作用,耗散应力能,提高路用性能。协同效应还可影响界面微区反应,改变微区化学成分,改善沥青微观组成。

③采用物理的、化学的和显微分析的手段研究纳米效应对沥青组分重组的影响,尤其是研究纳米效应对沥青中石蜡组分的影响,为解决我国石蜡基石油沥青不易改性的难题奠定基础。纳米化学效应引起沥青微区组成和结构改变,可对沥青组分产生重大影响,减少油分比重,增加沥青质比重,优化沥青组分,从而提高沥青的各项性能。

④结合道路工程应用,探索 TiO_2 纳米改性沥青的性能和机理。

2. 研究目标

①通过对纳米改性沥青界面畸变、微区反应、组分重组的研究,探索纳米改性沥青界面畸变的机制,阐明纳米效应提高沥青性能的机理,明确纳米微区反应对改变沥青微观组成所起的积极作用,揭示纳米化学作用使沥青组分重组从而导致沥青性能改善的规律,建立纳米改性沥青微观结构及显微组成科学问题的理论体系。

②构建 TiO_2 纳米改性沥青性能机制的基础模型,形成自主知识产权的原创性科学理论,为解决我国石蜡基石油沥青的改性应用问题奠定基础,为从根本上改变我国高等级公路用沥青长期依赖进口的问题提供可靠方法。

3. 拟解决的关键科学问题

①鉴于微观结构决定宏观性能以及沥青微观结构的多变性和复杂性,对纳米改性沥青界面微区进行深入表征和分析,以期深刻认识纳米粒子-沥青界面畸变的规律,揭示界面畸变与宏观性能的内在联系。

解决方案:首先采用多种先进的微观结构表征手段,如原子力显微镜、扫描电镜、透射电镜、电子探针、高分辨电镜、X-射线衍射、荧光显微镜等,对界面微区进行多方面分析,遴选出最适宜的分析表征手段,然后采用物理的、化学的、仪器分析的综合手段,进一步深入地分析表征,以期获得明晰的界面微区显微结构图景,探讨界面畸变的机制及其对沥青性能的影响,保证项目研究工作沿着正确的轨道进行。

②针对沥青组分的复杂性以及组成相同而组分变化对沥青性能的巨大影响,通过多种综合手段的系统分析研究,揭示微区反应的机理,弄清纳米效应对沥青组分重组的

影响,从而掌握利用纳米技术调整沥青组分从而改进沥青性能的规律。

解决方案:结合显微结构分析研究,采用红外光谱、紫外光谱、拉曼光谱、荧光光谱、穆斯堡尔谱等多种谱学手段,分析研究界面反应和微区组成,研究纳米效应,揭示纳米改性沥青界面反应和组分重组影响宏观性能的内在规律,并有望在沥青化学成分及组分分析这一世界难题上取得突破。

3.6.4 拟采取的研究方案及可行性分析

1. 研究方案

(1) 研究的技术路线

围绕研究内容,为实现预期的研究目标和解决其中的关键科学问题,制定技术路线,如图 3.17 所示(以流程框图表示)。

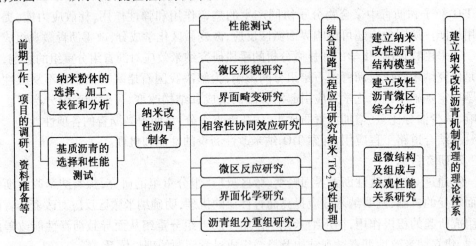

图 3.17 研究的技术路线

(2) 研究方法与要点

①基质沥青的选择、TiO_2 等纳米粉体备置、加工和检测:有针对性地选择沥青种类;TiO_2 纳米粉体可以购买成品或半成品,或自制,并对其进行表面改性处理;对所用原材料进行各项性能的表征分析,为后续研究工作提供基础数据。

②通过加热共混、高速剪切等方法制备纳米改性沥青,确保纳米改性沥青的均匀性、相容性和稳定性。均匀性是确保后续微观表征能取得代表性结果的基础,相容性和稳定性一方面保证样品质量和实践应用性,另一方面保证实验结果的稳定性和可靠性。

③对纳米改性沥青进行性能测试,方法基本同基质沥青,目的是为研究纳米改性沥青的性能改进提供参照和依据,为研究纳米改性沥青的机理提供数据。

④利用各种高科技仪器分析的手段,进行微区形貌研究,是揭示纳米改性沥青机制的重要基础。应确保纳米微区定位准确、结构表征细致入微、所得结果正确反映微观结构的信息。

⑤通过各种实验的和理论的分析研究手段,进行纳米改性沥青界面畸变研究,探索

界面畸变机制及其对沥青性能影响的规律。

⑥通过物理的、化学的、谱学的方法,结合微观结构表征,研究纳米改性沥青微区反应,为后续界面化学研究和沥青组分研究奠定基础。

⑦通过显微化学和仪器分析等手段,研究纳米改性沥青界面化学和沥青组分重组,揭示纳米改性沥青改性机理的化学机制。

⑧经上述系列研究,通过系统的分析综合方法,建立纳米改性沥青机制机理的理论体系,形成具有原创性知识产权的科学理论,用以指导我国交通建设的实践。

(3)可行性分析

从界面畸变和微区反应角度研究纳米改性沥青机制具有充分的科学依据。纳米改性沥青技术是当前交通领域和聚合物共混与复合材料学科中的研究热点和前沿,研究表明,纳米改性沥青的针入度可降低 10~15(0.1 mm),软化点提高 5~8 ℃,低温延度提高 5~8 cm,其他各项路用性能都有一定提高。纳米材料极高的表面能和表面活性等使其有可能与沥青聚合物产生表面化学反应,具备从微观上解决沥青改性问题的可能性和现实性,而要根本解决纳米改性沥青问题,必须弄清其微观机理,其中的纳米粒子-沥青界面问题、纳米微区的反应、界面效应对沥青组分的影响等,是揭示其微观机理的关键。界面畸变和微区反映问题,是纳米改性沥青之根本问题的关键和重点,定位准确,选题正确,研究起点高,紧跟科技发展前沿,课题新颖,具有较强的前瞻性,可以解决前沿技术的核心问题,在科学思想方面是完全可行的。

综上所述,纳米改性沥青界面和微区反应研究在科学性、理论性、学术性、实践性、可操作性、试验条件及技术力量等方面是完全可行的。

3.6.5 纳米改性沥青界面和微区反应研究的特色与创新之处

①提出纳米改性沥青界面畸变的概念,从界面畸变角度研究纳米改性沥青微观结构,揭示纳米改性沥青微观结构机制。

②提出纳米改性沥青的微区反应思路,从纳米化学的角度,揭示纳米改性沥青改性作用的化学机制,纳米效应引起的纳米微区的微纳反应,改变纳米复合材料中无数个均匀分布的微区的化学组成,从而引起沥青宏观性能改变。

③提出纳米效应导致沥青组分重组的理念,揭示纳米改性沥青的组分改性机制。组成相同但组分不同时表征其化学结构方面的差异,因而影响沥青性能。通过纳米效应的组分重组促进沥青性能改善。

第4章 路面养护新材料

路面养护主要指的是针对路面出现的路面坑槽、各种裂缝、路面磨损、沥青混合料脱落、道路老化等各种路面病害和路面性能降低现象,进行维护、修补、路面再生,以及防水、防冻、预防性养护等处理。

路面养护材料种类繁多,新材料层出不穷。本章介绍一些路面养护新材料的品种,仅能反映路面养护材料市场的一小部分,对路面养护新材料的学习起一个引领入门的作用,在实际应用中,可根据市场情况有更多的选择。路面养护新材料的不断涌现,成就了产品市场的繁荣,另一方面也造成了某些不规范现象,产品质量良莠不齐,工程技术人员在选用产品时,一是要根据具体情况,二是要辨别优劣,才能达到提高路面养护质量、发挥最大技术经济效益的目的。

近年来国内十分重视路面的维护,出现了许多系列产品,如北京百思特路桥、北京希尔玛、上海群康路菲特、河南新乡瑞达、山东东营斯泰普利、山东青岛润邦、山东青岛路桥等公司的系列产品,随着公路建设的发展和已建公路维修期的陆续到来,路面养护新材料还会不断发展和成熟。

4.1 龟裂及坑槽处理——路面冷补系列

4.1.1 高速公路路面坑槽维修技术

随着我国经济的飞速发展,交通基础设施建设也越来越快,高速公路是物资流通、经济发展的大动脉,交通车流量与日递增。高速公路沥青混凝土路面经常出现各种病害。坑槽是沥青混凝土路面最常见的一类病害,它具有突发性、高发行和蔓延性的特点。产生病害的主要原因是:北方地区夏季雨水、车辆的超载、晚冬初春的冻融交替等。坑槽的出现,一方面严重影响了行车安全性和舒适性,降低了高速公路的服务水平,缩短了路面的使用寿命,给路人的行车安全带来极大的隐患;另一方面坑槽的修补要耗费大量的人力、物力和养护经费。降低维修成本、提高维修速度、增加使用寿命是高速公路养护部门一直研究探讨的内容。按照现有的维修设备和维修工艺,路面坑槽维修主要分为填料式坑槽修补技术、挖填式坑槽修补技术、预热式坑槽修补技术三种维修方式。在实际维修中,施工人员要根据实际施工条件(如温度、湿度、冬季、夏季、雨季等)采取不同的修补方式。无论是采取哪种方式施工,要求作业人员在施工作业之前,按规定摆放好作业安全标志。使用的工具有扫帚、铁锹、吹风机、推平板、综合养护车(平板夯、小型震动压路机、发电机、沥青混合料加热保温搅拌桶、切缝机等)、吸水布或拖布等。使用的材料分为热沥青拌和料、冷拌沥青混合料。

1. 直接填料式坑槽维修技术

填料式坑槽维修的特点是：及时性、广泛性、临时性。适用于不同的季节，维修设备简单，维修时间短。操作方法是：把坑槽内的杂物清理干净，直接填充沥青混合料，经过碾压成型。填料式坑槽维修的具体步骤：

①坑槽清理；
②沥青料填充；
③沥青料平整；
④夯实碾压。

2. 挖填式坑槽维修技术

挖填式坑槽维修是目前公路小修保养中最常用的维修方法，它是将不规则的病害坑槽，用专用工具切缝机，将病害路面与好的沥青路面的结合部分作彻底分割。切割成规矩的长方形或正方形，并且将病害路面的底部处理彻底，一直挖到完好底面部分，这样处理过的坑槽比较彻底。在处理后的坑槽表面喷上薄薄的一层改性乳化沥青，再填入热沥青混合料，然后碾压成型。挖填式维修的技术要求及步骤：

①界定作业面；
②清理坑槽；
③填放新料。

3. 预热式坑槽维修技术

预热式坑槽修补技术主要是通过养护修补车上的发电机发出的电源，带动红外线加热墙对沥青路面的坑槽进行加热处理。使坑槽部分实行热再生，然后根据现场情况再加入新料，摊平后进行碾压成型，开放交通。预热式坑槽维修的具体步骤：

①坑槽的清理；
②界定加热面；
③坑槽处理、添加新料；
④碾压成型。

在对沥青混凝土路面坑槽病害的维修中，无论采取哪种维修方式，要达到使用寿命长的目的，关键在以下几个环节上：①坑槽的清理是否彻底、干燥；②坑槽的四周与新料结合是否牢固；③压实度；④四周和修补表面的封水性。为了节约成本，在日常的养护工作中以预防性养护为主，尽量减少坑槽病害的发生，为路人提供一个安全舒适的行车环境。

4.1.2 公路沥青路面坑槽修补工艺

公路存在大量的坑槽病害，主要是因为路面沥青的黏附性差、沥青路面面层的空隙率过大、铺装层开裂等原因导致水分渗入，而沥青路面面层排水系统设计不当，渗入的水分又无法及时排出，防水层破坏，形成坑槽。坑槽是沥青路面的典型病害，严重影响了路面的平整度和行车的舒适性，给行车安全带来很大的隐患，因而要求路面坑槽维修应及时、快速、彻底。考虑料源和机械的碾压方式，以获得最大密实度和最佳平整度，同时不断引进新工艺、新技术、新材料处理路面坑槽,以达到行车的安全性与舒适性和谐统一的效果。

1. 沥青路面坑槽的修补难点

坑槽产生后,坑槽内含有大量的积水、沉泥,坑槽周边存在松散开裂等问题。坑槽的修补工艺对修补后坑槽中的沥青层寿命影响很大,影响坑槽修补质量的主要因素有:如何排干积水和确保坑槽干燥、如何确保坑壁坑底无沉泥无松散、如何保证坑壁坑底与新沥青材料的黏结密实牢固、如何确保有合适的施工温度和修补材料的压实等。只有正确处理好以上因素,使得坑槽修补后修补材料和原有的路面材料形成尽可能的统一,才能从整体上减少坑槽二次破坏。

2. 路面坑槽修补的现状

(1) 冷补工艺

这几年流行的冷补料,方便快速,如果使用完后长时间无雨水的话,冷补料还是能起一定作用。问题是冷补料修补过的路面坑槽,在雨后很快会再次出现,有些甚至产生更大的破坏,必须重新修补,这样所造成的成本和影响就更大了。这是因为坑槽冷补过程中没有消除坑壁坑底的沉泥与松散,坑壁坑底与新的沥青冷补材料无法进行密实黏结,很容易进水和积水,沥青冷补材料只是简单地填满坑槽而已。

(2) 热补工艺

热修补的具体操作工艺流程为:测量→切割路面→风镐凿松→人工清除→卸料摊铺→整平碾压→清扫现场→开放交通。

热修补的缺点是:在坑槽切割凿边及压实过程中,坑槽四周容易产生松散和崩缝,同时坑壁为冷热接缝,导致不同的沥青板块在外力作用下弱接缝会开裂,雨水会顺着裂缝缝壁渗透到面层下,从而产生坑槽再破坏,危害路基层的稳定性,影响道路的整体寿命。

目前,采用的坑槽修补方法都很难克服因弱接缝、松散、进水、积水而引起坑槽再破坏的问题。

(3) 修路王

修路王的全称为沥青路面热再生养护车,它采用高效辐射热能的加热墙将待修补路面加热,然后人工耙松,喷洒乳化沥青,使原有的沥青混合料现场再生,再从该车料仓中输出热的沥青料,摊铺、找平,用该车配有的自行式振动压路机压实路面,完成修补工作,避免了传统修补方法造成的弱接缝。

修路王可全天候工作,具有修补速度快、降低劳动强度等性能特点,特别是其对坑槽修补能迅速作出反应,延长了道路的使用寿命。但目前修路王价格很高,很高的初期投入费用限制了修路王的进一步推广应用。

因此,必须寻求一种新的材料、新的技术,使得坑槽修补维护变得有效、持久、经济。

3. 压缝带+沥青复原剂(CAP)技术在坑槽修补中的应用

公路坑槽问题是多方面的,除改善排水系统外,要防止坑槽,就要认真解决渗水、积水问题,最重要的是首先要进行防水处理。

传统修补并不能彻底解决坑槽区域的防水问题，而修路王的前期投入又太高，因此必须加强新技术、新工艺、新材料的应用。

针对常见的路面坑槽、坑槽弱接缝、脱粒及小凹坑，开发了压缝带+沥青复原剂(CAP)技术，其主要处理工艺如下：

（1）路面坑槽

在传统修补方法中改用沥青复原剂喷涂坑槽里表，再把压缝带（或接缝带）粘贴在坑壁立面上，然后用热补料填充并压实，最后用沥青复原剂对坑槽区域进行涂刷渗透。

（2）坑槽弱接缝

传统处理过的坑槽，普遍存在弱接缝问题。这时可以使用压缝带对弱接缝进行封缝处理，防止弱接缝开裂和产生松散，然后用沥青复原剂涂刷渗透坑槽区域。

如今公路养护多采用这种方法处理弱接缝：采用传统修补工艺处理坑槽后，立即使用热黏压缝带烘烤粘贴在弱接缝缝面上，最后用沥青复原剂涂刷弱接缝区域。这样的处理工艺简单方便，容易掌握，且效果可与修路王媲美，此法越来越受到养护工人的青睐。

（3）脱粒和小凹坑

对沥青表面的脱粒和小凹坑，可直接把魁道热黏压缝带烤融后，立即撒上干净的石粒压实。这样可以有效防止脱粒和小凹坑继续恶化发展成为坑槽。

4. 各种坑槽修补方法的效果对比

（1）传统坑槽的修补效果

由于与原路面的黏结性较薄弱，在行车荷载和雨水的不断冲刷下，弱接缝的地方很快又会出现二次破坏，两侧沥青又较松散，容易渗水破坏基层。修补坑槽被风镐凿松后，可以看到里面的石料全是湿的，底部可以看到有大量的积水存在，这说明坑槽弱接缝及松散都存在渗水现象。

通常情况下，冷修补工艺的坑槽寿命大约两个月，热补工艺的坑槽寿命大约半年。

（2）修路王

修路王的热再生技术保证了无弱接缝产生，防止了水破坏，进一步提高了坑槽修补质量。但因修补成本过高，只适合大面积使用。

（3）压缝带+沥青复原剂(CAP)的修补效果

①坑槽修补效果。

消除了坑槽弱接缝，填补料与原路面紧密结合，无接缝痕迹，与整体路面相当。坑槽区域表面涂刷沥青复原剂后，路面不再渗水。沥青复原剂具有渗透黏结的作用，喷洒后，防治坑槽区域的微小裂缝、松散，并形成了防水封层。

②弱接缝修补效果。

压缝带不仅嵌入弱接缝内与之充分黏结，而且加强了该区域的强度，防止了弱接缝啃边、崩边、脱粒等进一步的破坏。

③小坑洞效果。

经过几个月的车轮碾压后，坑洞表面密实无松散，修补区域与原有路面形成一个整体，防止了弱接缝区域渗水、开裂的可能。

(4) 效果分析

传统的坑槽修补工艺无法消除弱接缝问题,且因为小面积压实的密实度不足,导致表面层松散。坑槽修补后多出现弱接缝开裂,表面渗水,短期内即需要再次挖补。而渗水、积水造成坑槽的二次破坏,扩挖都会造成养护成本的急剧上升。

修路王的热再生技术能够很好地使新旧料形成有机的结合,消除弱接缝问题,但小面积的压实不足,同样导致修补后面层松散。

压缝带+沥青复原剂(CAP)处理技术,成功地解决了坑槽修补的难点。这是因为:第一,压缝带消除了弱接缝;第二,沥青复原剂的渗透和黏结,使整个坑槽区域密实和无渗水,处理后效果显著。

压缝带+沥青复原剂(CAP)的效果总的来说可以概括为以下几点:①恢复沥青混凝土路面的表面功能,恢复行车的平顺性和舒适性;②弥补坑槽破损处原路面的强度和耐水性的不足,具有明显的补强作用;③改善破损处承受车辆和水等外部荷载的进一步破坏扩展,消除弱接缝,做到防治结合;④压缝带+沥青复原剂(CAP)整体处理沥青路面,可以看到下雨后,原有裂缝和唧浆病害的路面不再产生裂缝和唧浆,即这一技术能有效防治路面裂缝和唧浆病害。

结论:在当前养护任务重、资金不足的情况下,运用新技术、新材料等手段,积极推进绿色环保型预防性养护,从整体上提高公路与城市道路的安全、舒适、高速、耐用的使用要求,成为养护工作的重点。

压缝带+沥青复原剂(CAP)技术是一种较为科学的、有针对性的修补工艺,它使修补后坑槽的稳定性提高,寿命大大地延长,减少了重复维修的次数,更重要的是减少了对交通的影响。这是预防性养护的又一次成功尝试,值得在公路养护单位的日常养护中推广使用。

4.1.3 沥青路面冷补技术

路面损坏的及时修复是公路养护行业的最重要任务。通常,国内道路修补材料使用的是热拌沥青料和乳化沥青混合料。但是使用这类材料要受到天气、环境、温度、坑穴大小、交通量等因素的影响,对随时出现的坑槽尤其是冬季坑槽,不能及时修补,必将造成损坏加剧,不但浪费修补材料,甚至影响交通安全和降低道路使用寿命。多年来,如何在寒冷的冬季、南方梅雨季节和雨雪天气等恶劣条件下,可以随时随地使用简单工具、方便的修补材料来修补路面,一直是困扰公路养护部门的一个难题。沥青冷补料作为一种科技含量较高的产品在公路上得到推广应用。它与传统的普通热拌料、水基乳化沥青材料相比,冷补料具有可以在全天候条件下修补路面,操作简便,修补质量好,存放长久,节省费用等诸多优点,正日益受到道路养护部门的认可和欢迎。

1. 冷补简介

(1) 冷补料的概念

在公路养护施工作业中,相对于传统的使用热态高温材料来修补的概念而言,对于采用常温或低温冷态材料进行修补作业的,即为冷补,其冷态修补用的材料即为冷补材料。具体讲,沥清冷补料是指没有加热的骨料(但骨料含水量大于4%(质量分数)时,应先将骨料表面烘干),与冷补改性沥青由液体沥青、冷补料添加剂、溶剂进行搅拌稀释经过拌和而形成的一种混合料。根据拌和形式,可以分为两种,工厂拌和和现场拌和。与普通热拌料相比,沥清冷补料是一种高科技公路修补材料,可以全天候使用。它适用于任何天气和环境下修补各种不同类型的公路面层,如沥青混凝土路面、水泥混凝土路面、停车场路面、机场跑道、桥梁伸缩缝等。沥青冷补料具有常温松散性、常温压实性、常温水稳性、常温存储性、常温基本强度、常温施工性等基本性能。

冷补材料主要由道路石油沥青、稀释剂(柴油)、添加剂、冷补改性沥青、集料等组成。

冷补液——冷补添加剂是生产冷补料的核心原料。沥青冷补拌和料,即沥青冷补料。由于我国地域广阔,气候、地质、生产用原材料差别很大,所以在其生产工艺上应该有不同之处。

(2)冷补料的特点

冷补料的生产和使用不会产生沥青黑烟、废料,有利于保护环境。它能及时修补坑槽,使路面保持平整、美观,保证道路畅通,并减少路面修补次数和工作量,具有极佳的抗水损害能力,延长道路使用寿命。冷补改性沥青能完全裹覆含水量小于等于4%(质量分数)的骨料。在干燥和多尘的坑洞中,冷补材料能够和原有的路面黏附。沥青冷补料与热拌沥青混合料比较有以下优点:

①质量稳定可靠。冷补添加剂,已经被美国、加拿大等国的公路养护部门作为生产沥青冷补料的首选添加剂。冷补料有极强的抗老化性能和黏结性能,修补质量好,并不易产生龟裂等不良现象,不需重复修补,修补的坑槽寿命在10年以上。

②施工简单、操作简便。无需配备专门的工具与设备,也无需专门的技术。修补时无需黏层油,只需将待补的坑槽清理干净(底面平整、侧面有硬碴则效果更佳),放入冷补料,压实不需重型施工机械,可根据路面的不同修补情况采用冲击压实、人工压实或汽车轮胎压实。

③适应性强。利用冷补添加剂生产的冷补料,在-25 ℃的温度下仍有较好的可操作性。在环境温度极低或路面坑洞有水的情况下,可以同原有路面紧密黏合,保证修补质量。适用于任何天气和环境,冷补料的适用温度为-30~50 ℃(环境温度),可以在雨雪潮湿的恶劣环境条件下及时修补坑槽。

④适用面广。可广泛应用于道路、桥梁路面、停车场、机场跑道以及施工机械难以触及部位的修补。

⑤可存储。冷补沥青料成品常温下可露天存放两年,袋装密封成品存放时间可更长(需避光保存),这样完全可以避免出现普通热沥青料的浪费情况。

⑥提高养护效率。利用冷补添加剂生产的冷补料,在处理路面坑洞时不需要进行重新加热。将冷补料添入坑洞并压实后可以立即通车,无须等待,真正实现即时性修补。

⑦降低养护成本。冷补料能及时修补路面出现的坑槽,不受天气和坑槽大小、数量的影响,也无需加热和搅拌,可根据实际用量随用随取,剩余材料可继续使用,不会浪费。

⑧生产工艺简单。在技术工程师指导下,可利用热沥青料生产设备(拌和楼、综合

养护车、砂浆搅拌机)进行冷补料生产,不必因生产冷补料对设备进行任何改造或重新投资。

⑨绿色环保。冷补沥青料生产和使用不会产生粉尘和黑烟,且成品不溶于水,因而不会污染大气和地下水,有利于环境保护。

⑩备料方便,节省费用。沥青冷补料由于其可长期储存,使用时可随用随取,不像热拌沥青混合料那样使用时需启动沥青拌和机。特别对于修补量不多的情况下,可节省时间和费用。

⑪立即通车。用冷补沥青料修补过的区段无需封闭交通,可立即通车,大大缓解因道路修补施工而造成的交通压力。

⑫用途广泛。冷补沥青料与沥青混凝土、水泥混凝土、金属表面、木面等不同基质的材料均有良好的黏结力,可广泛应用于高速公路、一般公路、市政公路与设施、机场、桥梁伸缩缝等各种路面的修补与养护。

⑬社会效益显著。使用冷补沥青料能及时修补路面,保持路面常新,保证道路畅通,提高车速,减少交通事故,减少路面重修次数,延长道路寿命。

(3)沥青冷补料技术性质

沥青冷补料与普通沥青热拌料及乳化沥青拌料相比,它是一种高科技公路修补材料,其优良的黏结性能和松散施工性能是区别于普通修补材料的显著特点之一,可以全天候使用。其成本、质量和使用都优于传统的沥青热拌料和乳化沥青混合料,并且其操作简便、储存长久、修补质量好、用途广泛、利于环保。

沥青冷补料之所以能以很快的速度在国内公路养护行业中得到推广应用,因为具有以下独特的技术性质:①高温环境下的稳定性;②低温情况下的抗裂性;③储存和使用中的耐久性;④车辆行驶中保证路面的抗滑性;⑤施工方便性和简易性。

(4)沥青冷补料的强度形成

沥青冷补料的强度形成过程和热拌沥青混合料的强度形成过程有所区别,热拌沥青混合料用的沥青是热塑性的,而冷补沥青混合料的沥青是经过添加剂和溶剂搅拌而形成改性的,已经不是完全的热塑性。冷补沥青混合料的强度形成有一个缓慢的过程,混合料在摊铺、碾压时具可塑性、流动性,能被挤压至坑槽中不规则的地方,在车辆行驶和空气的作用下使一部分溶剂挥发,沥青逐步变稠,混合料颗粒之间的分布更加紧密,空隙率减少,骨料相互的黏结更牢固,混合料的密度增大,对路面软的感觉会逐渐消失,这一过程需要 7~10 d。此后其强度逐步增加,经过三个月左右的时间,其变形和强度会逐步稳定,达到或超过热拌沥青混合料冷却后的性能。冷补沥青混合料的强度由两部分构成:改性沥青自身的黏结性和黏附性及与骨料相互作用而形成的混合料的内聚力和黏附力,它们使骨料颗粒间不易分离,形成整体,也使混合料与原表面有较高的黏着力而不易剥离、推移。冷补沥青混合料经碾压后,由于骨料颗粒间的嵌挤锁结作用而形成混合料的内摩擦阻力。沥青冷补料这两部分力就构成其初期强度,并足以抵抗车辆荷载的作用。

(5)百思特冷补料简介

①百思特冷补添加剂(BEST-LT)。

BEST-LT 是高质量的胺类和妥尔油(又称液体松香)的混合物。可以使沥青和湿润甚至是潮湿的骨料很好的裹覆,增强骨料和沥青的结合力,改善低温工作性能以及和原有多尘或潮湿的路面材料的结合。它提供的凝胶结构会增强膜厚,帮助保留溶剂并增强抗车辙和抗推挤的性能。

②百思特冷补材料。

百思特冷补材料由百思特冷补添加剂、稀释剂(柴油)、道路石油沥青和骨料,通过一定的生产工艺加工而成,可直接用于路面坑槽的修补。在常温及低温环境下,有着良好的可操作性,并且可进行长时间的存放。

2. 冷补料的成型机理

(1)冷补料的组成分析

冷补材料组成为道路石油沥青、稀释剂(柴油)、百思特添加剂、冷补改性沥青、集料。

①集料。

生产冷补料的集料按照级配分主要有两种,分别是开级配集料及密级配集料。冷补料中集料的级配是影响在负荷下冷补材料不被推移的主要因素。理想的集料应当完全被破碎,几乎不含石粉。破碎好的集料有更好的"内锁"性能和重负荷下抗推移、抗车辙能力。

开级配可以使冷补料有较大的空隙率,从而获得多方面的较好性能。开级配的冷补料使溶剂(柴油)容易挥发,得到较硬的沥青质,从而在温暖的天气下也能抗推移。而密级配的冷补料在交通负荷下会被进一步压实,空隙率会被挤压而造成坑洞处的路面压缩变形。密级配也会造成溶剂不容易挥发,混合料成型过慢。

②冷补改性沥青(稀释沥青)。

冷补改性沥青的作用是将混合料结合在一起,并把修补料和原有路面黏合。冷补料黏合剂的组成为沥青、稀释剂和添加剂。当沥青被稀释后,原有基质沥青的性能将被破坏,但是通过添加冷补添加剂可以使沥青的性质达到冷补料的要求。通常,为满足冷补材料的基本性能,用添加剂配制冷补沥青时,首选柴油作为稀释剂。

稀释沥青中可以使用多种稀释剂或是混合型稀释剂,取决于对冷补材料所要求的性能。稀释剂的使用可使混合料在堆放时不过硬,并在路上可压实。稀释剂的挥发速度直接影响冷补料的强度形成时间,改变稀释剂和稀释剂的添加量将影响冷补材料施工和存储性能。

③添加剂。

添加剂可以改善稀释后的沥青与干、湿集料之间的黏附性能,改善冷补料的低温工作性能,改进冷补料与多尘或潮湿的原有路面材料之间的结合。它提供的凝胶结构会增强沥青膜的厚度,帮助保留稀释剂并提高抗车辙和挤压的能力。

(2)冷补材料的成型

混合料的变硬、强度形成和趋于稳定的快慢与很多原因有关,外因如:气温、车流量、铺筑层的厚度;内因如:使用的稀释剂类型和数量、采用集料的级配类型等。当气温高、车流量大、铺筑层薄、集料级配粗和稀释剂的挥发速度快、稀释剂加入量少时,冷补料的强度形成会更快。

在最初冷补混合料被碾压成型后,即可开放交通,且能保持稳定、不松散、不脱落,路面尽管有软的感觉,但是并不影响使用性能,类似在炎热的夏天,一般沥青混合料路面均有发软现象,但并不影响路面的正常使用。

3. 冷补料与传统热补及乳化沥青混合料修补的性能和特点对比

冷补料与传统热补及乳化沥青混合料修补的性能和特点对比见表4.1。

表4.1 冷补料与传统热补及乳化沥青混合料修补的性能和特点对比

	冷补料	传统热补	乳化沥青混合料修补
施工季节	全年不受气候影响	低温的冬季和雨季不能施工	5 ℃以上,全国施工时间平均比热补延长60 d
对坑槽的处理	只需简单处理,积水坑槽可直接填补	要清理干净,排除积水并烘干,刷黏层油	要清理、整形、排除积水
存放	露天存放两年,袋装存放更久	不能存放	20 ℃条件下可存放3~7 d或稍长
施工性能	很好,不需熟练工人,不需专用机械	需要熟练工人和专用机械	需要熟练工人和专用机械
生产环境	可就地生产,或工厂预先拌和,没有热沥青气味	需在工厂拌和,有浓重热沥青气味	需在工厂预先拌和
材料利用率	完全利用(随用随取,剩余材料下次可继续用)	较小修补工程,取料量多于用料量,剩余材料作废	乳液破乳后的材料不能继续使用
开放交通	修补完毕立即通车	修补完毕需封闭交通一段时间	修补完毕需封闭交通,等待破乳
耐久性	很好,寿命达10年以上	一般	一般
能源的消耗	一般不需加热石料,沥青温度低,节约能源	加热沥青、石料	沥青用量比热补料少10%,石料不加热,沥青要求温度高
材料、费用的消耗	减少重复修补,节约材料;减少冬季和雨季停工造成的费用消耗	修补质量不好,造成重复修补,浪费材料及人工费;保温需多取料,造成浪费	一般情况下可及时修补,按量取用,一定程度上减少停工、停机费
社会效益	随时修补保持路面常新,保证道路畅通,减少交通事故,减少修补次数,延长道路使用寿命	不能随时修补造成损害加剧,影响交通安全,减少道路使用寿命	节能、环保、施工方便

4.1.4 沥青冷补料生产工艺

2005年,我国开始采用武汉交通能源新技术研究所提供的"冷补沥青料添加剂以及生产技术"。下面根据其"冷补沥青料手册",介绍冷补料生产工艺。

1. 设备和场地

具有精确计量沥青和集料装置的普通热沥青搅拌设备或冷补沥青料专用搅拌设备,以及具有上述功能的其他搅拌设备(强制式搅拌设备将有利于提高搅拌效果)。生产场地应为大于 1 000 m² 的水泥混凝土或沥青混凝土平整地面。

2. 工艺要求

①液体改性沥青加热温度为 80~120 ℃,严禁超过 120 ℃,加热应采用导热油或水浴方式,严禁使用明火直接加热。

②当集料含水量小于等于 4% 时,可不需加热或微热;当集料含水量大于 4% 时,应先将集料在正常温度下烘干或加热到 60 ℃ 左右(以使集料表面烘干,但不得高于 80 ℃)。

③液体改性沥青加入量参考技术说明。生产中原则上以粒径 4.75 mm 以下的集料范围变化趋势进行相应的调整,每 0.25% 为一个调整范围。

3. 工艺流程

冷补料生产工艺流程为:检查设备是否良好→连接各种管路→配制液体改性沥青并保温→设定油石比→集料配料、上料→试生产 30~120 s→取样测试分析(水剥离、纸迹试验、滚动等试验)→依据分析结果调整配合比→合格后正式生产(抽检)→停机→将成品料堆成金字塔状。

注意:新生产的成品料必须放置两天后才能使用或冷却后装袋存放。

(1)拌和前的准备

①检测原材料。报送沥青、集料检测报告,沥青、石料必须符合要求。如果石料级配有新变化,则需重新进行筛分及配合比设计。

②清空拌和楼各仓内的石料及粉尘。

③将拌和楼加热至拌和温度,使机械内部干燥。

(2)沥青混合液生产

加热沥青至熔化(130~140 ℃),按一定比例加入冷补液、柴油进行充分搅拌。

(3)拌和冷补料

①采用推荐级配或常用级配,将集料输送至拌和楼内,通过干燥器检测集料温度,温度应控制在 65 ℃ 左右。

②正式生产前,从拌和楼检测干拌混合料级配是否符合要求。

③混合料级配确认后,当集料达到规定温度,即可加入沥青混合液,进行充分拌和,确保集料完全被混合液裹覆(25 s 或更长)。

(4)拌和产品现场直观检验

①在一张平整、干燥、白色纸上做吸油试验,以检验沥青用量。允许样品轻微变凉,将试样放在纸上 1 min 后迅速移走样品,观测纸上沥青残余,纸上应留下石子印痕(30%~70%),且不连续。如出现严重墨迹,说明沥青用量偏多,减少沥青用量 0.25%,重新生产并进行试验。

②用蒸馏水做水损(剥落)试验。允许样品轻微变凉,取少量样品放入蒸馏水的杯

中浸泡,观察剥落情况。如果出现剥落现象,则将拌和集料的温度提高 5 ℃,使石料表面更干燥,但温度不宜太高。

(5)拌和产品现场室内试验检验

参照《公路工程沥青及沥青混合料试验规程》(JTGE 20—2011)。

4. 对中粒式成品料的使用分析

冷补沥青料主要是用于公路的修补材料,而路面的坑槽有深、有浅。为提高混合料的承载能力和路面的粗糙性,一般都提供两种不同粒径的骨料级配方,即中粒式和细粒式。中粒式用于深坑槽的底层,以增加承载能力;细粒式用于路面的修补材料。

冷补沥青料骨料级配见表 4.2。

表 4.2 冷补沥青料骨料级配

规 格	通过下列筛孔(方孔筛 mm)的质量百分率/%							
	16	13.2	9.5	4.75	2.36	1.18	0.30	0.075
LB-10(细粒式)		100	90~100	20~55	5~30	0~10	0~5	0~2
LB-13(中粒式)	100	95~100	85~95	20~55	5~30	0~10	0~2	0~2

冷补沥青料分别以中粒式和细粒式在公路养护部门使用。由于两种料存在堆放场地的限制以及生产操作时对配料站中更改骨料级配的操作不方便,所以,在生产中只生产细粒式冷补沥青料。针对深坑槽的修补,建议:底层先铺上粒径大小混合的骨料,再洒(浇)上乳化沥青,然后再铺上细粒式冷补沥青料。由于南方气温一般偏高,乳化沥青易于破乳,也可以达到即铺即通车的要求。这样既方便操作,也同样达到目的。

5. 成品料温度

各冷补沥青料添加剂出售方及生产技术介绍中,一般都指明:成品料出料温度在 80 ℃以下,或不应超过 80 ℃。在详细的技术要求中也指明:沥青加热温度为 80~120 ℃,严禁超过 140 ℃;骨料烘干或加热到 60 ℃左右,以使骨料表面烘干为宜,但出料温度应不超过 80 ℃。但在实际生产中,在此温度下的成品料外观亮度、混合料搅拌中的骨料与沥青裹覆均匀性都不理想。在现场分析各种原因后,我们将出料温度慢慢地升高并始终观察成品料外观亮度、骨料与沥青裹覆均匀性,结果当温度达到 95~105 ℃时,成品料外观亮度、骨料与沥青裹覆均匀性最好,经各种实验,各项技术要求均合格。

4.1.5 龟裂及坑槽处理材料举例

1. 超强水泥灌浆料

超强水泥灌浆料是由高强型超细水泥、膨胀剂、矿渣等多种助剂,经特殊设备精制而成的新一代无机刚性超细灌浆材料。

(1)超强水泥灌浆料的优点

①无毒、无味、对地下水及环境无污染,属环保型灌浆材料。

②浆液固化时无收缩现象,结合强度高,耐久性好,不老化,抗渗性能佳。

③浆液流动性好,材料的比表面积在 600 m²/kg(或 800 m²/kg)以上,平均粒径 10 μm(或 5 μm)以下,因而其稳定性及可灌性高。

④浆液凝固时间可按工程需要进行调节。

⑤浆液施工工艺简单,操作方便,能大规模使用。

(2)应用范围

①水利工程中大坝坝体及坝基裂缝灌浆。

②灌筑地下防水帷幕,截断渗透水源,整体抗渗堵漏。

③加固和提高松软土及岩石的力学强度,修复混凝土结构和恢复其整体性。

④纠正因地层不稳定引起不均匀沉降而导致的大坝和高层建筑物的开裂、倾斜。

⑤公路、桥梁、机场跑道等地基下陷的补浆加固。

⑥各种地下建筑物开挖前的预处理以及地质钻探中复杂地层钻孔中的护孔固壁,止涌堵漏等工程。

⑦复杂地层的流砂层固砂及淤泥质土层的固结。

(3)技术指标

①超强水泥灌浆料的物理性质(21 ℃)见表4.3。

表4.3 超强水泥灌浆料的物理性质

规格/型号	外观	密度/(kg·dm⁻³)	气味	毒性	细度	
					比表面积/(m²·kg⁻¹)	中位粒径/μm
DMFC-GM-600	灰色粉末	~3	无	无	≧600	≦9
DMFC-GM-700	灰色粉末	~3	无	无	≧700	≦8
DMFC-GM-800	灰色粉末	~3	无	无	≧800	≦7

注:常备货物有比表面积为600 m²/kg、700 m²/kg、800 m²/kg等,可根据客户特殊要求加工超细水泥灌浆料

②不同水灰比下的注浆料净浆的强度比见表4.4。同水泥一样,注浆料的流动性、渗透性随水灰比的增大而增大,但凝结时间随水灰比的增大而延长,强度随水灰比的增大而降低,因此,在满足施工要求的前提下,应尽量减小水灰比。

表4.4 超强水泥灌浆料不同水灰比下的注浆料净浆的强度比

规格型号	水灰比							
	0.5		1.0		1.5		2.0	
	7 d	28 d	7 d	28 d	7 d	28 d	7 d	28 d
DMFC-GM-600	30	42.5	10	15	5	7.5	2.5	3.5
DMFC-GM-700	32	50.0	12	16.0	6	8.0	2.5	3.5
DMFC-GM-800	35	52.5	12.5	17.5	6.5	8.5	3.0	4.0

(4)使用方法

①针对不同大小的缝隙空间,不同土壤地质环境,不同的灌浆基础条件,不同的强度指标要求,确定适宜的水灰比(通常注浆料水灰比为0.5~4.0),用电动搅拌机进行搅拌,直至均匀,然后将浆体倒入注浆桶中。

②将注浆机的输送管嘴部与事先固定于基础上的注浆嘴对接固定,接通注浆机电源,开启阀门进行注浆,并控制注浆压力在一定的范围内(通常为0.1~0.5 MPa)。不同的基础条件,不同的水灰比,所需的注浆压力不同。注浆压力太大,可能形成劈裂注浆,无法均匀渗透;灌浆压力太小,则无法渗透至细微空间。

③待灌浆完成后封闭灌浆孔。

④当灌浆面积较大时,可采用分段灌浆。

(5)注意事项

①注浆料必须用高速搅拌器(1 500 rpm)搅拌至少5 min,在灌浆过程中,也要用低速搅拌器搅拌,防止沉淀。

②超细水泥灌浆料是以水泥为基材的灌浆材料,在使用过程中,要戴手套和防护眼罩、防尘口罩,穿工作服,防止灼伤眼睛和皮肤。若不慎溅入眼睛,立即用大量清水冲洗,并向医生咨询;若不慎误食,立即喝大量清水,并向医生咨询。

2. BEST 龟裂修补料

(1)产品概述

BEST 龟裂修补料为单组分聚合改性沥青乳化物,用于填补和修补沥青道路表面的龟裂和裂缝处。BEST 龟裂修补料(图4.1)为冷补材料,用于填补裂缝,易于施工,是修补龟裂及裂缝路面较为经济的修补产品。

其基本用途:适用于任何沥青道路的龟裂和裂缝路面,包括停车场、车行道等。龟裂修补料施工图如图4.2所示。龟裂修补料成品外观如图4.3所示。

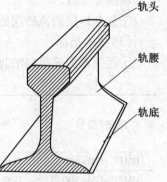

图4.1 BEST 龟裂修补料

图4.2 龟裂修补料施工图

图4.3 冷补料成品

组成成分:聚合改性沥青乳化物、纤维、橡胶和骨料。

包装:5加仑(28 kg)、55加仑装(310 kg)。

颜色：干透后呈黑色。
温度限制：施工时及施工后 24 h 内气温不得低于 10 ℃。

(2) 技术数据

环保材料：BEST 涂抹式修补料是对环境无害的水基裂缝修补材料，每升含有机挥发物（VOC）不超过 150 g。

物理/化学性质：经检测符合 ASTM D140、ASTM D466、ASTM D529、ASTM D2939 和 ASTM D244 标准（见表 4.5）。

表 4.5　龟裂修补料的性能要求

成分	聚合改性乳化沥青
颜色	干透后呈黑色
非挥发物	73%
灰（非挥发物）	54%
比重	1.39
风干时间	依铺涂厚度而定
黏结性（防水性）	无渗透或黏结性丧失
耐热性	无凹陷或突起
柔韧性	无开裂或剥落现象
抗撞击性	无碎裂、剥落或开裂现象

(3) 施工

施工前必须将路面裂缝彻底清理干净，尘土、碎屑和缝内植物应清理干净。

配比方法：无需稀释调对，充分搅拌后即可使用。

施工方法：使用刮刷或泥铲施用材料时，铺涂范围应延伸到修补的区域以外，使道路平整连续，完全干燥后再开放交通。

涂布率：涂布率依道路情况和缝隙的宽度及深度而定。

注意事项：施工时及施工后 24 h 内道路表面及周围温度不得低于 10 ℃。勿让儿童触及。存储时注意防冻。

3. BEST 冷补料

(1) 技术概况

道路在使用过程中，受大交通量、超载、自然天气的雨雪浸泡、冻融以及热胀冷缩等原因，均会造成路面局部或大面积损坏，市政施工铺设各种管线对道路开挖造成破坏，都会影响道路使用寿命、交通安全和市容。

通常，道路维护部门使用热拌沥青混合料修补路面，但是由于热料修补受到天气、温度、坑槽大小及数量、损坏程度等因素的影响，对随时出现的坑槽尤其是冬季坑槽，不能及时修补，必将造成损坏加剧，不但浪费修补材料，甚至影响交通安全和降低道路使用寿命。

BEST 冷补料可以在全天候条件下修补路面，具有操作简便、修补质量好、存放长久、节省费用等诸多优点，正日益受到道路养护部门的认可和欢迎。

BEST 冷补液——冷补添加剂是生产冷补料的核心原料。为了进一步降低使用冷补料的成本,北京百思特路桥公司提供冷补液产品(180 kg 桶装)和全套生产技术,用户可以利用当地的热沥青混合料拌和设备、沥青与石料、添加冷补液和柴油就地生产冷补成品(冷补料),为冷补料的大面积推广使用奠定基础。

(2)BEST(百思特)冷补料的使用和存放

①修补坑槽。

第一步:将坑槽内清理干净,坑槽较大时,四周和底面最好整齐有硬茬,这更有利于发挥冷补料最大的黏合性。

第二步:在坑槽内填入适量冷补料,若坑槽深度在 8 cm 以上则需分层压实,根据压实程度决定填料的虚铺高度,一般为 1~2 cm(图4.4)。

②大面积路面的抢修。

路面大面积破损或管道破裂开挖路面,首先应将路基处治好,压实度在93%以上,具备相应的承载力,然后分层摊铺压实,专门为此设计的粗级配冷补料,这种情况需用平板夯或压路机来压实(图4.5)。

图4.4　冷补料施工图(一)

图4.5　冷补料施工图(二)

③修补技术要求。

修补面光洁、平整、无轮迹、边缘无松散现象,密实度达95%以上。

④冷补料存放。

BEST(百思特)冷补料能在室内外无覆盖的情况下存放,若存放散料建议最少储存20~30 t 冷补料,并且以金字塔状堆积,长时间形成的外壳可与内部松散料搅拌使用。散料存放期两年以上,袋装或桶装则可无限期存放。

(3)冷补料添加剂(冷补液)

冷补添加剂(图4.6)是生产冷补料的主要原料之一,是一种特殊化工产品,由多种聚合物组成,加入普通道路沥青内可改变沥青的性质。常温下呈液态油状,有轻微刺激性气味,性质稳定。

①冷补的成本可行性。每吨冷补成品料的材料成本约为 300 元,比传统的热拌料增加几十元,如果从热拌料施工时的温度限制、人员数量、材料浪费、环境保护等综合效益考虑,使用冷补材料修补养护道路的成本要

图4.6　冷补料添加剂

远远低于传统的热拌料。

②技术可行性。BEST产品在提供冷补添加剂的同时,会为用户提供全方位的技术支持和技术培训,技术配方对所有用户是公开的。

③冷补的使用可行性。冷补的使用非常方便,在-30～50 ℃均可施工,不受雨雪天气等限制。路面出现破损时,一个人即可进行施工维修,施工后的道路可以立即开放交通,剩余的材料可以留待下次维修时继续使用。批量生产的冷补材料可以露天堆放2年,也可以袋装存放。施工时不需要刷底层油,完全符合环境保护的要求。

"冷补"成品生产流程简单,用户可直接利用传统的热沥青搅拌设备在当地生产,生产工艺流程如图4.7所示。

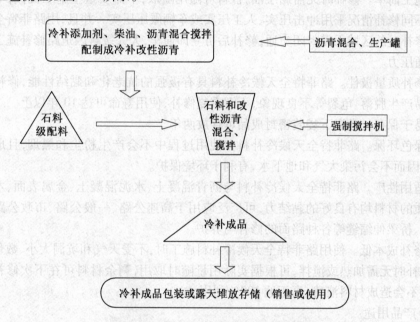

图4.7 BEST-冷补成品简易生产流程图

BEST产品能根据不同的地方石料的具体性质,调整"冷补"的配比,使不同性质的石料都能与加入添加剂后的沥青充分黏合,确保产品质量。

4. 路菲特全天候冷补料

(1)产品介绍

路菲特全天候冷补料(图4.8)是一种高科技道路修补材料,由路菲特高性能冷补添加剂、沥青和集料按一定的比例、加工工艺混合制成,外观为黑色颗粒状固体,有轻微石油气味、不溶于水,对机动撞击、静电等不敏感,性质稳定。该产品可以全天候使用,适用于在任何天气和环境下(甚至在水中)修补各种不同类型的道路面层,可保证永久性修复坑洞、功能性车辙、罩面或水泥混凝土的边缘,使用简单,不需要拌和或黏结层。

(2)产品特点

①适用于任何天气和环境。路菲特全天候冷补料适用的环境温度范围宽,可在-30～50 ℃使用,防水性能极佳,在雨雪天气和积水坑穴都可施工。

(a) 坑槽修复前　　　　(b) 坑槽修复后

图 4.8　路菲特冷补料

②施工简单。修补时无需黏层油，备料可随用随取，不需要重型施工机械，可根据路面的不同修补情况采用冲击压实、人工压实或车辆碾压压实。并且，用路菲特全天候冷补料修补过的区域无需封闭交通，修补后可立即通车，大大缓解因道路修补施工而造成的交通压力。

③修补质量极佳。路菲特全天候冷补料具有极强的抗老化和黏结性能，修补后的坑穴不易产生脱落、龟裂等不良现象，不需重复修补，使用寿命可达 10 年以上。

④易于保存。常温下袋装密封成品可存放两年。

⑤绿色环保。路菲特全天候冷补料在使用过程中不会产生粉尘和黑烟，且成品不溶于水，因而不会污染大气和地下水，有利于环境保护。

⑥适用性广。路菲特全天候冷补料与沥青混凝土、水泥混凝土、金属表面、木面等不同基质的材料均有良好的黏结力，可广泛应用于高速公路、一般公路、市政公路与设施、机场、桥梁伸缩缝等各种路面的修补与养护。

⑦修补成本低。使用路菲特全天候冷补料施工时，不受天气和坑洞大小、数量的限制，且修补时无需加热或搅拌，可根据实际用量随时取用，剩余材料可在下次修补中继续使用，不会造成材料浪费，真正地 100% 利用。

(3)产品用途

路菲特全天候冷补料使用方便、高效，为各种环境应用提供了一个经济性好、简单且永久的解决办法，不仅仅是对坑洞、功能性车辙、接缝修补、外缘维修或表面修补(整平过程)，甚至对小的罩面也可使用。路菲特冷补料可以在任何天气条件下使用，具备较长的储存寿命，同时还可保持良好的使用性能。路菲特冷补料不需要黏层油，可同时用于修补沥青路面和水泥混凝土表面，甚至在水中也可使用。施工完毕可以立即开放交通，方便快捷。

①坑洞的永久性修复。

路菲特全天候冷补料可以非常成功地用于修补任何坑洞。对于大多数的修补，只需将路菲特冷补料填到坑洞中，再用铲子、铁夯或者车辆碾压压实。在施工前须用扫帚或者压缩空气把坑洞中的碎石清理干净。使用冷补料时，一般不需要使用黏层油，因为路菲特全天候冷补料自身有良好的层间黏结能力。如果是有水的坑洞(图 4.9)，路菲特全天候冷补料可以直接填补而不需要把水清理掉，修补后路面同样能够保持密实且提供足够的道路使用性能。修补坑洞时，路菲特全天候冷补料应略高于周围路面，以适应交通载荷的二次压实,压实的程度与坑洞的深度密切相关。路菲特全天候冷补料与大部分路面封层材料或灌缝胶是相容的,在雾封层或路面灌缝处理后,只需要很短的养生时间就可以使用路菲特全天候冷补料进行作业。

图 4.9　路菲特冷补料可修复不规则积水坑槽

②功能性车辙及沟槽修补(图 4.10)。

在市政道路或高速公路建设项目中,经常由于铺设管线、自来水或排水管道的修建,需要在路面上挖出沟槽,而使用热拌沥青混合料修补会产生很多问题。在很多城市每年要花费数百万经费来养护和修补沟槽。如果按照合理的使用程序,路菲特全天候冷补料可以作为一种永久性修补沟槽的材料。像其他所有材料一样,路菲特全天候冷补料必须要形成一个密实、固结而且无沉陷的基础,才能避免由于沉降、车辙或推移造成的沟槽处的修补失效。

为了达到最佳压实效果,路菲特全天候冷补料每次摊铺厚度应不超过 5 cm,使用振动钢轮压路机可获得最佳压实效果。如果遇到钢轮压路机不适合碾压的沟槽,可以使用手工铁夯压实。在达到最大密度之前,路菲特全天候冷补料可以达到高达 40% 的固结。当填补一个 5 cm 深的坑洞时,路菲特全天候冷补料应约高于原路面 2 cm,以确保达到最佳压实度。

③井盖及检修孔周边的修补。

路菲特全天候冷补料可以作为一种应用于检修孔周围、水阀、排水沟密封水层的永久性材料(图 4.11)。由于井盖能造成重大的压实障碍,并且在交通载荷作用下会发生变形,获得足够的压实度有很大的困难,因此建议摊铺高度应略高于路面或硬物表面,以适应交通载荷带来的二次压实。

图 4.10　功能性车辙及沟槽修补施工　　图 4.11　井盖及检修孔周边的修补

(4) 施工工序

①一般修补应将修补的坑穴内及四周的碎石、废渣清理干净,坑穴内不得存有泥浆、砂石等杂物。高速公路、市政公路的坑穴或周边沟槽应有整齐的切边,废渣的清除要见到固体坚硬面为止。

②把足够的路菲特全天候冷补料填进坑穴内,直到填料高出地面 1.5 cm 左右。高速公路和一般公路修补,其冷补料的投入量可增加 10%~20%,填满后坑穴中央处应稍高于四周路面并呈弧形。

③彻底压实路面以获得一个坚实的基础,较好的路面压实方式是用钢轮压路机或振动压路机,对于小坑洞可以采用铁夯压实。修补完的坑穴表面应光洁、平整、无轮迹,坑穴四周和边角一定要压实、无松散,普通道路修补压实度要达到 93% 以上,高速公路修补压实度要达到 95% 以上。

5. 金欧特冷补料

金欧特冷补料(图 4.12)属冷态修补材料,经压实后具有相当的结构强度,可承受正常交通下的荷载,能够实现道路的"即修即开"。在低温和潮湿环境下,能始终保持良好的柔韧性、黏附性及抗水性能,雨雪、低温天气下可正常施工。

对修补坑穴只需做简单处理即可,少许粉尘颗粒、积水不妨碍其路用性能,存放期长,一次用不完可下次再用。所含成分对环境无污染,可预先拌和和堆放,不需现场加热沥青。可实现任何条件下不同路面的及时修补,避免病害扩大。

使用方法:清挖坑槽,尽可能保持坑槽干净;填筑冷补料,按照粒径大小,采用一定松铺系数;压实,可用平板夯或小型压路机。

6. 金欧特坑槽界面修补剂

(1) 产品简介

坑槽挖补过程中,往往需要将坑槽四周界面上刷涂沥青。普通乳化沥青油膜薄与原路面及修补料存在差异,热改性沥青需要现场加温使用不方便。金欧特是企业和有关高校联合攻关研制出一种冷施工、高效能的坑槽界面修复剂(图 4.13)。

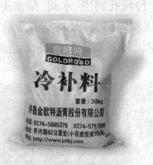 

图 4.12 金欧特冷补料　　图 4.13 金欧特坑槽界面修补剂

(2)产品特性

坑槽界面修复剂一年四季均可实现冷施工,使用方便。强度增长快,该界面修复剂刷涂后,室温条件(15 ℃)1 h可达到改性指标的95%。

(3)技术指标

软化点高于60 ℃(成膜后样品);低温延度(5 ℃)大于50 cm(成膜后样品);黏结强度大于等于0.6 MPa(成膜后样品);黏度($C_{30,10}$),40 s(使用时黏度)。

(4)使用方法

将需要涂刷的界面清扫干净。人工涂刷,膜厚在1.5 mm为宜。

4.2 路面裂缝处理

4.2.1 沥青路面裂缝修复新技术

路面裂缝是公路病害中危害较严重的一种,裂缝出现后,雨水沿裂缝下渗至基层、路基,降低结构强度,使裂缝加剧扩大、扩展,路面的病害进一步扩散。本节以G108线广北段和S205线遂潼段沥青路面裂缝的修复为例,介绍魁道路面材料养护技术的应用,对沥青路面裂缝修复的新材料、新工艺的应用研究具有一定的参考价值。

1. 概述

公路养护是保持路况完好、延长公路使用寿命,发挥公路社会与经济效益,为经济建设提供良好服务的重要内容。在整个公路养护工作中,路面养护是公路养护工作的中心环节。沥青路面是我国公路和城市道路路面的主要结构形式。随着公路通车里程的增长和使用时间的延长,公路养护工作量会越来越大,所需要的养护资金会越来越多。为了适应大量交通不间断、快速、舒适和安全地通行,就必须提高路面养护质量,使路面的服务水平得到有效保证。裂缝类破损为沥青路面的主导性损坏方式,对沥青路面裂缝的修补是沥青路面养护的经常性工作。公路担负着繁重的交通流,一旦出现裂缝,不允许长时间的中断交通或压缩通行断面来进行修补,有针对性的研究裂缝修补的新方法有积极意义。

目前,我国沥青路面裂缝的修补技术还比较落后,一般是采用乳化沥青进行灌缝封填。根据施工经验,乳化沥青及热沥青均很难灌入缝内,而且沥青与裂缝黏结不牢,沥青受热易挤出,既影响外观,又不能起到封水的作用。近几年,有的裂缝采用专用的开缝机扩缝后,用与旧沥青混合料相容性较好、黏结强度较高、低温不发脆的填缝材料灌缝。优点是对裂缝处治较为彻底,但需要专门的扩缝机械,造价较高,据青海省内使用经验,高温时膨胀易挤出及外观仍然较差成为推广主要障碍。

目前,高速公路应用主要是采用沿裂缝开槽以新混合料填补压实的方法。另外,坑槽的维修是挖除坑凼及周边松散料再填入新混合料压实整平;车辙的维修是将出现车辙的面层切削或铣刨清除,再重铺沥青面层。实际上,这些处理方法都存在明显的新旧沥青混合料交界面,会带来沿路面接缝处路面破损问题,而且由于工作面小,修补后的路面强度、压实度、平整度都难以得到有效保证,关键是该部位是路面结构中最薄弱的地方,最容易发生破坏。目前,国内外已开发出许多沥青路面养护维修的新材料、新工艺,为了使这些新材料、新工艺得到推广应用,就必须进行深入的研究。

2. 工程概况及施工要点

国道108线广北段属国道108线川陕连接段,车流量大,超重车多,工程于1998年建成通车,通车不久即出现较大面积的破坏,整治主要采用的路面结构为:4 cmAC-13I+6 cmAC-20I+30 cm水泥稳定碎石基层,由于施工过程中不能中断交通,只能采取半幅施工方案,纵向接缝处理极为困难,设计及施工时依据施工规范进行了相应处理,虽精心施工,连接部位裂缝迟早都要反射到面层上来。最早情况是施工完成后不久即出现这种裂缝,大多在2年左右出现。

省道205线遂潼段全长30.686 km,二级公路,路基宽8.5 m,路面宽7.5 m,工程于2004年建成,路面结构为:4 cmAC-16I+4 cmAC-20I+30 cm二灰稳定碎石基层+28 cm天然砂砾底基层。在营运过程中,出现了少量的半刚性基层反射裂缝,个别地段出现了纵向裂缝。

在深圳魁道公司的配合下,采用魁道路面封缝材料对上述两路段的裂缝进行了封缝处理,经过了6个月现场试验使用,效果较为明显。

施工配置,除安全设施外,仅需一工人,加热设备靠一煤气罐即可,施工要点:

①清洁缝边路面的灰尘、脏物和松散的砂子。

②根据缝宽确定裁取封缝带宽度,准备好封缝带。

③用喷灯或喷枪将封缝带加热,沿裂缝位置将封缝带紧贴于缝口,加热的温度以其表面变得油滑即可。

④为了克服封缝带与原路面的色差影响观瞻效果,可在封缝带未完全冷却时在其上面撒一些细砂、细泥或粉煤灰。

⑤当裂缝宽大于20 mm时,首先用普通材料填满特大缝大约至缝宽1.5倍的高度,即填充料至缝面的距离大约是缝宽的1.5倍。把大缝封缝料熔化后浇在缝里,并加入适量干净的碎石料,如此反复直到缝满,这个过程要进行人工捣实,再在其上贴封缝带;当裂缝小于10 mm时,可直接贴封缝带;当裂缝为10~20 mm时,应用细砂进行填实后再贴封缝带。

⑥施工现场应做好交通管制,确保施工安全。

4.2.2 高速公路的灌缝修补技术

青海省地处青藏高原,地域辽阔,自古就是唐蕃古道的必经之地。随着我国西部大开发战略的实施,青海高速公路的发展带来前所未有发展机遇。自2001年7月1日,青海省第一条高速公路——西平高速通车以来,高速公路的通车总里程已达217 km,在建里程397.83 km。

在特殊的地理条件、恶劣的气候条件和相对落后的经济条件下,高速公路的养护面临着更多的挑战,为此,青海省在高速公路预防性养护工作方面做了大量的探索与尝试。其中,针对裂缝处理技术,在借鉴国外先进技术和兄弟省份成熟经验的基础上,青海省经过多年的探索与创新,总结出了一套具有青海高速公路养护特色的科学灌缝方法。在公路全寿命周期养护理论的框架下,有效地延迟了青海省高速公路2~3年的大中修时间,延长了路面的使用年限。

1. 科学分类

随着沥青的不断老化,沥青混凝土路面上裂缝的生成是一种必然。青海省高海拔、温差大和强紫外线更是成为加速沥青路面老化的主要杀手。另外,青海省的高速公路绝大多数采用半刚性路面基层,在重车荷载和温度剧烈变化的作用下,这种基层易开裂,并在行车荷载的反复作用下,反射到沥青面层,以横向反射裂缝的形式表现出来。这也是青海省高速公路裂缝生成的主因和主要的存在形式。通常,高速公路建成通车2~3年,开始出现这种横向反射裂缝,并在随后的2~3年内进一步发展并趋于稳定。

随着横向反射裂缝的生成并逐渐趋于稳定,以及沥青路面的不断老化,其他形式的裂缝也会不断地表现出来,诸如纵向裂缝(车辙部位和冷接缝处为主)、块状裂缝、局部龟裂和网裂等。

为了更加科学地指导灌缝工艺和密封材料的选择,以达到最佳的灌缝效果,我们将裂缝分成两大类,即运动型裂缝和非运动型裂缝。随着季节交替和温度变化,运动型裂缝在水平方向上有一定的伸缩量,从形式上主要以横向裂缝为主。而非运动型裂缝,在水平方向上没有伸缩量或伸缩量很小,从形式上主要表现为纵向裂缝、块状裂缝、局部龟裂和网裂等。

2. 调查与分析

在灌缝施工前,对所辖养护路段进行详细的裂缝病害调查,为编制灌缝年度计划和修补对策提供基础依据。针对青海冬季路面冰冻时间长的特点,为了抓住春季最佳的灌缝时机,对裂缝的调查统计工作在3月末前结束。调查按线路进行,记录每条裂缝的位置、形态、长度、宽度、严重程度等指标。

除以上基本数据以外,我们在工作中发现随着路面通车时间的加长,横向反射裂缝(运动型裂缝)的间距呈递减的趋势,并逐渐趋于稳定。通常,在新路开通之初,生成的横向反射裂缝的间距都较大,一般在20 m以上。而随着通车时间的加长,横向反射裂缝不断生成,其间距也会明显缩小,通常在10 m左右。而裂缝间距的大小直接影响到裂缝自身的伸缩量,在施工工艺和密封胶的选择上,存在着一定的差异。因此,在裂缝调查时,裂缝的间距也是个重要的采集数据。

3. 施工方案

(1)灌缝工艺的选择

选择恰当的灌缝工艺可以为密封胶提供最佳的容胶空间,满足裂缝伸缩量要求,从而获得最佳的灌缝效果和寿命。根据不同的裂缝分类、裂缝间距和当地温度范围,青海省在高速公路灌缝施工中主要采用以下四种工艺。

①标准槽灌注工艺,即对原裂缝机械开槽(深宽比1∶1)后,只对槽体进行密封灌注。由于槽口两侧没有贴封带,减少了车轮与密封胶的接触面积,在夏季具有很好的防

黏胎性能。

②宽槽贴封工艺，在水平方向上，为裂缝槽体内的密封胶提供了更宽阔的拉押空间，主要适用于温差较大地区，裂缝间距在 20 m 以上的横向反射裂缝（运动型裂缝）。

③标准槽贴封工艺，主要适用于横向反射裂缝（运动型裂缝）的密封。现阶段，青海省高速公路裂缝存在形式主要以横向反射裂缝为主，因此，标准槽贴封工艺已成为青海省主要的灌缝工艺。经过多年来的实践证明，在众多灌缝工艺中，标准槽贴封工艺是最有效的一种。

④贴封工艺，即将密封胶直接灌注到裂缝表面，与传统的热沥青或乳化沥青灌缝非常相似。由于裂缝内的密封胶非常少，当裂缝低温扩张时，极易被拉断；而高温收缩时，易黏胎。因此，贴封工艺主要适用于块状裂缝和局部龟裂（非运动型裂缝）的密封。

(2) 灌缝材料的选择

传统的裂缝密封材料，如热沥青或乳化沥青，尽管价格便宜，但其高温的抗流淌和抗黏胎性能，低温的抗拉伸性能都无法满足裂缝伸缩量的要求。通常，多表现为夏季大量被车轮带起，冬季断裂。

而青海高速公路地处高原，冬季时间长，温度低；高海拔的特殊地理环境，使得夏季紫外线照射很强，路表温度很多。

因此，在裂缝密封材料的选择上就要设法解决这样一对矛盾，即在低温状态下，仍需保证一定的弹性与延展性；在高温状态下，不流淌、不黏胎。

为了科学地选择最适合青海特殊的地理和气候条件的裂缝密封材料，2004 年秋季，在所辖高速公路部分路段对比了多种国内外密封材料并加以跟踪观察。经过了一个冻融周期的观测，除美国科来福公司的高寒型密封胶外，其他测试样品均已脱落或失效。本着全寿命周期的养护理念，提高一次性投入的效率，自 2005 年起，青海省高速公路的裂缝养护就全面采用了高性能密封胶。5 年来，裂缝密封的失效率控制在 5% 以下，事实证明，在灌缝工艺和密封胶的选择上，选择高性能密封胶是正确的、有效的。2009 年初，交通运输部颁布了《沥青路面裂缝灌缝胶》，科来福是第一家全面通过该标准的密封胶供应商。

(3) 灌缝设备的选择

根据高速公路机械化养护的特点和需要，青海省高速公路养护单位分别于 2004、2005 年通过国内公开招标，先后两次购进 8 台裂缝开槽和灌缝设备。采购过程中，考虑到青海省高速公路地处高原，且位于我国的西部腹地，对设备高海拔、高寒的适应性以及设备稳定性和售后服务能力都提出了更高的要求。经过严格的比选，最终统一购了科来福的裂缝养护设备。

经过近 6 年的施工使用，所有设备均保持着无大修记录。稳定的设备性能为每年按时、按量地完成裂缝养护任务提供了有力的保障。

4. 施工流程

(1) 密封胶预热

灌缝施工前 1 h，检查灌缝机，添加密封胶并开机加热，密封胶的加热温度控制在

193～204 ℃。

(2) 裂缝开槽

使用粉笔或石笔标注裂缝，按裂缝轨迹，均匀切割出矩形槽口。根据事先确定的灌缝工艺，调节刀具组合。标准槽贴封或标准槽灌注工艺，槽口宽度一般为 1.8～2 cm，深度同为 1.8～2 cm，深宽比约为 1∶1。宽槽贴封工艺，槽口宽度一般为 2.5 cm，深度为 1.2 cm，宽深比约为 2∶1。

(3) 清缝

使用高压空气将槽（或裂缝）内外的灰尘及杂物彻底清理干净，每条裂缝至少清理两次。如果路表温度低于 4 ℃，需使用热空气喷枪或液化气喷灯对槽口（或裂缝）烘烤，彻底清除槽口（或裂缝）内的水汽。

(4) 灌缝

以标准槽贴封工艺为例，一般进行两遍灌注。第一遍按槽深一半灌注，第二遍将密封胶灌满并在槽口两侧各贴封 3 cm 左右。两遍灌注可以有效地减少密封胶冷却后的凹陷程度。

(5) 冷却养生

密封胶的冷却养生时间，受环境温度和风力大小的影响较大。一般情况下，冷却 15 min 即可放行通车。通常，密封胶因冷却收缩，会在槽体中央形成轻微的凹陷。实践证明，这种轻微的凹陷对裂缝的密封质量没有任何影响。

5. 检验与质量评定

科学的检验与质量评定方法是整个灌缝施工的重要环节，也是实现科学灌缝的关键与保障。

青海省高速公路灌缝施工采取了养护单位自检和管理部门验收的两级评定体系。

(1) 养护单位自检

青海省高速公路各路段养护公司设有专职质检员，负责灌缝工程的质量自检工作。如发现未达标，要求施工队立即清除不合格的密封胶，重新灌注。灌缝工程结束后，将施工原始记录、检验记录等资料归档整理，编写竣工报告，报上级养护管理部门验收。

①密封胶贴封层厚度小于等于 3 cm。

②贴封层边缘整齐，表面平整。

③贴封层表面光滑，无气泡。

④密封胶冷却后仍具有良好的弹性，车辆碾压不黏胎、不变形。

(2) 养护管理部门工程验收

灌缝工程结束后，高速公路养护管理部门统一组织验收，现场以抽检为主，工程合格率需达到 98%。

自 2006 年青海省高速公路开始进行裂缝密封养护以来，累计灌缝量 740 411 m，年平均灌缝量 185 102 m，灌缝失效率控制在 5% 以下。有效的裂缝密封大大减少了雨水、雪水进入路面基层的机会，减少了因裂缝而次生的其他病害的生成，延后了大中修的时间，延长了路面的使用寿命。

在全国上下倡导建养并重、预防性养护的今天,青海省从最基础的裂缝养护工作做起,数据的积累与分析,工艺、材料和设备的科学选择与配合,质量的严格监控,确保灌缝系统工程的每一个环节。事实证明,把灌缝这样一件看似很小的日常养护任务,科学化、系统化,为高速公路的养护节省了大量的资金,并延长了路面的使用寿命。

4.2.3 面层贴缝带在路面裂缝处理中的应用分析

1. 裂缝处理方法

①开槽灌缝;
②原路面灌缝;
③开挖处理裂缝;
④路面贴缝。

2. 裂缝处理方法的利弊

(1)开槽灌缝的利弊

开槽灌缝对路面会造成二次损害。因为开槽灌缝是在路面裂缝的基础上利用开槽设备对裂缝进行扩大,一般开槽宽度在 2 cm 左右,深度一般不大于 2 cm,然后利用吹风机把粉尘吹走,再进行灌缝,这样当时起到防水效果,其实经过雨后检查,可以轻松把灌进裂缝的灌缝料揭掉,如果开过槽的裂缝周壁都是潮湿的,可以断定这种情况并没有起到防水功能。因为开槽后利用吹风机吹走粉尘,仅仅是吹掉了槽壁的表面粉尘,而对于大的粉尘和被开槽机扰动的松动颗粒并没有被吹掉,这样灌进去的灌缝料并没有与开过槽的裂缝壁形成良好黏结,也就起不到防水功能(图 4.14)。

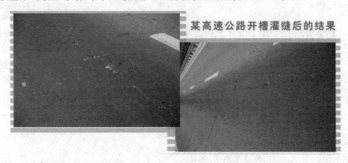

图 4.14 开槽灌缝黏结不牢容易脱落

另外,更为严重的是开槽后对路面造成了二次损害,因为开槽后对路面形成了宽达 2 cm 的 U 形槽,车辆在经过这个 U 形槽时车轮分别要对这个 U 形槽的两个棱角进行冲击(开车经过时有明显的震动),这样经过很短的一段时间冲击就会把这个 U 形槽的两个棱角冲击破碎,进而把这个 U 形槽的两侧造成一个宽达 4~10 cm 的破碎带,此时只有对这个缝进行整体挖补。如果开的槽较多,就只能挖补后再进行加铺(因为挖补后路面将千疮百孔,不利于行车舒适),对道路管养部门造成巨大损失,也对资源造成巨大浪费。

(2) 原路面灌缝的利弊

在原路面灌缝虽然不会对路面造成二次损害,但是容易脱落,夏季高温流淌,冬季低温脆裂,仍然起不到防水效果。而且所灌的缝宽窄厚薄很不均匀,好像在路上"满地涂鸦",影响美观(图4.15)。

图4.15　原路面灌缝容易脱落且不规则

(3) 开挖处理裂缝的利弊

如果是反射裂缝则需要进行宽缝处理,沿裂缝开挖 50 cm 宽,直至到基层裂缝处,在基层裂缝上铺设经纬基层贴缝带,然后重新铺筑面层。采用此法虽然效果较好,但仍然存在施工中不容易掌握与原路面的平顺性,影响行车舒适性。另外这种处理方案成本也较高。

3. 贴缝带的结构及特点

经纬面层贴缝带主体结构分为四层,从下至上分别是:①高黏结材料层;②高弹性聚酯层;③高分子弹性材料层;④抗撕裂进口无纺布或柔性聚乙烯层。四层材料经过特殊工艺复合而成,分别起到不同作用:第一层起到优良的黏结作用,防止材料与路面之间形成空隙而进水;第二层在温度作用下裂缝出现宽窄变化时起到骨架和弹性恢复作用,相当于空心板中的钢绞线,但是这层材料在具有强度的同时也具有一定弹性;第三层为高分子材料,不但高低温性能优良,而且也具有较好弹性,是主要功能层;第四层根据客户要求表面覆盖进口抗撕裂无纺布可以降低因贴缝后而引起的路面摩擦系数减低,同时起到稳固材料推移或抵抗车轮摩擦损耗,也可以覆盖柔性聚乙烯层。

4. 经纬贴缝带处理的优点

(1) 科技产品,质量放心

因为经纬面层贴缝带是专门针对路面裂缝而研制的专用产品,在开发思路上就彻底杜绝了灌缝的缺点和不足。在开发过程中也得到公路科研部门和国外专家的指导,经过三年多的市场考验得到了广泛认可。

(2) 黏结牢固不易脱落

因为经纬面层贴缝带与路面接触的那一层为高黏性材料层,与路面黏结后不但不容易脱落,就是人为分离也很难揭掉,有效保证了防水效果(图4.16)。

(3) 良好的高低温性能

经纬面层贴缝带的主要功能层是高分子材料,而且有网状高强度、高弹性的聚酯层吸附住一部分材料,使得整体材料高温不流淌,低温不脆裂。

图 4.16 （经纬面层）贴缝带规整牢固

(4)极具特色的自愈功能

经纬面层贴缝带能自行愈合较小的穿刺破损,可自动填塞愈合较小的裂缝。

(5)耐久性优良

经过三年多的市场调查,都可以保持1年以上不开裂、不推移、不破损,仅有少数因基层功能损坏而导致裂缝错位而造成开裂,但仍黏结良好。

(6)能有效对放射性裂缝及分叉裂缝进行处理

因为经纬面层贴缝带可以根据裂缝总体宽度量身定做,可以全部覆盖住裂缝区域,而不会出现漏贴而造成渗水。

(7)施工方便

无须任何设备,只需要一部小型车两个人就可以施工,施工人员也不用专业培训。

(8)无材料浪费

因为材料无须加热,现用现贴,缝有多长就贴多长,无材料损耗。

(9)无设备投资

施工过程中不需要任何设备。

(10)施工速度快

可以抢占有利施工时机。因为不用任何设备,在有利施工季节就可以组织大量人力,在短时间就可以完成施工任务,抢占有利时机。

(11)绿色环保,健康低碳

施工过程中不会对环境造成污染,也不会对工人造成伤害。

(12)经济效益明显

人工投入少、无设备投入、无加热灌缝料时的燃料投入,单班产出高。

4.2.4 路面裂缝处理新材料举例

1.裂缝压缝带(贴缝带)

(1)构造特征

压缝带(图4.17)是一种滚卷式阻裂防水隔膜,它是由2 mm厚的聚合物防水膜涂在0.3 mm厚的抗皱抗

图 4.17 压缝带

重载型聚丙烯材料上,经严格工艺碾压复合在一起,为防止搬运过程的黏连在防水膜的外侧,用硅油涂纸隔离,因此该产品共有三层材料。压缝带的宽度有8 cm、12 cm、15 cm、20 cm等四种规格,可根据缝宽及抗裂需要现场剪切或拼接,也可按使用单位要求定制。

贴缝带主要分为两大类产品:基层贴缝带和面层贴缝带(图4.18)。

图4.18

(2)使用特点

基层压缝带主要用于高速公路、一般公路及城市道路路面基层的新建和养护工程。基层压缝带具有很高的抗拉强度,很好的韧性和表面黏度,适用于路面基层(含水泥稳定碎石、水泥混凝土及其他半刚性或刚性结构),可防止由于温度影响及垂直荷载引起的裂缝反射到面层。由于基层压缝带表面有高黏度材料,可直接与清洁的基层表面黏结,因为基层裂缝处的水平或垂直应力较为集中,使用基层压缝带的宽度一般为150 mm以上,长度应根据缝长确定。

由于路表面的裂缝成因、形状十分复杂,面层压缝带有多种规格以满足现场使用,大致分为宽缝(以横缝为主)、窄缝(为纵向为主)和网裂三种。宽缝主要是反射裂缝,一般使用宽度为15 cm面层压缝带,由于裂缝较宽,应首先进行灌缝然后再铺设;窄缝多为沥青混合料的施工缝,宽度较窄,一般可直接铺设宽度为8 cm的面层压缝带,对于网裂(含龟裂及其他不规则裂缝)要进行成因分析,属于沥青面层自身引起的裂缝可直接使用450 mm宽的面层压缝带拼接铺设。

(3)性能参数

压缝带性能参数见表4.6。

表4.6 压缝带性能参数

型号		基层压缝带	面层压缩带
厚度/mm		2.0	1.8
耐热度/℃		80 无滑动、流淌、滴落	
拉力,N/50 mm ≥		350	450
低温柔度/℃		−20	−30
剪切性能		2.0 或黏合面外断裂	4.0 或黏合面外断裂
抗穿孔性		不渗水	
抗裂强度/N ≥		250	200
人工气候加速老化	外观	1 级 无滑动、流淌、滴落	1 级 无滑动、流淌、滴落
	拉力保持率/% ≥	90	80
	低温柔度/℃	−20	−25

(4)主要优点

①操作简便——贴即牢。在路表面使用面层压缝带只需清扫后即可铺设,省去了传统的灌缝料的加热设备(图4.19)。

②施工速度快——是灌缝的数倍。由于压缝带操作极为方便,与传统的裂缝处理工艺相比大大提高了工效。使用进口设备平均每个工作日可灌缝约为 500 m,而采用面层压缝带贴缝可完成约 5 000 m 左右。

③质量可靠——美观耐用。使用面层压缝带在路面贴缝最少可保持两年内不变形、不脆裂,不被车轮带起,有效防止路表面裂缝的蔓延,克服开槽灌缝后出现的啃边现象,这是开槽灌缝后出现的棱角造成的。另外传统灌缝料容易出现高温流淌,低温脆裂现象(这是国产灌缝料的通病,就连每吨 13 000 元以上的进口灌缝料也难以避免此类质量问题)。值得一提的是在 BEST 压缝带问世之前所有灌缝工艺都不能保证裂缝处的整齐美观,灌缝后严重损害路面形象,只有面层压缝带横平、竖直、边沿整齐与灌缝产生的"皱纹"相比达到了表面"美容"的效果(图4.20)。

图 4.19 贴缝带施工

图 4.20 贴缝带工程实例

④安全环保——无毒副作用。传统的灌缝工艺,均需对灌缝料(主要是沥青及橡脂等化学物质)加热处理,施工人员必须与这些有害物质及气体接触,因此施工人员甚

至过往司乘人员容易受到有害气体的毒害,时间久了很可能引起职业病。BEST 压缝带主要由聚合物构成,不易燃、无毒副作用、无刺激性气味,在搬运、施工过程中不会对人体造成损害(因不需加热),是一种优质的环保产品。

⑤成本低廉——效益明显。路面的裂缝达到一定的宽度、深度、密度会影响道路通行质量,裂缝的长期存在将会使道路遭受水的侵害,由此引起的软弹、沉陷、唧泥、坑槽等病害的维修费用将是巨大的。而传统的开槽灌缝不仅带来质量隐患,而且成本也远远高于 BEST 压缝带。

(5)应用性能

无需设备扩缝,是无损伤的裂缝处理技术;简单快捷,随时随地,粘贴完毕,即可通车,及时防止裂缝对道路产生的破坏;可随裂缝走向随意拐弯,能完全沿着裂缝封缝,保证封缝质量;适应温差大的区域,在路面高温时,裂缝压缝带不会被挤出或被车轮碾走,不会污染路面。

(6)主要用途

适用于水泥、钢板、沥青路面、小坑槽、水井盖的各种裂缝(包括反射裂缝的处治),也可用于封层罩面等施工前的裂缝处治,防治裂缝松散、渗水、崩边、崩缝、坑槽。

2. BEST 基层抗裂贴

BEST 基层抗裂贴(图 4.21)是针对路面基层裂缝和面层的表面裂缝处治难而研制开发的新型防水材料。抗裂贴质量检验标准见表4.7。

图 4.21 BEST 基层抗裂贴

表 4.7 抗裂贴质量检验标准

检验项目	技术要求	检验方法
软化点	≥80 ℃	GB/T4507—1999
低温柔度	-5 ℃,无裂缝	GB18242—2000
抗拉强度/($kN \cdot m^{-1}$)	≥8	GB18242—2000
断裂伸长率	≥20%	GB18242—2000
撕破强度/N	≥80	GB18242—2000
不透水性	0.2 MPa,30 min 不透水	GB/T328.3—1989

基层抗裂贴的主要优点有:

①操作简便,一贴即可。只需将裂缝及两侧清理干净,粘贴即可。

②施工速度快,综合成本低。

③质量可靠,美观耐用。具有良好的黏结力和抗拉强度,耐老化、耐高温、低温不脆裂、耐水、抗潮湿、耐腐蚀、粘贴后整齐美观。

④安全环保,无毒无害。高分子复合材料组成、性质稳定。

⑤成本低廉,效率显著。

3. BEST 基层贴缝带

基层裂缝不同处理方法钻芯取样对比见表4.8。

表4.8 基层裂缝不同处理方法钻芯取样对比

试验天数	仅灌缝处理试件描述	铺设土工布试件描述	铺设贴缝带试件描述
30 天	灌缝处有少量唧泥,未反射至面层	面层与基层从土工布处分开,未见唧泥	试件完整未断裂,未见唧泥
180 天	裂缝已反射到面层,无法取出完整芯样	裂缝已反射到面层,面层芯样已分为两个半圆柱体,基层破损	试件完整未断裂,未见唧泥
360 天	因裂缝处翻浆严重,已进行了挖补处理	裂缝已反射到面层,无法取出完整芯样	裂缝未反射到面层,试件完整,未见唧泥

4. 道路热补密封胶(克裂捷)

用密封胶灌缝工艺取代传统的沥青灌缝工艺,处理沥青路面裂缝,是目前公路养护技术的一大改进。传统工艺因受到沥青材料的低温冷脆性及高温软化性等特性的限制,修补后的裂缝会随气温的变化经过一年的面层涨缩重新开裂。这一问题的存在,增加了路面养护、维护的工作量和材料成本。而密封胶灌缝工艺在材料性能上克服了传统沥青材料存在的缺陷。

BEST-1619 型系列路面裂缝密封胶(图4.22)由美国 BEST 国际公司生产,其主要成分为改性沥青和热塑橡胶的复合材料,主要特点是高温下的低黏性和低温下的高弹性。根据使用地区的环境气温,该产品分为寒冷低温型、普通温带型、炎热高温型;依据加热方式,该产品可分为直接加热型和间接加热型。

图4.22 道路密封胶(克裂捷)

处理沥青路面的裂缝,选择一种合适类型的密封胶是关键。根据不同地区及不同的气候条件和路面裂缝特征,选择合适的密封胶作为路面裂缝修补的材料。

(1)密封胶性能

①性能。该密封胶为固态改性沥青和热塑橡胶的复合材料,热熔快,黏结性强,具有良好的抗形变恢复性能。与其他类型密封胶相比,该类型密封胶具有低稠度,易于渗入各种裂缝等特点。在夏季,其高温软化点可达 96 ℃;在冬季,其耐低温可达-23 ℃,因此更适合在温差跨度大的温带环境。

②密封机理。在 193 ℃高温下,液态密封胶与沥青路面渗透融合,冷却后产生高黏结力,并依靠较强的弹性,随裂缝涨缩而发生弹性变形,始终保持其密封作用。

(2)施工(图 4.23~4.25)

图4.23 密封胶热灌缝工艺

图4.24 密封胶(热)灌缝施工

图4.25 热补密封胶灌缝

①计算材料用量。

按照BEST公司给出的经验公式,当密封胶在规定施工温度时,1 kg密封胶可密封一条长8 m、宽1 cm、深1 cm的裂缝。

估算方式为

$$密封胶的用量 = 宽(cm) \times 深(cm) \times 长(m) \times 0.12(kg)$$

例如,一条宽与深均为2 cm的纵向裂缝长达15 m,则密封胶的用量为

$$2 \times 2 \times 15 \times 0.12 = 7.2 \text{ kg}$$

②加热密封胶。

在热熔釜的加热仓内,将密封胶加热熔化,直到达到规定的施工温度193 ℃。

在对密封胶进行加热的过程中,必须确保其均匀受热,推荐使用以导热油或热空气为介质的加热设备,以避免出现密封胶烧焦现象。因此,当没有类似热熔釜等可保证材料均匀受热的设备时,不能采用加热沥青的炒锅或其他明火直接加热设备加热密封胶。

③封闭交通。为保证施工安全,首先应进行交通控制,按照《公路养护技术规范》中关于公路养护作业交通控制的规定,摆放锥型标及移动标志车,并设专人负责指挥交通和随着施工进展情况及时移动施工标志。

④开槽。按照设计的槽口尺寸,调节好开槽机的宽度和深度,然后进行开槽作业。施工过程中要根据裂缝变化情况及时调节槽口尺寸,并满足最低设计要求。

⑤清缝。用压缩空气枪或森林灭火器将槽内及两侧至少5 cm范围内的灰尘和杂

物清吹干净。

⑥预热。密封胶应在路面温度超过 4 ℃ 时使用。低温下使用可能会降低黏性,由于裂缝处水汽太多,如果低于 4 ℃,可以使用适当的方法加热,以保证达到最低要求限度。如果要求在低于 4 ℃ 的情况下密封,那么必须要确保裂缝干燥,无水和杂物。密封胶温度应保持在安全加热温度。密封胶应有专业人员检验以确保黏性。

⑦灌缝。在密封胶达到 193 ℃ 的条件下,用灌缝终端上带有刮平器的压力喷头将密封胶均匀地灌入槽内。

⑧养护。用密封胶灌缝以后,不能立即开放交通,必须在密封胶充分冷却的情况下再开放交通。一般冷却时间为 15 min 左右,具体实施时,可根据气温情况灵活掌握。

(3)施工注意要点

①施工时密封胶的温度应达到 193 ℃,但不能超过 204 ℃。

②槽口尺寸应满足最低设计要求,即宽度大于等于 1 cm,深度大于等于 1.3 cm。

③灌缝前,应保持槽内及两侧绝对清洁。

④施工时的路面温度应保持在 4 ℃ 以上,否则应进行预热。

⑤开放交通前,应保证密封胶有足够的冷却时间。

5. 金欧特热补密封胶

(1)产品特性

该产品是一种热施工密封材料,它是由基质沥青加入聚合物、稳定剂等在特定的生产工艺条件下加工而成。它具有优异的黏合性、低温柔性、热稳定性、抗嵌入性和耐老化性。在高温下,有充分的弹性,可防止外溢或黏胎;在 −15~60 ℃ 的环境中都能保持其优异的特性。可广泛应用于水泥混凝土路面、沥青混凝土路面和基质缝隙处理,机场跑道的接缝处理及各类道路、桥面的防水和应力消解功能层。

(2)包装

本产品每桶净重 20 kg(用于内包装的塑料薄膜可与材料一并使用)。

(3)使用方法

①根据使用量,将材料加热至 180~200 ℃。

②清缝,将缝中杂物吹净、吹干。

③待材料冷却后,即可开放交通。

(4)技术指标

金欧特热补密封胶技术指标见表 4.9。

表 4.9 金欧特热补密封胶技术指标

实验项目	针入度(25 ℃)/0.1 cm	软化点/℃	流动度(60 ℃)/mm	拉伸量	弹性恢复/%
产品性能指示	65	98	0.7	>15	96

6. 金欧特抗裂贴

(1)产品简介

金欧特抗裂贴(图 4.26)是一种应力吸收层间复合高分子材料,能有效地吸收应力并阻隔水分。

将其贴于产生裂缝或剥落的沥青混凝土面,能减少并阻隔其作用于路面的温缩应力,因此也减少了裂缝反射穿过面层的趋势。铺设于路面,因其将基层与上部磨耗层隔离开来,从而使上面层免受多向位移及剪切应力的影响,用于公路、桥梁、机场。

(2)使用方法

将界面清扫干净,将抗裂贴铺于需要处理的部位即可。防止在施工中出现空洞、气泡。

图 4.26 金瓯特抗裂贴

(3)技术指标

金欧特抗裂贴技术指标见表 4.10。

表 4.10 金欧特抗裂贴技术指标

抗拉强度	伸张度	重量	厚度	厚度保持率	脆度	软化点
5 500 N/cm²	(峰值拉力时) 10%最低	0.23 g/cm²	0.2 cm²	负荷下保持原厚度的75%	合格	90 ~ 110 ℃

7. 金欧特高分子聚合物双面贴

(1)产品简介

金欧特高分子聚合物双面贴(图 4.27)是一种单结构的、常温下使用的密封材料,施工简易方便。适用于水泥混凝土路面、沥青混凝土路面及桥梁伸缩缝等维修养护。

适用于各种桥梁、路面、机场等沥青混凝土路面的坑槽挖补处理,可使新旧混合料有效结合在一起。为防止在处理的原路面裂(接)缝处出现新的裂缝,可在裂(接)缝处形成 3 mm 的黏结防护层。

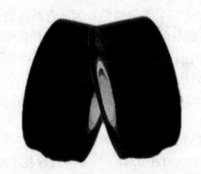

图 4.27 金欧特高分子聚合物双面贴

该产品具有极强的黏合力,使新旧混合料牢固地结合在一起,不会造成位移,能满足任何情况下挖补施工及新旧路面的黏结要求。

(2)使用方法

将界面清扫干净,将双面贴的塑料膜除去,贴铺于需要处理的部位。加铺时厚度应大于 5 mm,防止卷起。

(3)技术指标

金欧特高分子聚合物双面贴技术指标见表 4.11。

表 4.11　金欧特高分子聚合物双面贴技术指标

不透水性	地温柔度	纵向拉力	横向拉力
0.2 MPa,30 mm 下不透水	C-20c,30 min,$r=15$ mm	$N\geqslant 350$	$N\geqslant 350$

8. 冷补灌缝胶

裂缝一直是公路养护中最常见的病害之一,也是公路的养护中威胁最大的一种病害。经过多年的努力,开发出一种无需开槽、无需加热的灌缝材料。在及时发现轻微裂缝时,将冷补灌缝胶直接用小桶灌于裂缝处,既节省了养护经费,又能在第一时间控制病害的进一步发展。百思特路桥开发了"克裂捷"密封胶(图 4.28),其特点是在寒冷的东北具有低温不脆裂,在南方的高温不流淌等。产品性能均优于国外的同类产品,一举打破了国外品牌在高端密封胶领域的垄断,价格也比国外产品有优势。

图 4.28　"克裂捷"密封灌缝胶

(1)产品概述

BEST 冷补灌缝料是一个单组分用橡胶处理的冷补乳化沥青裂缝密封剂,填补公路表面宽 12 mm 的裂缝。BEST 冷补灌缝料提供一个保护的屏障,防止潮气进入道路表面。BEST 冷补灌缝料是一种经济易用的产品。

BEST 冷补灌缝料是专为沥青路面设计的灌缝料,最宽可填补 12 mm 的 BEST 冷补灌缝料是聚合改性乳化沥青缝密封剂,用精选矿石作加强填充物。BEST 冷补灌缝料在 24 h 内气温接近或低于 10 ℃ 的时候不能使用。

(2)技术数据

BEST 冷补灌缝料是环保水基裂缝密封剂,每立方分米挥发性有机物含量(VOC)小于 150 g。

BEST 冷补灌缝料符合下列测试标准:ASTM D140、ASTM D466、ASTM D529、ASTM D2939 和 ASTM D244。冷补灌封胶技术指标见表 4.12。

表 4.12　冷补灌封胶技术指标

成分	分类聚合体改型乳化沥青
颜色	干燥时为黑色
不挥发物含量/%	68.00%
矿石含量(不挥发物)	27.8%
比重(25 ℃)	1.19
干燥时间	由填充深度决定
附着及抗水能力	无渗透或少量附着
耐热性	无起泡或下垂
弹性	无破裂或起片
抗冲击性	无碎片、起皮或者破裂

(3)施工

裂缝必须是清洁的,土石碎屑和植物根茎杂草树叶应彻底清理。

施工方法:BEST 冷补灌缝料可以直接从容器(5 kg 装产品带有灌注喷口,如图 4.29 所示)灌注罐或适当的机械化泵装备(图 4.30、4.31)。用橡胶扫帚材料把原料刮在道面裂缝上也可以取得比较好的效果。

图 4.29 冷补密封胶灌缝

图 4.30 冷补密封胶有 U 形推施工

混合程序:彻底搅拌原料。BEST 冷补灌缝料是可直接使用材料。

要求:用橡胶扫帚把原料刮到裂缝中及其相邻的路面上。在材料没有完全干燥之前不要开放交通。

估算材料需求量:施工量和裂缝的深度、宽度有关。通常情况下,1 kg BEST 冷补灌缝料可以填充大约 4.4~9 m 的裂缝。

注意事项:地表和周围环境的温度不得低于 10 ℃,施工前后 24 h 内气温不得低于 10 ℃。不要放置在儿童可以触及的地方。产品保存时应注意防冻。

9. 路菲特灌缝胶

(1)产品介绍

路菲特灌(填)缝胶(图 4.32)是在沥青中加入自行研制生产的 RST 改性剂加工而成的沥青橡胶,用于沥青混凝土路面裂缝的修补和水泥混凝土路面接缝的密封,是目前广泛应用的一种快速修补路面裂缝的养护材料。

图 4.31 冷补灌缝

图 4.32 路菲特灌缝胶

路菲特灌缝胶具有与混凝土面板缝壁黏结能力强、弹性好、拉伸量大、不溶于水、不渗水、高温时不流淌、低温时不脆裂和耐久性好等性能,质量性能达到同类产品国际先进水平。

(2)产品特点
①强黏结性和高弹性。
②良好的高温稳定性和低温抗脆裂、抗拉伸性能。
③极高的抗水损能力和耐老化性。
④与传统灌缝料相比,方便耐用、环保节能,能有效延长养护周期,减少养护次数。

(3)技术指标
路菲特灌缝胶分为普通型、低温型和严寒型三类,分别适用于最低气温不低于-10 ℃、-20 ℃和-30 ℃的地区。路菲特灌封胶技术指标见表4.13。

表4.13 路菲特灌封胶技术指标

评价指标	普通型	低温型	严寒型
低温拉伸,50%,3循环	通过	通过	通过
针入度/0.1 mm	30~70	50~90	70~150
软化点/℃	≥80	≥80	≥80
流动值/mm	≤5	≤5	≤5
弹性恢复率/%	≥40	≥40	≥40

注:低温拉伸试验中,-10 ℃、-20 ℃、-30 ℃为低温拉伸试验温度,50%为拉伸量,拉伸三个循环

(4)适用范围
路菲特灌封胶适用于各种沥青道路或建筑等出现裂缝需要防水的场所,以及水泥混凝土的接缝施工。

(5)施工指南
对路面裂缝及时的密封可以防止水的侵入,只有正确使用灌缝料,才能有效防止路面的水损害,延长路面的使用寿命。

对路面裂缝灌缝步骤如下:
①开槽:裂缝太窄,需用开一个凹形的槽,槽的深度和宽度一般为1~2 cm。
②清理:用扫帚或压缩空气清理裂缝,除去灰尘和松散的颗粒。
③预热:用热空气加热裂缝边缘,以便除去潮气。加热边缘温度至7~18 ℃,以利于料的黏结。
④灌缝:将路菲特灌缝胶均匀地灌入路面裂缝中。

(6)施工流程
灌封胶施工流程如图4.33所示。

(7)注意事项
①施工环境通风干燥,粘贴面洁净、无油污及其他杂质。
②施工时须佩戴手套、口罩、护目镜、安全帽等防护用品。
③若不慎弄到皮肤或衣物上,可用丙酮清洗并用大量流动清水冲洗。
④若不慎食用或溅入眼睛,应立即就医。

图 4.33 灌封胶施工流程

(8) 运输与储存

①灌封胶属无毒、非危险品,可按一般化学建材运输。

②运输途中不得曝晒、雨淋、倒置或损坏包装。

③灌封胶在常温下密闭干燥储存,保质期为两年。

4.3 雾封层养护技术及微薄罩面养护技术

4.3.1 雾封层养护技术

1. 概述

雾封层特指将慢裂乳化沥青稀释液或特制路面保护剂喷洒(雾化)到现有沥青路面表层,从而恢复沥青路面在正常使用中氧化造成的轻微干裂、损失细骨料等现象,并封闭细小裂缝及表面孔洞。

雾封层是一种成本相对较低的预防性养护方法,能有效地延缓路面病害的出现,而且工艺简单,开放交通也比较快。

一般而言,雾封层可以用于中等程度纵、横向裂缝的路面,松散的路面,沥青老化的路面。但雾封层通常会在一定程度上降低原路面的抗滑性能。雾封层不可应用于有明显疲劳裂缝的路面、泛油路面、温缩裂缝比较严重的路面和缺乏摩擦系数的路面。

这种养护技术对于选择适当的养护时机非常重要,如果养护时间偏后,病害发展严重,雾封层的使用效果就会大大降低。雾封层这种养护措施对结构强度没有贡献,但是能降低因裂缝渗水而引起的水损坏。

2. 雾封层设计

(1) 原材料类型

能满足雾封层技术作用的材料及能满足其定义的材料均可应用,主要有传统材料及新型材料两类。

传统的雾封层材料为乳化沥青或改性乳化沥青,其破乳后,在沥青路面上形成一层薄膜,封闭沥青路面上的细小裂缝,封闭路面防止渗水,并黏结路面上松散集料,从而延长路面使用寿命。这种雾封层材料的主要成分是沥青和水。

新型的雾封层材料一般是由精制沥青、再生剂、溶剂及其助剂组成的一种黑色溶液。目前,市场上较为常用的雾封层材料有 BEST 沥青还原剂、沥再生等。将其喷洒到路表面上之后,能够迅速渗入路面表层,使表层老化沥青再生并达到原有沥青性能标准,增强沥青黏结力,使集料和沥青胶结料黏结紧密,封闭表面细微裂缝,并使路面呈现黑色,统一如新。

传统乳化沥青或改性乳化沥青为水溶性材料,新型雾封层材料为溶剂型材料,材料中基本无水分或水分极少,且相比于传统型材料,施工时无需加热,不需稀释。

沥再生是由高纯度优质的石油溶剂,与多次在极高温下特殊过滤处理的改性沥青及沥青活性再生剂结合而成。该产品是从美国引进的专利产品,在内地已应用多年。HAP 是一种国内自主开发的高性能沥青混凝土路面防护系列产品,是一种水溶性制剂,较多应用于沥青混凝土路面的预防性养护及桥面防水黏结层工程中,专用于保护沥青路面。

(2)原材料技术要求

①传统型雾封层材料。

雾封层在使用前,其储存时间最好不要超过 24 h,以防止产生沉淀。如果雾封层产生沉淀,应停止使用。对于用作雾封层材料的乳化沥青或改性乳化沥青,其质量指标见表 4.14。

表 4.14 雾封层用乳化沥青或改性乳化沥青质量指标

检测项目	技术要求	试验方法或仪器
温度/℃	<50	温度计测量
密度(25 ℃)/(g·cm^{-3})	≥1.04	ASTM D70
恩格拉黏度(50 ℃)/s	≤50	JTG E20—2011
有效物含量/%	≥50	JTG E20—2011
旋转黏度(25 ℃)/(MPa·s)	>5 000	JTG E20—2011
闪点/℃	>100	JTG E20—2011

②新型雾封层材料。

对于新型雾封层材料(图 4.34),则根据其产品特点进行相应的技术指标检测,通常检测指标包括针入度、软化点、延度和黏度。

(3)雾封层用量

对于雾封层技术的应用成败与否,选择符合要求的材料是根本,但适当的喷洒量是关键。喷洒过多,会造成路面摩擦系数降低较多,造成路面打滑,影响行车安全;过少,则起不到应有的作用。

对于具体的工程,其路面状况、交通量和所处气候条件等均有所差异,因此需要在

施工前确定适宜本次工程的施工喷洒量,其确定方法按以下步骤进行:

①将 1 L 雾封层材料均匀地喷洒于 1 m² 的路表面。

②肉眼观察雾封层材料在路表面的渗透情况,如果发现有较多余留没有渗入到路表中,则降低用量,在新路面上重新喷洒观察,直到雾封层材料大致渗入路表中;如果观察到路表看起来还可以吸收更多的雾封层材料,则加大用量,同样在新路面上重新喷洒观察,直到雾封层材料出现不能再渗入路表中现象为止,此时的雾封层材料用量为本次工程的适合用量。

图 4.34　雾封层材料

3. 雾封层施工

雾封层施工如图 4.35 所示。

图 4.35　雾封层施工

(1)天气条件

最低的路表和空气温度为 15 ℃,且大风、高温和潮湿等因素均会影响乳化沥青材料破乳速度,且在即将下雨之前不可实施雾封层。

(2)原路面处理

为确保雾封层施工质量,雾封层施工时路面必须处于洁净、干燥状态。所以,在进行雾封层施工之前,需要彻底清除原路面上的松散石料、水泥块以及泥垢、灰尘、残留物等杂质。

清扫可以采用道路清扫机、电动扫帚清扫,也可以采用水进行冲洗,但需要注意,采用水冲洗时,必须在施工前 24 h 内完成,以给路面足够的时间达到干燥状态。

另外,由于雾封层针对路面坑槽、较宽裂缝等病害是没有效果的,因此,在进行雾封层之前,需要按照相应规范和要求对路面上此类病害进行相应处理。

(3)施工材料和设备的准备

施工前需要详细检查所需雾封层材料和施工设备的准备情况。对原材料进行相应的质量检验,确保所用材料满足相应要求。

此外,施工前应对雾封层材料的温度进行检测,施工时雾封层材料适宜的温度不超过50 ℃。除此之外,还需认真检测洒布车的运行情况,确保喷洒棒的高度能自由调整,并保持喷嘴通畅。检查确认施工所需的扫帚等配套工具均已就绪。

(4)施工工艺

目前,雾封层技术已趋于成熟,多数雾封层材料均可通过一般的沥青洒布车来完成,个别新型材料需要通过其特定的施工洒布机械或人工来完成。沥青洒布车主要通过喷嘴系统转速、喷洒棒高度、喷嘴间距等来控制雾封层材料洒布,洒布量可以通过以下两种方式进行标定:

①称量面积为1 m^2 的土工格栅质量,将其平铺于路面上,应用洒布车喷洒雾封层材料至土工格栅上,直至覆盖整个格栅,称量此时土工格栅的质量,则可以计算得出雾封层材料的喷洒量。

②将洒布车置于水平路面上,记录所载相应的雾封层材料的体积,测量某一块平地的面积,应用洒布车喷洒雾封层材料至此块路面上,将洒布车停好后,记录此时的雾封层材料体积,则可以通过计算得出雾封层材料的喷洒量。

如果洒布量不满足用量要求,则通过调节洒布车的喷嘴系统转速、喷洒棒高度等进行调整,直至洒布量满足用量要求。

(5)雾封层施工质量验收标准

由于目前国内对于雾封层尚未特别制定验收标准,故其质量验收标准可参照国内沥青路面施工验收规范中相应条目执行,除此之外,未规定的内容应参照《公路工程质量检验评定标准》(JTG F80/1—2004)执行。检测结果满足表4.15中的质量要求。

表4.15 雾封层施工质量验收标准

检测项目	技术要求	检测频度
外观质量	均匀一致	每天
宽度	±20 mm	每千米20个断面
摩擦系数	≥45 BPN	摆式摩擦仪
构造深度	≥0.55 mm	铺砂法
渗水系数	≤50 ml/min	T 0730—2000

从表4.15可以看出,对于雾封层施工质量的验收主要通过两个方面:

①外观均匀。

②洒布量适中,既可密封原路面防止渗水,又不可造成路面打滑。

(6)工后养护

雾封层施工后,须待乳液破乳、成型后才能开放交通。正常情况下,可在施工后2 h后开放交通。初期开放交通后,应严格控制车速低于40 km/h。

4. 总结

经雾封层后,可恢复路表沥青黏附力,填补微小裂缝和空隙,防止路表水下渗,施工质量好的雾封层可将路面性能维持 2~3 年,推迟造价更高的养护工程,从而提高了道路的经济效益。雾封层工程实例如图 4.36 所示。

图 4.36 雾封层工程实例

4.3.2 路菲特"沥可贴"微薄罩面养护系统

道路表面在车辆轮胎的碾压下和自然因素的作用下(如温度、湿度的变化以及风化等),路表面的平整度、抗滑力等特性都在逐渐降低,出现车辙、泛油、裂缝、剥落、坑洞、搓板以及壅包等路面损坏(图 4.37)。这些都大大影响了道路使用的安全性、舒适性、经济性和通行能力。

图 4.37 普通公路路面性能下降

不同路面的病害具体表现为:

①高速公路:常年快速交通导致路面抗滑性能降低,噪音大,易产生驾驶疲劳。同时路面平整度不够,严重影响行车安全性及道路使用寿命。

②普通道路:车辙、裂缝、剥落、抗滑性能下降、噪音大、雨天行车水雾严重。

1. 路菲特"沥可贴"微薄罩面

微薄罩面不会改变路面结构性能,但它可以减缓路面的破坏速率,纠正路面诸如平整度(一定范围内)和非荷载性破坏引起的强度问题,阻止沥青的老化,恢复路表功能,从而达到推迟路面的破坏及推迟大修和重建时间,延长路面寿命。

微薄罩面的结构可分为两个层次:表面磨耗层和黏结防水层。表面磨耗层主要为一层 0.7~1.5 cm 表面抗滑磨耗层,提供一个安全、舒适、安静、耐久的行驶表面,恢复路面的表面功能,提高路面的抗滑性能,降低路面噪音,改善路面的平整度。黏结防水层能够保证微薄罩面与原路面结合紧密,防止雨水下渗。

路菲特"沥可贴"微薄罩面是一种通过普通摊铺设备将路菲特冷拌和改性沥青混合料快速摊铺成型的高效养护方案,厚度一般为 0.7~1.5 cm,典型厚度为 1.0 cm,主要用于高等级路面的预防性养护和轻微病害的矫正性养护,也可作为新建道路的表面磨耗层,具有抗滑、降噪、防雾、环保等特点,同时可以有效改善路面平整度。图4.38为高速公路维修施工,图4.39为"沥可贴"微薄罩面。

图4.38 高速公路维修施工

图4.39 "沥可贴"微薄罩面

2. 路菲特"沥可贴"微薄罩面优势

(1)有效防止剥落,延长道路使用寿命

"沥可贴"采用专用配方的沥青材料,保证黏结材料本身具有更好的黏结性能;黏结防水层无需专门施工,当混合料摊铺到路面时,混合料特殊的沥青配方会自动在混合料与原路面间产生一层防水黏结层,这一工艺减少了路面施工难度与施工时间,并彻底消除一般微薄罩面漏洒黏层油可能导致的路面成片剥落现象;沥青混合料具有压敏性能,交通量越大,微薄罩面与原路面黏结越牢固;如果原路面局部未能清扫干净,导致局部出现剥落时,也可以采用成品混合料进行快速人工修补,由于混合料相同,施工方法相同,故修补后不会出现色差(图4.40)。

图4.40 "沥可贴"施工效果

(2)降低噪音,提高行车舒适度

当轮胎在路面滚动时,与地面接触的轮胎部位被压缩变形,轮胎花纹内空气也随之被挤压,被迫排出形成局部不稳定空气流。同时当轮胎通过路面上的不连通小孔时,空隙内会形成压强较大的气团。当轮胎离开路面时,受压缩的轮胎花纹舒展并使空腔容积突然增大而形成一定的真空度,大气中的空气被吸入。这种"空气泵吸"作用,导致了汽车行驶过程中产生一种喷射噪声,噪音由此产生。车速越高,交通量越大,噪音越大。但如果路面空隙率较大时,气膜压力就可以从连通空隙中释放,从而降低车辆行驶噪音。

路菲特"沥可贴"系统采用独特的OGFC-5开级配骨架空隙结构,空隙率高达12%,降低了空隙中的气压;另外,路菲特"沥可贴"采用的特殊沥青、级配形成的混合料有较常规沥青混合料更好的柔性,也可以降低轮胎在路面行驶时产生的噪音。此外,美国加州伯克利大学的最新研究成果表明,OGFC级配最大公称粒径越小,降噪效果越好,通过采用OGFC-5级配,可以达到最佳降噪效果,相对于普通密级配沥青路面可降低噪音4~5 dB,较水泥路面更可降低噪音4~7 dB(图4.41)。对于道路周边居民,相当于距离声源距离增加了一倍以上,减少了交通噪音给日常生活带来的不便;对于司机来说,噪音降低可大幅度提高行车舒适度。

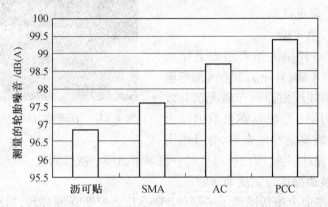

图4.41 沥可贴和其他路面的噪音比较

(3)抗滑性能

路菲特"沥可贴"系统具有良好的抗滑能力,确保路面抗滑能力,提高雨天轮胎附着性,减少道路交通事故,特别是雨雪天气交通事故。

(4)减少路面水雾,提高行车安全性

①水雾的产生:当路面有水时,高速旋转的轮胎与路面间形成高压水膜,在轮胎后侧的压力释放过程中形成对水的雾化,从而产生了行车水雾。

②水雾的危害:严重影响司机驾驶视线,降低路面抗滑能力,给司机及乘客带来较大的精神压力,严重影响车辆高速、安全、舒适行驶。

③"沥可贴"降低水雾原理。由于"沥可贴"路面采用独特的OGFC-5开级配骨架空隙结构,路面空隙率高达12%以上,因此具有较高的渗水系数,远远高于普通密级配沥青路面。所以在"沥可贴"路面,雨水可顺路面连通空隙向路表侧面排走,难以形成路面积水,从而减少了行车水雾(图4.42),提高了雨天车辆行驶的安全性。

未使用"沥可贴"车辆行驶水雾情况

"沥可贴"路面车辆行驶水雾情况

图4.42 行驶水雾对比

(5)降低道路养护费用

相比于微表处系统,"沥可贴"有更长的使用寿命,而与热拌沥青混合料使用寿命基本相同。此外，由于"沥可贴"只需在拌和站常温拌和，大大节省能耗，同时考虑到材料本身的超薄特性（图4.43），因而可以有效节省投资，降低成本。

（6）修复轻微车辙

一般超薄磨耗层均需要洒布乳化沥青，如果路面有车辙，乳化沥青会流向车辙处，因此超薄磨耗层对路面车辙无法有效修补。而"沥可贴"系统是在目前道路上用摊铺机重新铺筑沥青混合料，并且不需要洒布乳化沥青黏层油，所以可以针对一般车辙路面一次性修复。

图4.43 "沥可贴"层厚度与打火机相当

（7）有效解决路面轻微泛油问题

由于是在路面上重新铺筑了一层OGFC-5开级配沥青混合料，原路面泛油部位不再直接接触轮胎的揉搓，防止沥青进一步向上迁移和形成新的车辙，同时修复了原路面的车辙，因此可以有效解决路面泛油问题。

（8）延长施工季节

"沥可贴"在0 ℃以上均可进行施工，对于寒冷冬季工期较紧的项目，争取了施工时间，带来了长远收益。

（9）减少污染，保护环境

"沥可贴"施工在常温下进行，没有热拌料时的烟气和粉尘排放，对环境不会造成危害，符合环保要求。

（10）改善路面平整度

由于路菲特"沥可贴"系统是在目前道路上重新铺筑，所以可以有效改善路面平整度。

3. 路菲特"沥可贴"微薄罩面应用

（1）适用路面

高速公路、城市道路、桥面、高架道路、隧道道路。

（2）应用范围

①高等级沥青路面的预防性养护。

②轻微病害的纠正性养护。

③新建道路的表面磨耗层。

④抗滑、低噪音路面。

⑤需要快速开放交通的道路。

4. 路菲特"沥可贴"微薄罩面施工指南

（1）施工前路面预处理

清理：对路面灰尘和杂物清理，确保"沥可贴"与原路面黏结牢固。

裂缝：对于大于5 mm的裂缝可使用路菲特灌缝胶进行灌缝处理（图4.44）。

坑槽、剥落及车辙：可使用路菲特冷补料进行修补（图4.45）。

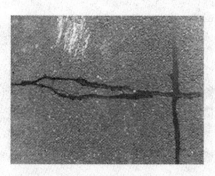 

图 4.44　宽裂缝预先用灌缝胶处理　　　　图 4.45　坑槽预先用冷补料修补

路面泛油:若路面泛油严重,建议对泛油部分局部铣刨后铺设微薄罩面。

天气条件:"沥可贴"系统可在 0 ℃以上进行施工,方便快捷。

路菲特"沥可贴"系统主要用于路面的预防性养护和病害的矫正性养护,并不能对路面原有结构承载力有所改变,所以施工前必须确保原道路结构完整性和具有足够的承载能力。

(2)摊铺

"沥可贴"系统建议采用摊铺机进行摊铺,需要能够完成 0.7～1.5 cm 微薄罩面摊铺的摊铺机。对于袋包装的混合料,建议在后场将混合料提前 0.5～1 h 打开并用混合料运输车运输,混合料运输车需要打扫干净,不能有热拌混合料残余或其他杂物,运输时混合料需覆盖;另外也可以在现场将包装混合料打开直接倒入摊铺机中,但需有小型提升机将一吨重的混合料包装吊起。打开袋包装时注意内袋不能混入混合料内,否则进入摊铺机后会严重影响摊铺质量。

如果小面积施工,也可以采用人工摊铺。施工时将混合料成品包装袋打开并人工摊铺在需要施工的路面。

施工过程中如果出现摊铺问题,在路面与混合料未受到严重污染且混合料仍可摊铺的条件下,可以将混合料重新进行摊铺而不会明显影响路面质量。

(3)碾压

"沥可贴"路面碾压建议在摊铺完成后 0.5～6 h 内进行,使用双钢轮压路机进行 3～4 遍静压(图 4.46)。

图 4.46　"沥可贴"碾压工艺

(4)开放交通

建议摊铺完成后 3 h 内不开放交通,否则会对路面平整度有一定影响。由于开放交通时间与气候环境密切相关,如果必须立即开放交通,建议先铺筑一段试验道路以确定开放交通时间。"沥可贴"施工实例如图 4.47 所示。

在小面积施工时也可以不进行碾压,在摊铺完成后 3 h 后开放交通,通过车辆荷载自然碾压。

图 4.47 "沥可贴"施工实例

"沥可贴"与微表处、Novachip 超薄磨耗层的比较见表 4.16。

表 4.16 "沥可贴"与微表处、Novachip 超薄磨耗层的比较

特性	"沥可贴"	微表处	Novachip 超薄磨耗层
基本材料	冷拌沥青混合料	乳化沥青砂浆	乳化沥青与热拌沥青混合料
典型厚度/cm	1	1	2.5
摊铺机摊铺	是	否	是
是否需要洗刨	不需要	不需要	一般需要
一次施工	是	是	否,需要先洒乳化沥青
施工设备要求	无特殊要求,常规沥青混合料摊铺机与压路机	稀浆封层车	专用设备 Novapaver
施工要求	低	低	高,如果漏洒乳化沥青,会导致路面成片剥落
施工温度要求	0 ℃以上即可	常温,10 ℃以上	常温,10 ℃以上
防水雾效果	极佳	无	佳
混合料级配	开级配	/	断级配
降噪效果	极佳	差	佳
成本	中	低	高
施工质量导致的局部修补方案	简单,用成品混合料人工修补即可	无合适修补方案	复杂,用热沥青混合料及乳化沥青修补
施工质量导致的局部修补效果	与原路面完全一致	/	有色差

续表 4.16

特性	"沥可贴"	微表处	Novachip 超薄磨耗层
路面外观	漂亮,OGFC-5 的外观	差	漂亮
长期使用后路面颜色	黑色	石料颜色	石料颜色
车辙处理	一次性整体修复	可以局部修复车辙	车辙严重不适用
防雨天水雾	好	差	好
抗滑性	好	好	好

4.3.3 沥青还原剂

BEST 材料喷洒在路面后,能很好地补充路面流失的沥青,固锁松动的骨料,填补细小裂缝。从旁边取出骨料的地方可以看到封面料已经顺着纹理完全渗入到缝隙处,填补了裂缝,包裹住了骨料,防止雨水等侵入,从而保护路基,延长道面的使用寿命。而且,由于含砂,不会降低路面的摩擦系数。另外还有耐高温、抗严寒的优越性能。

1. BEST-BR 沥青还原剂

(1)产品特性

BEST-BR 沥青还原剂(图 4.48)是一种陶土和乳化沥青组合成的还原剂,用以补充路面由于氧化、风化和老化而损失的沥青面层。其深黑色的表面如同新的路面,可以快速溶化冰雪,降低清洁和养护费用。

①基本用途。BEST-BR 沥青还原剂适用于所有沥青路面的封面、翻新和防水面层,如次等级街道、高速公路路肩、飞机场跑道和滑行跑道、专用街道及停车场等(图 4.49)。

图 4.48　BEST-BR 沥青还原剂

沥青还原剂用于次等级公路

沥青还原剂用于高公路

图 4.49　沥青还原剂应用

②产品构成。由陶土和乳化沥青组成,并加入特殊表面活化剂以形成与路面的超强的黏结力。干透后呈深黑色。

③限制。施工时及施工后 24 h 内气温不得低于 10 ℃。

(2)技术指标

①采用检测规范有 D-140 沥青材料采样、D-466 乳化沥青薄膜检测方法、B-117 喷盐(雾)检测、D-529 沥青材料加速风化条件检测、D-2939 作为保护面层的乳化沥青

②环保材料。BEST-BR 沥青还原剂不含石棉,是一种对环境无害的水基还原剂,每升含有机挥发物(VOC)小于 150 g。

③物理/化学特性。BEST-BR 沥青还原剂由陶土和沥青组成,用于道路修复,经检测符合 ASTM D 140、ASTM D 466、ASTM B 117、ASTM D 529、ASTM D 2939 和 ASTM D 244 标准。BR 沥青还原剂检测指标见表 4.17。

表 4.17 BR 沥青还原剂检测指标

检测	指标	结果
材料	材料必须均匀一致,经中度搅拌后无分层和结块产生	通过
化学和物理分析 非挥发物质	44%~48%	通过
非挥发物质中灰度	28~32	通过
比重(25 ℃)	最少 1.13	通过
干透时间	30 min~1 h (理想条件下)	通过
黏结性和防水性	不渗透不丧失黏结	通过
耐热性	无凸起和凹陷	通过
柔韧性	无裂缝和剥落	通过
抗撞击性	无碎裂、剥落或开裂	通过

(3)施工方式

道路表面必须清洁无污物,松动材料和尘土应清理干净,所需维修之处需用适当的热或冷沥青混合料予以修复,裂缝要用 BEST 热补或冷补裂缝填料修补,并用 BEST PetroSeal 或 PrepSeal 处理所有的污油、油斑或油点。

①施工方法。BEST-BR 沥青还原剂既可以用压力喷洒设备施用(图 4.50),也可以用自刮式设备施用。压力喷洒设备需要能够喷洒含有砂子的还原剂,并具有连

图 4.50 沥青还原剂喷洒施工

续搅拌能力以保持施工过程中还原剂均匀一致。自刮式设备至少要具备两个刮刷器(一前一后)以保证还原剂均匀分布并渗入沥青路面。在某些不适宜使用机械设备的区域可以用手工刮刷施工。

②配比。为达到最佳效果,BEST-BR 沥青还原剂要遵循下列配比方法(为方便计算,采

用55加仑为例):BEST-BR浓缩还原剂55加仑(256.51 kg),水44加仑(166.54 kg)。

③施用量。在适当的施工下,BEST-BR沥青还原剂将全部浸入路面,不会留有残余。该产品为单层涂层。

④涂铺率。在配比(BEST-BR沥青封面料、水)与施用适当的情况下,单层涂铺率为 4.18~5.36 m²/kg。涂铺率因路面条件不同而异。

⑤施工注意事项。施工时及施工后路面及周围温度不得低于10 ℃。新铺设的沥青路面在理想的气候条件下(21 ℃),存放在儿童不易触及的地方。存储时注意防冻。

2. BEST-MBR 沥青还原剂

(1)产品概述

BEST-MBR还原剂是一种陶土和乳化沥青组成的还原剂,专门用于保护和美化沥青路面的理想材料。该还原剂在施工现场需加兑水和骨料。

①基本用途。专门用于沥青路面的美化及养护,如停车场、飞机场、车行道、商场、道路等。

②产品构成。由陶土和乳化沥青组成的道路还原剂,并加入特殊表面活化剂以形成超强的黏结能力和持久性,并在施工现场加兑骨料以形成防滑面层。

③颜色。干透后呈深黑色。

④限制。施工时及施工后24 h内气温不得低于10 ℃。

(2)技术指标

BEST-MBR还原剂符合ASTM D-2939(美国材料实验协会)的技术指标。

①环保材料。BEST-MBR还原剂不含石棉,是一种对环境无害的水基还原剂,每升含有机挥发物(VOC)小于150 g。

②物理/化学特性。BEST-MBR还原剂是高质量路面还原剂,经检测符合ASTM D140、ASTM D466、ASTM B117、ASTM D529、ASTM D2939和ASTM D244标准。MBR沥青还原剂检测指标见表4.18。

表4.18 MBR沥青还原剂检测指标

检测	标指	结果
材料	材料必须均匀一致,经中度搅拌后无分层和结块产生	通过
化学和物理分析 非挥发物质 非挥发物质中灰度 比重(25 ℃)	47%~53% 30%~60% 最少1.18	通过 通过 通过
干透时间	最多8 h	通过
黏结性和防水性	不渗透不丧失黏结	通过
耐热性	无凸起和凹陷	通过
柔韧性	无裂缝和剥落	通过
抗撞击性	无碎裂、剥落或开裂	通过

(3)施工方式

表面必须清洁无污物,松动物质及尘土应清理干净,所需维修之处需用适当的热或冷沥青混合料予以修复,裂缝要用 BEST 热注或冷注裂缝填料修补处理所有的污油、油斑或油点。

①施工方法。BEST-MBR 沥青还原剂既可以用压力喷洒设备施用,也可以用自刮式设备施用。压力喷洒设备需要能够喷洒含有砂子的还原剂,并具有连续搅拌能力以保持施工过程中还原剂均匀一致。自刮式设备至少要具备 2 个刮刷(一前一后)以保证还原剂均匀分布并渗入沥青路面之内。在某些不适宜使用机械设备的区域可以用手工刮刷施工。BEST-MBR 沥青还原剂施工效果图如图 4.51 所示。

图 4.51 BEST-MBR 沥青还原剂施工效果图

②配比方法。为达到最佳效果,BEST-MBR 还原剂要遵循下列配比方法(为方便计算,以 55 加仑为例):BEST-MBR 浓缩还原剂 55 加仑(263.3 kg),水 11~13.75 加仑(41.63~52.04 kg),Zetac 或 TopTuff 聚合物添加剂 1 加仑(4.36 kg),砂子(40~70 目)165~275 磅(74.91~124.85 kg)。以上是常用的配合比例,由于路面条件之不同可以采用其他的配合比例及采用其他的添加剂,但必须加兑砂子。

③施用量。为达到最佳效果并增进耐久性,需施用两层配比适当的 BEST-MBR 浓缩还原剂。在交通高流量区域,如出入口、行车道等,可以施用第三层 BEST-MBR 浓缩还原剂。

④涂铺率。用于特殊区域时,BEST-MBR 浓缩还原剂的涂铺率经过适当的配比及施用,1 kg BEST-MBR 浓缩还原剂,可涂铺约 2.13~2.33 m^2 单层。涂铺率因路面条件不同而异。

⑤施工注意事项。施工时及施工后路面及周围温度不得低于 10 ℃。新铺设的沥青路面在理想的气候条件下(21 ℃),至少需经过 4 周的养生。存放在儿童不易触及的地方。存储时注意防冻。

4.4 路桥防水技术

4.4.1 高速公路沥青路面裂缝有效封水技术

结合广惠高速公路全线沥青路面裂缝施工的实际情况,介绍针对裂缝封闭的有效措施,为同一类型路面病害处治提供参考。

1. 裂缝的结构及其恶化分析

(1)裂缝的实际结构——裂缝区域

通常所定义的或在工程实践中所指的裂缝是单一的裂缝,这是裂缝初始阶段的表现形式。事实上,在工程实践中所需处治的裂缝很少有单一裂缝,基本上是如图4.52所示的裂缝区域,即可见主裂缝的两边伴随着微裂缝、空隙、松散的渗水区域。

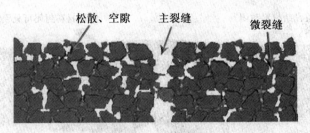

图 4.52 裂缝区域示意图

若要完全消除裂缝病害,费用和可实施的条件将会是很难解决的问题,解决裂缝病害很难有立即一步到位的措施。如何防治裂缝及其所产生的病害,工程应用中有很多选择。首先要了解裂缝的破坏过程,才能更有针对性防治裂缝的恶化。

(2)裂缝区域恶化的产生

水通过主裂缝和其他空隙、微裂缝渗水通道进入路基,(在荷载作用下)出现唧浆,弱化路基;(在荷载作用下)产生崩塌,裂缝区域产生更多的(微)裂缝;进入更多的水,(在荷载作用下)裂缝区域产生唧浆和沉陷;在积水和荷载作用下,面层脱落,产生坑槽,破坏路基。裂缝的发展是动态的,是不断的恶性循环过程。随着雨水的增多和车辆荷载的增大,路面的各种病害增加,有些公路的裂缝数量呈现几何级数的增长,同时,由裂缝引发的渗水、唧浆、沉陷、坑槽等病害更是无法避免。

2. 防治裂缝的恶化

裂缝的结构是动态的,这与桥梁伸缩缝结构很相似,裂缝宽度会随气温等环境变化而产生变化,但裂缝两边角不像桥梁伸缩缝钢铁结构能承受轮载的冲击,裂缝在轮载冲击时容易产生崩塌,故需要在裂缝壁里有防止塌裂的支撑力。如果裂缝不进水的话,裂缝所带来的破坏是有限的,即裂缝的恶化会很缓慢。一要防裂缝塌裂,二要防裂缝渗水,即防塌裂和防水要同时进行。

(1)有效的防水区域

水是无孔不入的,必须把裂缝区域的所有渗水通道封闭,这包括主裂缝及其周围的微裂缝、空隙。在具体的工程实践中,要把看得见的主裂缝用胶质材料进行封闭后,再把周围的微裂缝、空隙等可能的渗水通道用有渗透性和黏结性的材料进行封闭,形成防水层,达到完全封闭的效果即称为完全封层的技术工艺。完全封层示意图如图4.53所示。

(2)使用无损伤的处治工艺

裂缝区域是脆弱的,任何损伤必将会使裂缝恶化。裂缝里的石粒对裂缝壁起着重要的支撑作用,防止和减少裂缝在轮载冲击时裂缝两边的塌裂,故在主裂缝的封闭过程中,应防止机械外力对主裂缝的结构有任何的改变。使用无损伤的工艺对裂缝封闭的同时起着保护裂缝恶化的效果,对较宽的裂缝应撒上适当的石屑,产生挤嵌连接作用,即封闭裂缝的同时,把外力在裂缝上产生的集中冲击力转化为对裂缝壁的支撑力,达到防止裂缝崩塌的效果。

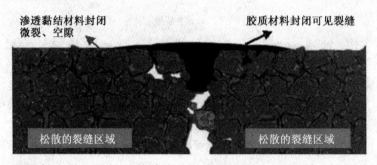

图 4.53　完全封层示意图

3. 广惠高速公路裂缝有效封水的实践

(1) 2006 年试验

通过对市场上现有裂缝处治技术的了解和分析比较,2006 年底选用压缝带+CAP 沥青还原剂即完全封层技术在广惠高速公路裂缝病害较为严重的路段进行试用实验,完全封层技术是广东及较多省份常用的防止路面水损破坏的预防性养护手段,其特点是快速、高效、可控、封水性能持久、经济技术效果明显,其性价比有其独到的优势。

①材料和工艺介绍:压缝带和 CAP。

压缝带的技术特点和施工要求:

a. 无损伤的裂缝处理技术。压缝带对脆弱的裂缝区域不再产生破坏,压缝带与裂缝区域形成紧密的连接体,加强了裂缝的强度,提高了裂缝处路面抗松散、抗崩边、抗崩缝的能力,遏制裂缝进一步发展成坑槽。尤其是其较大的伸缩变形能力,使其较沥青类封缝材料有适应裂缝随温度变化的能力,不至于因裂缝随温度变化重新张开。

b. 简单快捷,随时随地。压缝带操作简单,无需设备,裂缝粘贴完毕,即可通车。随时随地,有缝就补,无须等到路面有大量裂缝时才进行处理,及时防止裂缝对道路产生的进一步破坏。

c. 适用性强。压缝带可同时用于水泥、钢板、沥青路面、小坑槽、水井盖的各种裂缝包括反射裂缝的处理,也可用于封层罩面等施工前的裂缝处理。压缝带可随裂缝走向随意拐弯,不受急转弯裂缝的限制,能完全沿着裂缝封缝,保障封缝质量。压缝带适应温差大的区域。在路面高温时,压缝带不会被挤出和被车轮碾走,污染路面;在低温时,压缝带区域不会形成凹陷,产生积水结冰,杜绝水从缝隙进入裂缝。压缝带施工过程无噪声和飞扬的尘土。

d. CAP 沥青还原剂的技术性能。CAP 沥青还原剂是一种含活化物的冷混合还原剂,对老化的沥青路面、桥面进行渗透和黏结,激活老化胶质和恢复其原有性能,提高原有沥青的抗剥落能力,形成新的保护封层,延长道路使用寿命。

e. CAP 沥青还原剂主要防治的病害:防治沥青混凝土压实度不足、不均匀、混合料离析、铺装时温差大等引起的水破坏;防治麻面、剥落、松散、渗水、微裂缝、沥青老化、早期唧浆等引起的路面破坏。CAP 使沥青张力增强,降低温感,预防微裂缝的产生。

f. CAP 沥青还原剂适用的路况条件:从目前的使用效果看,路面反射裂缝开始出现,存在表面细料剥落、麻面、局部松散、渗水、微裂缝、沥青老化、早期唧浆等早期病害。抗滑性能较好的半刚性基层沥青路面上作为预防性养护措施是合适的。

②压缝带和 CAP(完全封层)的施工应用。

经过路况调查,广惠高速公路右幅 K124+000 ~ K125+500 和 K126+000 ~ K127+500,路面裂缝比较多,部分路段松散、唧浆严重,局部出现坑槽、沉陷、车辙等现象。2006 年底选择右幅 K124+000 ~ K125+500 及右幅 K126+000 ~ K127+500 两段的主车道以及超车道共计 22 500 m² 实施完全封层预防性养护工程。

为观测路面病害处治效果,连续几场大雨后的两天左右时间,在 2007 年 5 月 30 日早上考察了广惠高速公路右幅 K124+000 ~ K125+500 及右幅 K126+000 ~ K127+500 完全封层施工后情况,虽然经过春运及多场的大暴雨和连续降雨,我们发现只有个别压缝带脱落。

竣工 9 个月后,施工段路面上发现有 8 处轻微唧浆,1 处严重唧浆(施工前裂缝已经有严重沉陷),以及数处压缝带脱落的现象。这些问题的产生主要是因为:①由于路肩没有施工 CAP,不能完全建立防水层,水会通过从车道贯穿至路肩的裂缝下渗到行车道和超车道内,引发路面唧浆;②路基不稳定;③可能是因为施工问题。再次产生唧浆病害是因为原裂缝区域本身已经严重沉陷,地基不稳,在车辆荷载和动水压力的作用下仍然容易产生二次唧浆破坏。这种沉陷裂缝应先挖补,再用完全封层处治裂缝区域才能达到效果。

表 4.19 为完全封层裂缝处治前后效果对比。由表 4.19 可以看出,完全封层(压缝带+CAP)技术处理后的路面裂缝完好率超过 98% 以上,而压缝带完好率更是超过 99%,这说明完全封层技术是相当有效的。

表 4.19 完全封层裂缝处治前后效果对比

分项路段	裂缝处治数量(处)	裂缝处治长度/m	裂缝唧浆		压缝带脱落	
			数量(处)	百分比	长度/m	百分比
右 K124+000 ~ K125+500	372	1 045	6	1.6%	3.8	0.4%
右 K126+000 ~ K127+500	324	967	3	0.9%	2.3	0.2%
合计	696	2 012	9	1.3%	6.1	0.3%

完全封层施工前后的图片对比如图 4.54 所示。

压缝带不仅完美嵌入裂缝内,而且所有裂缝区域无松散、无微裂、无崩边、无脱粒,即使是较严重的反射裂缝,也能够起到完全封水及杜绝唧浆现象,裂缝区域的病害破坏没有再发展,完全封层处理沥青裂缝可以说是十分完美。

(3)2007 年和 2008 年的完全封层技术应用

根据 2006 年完全封层技术对裂缝防水的试验,可见完全封层预防性养护技术是一种有效的路面裂缝防水手段,为了节省费用,又能达到有效的裂缝防水处治,在 2007 和 2008 年采用封闭可见主裂缝后,再在其周边涂刷涂料,以达到完全封层的效果,具体的数量见表4.20、表4.21。

图4.54 完全封层施工前后对比

表4.20 2007年完全封层处治裂缝明细表

分项路段	处治裂缝数量	比06年同期增长
右幅 K124+000 ~ K125+500	1525.7M	45.9%
右幅 K126+000 ~ K127+500	1504.6 M	55.6%

表4.21 2008年完全封层处治裂缝明细表

分项路段	处治裂缝数量	比07年同期增长
右幅 K124+000 ~ K125+500	4065.0M	166.4%
右幅 K126+000 ~ K127+500	4315.2M	186.8%

广惠高速公路裂缝数量变化趋势如图4.55所示。

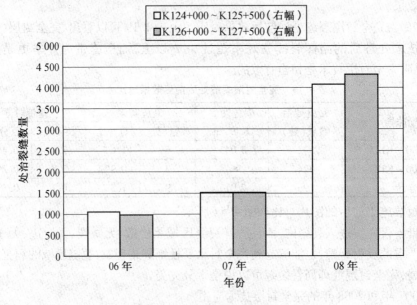

图4.55 裂缝数量变化趋势图

4.4.2 高速公路桥面防水技术研究及应用

研究表明,水的渗入是造成桥面破坏的最直接和最重要的原因之一。桥面防水的重要意义在于通过从根本上切断水的来源从而保证桥梁免遭破坏、延长桥梁使用寿命、提高桥梁的耐久性。目前,在桥面铺装中设置防水层已成为业内人士的共识。但从实践看,在桥面铺装中设置防水层,只能保护桥梁结构,而对桥面铺装沥青混凝土面层起不到保护作用。因此,如何解决未设置防水层或者已设置防水层的沥青混凝土桥面铺装的渗水问题,已成为我们亟待研究解决的问题。

随着高速公路的大规模建设和快速发展,桥梁的耐久性问题日益受到人们的关注。特别是桥面冻融破坏、桥梁钢筋腐蚀、碱集料反应、沥青混凝土碳化等问题,使桥面常出现渗水、铺装层剥落、桥面板破碎等问题。对高速公路桥面渗水的原因进行分析,在对防水材料进行了广泛调研的基础上,选定了三种防水材料对渗水桥面进行处理实验,在总结三年来所做的防水处理结果的基础上,开发了沥青混凝土桥面涂刷防水再生材料,从而使路面老化沥青无损伤就地再生,发展了有效地防止桥面渗水和损坏的预防性养护技术,有效地保证桥梁免遭破坏、延长桥梁使用寿命。

1. 桥面渗水的原因及防水处理方案

2001年,在桥梁日常安全检查的过程中,我们发现桥梁的主要承重结构良好,但部分沥青混凝土桥面铺装出现了水损坏,使多处桥板出现渗水现象。经过跟踪观察和分析研究,沥青混凝土桥面铺装渗水主要有以下几方面的原因:

①沥青混凝土面层密实度不够,达不到完全防水的作用,一些桥梁存在着不同程度的渗漏现象。

②由于桥梁经受车辆重复荷载的震动、冲击、拉伸、剪切,导致桥面沥青混凝土疲劳、微裂和松动,进而使桥面渗水破坏。

③由于沥青混凝土的自然老化、松散、微裂、裂缝、坑槽、唧浆、壅包、泛油等早期病害的出现,水在沥青老化、松散、裂缝等情况下渗入到桥面内形成不同程度的渗漏。

④桥面接缝处原路面破碎修补后渗水系数很大。

⑤桥面施工过程中,沥青混合料的部分离析造成渗水。

⑥沥青混凝土桥面铺装微缝造成渗水。

针对上述问题和原因,为了有效地防止桥面渗水,延长桥梁的使用寿命,结合市场上出现的新的防水材料,提出了防治桥梁渗水的方案,即在沥青混凝土桥面铺装表层涂刷沥青还原剂防水材料,该材料渗透到面层沥青混凝土内,使老化沥青胶质得到还原,弹性得到恢复从而使路面松散和裂缝得到愈合,使沥青混凝土面层形成新的保护层,进而起到防水作用。同时作为桥面铺装的防水材料必须满足以下要求:①防止沥青老化、恢复沥青的黏结胶质性能;②良好的不透水性能;③良好的耐高、低温性能;④对桥面有广泛的适应性;⑤施工简单、快捷,开放交通快,不过多的影响交通。

2. 2002年的防水实验

依据上述思路,2002年首次选用"TL2000"防水材料在潍河大桥全桥和用"沥再生"防水材料在引黄干渠大桥西端左侧行车道选择了十几平方米分别做了防水实验。

（1）材料的特性

"TL2000"是不含溶剂的沥青聚合物液体成分，主要组成是粉状白云石、沥青、苯乙烯。它具有以下四个特点：①能使沥青混凝土有效地防止水和空气的进入；②保护表面，有效地防止紫外线的辐射；③使被氧化的沥青可以再生使用；④涂刷后路面滚动摩擦系数不变或提高，在使用过"TL2000"的沥青混凝土表面上会形成很薄的一个层面，这个层面会使再生物进入沥青混凝土，产生共聚物，可塑性和弹性就会增强。

"沥再生"是一种沥青再生密封剂。据资料介绍其主要特点：①抵抗汽油、防水、防化学品侵蚀和抵抗其他损害杂质；②具有不改变沥青表面结构就能起到密封和再生作用；③能渗透到沥青表层，变成沥青层整体的一部分，与之共同收缩膨胀，具有较强的温度适应性；④可使沥青路面表层约 15 mm 厚的沥青的硬化程度和脆性显著降低，从而可增强路面的柔韧性和弹性。

（2）材料检测结果

①"TL2000"沥青路面强化剂对沥青有改性作用，可以提高老化沥青的针入度，软化点也略有提高，但不影响沥青的延度。

②"沥再生"能对路面老化沥青起到再生作用，再生后的沥青与老化沥青相比，性能有明显改善，延长沥青路面使用寿命，但在使用时必须注意再生密封剂的掺加量，掺加过量会影响沥青路面的使用性能（热稳定性）。

（3）施工要求

①"TL2000"沥青路面强化剂。

a. 人工进行涂层施工，施工时需用氯乙烯稀释，所有在路面上工作的设备和装置都不得滴漏任何黏着剂、溶剂、水、燃料、油料或灰尘。

b. 施工的路面最佳温度为 25 ℃，当路面温度低于 10 ℃、高于或等于 60 ℃时不得施工。

c. 如果现场风力过大影响施工的正常进行，也应当停工。

d. 雾天、雨天或雨后绝对不得施工。雨后至少应经过 24 h 晴天晾晒才能施工，或适当延长时间直到能够确定路面完全干燥时再进行施工。

②"沥再生"。

a. 施工前的准备。在施工前将桥面表面的尘土和其他杂质清洗干净，并将其吹干。

b. 气候条件。路面保持干燥和表面温度为 10 ℃以上时才可以组织施工，雨天或雨后不宜施工。

c. 病害处理。在路面出现病害迹象或者是裂缝小于 5 mm 时使用才能达到预期的效果，若路面病害比较严重或者裂缝大于等于 5 mm 时，需要对路面病害进行处理后，才能涂刷防水材料。

d. 操作要点。"沥再生"是罐装包装，因运输和存放时会出现部分沉淀，使用前需搅拌均匀，然后采用人工或使用专门的喷洒设备。

(4)实际效果

根据施工要求,于2002年6月份对两座大桥分别进行了施工(人工涂刷施工方法),实验的实际效果如下:

①为检验"TL2000"强化剂的使用效果,委托省交通建设检测中心分别在施工后一个月、施工后三个月进行了检测。检测结果表明:桥面涂刷"TL2000"强化剂后形成一个薄膜涂层(厚约0.3 mm),其防水效果良好,但摩擦系数和构造深度有明显下降,随着通车时间的延长,三个月后薄膜涂层中富余的沥青被行车轮胎带走,摩擦系数上升。但在运行一年后,即2003年7月在日常巡查过程中发现,桥面沥青混凝土铺装又普遍出现微小裂缝,雨后观察,潍河特大桥又出现透水现象。从材料本身和实际效果看,"TL2000"是一种胶结材料,具有黏结封堵作用和短期的防水效果,但不能渗透还原老化沥青。

②桥面涂刷"沥再生"后,路面呈现均匀的黝黑覆盖层,并在24 h内稳固。为检验其使用效果,委托省交通检测中心在施工后24 h、施工后一个月进行了检测。检测结果表明:"沥再生"渗透到表面的纹理中,阻止水分下渗,同时构造深度有较小的下降,但摩擦系数基本没有改变。事后,在对该处的日常检查中,没有发现渗水现象。当时看,沥再生防水效果良好,但由于选择面积较小,还不能全面验证效果的真实性。

3. 2003年桥面防水实验

2003年,根据2002年实验结果,舍弃"TL2000强化剂",采用"沥再生"对4座大桥进行了防水处理。同时又选择了一种新的沥青再生防水材料"魁道沥青再生王"分别对"引黄济青干渠大桥和胶莱河大桥"进行了防水实验。"沥再生"除采用机械喷洒施工方法外,其他与上同,这里不做详细介绍,重点介绍"魁道沥青再生王"。

(1)材料特性

"魁道沥青再生王"(简称CAP)是一种含活化物的冷混合沥青还原剂,它可对老化的沥青路面、桥面进行渗透和黏结,激活老化沥青胶质和恢复其原有活性、黏结性和弹性,使老化沥青路面或桥面形成新的保护层,从而提高了道路的抗疲劳能力和使用功能,同时延长道路或桥面的使用寿命。

(2)CAP的工作过程

沥青再生王CAP作用过程如图4.56所示。

图4.56 沥青再生王CAP作用过程

沥青再生王CAP作用机理(图4.57):

①渗透进入沥青。

②激活老化胶质。
③恢复老化胶质弹性。
④改善沥青的黏结和内聚力。
⑤使沥青形成一个新的保护膜,沥青混凝土形成新的保护层。

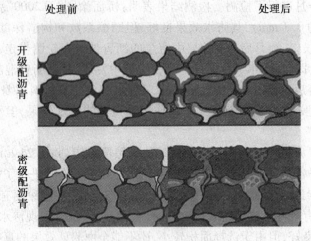

图 4.57 CAP 作用机理

(3)材料检测结果

在施工前,委托省交通科学研究所公路检测中心对该材料进行了试验检测,结果表明:"魁道沥青再生王"能对老化沥青起到再生作用,再生后的沥青与老化沥青相比性能有明显改善,延长沥青路面使用寿命,但使用时必须注意沥青复原剂的掺加量,掺加过量会影响沥青路面的使用性能(热稳定性)。

(4)施工要求

"魁道沥青再生王"的施工要求与"沥再生"基本相同,其操作要点为:先将路面重点裂缝病害进行预处理,然后再采用人工滚涂施工法对桥面或路面重新进行涂刷,完成后根据路况和天气可铺撒细砂,起防滑和填充作用。

(5)"魁道沥青再生王"试验效果

施工后一个月,对施工后的桥面进行了检测,结果显示:使用"魁道沥青再生王"的桥面微裂缝得到愈合,松散的细粒料重新黏结,路面形成黑色保护层,达到封水效果。根据现场试验表明,"魁道沥青复原剂"能起到将路面密封从而防止水分下渗的作用。使用"魁道沥青再生王"后,CAP 渗透到表面的纹理中,阻止了水分的下渗,同时构造深度和摩擦系数有较小的下降。通车 7 个月后,对"魁道沥青再生王"防水材料处理路段进行检测,同时在雨后也进行了相应的观测,情况如下:

①摩擦系数与施工刚结束时比有所提高。
②构造深度大部分略有降低。
③"魁道沥青再生王"桥面连续缝处渗水系数为 0;但"沥再生"在"泽河大桥"连续缝修补处的渗水系数为 64,相当于新铺路面的渗水系数。

④雨后观察,CAP 起到完全防水效果,没有出现连续缝渗水现象;沥再生桥梁有三处轻度渗水。

根据所做的桥面防水试验及检测结果,两种防水材料均能起到防水效果,略有差别,从表面观感和耐久性上看,"魁道沥青再生王"效果可能优于"沥再生"。

"魁道沥青再生王"(CAP)施工前后图片(图 4.58)。

图 4.58 CAP 施工前后图片

4. 2004 年桥面防水工程

众所周知,桥面病害是比较典型的病害,如果预防不及时,不仅影响行车舒适性,而且使桥梁结构得不到很好的保护,进而缩短桥梁的使用寿命。为了加强桥梁的预防性养护,确保桥梁使用寿命和道路的安全畅通,2004 年在 2003 年试验的基础上根据两种防水材料的防水效果的不同,确定使用"魁道沥青再生王"处理渗水比较严重且数量较多的平度段桥面;用"沥再生"处理渗水相对较轻且量少的坊子段桥面,同时要求"沥再生"增加用量(由 2003 年的 5.5 m^2/kg,增加为 4 m^2/kg)。并于 2004 年 7~9 月先后施工。施工后,从检测和观察的处理的效果看,"魁道沥青再生王"处理过的桥面效果明显,无任何渗水现象,而且表现如新(且 2003 年处理的效果也一直很好);而"沥再生"2004 年处理过的桥面,雨后雪后在原渗水位置又出现多处渗水现象。

5. 结论

通过 3 年的防水试验和桥面防水处理,一方面使潍莱高速公路的桥梁得到及时预防性的养护,效果良好,潍莱路的所有桥梁完好,没有出现一座因水损坏而出现的桥面损坏。另一方面,为处理桥面防水积累了以下经验。

①桥面在通车 2~3 年后进行预防性养护(桥面防水处理)是保护桥面和桥梁结构物完好、延长其使用寿命的重要手段,能使桥面保持完好,桥梁结构受到保护。

②具有沥青还原作用的防水材料,"魁道沥青再生王"效果最好,既具有再生作用,

又具有防水作用,与沥青路面的相容性较好。"沥再生"稳定性不够,还需要进一步试验研究和验证。

③防水材料的用量和施工方法是保证防水效果的关键因素,材料的用量应严格控制,用量少防水效果差,用量过大宜使桥面失去高温稳定性。

④路面出现微裂、松散、透水、轻微唧浆等病害迹象时,可以采用同样的方法进行预防性处理。

4.4.3 路桥防水新材料举例

1. 道桥防水涂料

(1)简介

DQFS-1216型防水涂料(图4.59)物理性能见表4.22。它专用于桥面防水,可防止由于混凝土桥面漏水而引起的钢筋腐蚀,提高桥体的使用寿命。

图 4.59 DQFS-1216 型防水涂料

表 4.22 DQFS-1216 型防水涂料物理性能

型号	不透水性	材质	形态	断裂伸长率	产地	形状
DQFS-1216	0.3 MPa,30 min 不透水	乳化沥青	乳液	800%	北京	乳液

(2)特性

①有宽阔的温度适应性。在桥面施工作业时,高温140 ℃不流淌,低温-20 ℃不脆裂。

②材料固化成膜块,成膜韧性好。由于材料中加入化学助剂,使材料在短时间内即可成膜,缩短桥面防水施工时间。

③黏结力强,整体防水性能好。该产品属高聚合物沥青基涂膜类材料,在配方中增加了辅料,提高涂料的渗透黏结力,防水层对基层具有较强的渗透作用,对上层材料具有黏结作用,防水层遇冷不脆,遇热不变形,整体防水效果好。

④施工后剪切强度达到 1~1.5 MPa,抗裂性能在基层开裂 2 mm,涂膜无裂纹。

⑤冷作业施工,无毒,不污染环境。

(3)典型性能指标

道桥防水涂料典型性能指标见表4.23。

表 4.23 道桥防水涂料性能指标

项目	外观	固体含量/%	表干时间/h	实干时间/h	耐热度/℃	不透水性/0.3 MPa,30 min	低温柔性/℃	拉伸强度/MPa	断裂伸长率/%	黏结强度/MPa
性能指标	棕褐色,均匀黏稠液体	≥45	≤4	≤8	140 不流淌	不透水	-15	≥0.5	≥800	≥0.40

(4)施工与用量

采用专用喷涂设备,进行喷涂施工,一般需喷涂三遍,每遍间隔12 h以上(视天气情况、温度而定)。

一般基面平整的情况下,喷涂2~3遍需用料0.5~0.8 kg。

(5)包装

铁桶装,200 kg/桶。

2. 防水涂料

路桥防水涂料的指标见表4.24。

表4.24 路桥防水涂料的指标

漆膜颜色	黑色	耗漆量	1.5 m²/kg
耐碱性	无异常(96 h)	固体含量	75%
耐水性	0.2 MPa,30 min 不渗水	表干时间	4 h
品牌	HIVER	液态类型	溶剂型
单件净重	50 kg	产地	北京
储存期	12 个月	外观	黏稠浆液

(1)产品简介

溶剂型橡胶沥青防水涂料是以优质石油沥青为原料,高分子橡胶为改性剂,经溶剂溶解配制而成的黑色黏稠状、细腻而均匀胶状液体的一种防水涂料。产品执行国家建材行业《溶剂型橡胶沥青防水涂料》(JC/T852—1999)标准。

(2)品种规格和性能

①产品按性能分为一等品和合格品两个质量等级。

②主要物理性能见表4.25。

表4.25 道桥防水涂料物理性能

序号	项目		技术指标	
			一等品	合格品
1	外观		黑色、黏稠状、细腻、均匀胶状液体	
2	含固量 ≥		43%	
3	抗裂性	基层裂缝/mm	0.3	0.2
4		涂膜状态	无裂纹	
5	低温柔性(ϕ10 mm,2 h)		−15 ℃	−10 ℃
			无裂纹、断裂	
6	黏结性/MPa		0.20	
7	耐热性(80 ℃,5 h)		无流淌、鼓动、滑动	
8	不透水性(0.2 MPa,30 min)		不渗水	

(3)特点

路桥防水涂料的特点如下:

①高温不流淌,低温不龟裂,温度适应性好。

②产品具有良好的黏结性、抗裂性和柔韧性,并耐酸、碱等化学腐蚀,耐霉变、耐候。

③涂料固化迅速,能在常温下及较低温度下冷施工,操作方便。

④产品不含苯等有毒溶剂。

(4)适用范围

路桥防水涂料适用于路桥基层的防水,也适用于屋面以及地下室、墙体等的防潮。也可直接涂在各种管道、混凝土表面作防腐处理。

(5)构造特点

①基层。水泥砂浆或混凝土防水基层,在转角处均应做成圆弧,阴角直径宜大于50 mm,阳角直径宜大于10 mm,易开裂部位应设凹槽。

②涂膜防水层。桥面工程涂膜厚度均不应小于3 mm,可根据设计要求铺设1~2层。也可用胎体增强材料,形成一布四涂或二布六涂的防水构造。楼地面等室内防水以及地下、墙面抗渗、防潮,涂膜厚度不应小于1.5 mm。

(6)施工要点

①基层处理。基层表面应平整、坚实、干燥,无尖锐角和起皮等缺陷,裂缝和管根留设的凹槽内嵌填密封材料,施工前应将基层清理、清扫干净。

②细部附加防水层施工。阴阳交、管根等细部应先进行有胎体增强材料的附加防水层施工,应先在基层上涂布涂料,然后铺设胎体增强材料,上面再涂布涂料至少两遍,附加层厚度大约1.0 mm,变形缝、裂缝部位先铺胎体增强材料。

③大面防水层施工,防水层应分遍涂布,后一遍应在前一遍表面干燥(约4 h)后再涂,并与前一遍方向垂直,需要增设胎体增强材料时,应边涂布涂料边铺设胎体材料,胎体材料应铺平。并用毛刷排除气泡,使其与涂料黏结牢固。胎体材料搭接宽度宜为70~80 mm。胎体材料上面应根据涂膜要求分2~3遍涂布涂料,涂膜厚度不小于1.0 mm。涂膜防水层涂料用量约为1 mm厚,需涂料2 kg/m²。

④收头和边缘处理。增涂涂料2~4遍做封闭。

⑤保护隔离层施工。防水层完成并验收合格后,即可按设计要求设置保护隔离层。

(7)施工注意事项

①防水涂料施工时的环境温度最低不得低于-5 ℃,预计涂料在初始固化前有雨、雪出现时不宜施工。

②大面积涂刷时,涂刷胶料不宜过厚,不能漏刷,涂膜厚度均匀,立面施工时以不流淌、不堆积为宜。

③施工现场应通风良好,并配备消防器材。

(8)包装、贮存和运输

①产品包装于清洁干燥密闭铁桶中,容积为25 kg/桶、50 kg/桶、200 kg/桶三种。

②产品为易燃易爆危险品材料,运输时应注意安全,注意防火,防止雨淋、暴晒、挤压、碰撞,保持包装完好无损并且符合运输部门有关规定。

③产品在存放时应保证通风、干燥,防止日光直接照射,并远离火源和热源,夏季室温过高时设法降温;贮存期为一年。

4.5 路面防冻材料

本节主要介绍环保型融雪剂(金欧特)(图4.60)。

1. 融雪机理

水在0 ℃结冰,能溶于水的化学物质的水溶液会降低水的蒸汽压,从而降低水溶液的冰点。融雪剂的浓度越高,液体的冰点越低。冬季在零下气温降雪时施用融雪剂,当融雪剂与雪水形成溶液的冰点低于气温时,雪便以溶液的形式流走,达到路面除雪的目的。

2. 产品特点

它质地坚硬,流动性好,易于抛洒。冰点低,

图4.60 环保型融雪剂

最低冰点为-31.3 ℃。它主要用于道路、广场、停车场、机场的除雪及防冻结作用。对环境污染小,硫酸根离子含量少,对道路、路肩及建筑物不会造成侵蚀。它具有融雪速度快、用量少、防冻效果好等特点。它易于潮解,还具有稳定土壤、控制尘埃的作用。

3. 技术指标

融雪剂技术指标见表4.26。

表4.26 融雪剂技术指标

配方(质量分数)	氯化钠≤48%	氯化镁≥40%	氯化钙≥10%	添加剂约20%
粒度	S级粒径1~5 mm	Ss级粒径1~4 mm	Ss级粒径1~4 mm	SL级粒径1~3 mm

4.6 预防性养护

4.6.1 预防性养护基本概念

路面养护可分为预防性养护和纠正性养护两种。预防性养护就是从全寿命周期费用这个角度确定一个全寿命周期费用最低的这样一个最佳点。目前,这个最佳点的确定方法比较多,涉及路况的检验评定、时机的确定、行驶质量指数和破坏指数法、基于时间或路况的方法、费用效益评估法、排序法、生命周期费用评估法、决策树/决策矩阵和基于老化的方法,以及基于数据包分析的预防性养护时机和对策的方法,以及生命周期费用评估方法。

预防性养护是维护现有道路系统及其附属设施,延缓未来病害发展,保持或改善系统未来的功能状况的一种有成本效益的处治计划策略。

预防性养护是一种周期性的强制保养措施,是在路面结构强度充足,仅表面功能衰减的情况下,为恢复路面表面服务功能而采取的一种养护措施。预防性养护虽然需要投入一定的费用,但是一种费用效益比最优的养护措施。

预防性养护在延缓路面使用性能恶化速率、延长其使用寿命和节约寿命周期费用方面具有重要意义。

基于我国的养护技术与工程应用及现行管理与实施现状,为保证预防性养护的进步和发展,可将预防性养护分为两层含义,一是狭义的预防性养护,一是广义的预防性养护。

从狭义上讲:预防性养护就是在路面没有发生结构性破坏以前,为了更好地保持道路路面的良好运营状态,延缓未来的路面破坏,获取道路寿命周期内的最大效益,在不增加结构承载能力的前提下,在适当的时间,采取相应的技术措施改善路面系统的功能状况,提升路面服务水平。

从广义上讲:预防性养护就是在道路没有发生结构性破坏以前,为了更好地保持道路的良好运营状态,延缓道路未来的破坏,获取道路寿命周期内的最大效益,在不增加结构承载能力的前提下,针对道路出现或可能出现的病害,在适当的时机,积极采取路基维护、路面维修、桥涵维修加固、附属设施维护等相应的综合技术措施,用以改善道路系统的总体功能状况,提升道路服务水平。

狭义预防性养护只涵盖路面,强调预防为主,广义预防性养护除路面以外,还考虑与路面使用质量和使用寿命相关的其他部分如路基、桥涵等,并强调防治结合。

狭义的预防性养护基本上借鉴国外的预防性养护概念,与国外预防性养护的基本内涵和外延相同,突出的是路面本身的预防性养护,并且突出了时机上以预防为主及不增加结构的两层意思。广义的预防性养护则是对狭义预防性养护的进一步拓展,一方面将预防性养护涵盖的对象拓展到路基、桥涵等,另一方面,考虑到我国养护工作的现状。目前,完全按照预防性养护思路在路况尚好情况下进行养护不太现实,因此拓展预防为主为防治结合,即路面如果稍超出狭义预防性养护的范畴与时机,但仍可能通过小的修复达到避免大病害时,也符合广义预防性养护的"治小病防大病"的基本原则。以上两种对预防性养护的定义,一方面有利于对国外已有工程与实践经验的吸纳,另一方面也有利于区别和界定预防性养护的含义,为我国预防性养护的发展服务。

狭义的预防性养护概念仅仅局限路面,按照目前的养护技术规范中划分的养护工程类别,是路面养护工程中、小修保养及中修工程的范畴。广义的预防性养护包含了国外的预防性养护和矫正性养护两个层面的内容,包括了道路设施中的路基、路面、桥涵及附属设施的全部内容,按照目前的养护技术规范中划分的养护工程类别,是除大修工程以外的包括维修保养、中修工程。从"预防"的角度来看,小修工程是对小病害进行及时性修复,防止大病害的发生,广义的预防性养护概念是全方位多层次的预防性养护的概念,是一个系统工程。

4.6.2 路菲特 SAP 系列沥青道面预防性养护剂

1. 产品简介

路菲特 SAP 系列沥青道面预防性养护剂(硅沥青)是上海群康公司与同济大学交通运输工程学院教育部重点实验室历时三年共同研究开发的新型沥青道面预防性养护材料,属于一种硅改性沥青基再生强化剂。它主要由四种成分组成,即两种主要成分和两种重要的添加组分,一种主要成分是经过特殊工艺处理的硬质沥青基材料,另一种主要成分是具有复合活性成分的有机硅聚合物;一种添加组分是提炼的芳香族化合物,另一种添加组分是具有自主知识产权的特殊的表面活性剂。

2. 技术特点

①低黏度。与沥青混合料具有良好的浸润性,在沥青道面表面不结膜,可以迅速进入混合料内部,一般情况下渗透深度可达 4 cm 以上。

②加入特殊含耐磨材料的养护剂,在保证原有级配路面的摩擦系数即防滑效果不变的基础上,防水损性能得到很大程度的提升。

③将老化沥青激活还原再生,补充已挥发的沥青成分。即使在使用数年后路面再次呈现氧化或老化现象,但沥青还原再生的保护层在路面继续维持其保护功能。硅沥青还原再生的渗透能力赋予它超常的密封性能,可以将路面表层的沥青再生,是一种理想的资源再生产品。

④出色的黏附性。一方面可以增加沥青混合料中集料的黏附性,另一方面可以有效地填充集料间的细微裂缝和部分空隙,达到泌水的效果。

⑤硅沥青能将路面密封以抵抗汽油、水及其他化学品等杂质的侵蚀,对于机场跑道等易于被燃油破坏的道路保护效果更加显著。

⑥恢复原有路面整洁的亚光黑色的外观,为驾驶员创造良好的视觉感受,提高行车安全性。

⑦施工中不需加热能源,无废气排放,符合环保要求。施工快速便捷,常温下施工后 2~3 h 左右即可开放交通。图 4.61 为硅沥青施工图。图 4.62 为硅沥青养护效果。

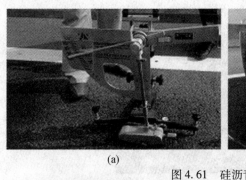
(a)

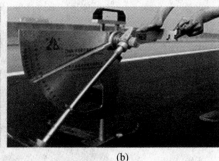
(b)

图 4.61 硅沥青施工

(a)

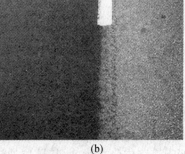
(b)

图 4.62 硅沥青养护工程实例

图 4.63 为硅沥青路面试验。图 4.64 为铺筑好的硅沥青路面。图 4.65 为硅沥青施工车。

图 4.63　硅沥青路面试验

图 4.64　硅沥青路面

图 4.65　硅沥青施工车

3. 作用机理

①路菲特 SAP 系列沥青道面预防性养护剂中的硬质沥青成分自身具有良好的耐老化性能，与混合料中的沥青相容性好，且本身具有良好的黏性和韧性，在沥青混合料中能够有效地封闭细微裂缝。

②路菲特 SAP 系列沥青道面预防性养护剂中的活性有机硅聚合物成分具有很高的黏性和很强的憎水性，同时分子组团小，能够直接浸润到沥青材料内部。有机硅一方面提高了沥青道路成分之间，尤其是与骨料的黏合力和黏附力，因而降低了沥青混合料

的分离以及因湿气存在而引起的自发混合料松散,其次可以显著地提高沥青道面的稳定性与抗变形扭曲的性能,保证沥青道路内部与外部的干燥。因此,使用路菲特SAP系列沥青道面预防性养护剂可以有效延长沥青道路的使用寿命,并且大大减少路面的维护费用。

③路菲特SAP系列沥青道面预防性养护剂中添加的重要组分芳香族化合物可以补充原有沥青中已经氧化的芳香族成分,有效提高沥青的活性。

④路菲特SAP系列沥青道面预防性养护剂中添加的重要组分表面活性剂大幅度降低了养护剂的表面张力,一方面提高了材料的渗透性,另一方面提高了养护剂与原沥青的相容性,使得养护剂可以进入裹覆集料的沥青油膜内部,进而充分发挥其高黏、憎水、还原等作用,从根本上提高了混合料中集料间的黏附性。

4. 物理性能

密度为 $0.84 \sim 0.90 \text{ g/cm}^3$;颜色为黑色;黏度(25 ℃)为 $50 \sim 200$ cps;轻微柏油味;无烟雾。

5. 适用范围

路面和高速公路,桥梁、隧道,停机坪和停车场,飞机跑道。

第5章 沥青混合料路面新材料

5.1 排水性沥青混合料

雨后路面积水会使沥青路面长时间浸泡在水中,影响行车安全。路面渗水性差,长时间浸泡后渗入沥青混合料中的水就不易排出,对沥青混合料造成侵蚀,使沥青路面产生水损害,大大影响路面使用寿命。开级配沥青混凝土细集料少而空隙率大,水分可以在空隙间自由流动,能够迅速吸收路面积水并通过一定渠道排出,减少路面积水,保证行车舒适和安全,同时避免水损害。

排水性沥青路面,即利用高空隙率沥青混凝土替代传统沥青混凝土,借助开级配沥青混合料内部排水机制降低水膜厚度,达到迅速排除路面积水的目的。排水性路面横断面中间高两侧低,便于路面排水。

排水性路面的主要优点为:

①增加路面摩擦力,降低雨天路面车轮打滑。
②降低雨天车辆行驶引起水雾造成视线不良,提高雨天能见度。
③增加雨夜道路反光标线的能见度。
④降低路面噪音。
⑤抑制雨天车辆高速行驶引起的溅水。

由于排水性沥青混合料空隙率较大,为增加沥青膜厚度以提高沥青与集料结合强度和耐久性,以及避免沥青混合料在生产、运输和施工中产生沥青垂流或离析(大空隙更易离析),一般采用高黏度沥青。为增加沥青黏度和防止垂流,可在沥青胶结料中加入植物纤维或矿物纤维。为保证大空隙结构,混合料组成中,粗集料多而细集料少。排水性路面的面层必须具备较高的抗车轮磨耗能力。

试验表明,开级配沥青混合料若长时间浸泡在水中,其剥落破坏很严重,除从材料方面改善外,做好沥青不透水层防水和路面侧边排水很重要。另外,由于粗集料多,应避免施工中集料过热引起沥青垂流;由于空隙率较高,混合料降温速度会加快,施工中应注意。为防止路面空隙被污物堵塞排水性降低,定期对路面清洗维护是必要的。

5.1.1 (开级配)排水式沥青稳定碎石基层(ATPB)

在沥青稳定碎石混合料中,有一类称为排水式沥青碎石基层混合料(ATPB),常用于排水基层。图5.1为不同结构类型混合料的芯样(由左至右为SMA-13、AC-20I、ATPB-30、AC-10),可以看出,与其他沥青混合料相比,ATPB混合料中集料粒径粗大,大粒径颗粒含量多,具有较大的空隙率(不小于18%),因而具有较强的排水能力,其排水能力是传统的密实型混合料的数十倍。

图 5.2 为不同级配沥青混合料的高温稳定性试验结果。从图 5.2 可以看出,ATPB 混合料具有较好的抗车辙性能,其动稳定度仅次于相同最大公称粒径的 ATB 混合料,这与其具有良好的骨架稳定性是分不开的。

我国现行规范中半开级配沥青稳定碎石混合料矿料级配见表 5.1。开级配沥青碎石混合料矿料级配见表 5.2。

图 5.1 不同结构类型混合料的芯样

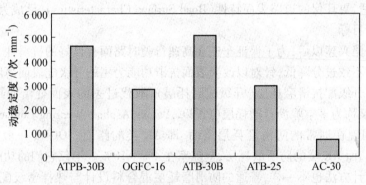

图 5.2 不同级配沥青混合料的动稳定度对比图

表 5.1 半开级配沥青稳定碎石混合料(AM)矿料级配范围

级配类型		通过下列筛孔(mm)的质量百分率/%										
		26.5	19	16	13.2	9.5	4.75	2.36	1.18	0.6	0.3	0.15	0.075
中粒式	AM-60	100	90~100	60~85	50~75	40~65	15~40	5~22	2~16	1~12	0~10	0~8	0~5
	AM-16		100	90~100	60~85	45~68	15~40	6~25	3~18	1~14	0~10	0~8	0~5
细粒式	AM-13			100	90~100	50~80	20~45	5~28	5~20	2~16	0~10	0~8	0~6
	AM-10				100	85~100	35~65	10~35	5~22	2~16	0~12	0~9	0~6

表 5.2 开级配沥青碎石混合料(ATPB)矿料级配范围

级配类型		通过下列筛孔(mm)的质量百分率/%											
		53	37.5	31.5	26.5	19	16	13.2	9.5	4.75	2.36	1.18	0.6	0.3	0.15	0.075
特粗式	ATPB-40	100	70~100	65~90	55~85	43~75	32~70	20~65	12~50	0~3	0~3	0~3	0~3	0~3	0~3	0~3
	ATPB-30		100	80~100	70~95	53~85	36~80	26~75	15~60	0~3	0~3	0~3	0~3	0~3	0~3	0~3
粗粒式	ATPB-25			100	80~100	60~100	45~90	30~82	16~70	0~3	0~3	0~3	0~3	0~3	0~3	0~3

5.1.2 （开级配）排水式沥青磨耗层（OGFC）

排水式沥青磨耗层（Open Graded Friction Course，OGFC）是一种混合料中含有较多的单粒径粗集料，具有大空隙率的路面表层，常用于旧路罩面或新路的表面层。这种沥青混合料允许雨水垂直下渗到不透水的下卧层表面，然后从侧向排到路面的边缘，从而减少溅水和水雾的产生，提高行车的安全性。

1. 开级配抗滑磨耗层混合料的起源及国内外研究与应用

随着经济社会的快速发展，人民群众出行质量需求不断升级，交通建设也更加突显"环境友好"的理念。在道路工程领域，如何提高路面的使用功能，如何向社会提供更安全、更舒适、更环保的道路表面特性（Road Surface Characteristics），已成为我国交通部门追求的新目标。

高速公路兴建以后，为了保证车辆在高速行驶时路面有良好的抗滑性，尤其在雨天路面摩阻力不致过分降低，针对以改善表面抗滑功能为主的开级配表面薄层应用，美国研究开发了开级配抗滑磨耗层（开级配磨耗层），取代过去的表面处治如封层、石屑封面等路面，又称为多空隙沥青磨耗层（PAWC，Porous Asphalt Wearing Course）等。OGFC不同于我国现在通常的防滑磨耗层路面，即AK类的路面。OGFC一般空隙率达到15%～18%，而AK类的防滑磨耗层，空隙率在4%～10%。不仅它们的功能不同，而且混合料的设计方法也不一样，普通的防滑磨耗层混合料设计与热拌密级配沥青混合料基本上相同。

欧洲国家从20世纪70年代以来，研究应用了空隙率达20%～25%的磨耗层。由于空隙率大，雨水可渗入路面中，由路面中的连通空隙向路面边缘排走。因为能很快地排水，所以这种路面称为排水性沥青路面（Draining Asphalt），又称透水沥青（Porous Asphalt）路面，指压实后空隙率在20%左右，能够在混合料内部形成排水通道的新型沥青混凝土面层，其实质为单一粒径碎石按照嵌挤机理形成骨架-空隙结构的开级配沥青混合料。也因为它的空隙率大，故又称为多孔性磨耗层或多孔性防滑层（Porous Wearing Course or Porous Friction Course）。由于多孔性沥青路面具有降低噪声的功能，因此又称为低噪声沥青路面（Low-noise Asphalt Pavement）。这些材料的构成特征基本相同，但由于使用功能、描述角度和突出重点有所区别被赋予不同名称，有时在技术特点上也有所不同。开级配多孔性沥青路面在欧美国家已得到广泛应用。

综观国内外技术前沿，具有大空隙特征的排水沥青面层铺装因为具有抗滑性能高、噪声低、抑制水雾、防止水漂、减轻眩光等突出优点，可以说达到了现有沥青路面技术中的"顶端路用性能"（Ultimate Performance），成为实现道路表面特性品质飞跃的最佳路面形式。

该混合料空隙率通常大于18%，具有良好的排水、抗滑和降噪作用；可防水漂、减少水雾，改善路面标志可见度；具有较高的高温稳定性。但由于其空隙率高，耐久性较差，必须采用性能突出的沥青结合料。目前许多发达国家路面设计理念已将行车安全作为路面设计的核心内容之一，提高路面抗滑性和舒适性已引起人们的广泛关注，因此

OGFC 路面结构在许多发达国家普遍用于高等级公路的表面磨耗层。

排水沥青路面采用大空隙沥青混合料作表层,将降雨透入到排水功能层,并通过层内将雨水横向排出,从而消除了带来诸多行车不利作用的路表水膜,显著提高雨天行车的安全性、舒适性。

多空隙排水降噪沥青路面使用高黏度沥青材料包裹石-石嵌挤的骨架,形成空隙率高达 18%~22% 的沥青混合料。其有着比 SMA 结构更为发达的表观构造,还有较大的内部连通空隙,将雨水从路表引入路面层中,减少了路面水膜对行车过程中的影响,具体表现为:比 SMA 路面更能减少水雾,提高路面抗滑性能,减少路面水膜反光眩光。

同时,多空隙排水降噪沥青路面发达的空隙起到了多孔吸声材料的作用,轮胎与路面接触时空气"压缩-释放"时,由于压缩空气通过连通空隙消散而使得此"声爆"音得到抑制——降噪性能显著。

多空隙排水降噪沥青混合料颗粒均匀,路面对自然光线的反射较弱,因此显色效果不会受到反射光的干扰,质感浑厚、视觉柔和而具有一定的景观效果。

1983 年,在悉尼召开的第 17 届世界道路会议上,不仅对排水性路面的抗滑、减少溅水和喷雾的功能加以肯定,而且对轮胎/路面噪声在交通噪声中所占的比重予以了关注,对其原因作出分析。

在以后的每四年召开一次的第 18 届、第 19 届以及第 20 届世界道路会议上,许多国家交流了在排水性沥青路面方面的研究成果和应用情况。此外,有些国家还召开专题讨论会,如 1990 年在美国华盛顿召开 TRB 年会,其主要议题就是排水性材料在道路上的应用问题。

国外实践表明,多孔性沥青路面一般适合铺筑在车流畅通、车速较高的道路上,如高速公路、城市高架或快速汽车专用道等。对于低交通量或慢行交通道路,以及容易污染的道路,这种路面不适合。

由于排水性路面的高空隙率,结构强度相对较低,在经常刹车、停车的路段容易出现剥落,故不宜铺设在干线道路的交叉口、停车场。另外,在重交通道路的小半径弯道部位也不适宜铺筑这种路面。

国内近几年对多孔性沥青路面进行了一些研究,也铺筑了试验路段,但基本上尚处于初始阶段,对于这种路面的设计方法和特性人们尚不甚了解,而且由于人们对这种路面的耐久性持怀疑态度,因而至今未能在高等级道路中实际应用,与世界许多发达国家相比有明显的差距。

2. OGFC 设计的技术关键

透水式多孔性沥青路面虽然许多国家已研究和应用了多年,但尚没有十分完善的混合料配合比设计方法。由于各国道路条件和环境条件的不同,所以在配制多孔性沥青混合料时各国的具体方法都有很多的差别。同时由于多孔性沥青路面与普通沥青路面相比较,在技术上有其难点和复杂性,因此在关键技术上有的国家也是秘而不宣的。综观世界各国对透水式多孔性沥青路面的研究和实际应用的经验,修好这种路面的技术关键在于以下三个方面：

(1) 保证混合料的高空隙性

路面的空隙率越大，排水性能越好，抗滑、降噪的效果也越好，因此保证其高空隙性是必要的。根据理论研究和实际使用经验，这种路面的空隙率必须大于15%，而为了防止空隙被尘埃堵塞，混合料的初始空隙率应达到20%，甚至更大。

(2) 保证混合料足够的抗松散能力

为透水而要求路面空隙率大，这与普通沥青路面要求防止渗水以求得耐久的使用寿命正好相反。路面透水和水长期滞留在路面内部，水对路面的侵蚀是十分严重的，这就容易造成路面剥落，进而使路面出现松散。因此，多孔性沥青混合料必须具备足够的水稳性，这在混合料设计时应予足够的重视。

(3) 保证混合料具有一定的力学强度

多孔性沥青混合料主要由粗集料组成，细集料少，粗集粒之间是点接触，不能形成紧密的嵌锁，混合料的强度大为降低。空隙率越大，强度越低。多孔性路面只有具备一定强度才能承受高速行车的作用。

为满足以上三个方面的要求，需要在集料和沥青结合料的选择、配合比设计上采取适当的方法和必要的措施。

3. OGFC 混合料路用性能特点

(1) 排水和抗滑性

OGFC 混合料最大的特点是空隙率大。大的空隙率使混合料内部空隙呈连通状，水在其中可以迅速流走。研究表明，沥青混合料的空隙率越大，其透水系数也越大，路面渗透排水能力越强。

由于 OGFC 混合料具有良好的排水能力，这种路面可提高雨天的抗滑性和行车速度。众所周知，雨天路表如果排水不畅，路面水膜厚度增大。当水膜厚度大于 0.6 mm，高速行车就会产生"水漂"现象，严重影响行车安全。OGFC 路面由于雨水能及时排走，消除了水漂现象。同时，可大大减少行车轮胎引起的水雾或溅水，使雨天行车的能见度提高，避免雨天夜间行车车灯在路表水膜上造成眩光，从而提高雨天路面行车速度和安全性(图 5.3)。

另外，OGFC 路面具有较高的摩擦系数和路表构造深度，所以具有良好的抗滑性能。

(2) 降噪性

汽车轮胎在路面上滚动产生的噪声是目前交通噪声的主要部分，该噪声一般由三部分组成：一是撞击噪声，由车辆轮胎与路面的撞击产生，其大小同轮胎花纹、路表纹理有关，而路表纹理又受到混合料所用集料的几何形状、级配的影响；二是气压噪声，由车辆轮胎变形时轮胎沟槽内的空气受到挤压而产生振动、喷射所产生；三是滑黏噪声，由橡胶轮胎在路表面上吸着拖滑而产生。光滑的表面虽可降低撞击噪声，但会增大气压噪声和滑黏噪声，而 OGFC 路面中空气处于连通状态，可以顺利消散，从而降低路面气压噪声和滑黏噪声。

图 5.4 是 OGFC 路段与普通路段噪声对比。研究表明,采用 OGFC 路面后,路面的噪声可降低 4 dB 以上。国外研究资料表明:在日本,与普通沥青混合料相比,OGFC 混合料对于小汽车可降低 5~8 dB,对于载重汽车降低 3 dB,而且即使载重汽车在停车空运转时也有 2 dB 的降噪效果;在法国,对于小汽车可降低 4 dB,对于重型汽车则可降低 7 dB;在英国,在粗糙度相同的情况下噪声可降低 4~15 dB;在比利时,OGFC 混合料路面与刻槽水泥混凝土路面相比,可降低噪声 6~8 dB。总之,OGFC 具有显著的降噪效果,因此可用于城市道路、周围有居民区的大交通路段。

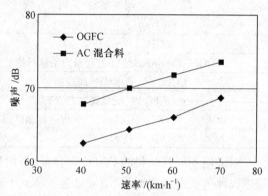

图 5.3　雨天 OGFC 路段与普通路段路表对比　　图 5.4　OGFC 路段与普通路段噪声对比

(3)高温稳定性

设计和施工质量良好的 OGFC 混合料具有较高的高温稳定性,这主要是由集料的骨架作用和优质改性沥青引起的。大颗粒间的骨架结构可以提高路面的承载能力,减少沥青用量,降低温度对混合料的影响,而优质改性沥青提高了混合料间的黏结作用,增强了集料骨架的稳定性和改善了温度敏感性,其动稳定度一般可高达 5 000 次/mm。

(4)耐久性

在自然环境气候因素和频繁行车荷载的作用下,路面保持自身特有使用性能时间长短的能力,即为混合料的耐久性,其性能持续时间越长,耐久性越好。OGFC 路面的耐久性一般比较差,主要表现为:多空隙路面在使用一段时间后,空隙率会由于灰尘、污物堵塞而减小,其排水、降噪效果降低,水不能及时排走,使路面产生老化、剥离现象;同时由于该路面结构空隙率较大,又常用作路面表层,受空气、阳光、紫外线的影响较大,沥青易产生老化、裂化,使混合料的性能下降。为解决这一问题,主要采取以下措施:一是沥青结合料宜采用高黏度的聚合物改性沥青,避免因沥青在使用中的过度老化而降低其使用性能;二是在选材、设计、养护等方面采取专门措施,以确保该路面结构性能的长久性和有效性,如加强养护防止空隙阻塞。

鉴于 OGFC 路面可靠的路用性能,我国目前也开始了这一路面结构的研究,并铺筑了一些试验段,如西安机场高速公路曾铺筑 OGFC 磨耗层,效果良好。

我国规范 JTG F40—2004 就 OGFC 矿料级配、材料选择、混合料配合比设计和施工控制关键点等都提出了相应的规定。

4. OGFC 的性能指标

OGFC 最重要的特性是透水性。对采用不同胶结料的 OGFC 混合料,采用常规渗透仪与适用于大孔隙沥青混合料的渗水仪测试渗透系数,评价渗水性能,试验结果见表 5.3。从表 5.3 可以看出,OGFC 混合料的透水性较好。

表 5.3　OGFC 混合料渗水性能试验

级配类型	试验项目	
	透水量 /[ml·(15 s^{-1})]	透水系数 /(cm·s^{-1})
OGFC 13(SK 高黏沥青)	1 333	0.030
OGFC 13(SBS 改性沥青和聚丙烯腈纤维)	1 500	0.029
OGFC 13(日本 TPS 高黏沥青)	1 333	0.033
OGFC 13(抚顺高黏沥青)	1 500	0.033
OGFC 9.5(SK 高黏沥青+0.3% 聚丙烯腈纤维)	1 666	0.031
技术要求	≥900	≥0.01

对采用不同胶结料的 OGFC 混合料,采用摆式仪测摩擦系数及人工砂铺法测构造深度以评价抗滑性能,试验结果见表 5.4。从表 5.4 可以看出,OGFC 混合料的抗滑性能良好,可保证雨天潮湿环境下路面具有足够的抗滑性。

表 5.4　OGFC 混合料抗滑性能试验

级配类型	试验项目	
	构造深度/mm	摩擦系数
OGFC 13(SK 高黏沥青)	1.33	75
OGFC 13(SBS 改性沥青和聚丙烯腈纤维)	1.41	89
OGFC 13(日本 TPS 高黏沥青)	1.75	77
OGFC 13(抚顺高黏沥青)	1.99	66
OGFC 9.5(SK 高黏沥青+0.3% 聚丙烯腈纤维)	1.32	79

我国现行规范中开级配排水式磨耗层混合料矿料级配见表 5.5。

表 5.5　开级配排水式磨耗层混合料矿料级配范围

级配类型		通过下列筛孔(mm)的质量百分率/%									
		19	16	13.2	9.5	4.75	2.36	1.18	0.6	0.3	0.15	0.075
中粒式	OGFC-16	100	90~100	70~90	45~70	12~30	10~22	6~18	5~15	3~12	3~8	2~6
	OGFC-13		100	90~100	60~80	12~30	10~22	6~18	5~15	3~12	3~8	2~6
细粒式	OGFC-10			100	90~100	50~70	10~22	6~18	5~15	3~12	3~8	2~6

OGFC 混合料虽具有良好的透水性和抗滑性能,但由于其空隙率较大,耐久性较差。目前,国内正在尝试采用高黏度沥青以提高 OGFC 混合料的耐久性。

5.1.3 排水沥青路面及高黏度改性沥青

1. 排水沥青路面的优点与特性

雨天跟车行驶时,由于路表有一定厚度的水膜,道路表面溅水起雾现象对后车跟车行驶的能见度造成严重影响。排水沥青路面可以抑制雨天导致的溅水起雾,提高雨天行车能见度和安全性。排水性路面又称透水沥青层(Porous Asphatl Course,PAC)。

行车噪音主要由轮胎与路面间空气的抽空与压缩产生,排水沥青路面具有的多孔结构为高速行驶轮胎引起空气的抽、压提供了连通的消散渠道,与常规的表面层相比,排水沥青面层具有吸收、降低轮胎滚动噪音的作用。因此,排水沥青路面也被称为"低噪音路面"。在近居民区的城市干道和高速公路交通噪声日益受到关注、环境舒适性要求愈高的背景下,通过应用排水沥青表层铺装,会大幅降低居民环境的噪声污染。由于多数交通噪音都处在对人体产生危害的临界值附近,排水沥青路面的应用可以使本来超标的交通噪声在降低几个分贝后满足环评要求,改善周围居民的居住环境。图5.5为排水降噪沥青混合料的结构示意图。图5.6为排水性沥青路面结构设计示意图。图5.7为排水沥青降噪效果示意图。图5.8为降噪效果对比。图5.9为排水沥青路面的安全性对比。图5.10为排水性路面与密级配路面在干燥与潮湿状态条件下摩擦系数衰减情况对比。

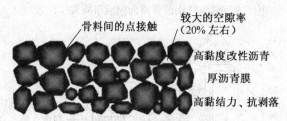

图 5.5 排水降噪沥青混合料的结构

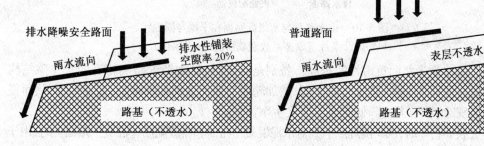

图 5.6 排水性沥青路面结构设计

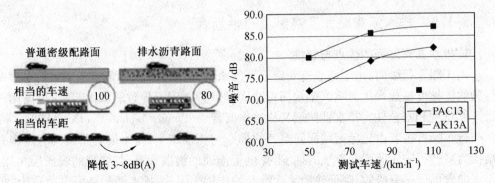

图 5.7　排水沥青降噪效果示意图　　图 5.8　降噪效果对比(盐通高速测试数据,雨后)

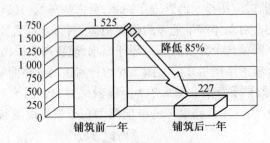

图 5.9　铺筑排水沥青路面前后事故发生次数对比

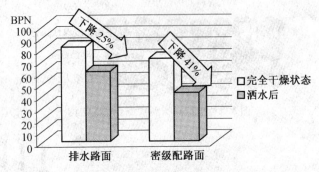

图 5.10　排水路面与密级配路面在干燥与潮湿状态
条件下摩擦系数衰减情况对比(摆值)

①排水沥青路面抗滑性能很高。特别是雨天时,排水沥青路面特有的大空隙结构能迅速排除路面积水,消除路表水膜,增加轮胎与路面之间的附着力、防止水漂,从而提高行车安全特性,大幅降低交通事故发生率。

②夜间行车时,汽车前灯照射到对水泥混凝土路面和密级配沥青混凝土路面上时,由于路表致密且被磨光,灯光在路表发生镜面反射,造成眩光现象(Glare Phenomenon),严重影响司机行车视线。同等条件下,由于排水沥青路面的大空隙可以有效吸收汽车前灯斜射到路面的灯光,从而可以有效消除或减弱这种眩光现象,极大提高夜间行车安全。

③排水性沥青路面环保型。出色的降噪性能,排水路面较普通沥青路面噪声减少3～8 dB,大大降低噪音污染。如果噪音等级减少5 dB 左右,实际上的感觉相当于汽车行驶速

度降低20%或者交通量减少一半时的噪音等级,产生使隔音壁的高度降低一半的效果。

④排水性沥青路面安全性。表面空隙率大,路面粗糙,抗滑性能好。雨天路面不积水、无水膜、无水雾、抗滑性好,视觉效果好。大幅度提高了雨天行车的安全性。加之排水路面无积水,大大降低了车辆的漂滑现象,保证了行车的安全性。图 5.11 为排水性沥青路面与普通沥青路面雨天效果对比。图 5.12 为排水性沥青路面与普通沥青路面粗糙度对比。

图 5.11 排水性沥青路面与普通沥青路面雨天效果对比

图 5.12 排水性沥青路面与普通沥青路面粗糙度对比

⑤改善雨天夜间视觉效果,路面无眩光,有效保障行车安全。图 5.13 为排水性沥青路面与普通沥青路面眩光对比。

图 5.13 排水性沥青路面与普通路面眩光对比
(左侧为排水沥青路面;右侧为普通路面)

⑥降低城市热岛效应,其特殊的大空隙表面结构使其表面温度比密级配沥青路面平均要低 2.0~3.0 ℃。图 5.14 为排水性路面温度对比图。

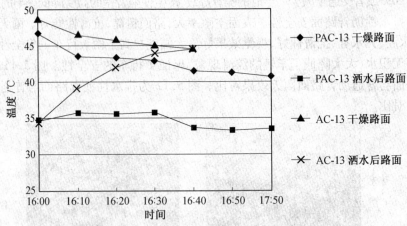

图 5.14　排水性路面温度对比图

⑦由于采用大空隙率使得排水路面比传统密实结构降低骨料 17%。其粗糙的表面还能在雨天及下雪天有效降低车辆行驶的耗油量约 5%,符合节能环保的发展理念。

⑧排水性沥青路面经济效益。排水性沥青路面 OGFC-13 混合料的每平方米造价基本与间断半开级配沥青混合料(Gap Semi-Open Graded, GSOG)的造价相当。具有很高的经济适用性,由于其混合料密度仅为 2.0 t/m³ 左右,约为 SMA 材料的 80%,铺同样面积的路面,石料用量也就可少 17% 左右。

2. 排水沥青路面的改性沥青要求

对多孔结构来说,由集料嵌挤而形成的强度会大大减弱,为弥补由此带来的强度损失,增加结合料的黏结强度就成了必然的选择。在我国的气候和交通条件下,从目前国内外的技术现状看,要保证其强度、抗飞散、抗水损坏和车辙、耐久性等各方面性能,我国当前的排水沥青路面宜采用高黏度改性沥青(图 5.15),其 60 ℃ 动力黏度标准设定在 50 000 Pa·s 以上。表 5.6 是我国排水沥青路面高黏度改性沥青技术要求。

表 5.6　我国排水沥青路面高黏度改性沥青技术要求

试验项目		单位	技术要求
针入度(25 ℃,100 g,5 s)		0.1 mm	≥40
软化点		℃	≥80
延度(5 ℃)		cm	≥20
溶解度		%	≥99
弹性恢复(25 ℃)		%	≥85
密度(15 ℃)		kg/cm	实测
RTFOT 薄膜加热试验残留物	质量变化率	%	≤0.6
	针入度残留率	%	≥65
	延度(5 ℃)	cm	≥15
60 ℃ 动力黏度		Pa·s	≥5 000
闪点		℃	≥260
运动黏度(135 ℃)		Pa·s	≤3
贮存稳定性,48 h 软化点差		℃	≤2.5

改性沥青的指标一定程度上决定了排水沥青混合料的性能指标。通过动力黏度等指标与排水沥青混合料主要性能指标的回归关系等系列研究,BEST科学研究院提出了适合我国重载交通的高黏度改性沥青技术标准,对指导我国排水沥青路面的材料选择具有重要意义。其中,软化点和60 ℃动力黏度为关键控制指标。

(1)高黏度改性沥青的成品"湿法"工艺

基于"湿法"工艺的成品高黏度改性沥青是通过溶胀、高速剪切、胶体磨等加工工艺,将一定比例的聚合物改性剂(或复合体)与沥青混熔,制备得到高黏度的改性沥青,在施工现场直接使用预先改性好的沥青混合料。实施中,通常由沥青供应商将改性好的高黏度沥青运输到拌和站,提供给施工单位使用。做好高黏度改性沥青的储存稳定是一个技术难点,使用时需要特别注意。

(2)高黏度添加剂(HVA)的"干法"工艺

高黏度添加剂(图5.16)采用基于"干法"工艺的改性应用。"干法"通常是指使用普通沥青(基质沥青)在混合料拌和过程中单独添加外加改性剂生产改性沥青混合料的工艺。目前的"干法"通常有人工和机械投放两种。

图5.15 高黏度沥青改性剂

图5.16 高黏度添加剂(HVA)

5.2 彩色沥青混合料及其用途

夏天草坪温度为32 ℃、树冠温度为30 ℃的时候,水泥地面的温度可以达到57 ℃,沥青路面的温度更高达63 ℃,这些高温物体形成巨大的热源,烘烤着周围的大气和我们的生活环境。大量人工构筑物如铺装地面、各种建筑墙面等,改变了城市下垫面的热属性,这是城市热岛形成的主要原因之一。一直以来,道路路面只有灰色的水泥路面和黑色的沥青路面,黑色吸热这个道理大家都明白,彩色路面的诞生解决了这个问题。彩色路面技术在欧美、日本普遍应用于交通工程的安全管理,如在停车场、事故多发点、自行车道等地铺筑彩色路面,可以使交通的管理科学化、直观化。此外,彩色路面还广泛应用于生活环境区、体育设施的装饰、商业街区、旅游观光点等。现在彩色路面铺筑材料已由初期的黑色沥青材料,发展到现在的浅色树脂类材料;路面的铺筑方式也由初期的涂布方法,发展到现在的薄层混凝土铺装方法。彩色沥青一般有两种生产方法,一种是采用聚合物合成,得到浅色的结合料,然后再用来替代沥青;另一种是经特殊工艺将沥青脱色,从而得到浅色沥青,但这种工艺难度较大。

早在20世纪60年代,人们开始研究彩色沥青路面材料及其铺装技术,如今在欧美各国及日本等国的应用已经形成了规模。这种路面不仅可以与道路周围的建筑艺术更好地协调,而且还可以起到美化城市和诱导交通的作用,并且还能体现出一个国家或一个城市的特色和风格,提升整个城市的形象和功能,显示出现代化都市的气派和魅力。在这方面的探讨我国开始于80年代初,但收效甚微,且在道路上应用尚少。近几年,彩色沥青混凝土路面才作为一种新型的铺面技术,营造着21世纪交通的时代气息,在公路、道路或广场等场所使用得越来越多,引起了人们的兴趣和关注,被全球工程界视为"新型绿色建材"。

5.2.1 彩色沥青混凝土路面概述

1. 彩色沥青混凝土路面的定义

彩色沥青混凝土路面是指脱色沥青与各种颜色石料、色料和添加剂等材料在特定的温度下拌和,即可配置成各种彩色的沥青混合料,再经过摊铺、碾压而形成具有一定强度和路用性能的彩色沥青混凝土路面。

2. 彩色沥青混凝土路面主要性能特点

①具有良好的路用性能,在不同的温度和外部环境作用下,其高温稳定性、抗水损坏性及耐久性均非常好,且不出现变形、沥青膜剥落等现象,与基层黏结性良好。

②具有色泽鲜艳持久、不退色、能耐77 ℃的高温和-23 ℃的低温,维护方便。

③具有较强的吸音功能,汽车轮胎在马路上高速滚动时,不会因空气压缩产生强大噪音,同时还能吸收来自外界的其他噪音。

④具有良好的弹性和柔性,"脚感"好,最适合老年人散步,且冬天还能防滑,而且色彩主要来自石料自身颜色,也不会对周围环境造成危害。

3. 彩色沥青混凝土的拌和及其路面施工工艺

(1) 混合料拌和

彩色沥青与普通沥青混合料的拌和基本相似,但应着重注意以下几个事项:

①拌和前,应将搅拌站的拌和缸和沥青输送管道、运输车、施工机械设备等清洗干净。

②原材料性能应稳定、使生产目标配合比能最大限度地接近设计配合比。

③由于色粉比重大,在混合料中具有着色、分散、吸附、稳定、增黏作用,添加时需考虑其对环境的影响,生产前应根据目标配合比计算出每盘混合料色粉的用量,用聚乙烯塑料袋装好,并在拌和中由人工辅助加入。

④拌和温度应控制在160~170 ℃,拌和时间比普通沥青混合料多10 s,出料后应及时检查粒料和颜色是否均匀。

(2) 混合料摊铺

①在铺设彩色沥青混合料前应仔细检查下基层的质量,确保坚实、平整、洁净,同时应对摊铺、压实机械的工作状态进行检查,避免因准备不充分而导致施工中停工现象。

②为提高界面黏结力和减少雨水渗到路面结构,摊铺前,基层应清扫干净,喷洒乳化沥青,其用量为 0.3~0.5 kg/m²。

③开始摊铺时,严格按照松铺标高用垫块将熨平板垫好,确保起始摊铺厚度满足要求;并根据工期安排,考虑到混合料的生产、运输、摊铺和碾压能力,确保摊铺连续,将摊铺机的工作速度严格控制在 2.0~2.5 m/min。

④混合料摊铺宽度应调整为全幅摊铺,不间断一次性成型,以保持色泽一致、粒料均匀、美观,摊铺后及时碾压。

(3)混合料压实成型

①压路机械选择。根据工程的工程量大小、施工场地复杂情况,选择压路机的型号、功率和台数。而对于轮胎压路机,由于在彩色沥青面层上碾压时,其黑色的橡胶轮胎会对彩色沥青面层造成严重的污染且极易产生黏料现象,故不能采用。

②碾压组合方式。彩色沥青混合料的压实同样分初压、复压、终压三个阶段进行。初压温度应控制在 130~145 ℃,终压温度不低于 70 ℃,碾压过程中应按"紧跟、慢压、高频、低幅"的原则进行。一般正常情况下,根据试验段摊铺后结果,来确定碾压组合方式。常规做法是:

a.初压由重型压路机将路面静压 1 遍后,在带轻振进行碾压 1 遍,初压即结束。

b.复压主要工作由轻型压路机来完成,碾压的遍数视现场而定,直至压实为止。

c.终压待轻型压路机边脚处理完毕,路面温度降低至 80 ℃时终压开始,由重型压路机静压 1~2 遍,直至轮迹完全消除则碾压结束。

(4)碾压过程中应注意的细节

①为防止压路机碾压过程中出现的黏料现象,可在压路机的水箱中加入适量的洗衣粉(0.15 kg/m³)对钢轮进行适当的润滑,避免钢轮压路机的黏料现象。

②为做到文明施工,防止重型压路机因碾压过于靠边而造成路缘石破损,在碾压过程中,重型压路机钢轮距路缘石不应小于 15 cm,余下部分由轻型压路机在专人指挥下进行碾压。

③为防止彩色沥青面层受污染,在碾压前,必须用水冲去黏附在压路机钢轮上的杂物及砂土,确定碾压设备清洁后方可允许进行碾压。同时,碾压结束待温度冷却至常温才能开放交通。

4.彩色混凝土的应用

彩色沥青混凝土路面在国外应用最典型的有:日本北九州市 199 号国道(街道段),靠边的两侧车道铺成铁红色路面;法国巴黎东北路,有一段长约 30 km 的公路,路面是蓝色;荷兰阿姆斯特丹、海牙、鹿特丹等城市在人行道上都设有 1.5~2.0 m 的铁红色沥青路面自行车道;英国伦敦白金汉宫前的林荫大道全部铺成铁红色的路面等。

彩色沥青混凝土路面在国内应用最典型的有:厦门市大道约 4 km 两侧非机动车道和环岛路旅游观景道;北京市长安街延线、路新大成彩色篮球场和石景山游乐场;沈阳植物园彩色游览路、植物园彩色游览路(二期)、路达彩色屋顶、华星中学彩色操场和沈阳市北京街、北陵大街彩色景观路;上海市肇家浜路和太原路的慢车道、成都市数百米的提督街、烟台市滨海中路彩色观景路、广州黄埔大道与车陂路口到广园东快速干线宝蓝色的立交人行道、辽宁大厦彩色广场和南京升州路人行道等。

经过几年的研究,我国彩色沥青混凝土路面的技术性能方面,就已经基本上与国际先进水平同步。所以可以相信随着彩色沥青混凝土路面技术研究进一步发展,施工方法体系的进一步配套成型,这方面的劣势将逐渐消失。我国正向世界强国迈进,在未来在城市道路建设中,必将越来越多的应用彩色沥青混凝土路面技术。根据目前我国公路建设发展趋势,部分专家分析,彩色沥青混凝土路面是一个公路建设的热点。

5.2.2 彩色铺面对环境的美化作用

在道路或广场铺筑彩色路面能够起到美化环境,给人良好心理感受的作用,因此,彩色路面作为一种新型的铺面技术,已引起人们的兴趣和关注。

早在20世纪60年代,前苏联道路科学研究院、哈尔科夫公路学院就已开始对彩色铺面进行了研究,并在莫斯科、哈尔科夫、第比利斯、明斯克等城市铺筑了数万平方米的彩色路面。

日本对彩色铺面技术进行了卓有成效的研究,并且在道路、广场、公路等场所大面积铺设。如北九州市199号国道(街道段)将靠边的两侧车道铺成铁红色路面,作为专用车道;在神户市中心长田楠日尾线中间车道铺成黄色的密级配彩色路面;水户市50号国道在弯道位置铺有黄色路面专供大型客车行驶。荷兰阿姆斯特丹、海牙等城市在人行道上都设有1.0~1.5 m的自行车道,自行车道铺成铁红色沥青路面,不仅给骑车人以导向,而且成为城市的一道风景线。

在风景区、疗养区或公园,铺设各种色彩的路面和广场,与周围绿色草地、树木、花卉相映成趣,使景色更为宜人。瑞典哥德堡的里斯伯格的公共游乐场,铺设的红色和黄色地坪,使游乐场更加五彩缤纷。荷兰在拦海长堤上也使用了彩色铺面,使之成了美丽的景观。

随着我国经济的发展,人民生活水平的提高,人们对周围环境的改善也日益关注,更加需要,不仅道路要通畅,而且也希望道路美观整洁。厦门市在环岛路黄唐段海滨浴场,铺设了3.4 km长的铁红色路面,这是我国第一条比较长的彩色沥青路面。今后在公园小道、居民生活小区的道路、城市的自行车道、广场和游乐场、湖滨和海滨等场所,都有可能逐步铺设彩色路面。

5.2.3 彩色路面对交通的组织与控制作用

在道路中铺筑不同色彩的路面在某种程度上比交通标志牌更好,它能够自然地给驾驶员以信号。例如,在事故多发地段铺筑红色或橙黄色路面,可直观地提醒驾驶员注意,谨慎驾驶。在通往中小学校区域的道路上,铺筑铁红色路面,能提醒驾驶员减缓车速,为中小学生的安全提供保证。

对于道路交通的管理,仅依靠色灯信号或人工指挥是不够的。专家研究认为,采取改变道路条件,能够引导驾驶员,使车辆行驶在应该行驶的位置。因此,将车道铺成不同颜色使之区分开来,汽车沿不同颜色的车道行驶,对车流的引导作用要比在路面上划标志线更好。日本在城市街道中将车道铺设成不同颜色,不仅是为了美化城市,而且是为了引导交通。

在城市人车混杂的街道,通过调查可以将车道划分成"车优先"和"人优先"两种类型。在"人优先"的车道上,除设置"限制车速"的标志外,同时采取铺筑彩色路面,用不同颜色代表不同的功能,可作为交通稳静化(Traffic Calming)管理标志。德国在1990年已将交通稳静化标志方法纳入了交通法规。

5.3 温拌沥青混合料

温拌沥青技术是指介于热拌沥青混合料和常温拌和混合料之间的沥青混合料拌和技术。温拌技术的核心是,采用物理或化学手段,增加沥青混合料的施工操作性,在完成混合料成型后,这些物理或化学添加剂不应对路面使用性能构成负面影响。温拌沥青混合料,其中最核心和最关键的是它的添加剂技术。

通过温拌沥青添加剂,使沥青混合料的拌和温度降低 30~60 ℃,弥补热拌技术的弱点并能提高工程质量、延长施工季节。温拌技术在国外应用比较广泛,我国近年来也有许多工程实例。

温拌添加剂(DAT)的主要成分是路用表面活性剂,分子结构由两部分组成:长碳链的亲油基团(尾部)和亲水的极性基团(头部)组成。头部亲水、尾部亲油的特性,决定了表面活性剂在介质中向界面位置富集的特性和特殊的介质溶解状态。在温拌沥青混合料拌和过程中,胶团周围的水分迅速蒸发,而亲油尾部接触沥青的机会大大增加,胶团发生反转。亲水头部朝内,尾部融入沥青中,将未蒸发的水分包裹在胶团内部。完成碾压后,表面活性剂将向石料与沥青界面位置转移,在沥青内部的残余显著减少。

1. 温拌技术的产生背景

热拌沥青混合料(HMA)在公路建设中以其众所周知的良好使用性能受到世界众多国家的青睐。迄今为止,HMA 是应用最为广泛、路用性能最为良好的一种沥青混合料。但随着社会经济和技术的发展,热拌沥青混合料也暴露出诸多缺陷,主要表现在以下几个方面:

①沥青老化导致混合料耐久性降低。高温度的拌和及施工条件加速了沥青老化,严重时施工完的沥青结合料已经相当于使用 5 年的老化状态,这严重降低了混合料的长期路用性能。

②施工期受外界影响因素大。由于热拌施工与周围空气的热对流非常剧烈,为防止温度下降导致碾压等施工性能下降,热拌对环境温度要求较高,如要求气温不低于 10 ℃等。这导致不少地区沥青路面可施工期较短,造成不少项目很大的机械、人员闲置,且拉长工期、拖延项目通车时间,严重影响项目的经济社会效益。

③热拌对人体健康危害较大。热拌沥青混合料的拌制和施工温度相当高,一般在 160~180 ℃。在如此高的温度下,混合料拌制过程乃至摊铺时"青烟"现象非常普遍。

这些"青烟"中的有害成分主要有一氧化碳、二氧化碳、二氧化硫以及氧化氮等。这些"青烟"除了污染大气环境外,对操作人员的呼吸系统也存在强烈的刺激,严重损害操作人员及附近居民健康,在隧道沥青路面、城市居民区等路段这一问题更为突出。

④能源消耗大,且热拌沥青混合料的生产成为道路工程中主要的能量消耗与环境污染。德国研究数据表明,每生产 1 t 热拌沥青混凝土需消耗 8 L 燃料油。如果拌和温度降低 30 ℃,可节约燃料油 2.4 L/t,按照目前的材料价格,这相当于每吨混合料沥青成本的 5% 左右;同时,可减少 30% 以上的 CO_2 等气体以及粉尘的排放量。由于目前环境污染和能源枯竭问题已得到全球的关注,为保护生存环境,世界各国都对温室气体、有害气体以及固体粉尘等排放进行严格限制,在这种大趋势下,热拌沥青混合料技术亟待革新。早在 20 世纪 90 年代,欧洲等地不少国家签署了《京都议定书》,这些国家承诺将大量地减少温室气体排放,热拌沥青行业也是其需减少排放的目标之一。在此期间,欧洲德、英等国家开展了温拌沥青混合料的研究,其目的是通过降低沥青混合料的拌和与摊铺温度,达到降低沥青混合料生产过程中的能耗与 CO_2 等气体及粉尘排放量的目的,同时保证温拌沥青混合料具有与热拌沥青混合料基本相同的路用性能和施工和易性。

2. 温拌沥青技术简介

温拌沥青混合料(Warm Mix Asphalt,WMA)是通过一定的技术措施,使沥青能在相对较低的温度下进行拌和及施工,同时保持其不低于 HMA 的使用性能的沥青混合料技术,也称为温拌沥青技术。其技术关键是在不损伤 HMA 路用性能的前提下降低沥青在较低温度下的拌和黏度。目前,国际主流温拌技术主要通过外加材料降低沥青混合料的高温黏度来实现。同时,先进的温拌沥青技术完全可以使温拌沥青混合料达到热拌沥青混合料的性能,但由于其较低的拌和及压实温度,使其与热拌沥青混合料相比还有许多优点。

①降低拌和成本。由于拌和温度下降 30 ~ 60 ℃,石料加热温度、沥青保温温度下降,燃油成本下降 20% ~ 50%。拌和和裹覆难度下降,拌和能耗和机械损耗也相应下降。

②降低了沥青混合料生产能耗,减轻老化,改善路用性能。温拌沥青混合料的拌和温度介于热沥青混合料和冷沥青混合料之间,拌和温度一般保持在 100 ~ 120 ℃,摊铺和压实路面的温度为 80 ~ 90 ℃,相对于热拌沥青混合料,温度降低了 30 ℃ 左右,相当于生产 1 t 混合料将节省 1 ~ 1.5 kg 燃油,即与热拌沥青混合料相比可节约 30% 的能源消耗。研究表明,当温度高于 100 ℃ 时,沥青温度每提高 10 ℃,其老化速率将提高 1 倍,而温拌沥青混合料工作温度的降低,显著降低了沥青混合料的老化现象,从而可以增加路面的使用寿命。

③减少有害气体以及粉尘的排放量,降低环境污染,改善工人工作环境。单位混合料成品的燃油消耗减少,本身就会显著降低拌和过程中的有害气体和温室气体的排放。由于拌和温度的下降,沥青混合料从拌和到现场压实的整个过程中产生沥青烟雾、粉尘污染均会明显减少。在摊铺过程中,基本可以实现无烟尘作业。工人劳动条件显著改

善,沥青路面对工人健康损害减轻;同时,混合料拌和沥青路面作业对道路沿线居民的生活影响也显著减少。用温拌沥青技术,路面在施工时可节省加热燃油20%～30%,可使二氧化碳排放减少46%,一氧化碳减少约2/3,二氧化硫减少40%,氧化氮类气体减少近60%,而摊铺时产生的有毒的"沥青烟",能减少达80%,这在很大程度上保护了环境和施工技术人员的身体健康。图5.17、图5.18为热拌沥青混合料和温拌沥青混合料操作环境对比图。

热拌沥青混合料(HMA)拌和出料

RH-WMA 热拌沥青混合料拌和出料

图 5.17　热拌沥青混合料(HMA)和温拌沥青混合料(RH-WMA)拌和出料效果对比

热拌沥青混合料(HMA)摊铺

温拌沥青混合料(RH-WMA)摊铺

图 5.18　热拌沥青混合料(HMA)和温拌沥青混合料(RH-WMA)摊铺现场效果比较

④延长施工季节,增加沥青路面施工的灵活性、便利性。由于料温与环境温度的差异缩小,温拌沥青混合料的储运过程中降温速率下降,允许存储时间和运输时间均显著延长。温拌沥青混合料卸车时料车底部因低温产生黏结和混合料黏料车现象也显著减少。

⑤设备无需改造即可进行生产。温拌沥青混合料可基本上全部利用现有的热拌沥青混合料设备,以满足热拌沥青混合料的标准要求进行生产,且成品混合料性能良好,几乎完全具备和热拌沥青混合料一样的施工和易性和路用性能。

⑥降温速率减缓,混合料的可压实时间显著延长,压实更有保障;同时,更易于边角和补救位置的手工操作;温拌混合料对路表和环境温度的要求相对低,路面施工季节和日施工时间延长,比热拌更适合夜间施工。

⑦延长沥青混合料拌和设备使用寿命,降低设备使用成本。由于生产温度的降低,

混合料生产过程中对钢铁制的生产设备的损耗也相应降低,可以延长设备使用期,降低成本;另外,温拌沥青混合料的生产备料或余料,均可灵活而有效地存储较长时间,增加了生产能力,降低了有关厂家的设备损耗;同样,沥青拌和厂家的产品使用范围也随之扩大。温拌沥青混合料一旦铺设完成,路面就可迅速投入使用,使工期提前。

⑧较快的开放交通。由于温拌混合料完成压实后,其温度已经处在较低水平,在碾压完成后可以较快地开放交通从而减少施工作业对交通的干扰。

3. BEST-WMA 温拌沥青技术

交通部公路科学研究院一直从事沥青路面结构和材料的设计、施工、性能测试评价的科研工作和标准制定工作,尤其对沥青及改性沥青路用性能评价、沥青混合料设计方法、沥青路面施工工艺与质量控制等的研究一直处于国内领先地位,相关成果为行业管理提供了主要技术依据,对引导行业技术进步和路面质量提升起到了关键作用。近年,通过加强相关专业学科的交叉研究,特别是高分子材料与石油化工领域新技术与改性沥青路用性能技术需求的融合,交通部公路科学研究院在改性沥青技术方面取得了系列成果,研制的系列改性材料及配套应用技术是这些成果的直接体现。在我国改性沥青应用已经规模化的新时期,这些高新技术和材料的产业化为我国道路改性沥青的蓬勃发展和技术突破提供了新的动力和源泉。

RH 温拌技术是基于交通部公路科学研究院开发的 RH 温拌沥青改性剂研发的成套技术,通过使用 RH 温拌沥青改性剂材料配制温拌沥青,使用常规的拌和技术在较低温度下拌和,生产温拌沥青混合料,通过降低沥青结合料的高温黏度使热拌沥青混合料的施工温度降低 30 ℃左右。目前,RH 温拌沥青改性剂及其应用技术已经申请国家发明专利(专利号 200910172146.3),通过了交通部的生产验证,并在北京市等有代表性的工程项目中得到成功应用。RH 温拌沥青技术具有国际前沿温拌技术的绝大多数优点与特性,在确保节能环保效果的前提下,不降低热拌沥青混合料各种路用性能。

4. RH 温拌沥青技术的适用场合

结合前面关于热拌沥青混合料缺陷与温拌沥青混合料优点与特性的分析,BEST 温拌沥青技术的适用场合为:

①对碳排放及有害气体排放限制严格、节能环保要求高的重点工程项目。
②隧道沥青路面等热拌烟尘对人体危害较大的沥青路面项目。
③居民区附近等烟尘对人体危害较大的沥青路面。
④低温季节以及寒冷地区等需要延长沥青路面施工季节的项目。
⑤减少沥青在施工过程中的老化以延长沥青混合料长期路用性能的项目。
⑥改性沥青高温黏度较大、超薄沥青罩面降温较快等导致压实困难的沥青路面。
⑦沥青路面集中厂拌再生等防止回收沥青再次严重老化的项目。
⑧应用橡胶沥青等温度过高、导致燃料过度增加及排放骤增的沥青路面。

5. RH 温拌沥青技术的应用工艺

(1)实验室使用方法

将沥青加热到流动态(普通沥青约为 130 ℃,改性沥青约为 150 ℃),按比例加入

RH-3,搅拌均匀即可使用。加入 RH-3 后的沥青混合料的拌和及相应的试件成型温度均降低 30 ℃左右(具体温度可根据基质沥青材料绘制黏温曲线进一步确定),其他不变。

(2)RH 温拌沥青的制作工艺

RH 温拌沥青采用"湿法"工艺进行改性,即将 RH 温拌改性剂先加入沥青灌中制成温拌改性沥青,形成均匀的稳定体系后随时备用。RH 温拌改性剂为粉末状颗粒,与沥青相容性好,投入沥青中经低速搅拌后即能够迅速熔融分散,制备工艺简单,操作方便。

(3)RH 温拌沥青混合料施工工艺

RH 温拌技术与普通热拌沥青混合料的施工工艺基本相同,其主要差别在于比相应的热拌混合料的沥青加热、集料加热、拌和、摊铺及碾压等各环节温度降低 30 ℃左右(具体可根据项目使用的基质沥青材料绘制黏温曲线),主要施工机械、工艺流程和路面成品质量控制无需改变。

5.4 乳化沥青碎石混合料

5.4.1 乳化沥青的基本介绍

1. 乳化沥青的组成材料

乳化沥青是将黏稠沥青加热至热熔状态,经机械的强力搅拌作用,使沥青以细微液滴(粒径 2~5 μm)状态分布在含有乳化剂的水溶液中,成为水包油状的沥青乳液。使用时将乳化沥青与各种集料、填料、外加剂等直接混合、搅拌、摊铺后,乳液破坏,水分蒸发,沥青膜均匀分布在集料所形成的结构中。

(1)沥青

沥青是乳化沥青的基本成分,在乳化沥青中占 55%~70%。沥青的选择,应根据乳化沥青在路面工程中的用途而定。一般来说,几乎各种标号的沥青都可以乳化,相同油源和工艺的沥青,针入度较大者易形成乳液。道路工程中用于配制乳化沥青的沥青针入度范围多在 100~200(0.1 mm)。沥青的原油基属、化学组成和结构对乳化沥青的制作和形成后的性质有重要的影响,含蜡量较高的沥青较难乳化,且乳化后储存稳定性欠佳。

(2)水

水是沥青分散的介质,其硬度和离子性质对乳化沥青的形成和稳定性有较大的影响,一般要求水不应太硬。水中存在钙、镁等离子时,对于生产阳离子乳化沥青有利,但不利于生产阴离子乳化沥青;而碳酸离子和碳酸氢离子对两种乳化沥青的作用刚好相反。水中的粒状物质通常带有负电荷,由于对阳离子乳化剂的吸附,对生产阳离子乳化沥青不利。因此,应根据乳化沥青的离子类型,选择符合水质要求的水源。

(3) 乳化剂

乳化剂在乳化沥青中所占的比例较低（一般为千分之几），但对乳化沥青的生产、贮存及施工起着关键性的作用。

(4) 稳定剂

为了改善沥青乳液的均匀性、减缓沥青微粒之间的凝聚速度、提高乳液的稳定性、增强与石料的黏附能力，常在乳液中加入一定的稳定剂。掺加稳定剂还可能降低乳化剂的使用剂量。稳定剂分为无机和有机两类。

① 无机稳定剂。

常用的稳定效果最明显的无机盐类物质为氯化铵、氯化钙和氯化镁等。如氯化钙可以降低季铵盐阳离子乳化剂的用量。对于胺型阳离子乳化剂，由于不能直接溶解于水，需要用盐酸将水的 pH 值调节至 2 左右，或用醋酸调节至 4 左右才能使用。但如果酸过量，则乳化性和稳定性将受到影响。

② 有机稳定剂。

常用的有聚乙烯醇，它与阳离子乳化剂复合使用对含蜡量高的沥青的乳化及储存稳定性起良好的作用。此外，还可采用甲基纤维素、聚丙烯酰胺、糊精、MP 废液等。

2. 沥青乳化剂的分类

乳化剂一般为表面活性物质，称为表面活性剂，有天然产物和人工合成制品，现主要采用人工合成的表面活性剂。

乳化剂按其能否在溶液中解离生成离子或离子胶束而分为离子型乳化剂和非离子型乳化剂两大类。离子型乳化剂按其解离后亲水端所带的电荷的不同而分为阴离子型、阳离子型和两性离子型乳化剂等三类。

(1) 阴离子型沥青乳化剂

阴离子乳化剂原料易得、生产工艺简单、价格低廉，早在 20 世纪 20 年代阴离子型沥青乳化剂就已开始广泛使用。目前，该类型乳化剂的使用量虽不及阳离子型乳化剂，但仍在使用。所生产的乳化沥青一般为中裂型，也有部分是慢裂型，可用于稀浆封层、贯入式、表面处治等。

(2) 阳离子型沥青乳化剂

阳离子乳化沥青比阴离子乳化沥青的发展要晚一些，但经过多年的实践，人们发现，阴离子沥青的微粒上带有负电荷，与湿润集料表面带有的负电荷相同，由于同性相斥的原因，使得沥青不能尽快地黏附到集料表面上，这样会影响路面的早期成型，延迟交通的开放。而阳离子乳化沥青则克服了以上的缺点，所以，近年来阳离子乳化沥青的发展要快得多，用量要大得多。由于我国乳化沥青的生产起步较晚，为赶超世界水平，交通部门一开始就是以阳离子乳化沥青起步的。其标志之一就是交通部于 1978 年组织力量进行阳离子乳化沥青及其路用性能的研究。

(3) 两性离子型沥青乳化剂

两性离子型沥青乳化剂的特点是：其带电性是随着溶液的 pH 值变化而变化的，但其对氨基酸类乳化剂来说，由于有等电子的存在而在某个 pH 值时表现出不带电的状态,而溶解度最低,应用此类乳化剂应该注意。由于两性离子的带电状态可随环境的变化而变化,所以这类乳化剂可以在阴离子、阳离子以及不同 pH 值环境下应用。这类乳化剂属于高档乳化剂,成本较高,这可能是影响其推广应用的主要因素。国内有单位用此类乳化剂进行乳化沥青的试验研究,但未见有大量应用的报道。

3. 乳化沥青的生产工艺

乳化沥青的生产流程可以分为以下四个过程:

(1)沥青的准备

沥青的准备过程主要是将沥青加热并保持在适宜的温度的过程。沥青准备过程中温度的控制十分重要,如果沥青温度过低,会造成沥青黏度大,流动困难,从而乳化困难;如果沥青温度过高,一方面会造成沥青老化,同时也会造成乳化沥青的出口温度过高,影响乳化剂的稳定性和乳化沥青质量。普通沥青在进入乳化设备时的温度一般在 130 ℃左右。

(2)皂液的制备

根据所需乳化沥青的不同和实际乳化效果,选择适宜的乳化剂种类和剂量以及添加剂种类和剂量,配制乳化剂水溶液(皂液)。乳化剂使用时,将其溶解于水中配制成乳化剂皂液,确定其溶解是必要的,因为只有溶解于水中的乳化剂才真正起作用。调节皂液温度和酸碱度能改变乳化剂溶解的难易程度,并影响乳化剂的活性。有的皂液需要调节 pH 值,有些常温固态的乳化剂需要在热水中搅拌较长时间使其溶解。乳化剂的用量和皂液 pH 值调节应参考乳化剂生产厂家提供的数据,在实际生产中合理掌握。乳化剂用量不足将造成乳化不完全和稳定性差,pH 值不合适会出现同样的情况。对于一般的半连续式或间歇式生产设备,需要按照配方要求人工配制皂液。乳化剂皂液在进入乳化设备前的温度一般控制在 55～75 ℃。

(3)沥青的乳化

将合理配比的沥青和皂液一起放入乳化机,经过增压、剪切、研磨等机械作用,使沥青形成均匀、细小的颗粒,稳定均匀地分散在皂液中,形成水包油型的沥青乳状液。合适的乳化沥青出口温度应在 85 ℃左右。

(4)乳化沥青的贮存

乳化沥青从乳化机中出来,直接进入储罐或经换热器冷却后进入储罐,冷却的目的在于利用余热,热的乳化沥青黏度比冷的乳化沥青小,更有利于喷洒使用。大型的储罐中应配置搅拌装置,定期进行搅拌,以减缓乳化沥青的离析。

4. 乳化沥青的优点和经济性

(1)节能

与稀释沥青混合料相比:稀释沥青中的煤油或汽油含量可以达到 50%,而乳化沥青中则只含 0～2%。并且轻制油往往不能完全挥发,那么沥青就太软了,在交通荷载作用下,道路表面就可能泛油或变形。

现将乳液和具有同样固体的轻制油进行比较,结果如下:

轻制油(轻制沥青):加工 1 L 摊铺用的轻制沥青大约需要能量 700 kJ,再加上切削器等增加的能量,即 40 000 kJ/L,生产这样 1 L 60% 的轻制沥青乳液总能量为 16 700 kJ/L。

乳化沥青:生产 1 L 乳化沥青需要能量 576 kJ,生产 1 L 乳化沥青的所需要能量为 584 kJ,这样生产 1 L 乳化沥青的总能量为 1 160 kJ。

与热拌沥青混合料相比:热拌沥青需要将沥青和集料加热至 180 ℃,消耗大量热能,还会造成沥青挥发浪费;乳化沥青仅需将沥青制备成沥青乳液,能耗较低,不会挥发浪费;避免了沥青加热过程中的显著老化。

(2) 多用途性

乳化沥青有许多种应用方法,应用时要选择合适方法,它们应用范围广泛。同样乳液既能够做大面积的封层撒布,也能够用来进行小范围的坑槽修补工作。因为它们能够长期储存在储罐中,在偏远地区应用时,利用滚筒洒布非常容易。

(3) 使用方便

乳液设专业化撒布,需要专业化设备,如撒布机。然而,小面积的乳液应用可直接采用手工浇灌和手工撒布,如小面积的坑槽修补工作、裂缝填缝料等,小数量的冷拌混合料只需要基本设备就行。例如,一只带挡板的洒水壶和一个铁锹就能够进行小面积的封层和裂缝修补,采用灌入式坑槽修补方法填充路面坑洞等应用简单易行。

5.4.2 乳化沥青碎石混合料

常温沥青混合料,这类混合料的结合料可以采用液体沥青或乳化沥青。采用乳化沥青为结合料,可拌制乳化沥青混凝土混合料或乳化沥青碎石混合料。我国目前经常采用的常温沥青混合料,主要是乳化沥青碎石混合料。

常温沥青碎石混合料的组成和类型,要求与热拌沥青碎石混合料相同;结合料采用乳化沥青,其类型和规格应符合标准要求。常温沥青碎石混合料的类型由其结构层位决定。

常温沥青碎石混合料的组成(包括矿料级配组成)、乳化沥青碎石混合料的矿料级配组成与热拌沥青碎石混合料相同。沥青用量、乳化沥青碎石混合料的乳液用量参照热拌沥青碎石混合料的用量折算,实际的沥青用量通常可比同规格热拌沥青碎石混合料的沥青用量减少 15% ~ 20%。确定沥青用量时,应根据当地实践经验以及交通量、气候、石料情况、沥青标号、施工机械等条件综合考虑确定。

对于高速公路、一级公路、城市快速路、主干路等,常温沥青碎石混合料只适用于沥青路面的连接层或整平层。

5.4.3 乳化沥青碎石混合料路面的技术要求

1. 一般规定

①乳化沥青碎石混合料适用于三级及三级以下公路的沥青面层、二级公路的罩面层施工以及各级公路沥青路面的连接层或整平层。

②采用乳化沥青的类型及规格应符合国家规范要求。

③乳化沥青碎石混合料路面的沥青面层宜采用双层式：下层采用粗粒式沥青碎石混合料 AM-25、AM-30（或 AM-40），上层采用细粒式或中粒式沥青碎石混合料 AM-10、AM-13（AM-16、AM-25）。单层式只宜在少雨干燥地区或半刚性基层上使用。在多雨潮湿地区必须做上封层或下封层。

2. 施工准备

乳化沥青碎石混合料路面的施工准备应符合国家施工规范相应要求。

3. 乳化沥青碎石混合料的配合比设计

①乳化沥青碎石混合料可采用国家规范中的矿料级配，并根据已有道路的成功经验经试拌确定配合比。

②乳化沥青碎石混合料的乳液用量应根据当地实践经验以及交通量、沥青标号、施工机械等条件确定，也可按热拌沥青碎石混合料的沥青用量折算，实际的沥青用量宜较同规格热拌沥青混合料的沥青用量减少 15%~20%。

4. 乳化沥青碎石混合料的路面施工

①乳化沥青碎石混合料宜采用拌和厂机械拌和。在与乳液拌和前需用水湿润集料，使集料总含水量达到 5%。

②采用阳离子乳化沥青时，天气炎热宜多加，低温潮湿可少加。当集料湿润后仍不能与乳液拌和均匀时，应改用破乳速度更慢的乳液，或用 1%~3% 浓度的氯化钙水溶液代替水预先润湿集料表面。

③混合料的拌和时间应保证乳液与集料拌和均匀。适宜的拌和时间应根据施工现场使用的集料级配情况、乳液裂解速度、拌和机械性能、施工时的气候等具体条件通过试拌确定，机械拌和不宜超过 30 s（自矿料中加进乳液的时间算起）；人工拌和不宜超过 60 s。混合料的拌和、运输和摊铺应在乳液破乳前结束。

④混合料应具有充分的施工和易性，已拌好的混合料应立即运至现场进行摊铺。拌和与摊铺过程中已破乳的混合料，应予以废弃。

⑤袋装的乳化沥青应密封良好，存放期不得超过乳液的破乳时间，乳化沥青混合料拌和时应加入适量的稳定剂。

⑥拌制的混合料宜用沥青摊铺机摊铺。当用人工摊铺时，应防止混合料离析。乳化沥青碎石混合料的松铺系数可根据国家规范的规定通过试验确定。

⑦乳化沥青碎石混合料的碾压，可按热拌沥青混合料的规定进行，并应符合下列要求。

a. 混合料摊铺后，应采用 6 t 左右的轻型压路机初压，宜碾压 1~2 遍，使混合料初步稳定，再用轮胎压路机或轻型钢筒式压路机碾压 1~2 遍。初压时应匀速进退，不得在碾压路段上紧急制动或快速启动。

b. 当碾压时有粘轮现象时，可在碾轮上少量洒水。

c. 当乳化沥青开始破乳，混合料由褐色转变成黑色时，用 12~15 t 轮胎压路机或 10~12 t 钢筒式压路机复压。复压 2~3 遍后，立即停止，等晾晒一段时间，水分蒸发后，再补充复压至密实为止。当压实过程中有推移现象时应立即停止碾压，等稳定后再碾压。如果当天不能完成压实,应在较高气温状态补充碾压。

d. 碾压时发现局部混合料有松散或开裂时,应立即挖除并换补新料,整平后继续碾压密实。修补处应保证路面平整。

⑧乳化沥青碎石混合料路面的上封层应在压实成型、路面水分蒸发后方可加铺。

⑨压实成型后的路面应做好早期养护,并封闭交通 2~6 h,开放交通初期,应设专人指挥,车速不得超过 20 km/h,并不得刹车或调头。在未稳定成型的路段上,严禁兽力车和铁轮车通过。当路面有损坏时,应及时修补。施工过程中遇雨应停止摊铺。

⑩阳离子乳化沥青碎石混合料可在下层潮湿的情况下施工,施工过程中遇雨应停止铺筑,以防雨水将乳液冲走。

⑪乳化沥青碎石混合料施工的所有工序,包括路面成型及铺筑上封层等,均必须在冰冻前完成。

5.5 稀浆封层混合料与微表处

沥青稀浆封层混合料(简称沥青稀浆混合料)是由结合料、集料、填料、外加剂和水等拌制而成的一种具有流动性的沥青混合料。

5.5.1 沥青稀浆封层和微表处混合料简介

1. 沥青稀浆封层混合料的组成

①结合料:乳化沥青,常用阳离子慢凝乳液。

②集料:级配石屑(或砂)组成的矿料,最大粒径为 10.5 mm(或 3 mm)。

③填料:为提高集料的密实度,需掺加水泥、石灰、粉煤灰、石粉等填料。

④水:为润湿矿料,掺加适量的水使稀浆混合料具有要求的流动度。

⑤外加剂:为调节稀浆混合料的和易性和凝结时间需添加各种助剂,如氯化钙、氯化铵、氯化钠、硫酸铝等。

2. 沥青稀浆封层混合料配合比设计

目前多采用试验的方法确定沥青稀浆封层混合料的配合比,主要试验内容包括稠度试验、初凝时间试验、稳定时间、湿轮迹试验和负荷车轮试验等。通过以上试验,确定用水量、沥青用量、集料和填料用量即可计算出配合比。

(1)稠度试验

为满足施工和易性的要求,通过流动度试验,决定稀浆封层混合料的用水量。

(2)初凝时间试验

为适应施工的要求,对稀浆封层混合料的初凝时间需进行控制。初凝时间可采用斑点法测定,如不能满足施工要求,应用助剂调节。

(3)稳定时间实验

稳定时间即固化时间,表示封层已完成养护,可开放交通。固化时间可用锥体贯入度法或黏结力法测定。在配合比设计时,固化时间也可采用助剂调节。

(4) 湿轮磨耗试验(WTAT)

湿轮磨耗试验是确定沥青最低用量和检验混合料固化后耐磨性的重要试验。该试验是：用稀浆封层混合料制成试件，用模拟汽车轮胎磨耗，按标准试验法，要求磨耗损失不宜大于 800 g/m²。沥青用量增多则磨耗值减小。当沥青用量符合上述要求时，即为沥青稀浆封层混合料最低沥青用量。

(5) 轮荷压砂试验

轮荷压砂试验是确定容许最高的沥青用量。方法是在稀浆封层混合料试件上，以负荷 625 kg 的车轮在试件上碾压 1 000 次，测定其黏附砂的质量。因为沥青用量越高，黏附的砂量越大。根据不同交通量，规定砂的最大容许黏附量，就可确定稀浆封层混合料的容许最高沥青用量。轮荷压砂试验的砂吸收量不宜大于 600 g/m²。

通过以上试验，确定了用水量、沥青用量、集料和填料用量即可计算出配合比。

3. 沥青稀浆封层和微表处的性能特点

沥青稀浆封层和微表处技术是目前国际上广泛应用的一种公路养护技术。沥青稀浆封层混合料，简称沥青稀浆混合料，是用适当级配的石屑或砂、填料(水泥、石灰、粉煤灰、石粉等)与乳化沥青(常用阳离子慢凝乳液)、外掺剂和水，按一定比例拌和而成的流动状态的沥青混合料(糊状稀浆)，将其均匀地摊铺在路面上，经破乳、析水、蒸发、固化，形成沥青封层，其外观类似沥青砂或细粒式沥青混凝土，厚度一般为 3 ~ 10 mm，对路面能够起到改变和恢复表面功能的作用。另外，为提高集料的密实度，需掺加石灰或粉煤灰和石粉等填料；为调节稀浆混合料的和易性和凝结时间需添加各种助剂，如氯化铵、氯化钠、硫酸铝等。

沥青稀浆封层混合料可以用于旧路面的养护维修，也可作为路面加铺抗滑层、磨耗层。作为沥青路面预防性养护，在路面尚未出现严重病害之前，同时也为了避免沥青性质明显硬化，在路面上用沥青稀浆进行封层，不但有利于填充和治愈路面的裂缝，还可以提高路面的密实性以及抗水、防滑、抗磨耗的能力，从而提高路面的服务能力，延长路面的使用寿命。由于这种混合料施工方便，投资费用少，对路况有明显改观，所以得到广泛应用。

在水泥混凝土路面上加铺稀浆封层，可以弥合表面细小的裂缝，防止混凝土表面剥落，改善车辆的行驶条件。

用稀浆封层技术处理砂石路面，可以起到防尘和改善道路状况的作用，这对我国占有很大比例的砂石路面具有重要意义。

因此，稀浆封层可以用于各级公路，甚至在城市道路、机场道面、桥面铺装以及码头、球场等工程中应用。稀浆封层在国内外广泛应用，国际上还设有国际稀浆封层协会(ISSA)，组织交流各国的经验。

而微表处为用适当级配的石屑或砂、填料(水泥、石灰、粉煤灰、石粉等)采用聚合物改性乳化沥青、外掺剂和水，按一定比例拌和而成的流动状态的沥青混合料，将其均匀地摊铺在路面上形成的沥青封层。

微表处与沥青稀浆封层相比，其最大特点是采用聚合物改性乳化沥青、优选集料、可以用来修复车辙、快速开放交通(一般1~2 h 内即可开放交通),微表处比稀浆封层养护效果更好。微表处尽管具有修复车辙的功能,但仅局限于车辙深度不太大且下面各结构层比较稳定的情况,对路面产生的严重车辙无能为力,而且其表面构造深度较小,表面功能的耐久性不太强。为了克服微表处以上缺陷,近年来国内外逐渐形成了一种新的"宏表处"技术,它可以用于高等级公路沥青路面的车辙修复和表面功能的恢复,效果比微表处更好,但这种技术还未能得到广泛推广应用。这些技术措施一般可以应用在旧沥青路面的维修养护、新铺沥青路面中作为封层、在砂石路面上铺作磨耗层、在水泥混凝土路面和桥面的维修养护,可以起到防水、防滑、耐磨作用或填充后作为车辙修复手段,应用非常广泛。目前我国规范 JTG F40—2004 规定,微表处主要用于高速公路及一级公路的预防性养护或填补轻度车辙,也适用于新建公路的抗滑磨耗层;稀浆封层一般用于二级及二级以下公路的预防性养护,也适用于新建公路的下封层。其中单层微表处一般适用于旧路面车辙深度不大于 15 mm 的情况,超过 15 mm 的必须分两层铺筑,或先用 V 形车辙摊铺箱摊铺。对于深度大于 40 mm 时不适宜微表处处理,有资料认为可以采用"宏表处"进行修复,但其耐久性和适用性还有待进一步认证。

5.5.2 稀浆封层的优点和应用

1. 优点

稀浆封层产生于 20 世纪 30 年代的德国,它最初是将细砂、矿料、黏土组成的混合料与水及直馏沥青充分拌和后摊铺于普通公路路面上。20 世纪 80 年代后期引入我国的稀浆封层是由一定级配的骨料、乳化剂、沥青、水和添加剂按一定配合比拌和成的稀浆混合料,及时、均匀地摊铺在路面上的薄层。发展到现在的改性稀浆封层,在制备乳化沥青时加入聚合物弹性体和添加剂,制成改性的慢裂快凝乳化沥青,在常温状态下,按设计的原材料配合比拌和后,摊铺于路面上,可以满足交通量大、重载负荷的交通行车要求。

稀浆封层与改性稀浆封层由于采用乳化沥青和改性乳化沥青代替热沥青和改性沥青,因此在常温状态下,不需加热(包括粗、细骨料不需烘干与加热)就可进行拌和摊铺。同时还具有以下优点:

(1)节约能源

在沥青混凝土路面的施工中,沥青一般要加热到 165~170 ℃,混合料中的集料必须烘干加热到 100 ℃,因此,沥青混凝土路面中每使用 1 t 沥青需要 1 t 的燃煤。而稀浆封层只有在生产乳化沥青时将沥青加热至 130 ℃,以后无论倒运几次或贮存多久都不需重复加温或持续加温,拌制混合料用的粗细骨料,即使是在潮湿状态下,也可以拌制,不需烘干,更不需加热。生产 1 t 乳化沥青只需 0.1 t 燃煤,比热沥青可以节省 90% 的热能,并且大量减少污染气体,减少可吸入粉尘颗粒物,减少大气温室效应。

(2)改善施工条件

采用稀浆封层与改性稀浆封层施工技术,大大改善了施工条件,从装料、配比、拌和、摊铺,自始至终在常温条件下操作。改性乳化沥青与砂石料都不需加热,没有繁重的体力劳动,完全由机械自动操作,减轻劳动强度,显著降低有害物质的排放量。从乳化沥青厂与热沥青厂周围监测结果表明,乳化沥青厂有害气体比热沥青厂降低14~136倍,完全符合国际环境保护要求标准(表5.7)。

表5.7 热沥青厂与乳化沥青厂周围环境监测比较

监测地点 检测内容	热沥青厂	乳化沥青厂	结果比较 (降低倍数)
苯并(a)芘	1.49×10^{-4}	23.0×10^{-6}	14
酚	3.14	0.023	136
总烃	22.27	2.5	9
苯	未检出	未检出	—
二甲苯	未检出	未检出	—

修路工人们经常在常温条件下工作,没有有害气体与粉尘的污染,不仅可以延长道路的寿命,也能延长工人们的寿命。

(3)延长施工季节

在我国湿热的南方地区,雨季漫长,也是路面病害的多发季节。阴雨连绵的气候,经常湿润的砂石料无法与热沥青拌和,经常湿润的路面不可能用热沥青混合料修补,待漫长的雨季(4~6月)过后,由于在行车不断地冲击下,雨水不断向基层浸渗,路面的病害程度将扩大到8~10倍,修补量增大,而且严重降低公路的运营效益。在我国北方寒冷地区,一般7~9月是修路的黄金季节,气温冷暖适宜,但这期间又是北方的雨季,9月中旬以后,气温常常骤然下降,难以进行热拌沥青混合料施工,适宜于热拌沥青修路时间很短。在这些不利季节的气候条件下,采用改性稀浆封层与改性乳化沥青拌制的冷拌混合料,可以对路面的病害及时做早期的修补,制止病害的蔓延与扩大,一年内使修路时间可以延长2~4个月,使路面经常保持良好的服务状态。

(4)综合效益好

由于改性乳化沥青黏度比热沥青低,工作度好,便于拌和与喷洒,能够均匀地裹覆在骨料表面,保持骨料间足够的自由沥青,同时又不出现壅包与泛油现象;还由于生产改性乳化沥青时,沥青加热温度低,加热时间短,较热沥青热老化损失小。因此用改性稀浆封层的路面,低温季节很少出现开裂,高温季节没有推移和波浪。初铺的封层外表不如热沥青路面颜色深,但随着行车碾压,路面越来越好,沥青的用量可以节省10%~20%;无论酸性骨料与碱性骨料都可以使用,从而扩大骨料来源,便于就地取材,显著降低工程造价。

2.应用

稀浆封层混合料具有较好的流动性、渗透性、黏附性,有利于填充和治愈路面裂缝;有利于旧路面的结合;有利于气候的变化(低温不裂与高温不软);能提高路面的密实性与防水性;采用坚质耐磨骨料,可以提高路面的防滑与耐磨。因而稀浆封层可用于地方道路和城市道路;可用于高等级公路和高速公路;它适用于预防性养护,但是当路面出现病害,如坑槽、车辙、泛油等,应事先修补,然后再做改性稀浆封层,可以取得同样的理想效果。

优质稀浆封层特有的快速、节能等基本特点,使其用途十分广泛。用于沥青路面可以封阻地表水,减少水患,可以改善路面摩擦力,治理一般网裂;用于道路下封层可以防水,增加半刚性基层与底面层间的抗剪强度;用于桥面养护尤其水泥混凝土桥面不但可以治愈麻面还能最大限度地减少附加应力。如果对稀浆封层加以改良,如 SBR 改性稀浆封层(微表处)、加纤维稀浆封层、高弹降噪稀浆封层或以铝矾土等矿料制成的抗磨耗稀浆封层以及彩色稀浆封层等,其内在质量提高,用途更广泛。

水泥混凝土路面常常出现裂纹,细小的裂纹很难修补,它对路面的耐久性很不利。采用改性稀浆封层可以达到治愈效果,防止表面水泥混凝土的剥落,提高路面的平整度,减少由于伸缩缝而引起行车的颠簸,还可防止汽车轮胎行驶在水泥混凝土路面上产生的噪声。

在桥面上采用稀浆封层养护,由于封层的厚度薄,可以显著减轻桥面自重,特别是对于严格限制桥身上部自重的,如吊桥、斜拉桥、悬索桥等,更适宜于采用改性稀浆封层保护桥面,并能提高桥面的平整度、粗糙度与防水性。

我国公路里程中,还有不少的公路是砂石路面,急需解决防尘问题,可用改性稀浆封层在坚实平整的基层上做防尘措施,必要时可以做双封层,可以防止旱季行车尘土飞扬。沥青路面两侧路肩,可以采用改性稀浆封层拓宽路面,减少中间路面上车辆拥挤,有利于快慢车辆分道行驶。

隧道中的路面,采用改性稀浆封层养护,缩短封闭交通时间,封层的厚度薄,不会影响隧道中的净空高度。

改性稀浆封层可用于道路表面层,如高速公路、快速路和主干道的抗滑表层、车辙处理,作为桥面防水层减少渗水并减轻自重,以及做成各种彩色路面显示出各种标志等。

稀浆封层目前主要是一个用于道路大规模机械化养护的冷拌细粒式沥青混凝土薄层施工技术:厚度一般为 3~10 mm,它不具备道路补强作用,假如我们对一条弯沉值严重超标的道路实施稀浆封层,结果一定是徒劳无益的。由于泛油形成的路面光滑也不适合用稀浆封层进行养护,在这样的路面上已经形成了"软油层",而稀浆封层的含油量比较大,一般为 10% 左右,原路面上的多余自由沥青会很快反映到新层面上来。稀浆封层也不能用于治理由半刚性基层所引起的路面反射裂缝。因为在这些裂缝处应变量较大,而稀浆封层对应力的吸收作用有一定限度。

5.5.3 稀浆封层的结构类型

根据稀浆混合料中集料的最大粒径和级配分成不同的类型。我国《沥青路面施工及验收规范》(GB50092—1996)参照国际稀浆协会的经验并结合我国的实践,将沥青稀浆封层混合料按其用途和适应性分为三种类型,其矿料级配组成和沥青用量以及封层厚度见表 5.8。

表5.8 乳化沥青稀浆封层的矿料级配

	筛孔/mm		级配类型		
	方孔筛	圆孔筛	ES-1	ES-2	ES-3
通过筛孔的质量百分率/%	9.5	10		100	100
	4.75	5	100	90~100	70~90
	2.36	2.5	90~100	65~90	45~70
	1.18	1.2	65~90	45~70	25~50
	0.6	0.63	40~60	30~50	19~34
	0.3	0.32	25~42	15~30	12~25
	0.15	0.16	15~30	10~21	7~18
	0.075	0.08	10~20	5~15	5~15
沥青用量(油石比)/%			10~16	7.5~13.5	6.5~12
稀浆混合料用量/(kg·m^{-2})			3~5.5	5.5~8	>8
稀浆封层厚度/mm			2~3	3~5	5~6

其中 ES-1 型为细粒式封层混合料(细封层),沥青用量较高(大于 8%),由于集料的粒径很细,具有较好渗透性,同时由于沥青用量较多,又使稀浆具有较高的附着性,有利于治愈裂缝,适用于大裂缝的封缝或中轻交通的一般道路薄层罩面处理,还可以用作碎石基层的透层和保护层,也适合于外观要求较高的停车场、机场道面以及住宅区道路的封面。ES-2 型称为一般封层或中粒式封层混合料,是最常用级配,可形成中等粗糙度,既有足够多的细料和乳液,可渗透缝隙中封闭裂缝,又含有较大的颗粒,能够增加路面的抗滑性和耐磨性。它适用于交通量较大的公路和城市道路,并且可以用作热拌粗粒式底层上的面层;用于一般道路路面的磨耗层,也适用于旧高等级路面的修复罩面。ES-3 型为粗粒式封面混合料(粗封层),其表面粗糙,适用作抗滑层,适用于高速公路、一级公路和城市快速路、主干道的表层抗滑处理,铺筑高粗糙度的磨耗层。也可做二次抗滑处理,可用于高等级路面。

西班牙是应用稀浆封层较多的国家之一。如巴塞罗纳 1964 年铺筑稀浆封层 3 000 m²,到 1988 年就扩大应用至 60 万 m²,现在已有 1/3 的沥青路面采用稀浆封层。西班牙的稀浆封层分为 AL-1 型、AL-2 型、AL-3 型、AL-4 型以及 AL-5 型五个类型,其级配组成见表 5.9。

表 5.9 西班牙稀浆封层集料级配

筛孔尺寸/mm	通过筛孔的质量百分率/%				
	AL-1	AL-2	AL-3	AL-4	AL-5
12.5	100	—	—	—	—
10	85~100	100	100	—	—
5	60~85	70~90	85~100	100	100
2.5	40~60	45~70	65~90	95~100	95~100
1.25	25~45	25~50	45~70	65~90	85~98
0.63	19~34	19~34	30~50	40~60	55~90
0.32	12~25	12~25	15~30	25~42	35~55
0.16	7~18	7~18	10~20	15~30	20~35
0.08	5~8	5~15	5~15	10~20	15~25
封层厚度/mm	2	3	4	5	9
稀浆平均用量/(kg·m^{-2})	2~4	2~6	7~12	10~15	15~25
油石比/%	12~20	10~16	7.5~13.5	6.5~12	5.5~7.5
用水量/%	15~40	10~30	10~20	10~20	10~20

日本根据自己的实践经验,总结出稀浆封层集料级配(表 5.10),并且认为如果超出标准范围,稀浆封层将出现病害。

表 5.10 日本稀浆封层级配范围

筛孔尺寸/mm	5.0	2.5	0.6	0.3	0.15	0.074
通过率/%	100	80~100	30~60	20~40	10~30	50~20

选择何种类型的稀浆封层,要详细了解原路面的性质、交通量,当地的气候自然条件,砂石料供应的规格和价格以及施工能力等,经过技术经济比较后确定。

5.5.4 微表处技术的应用与研究

随着沥青路面使用年限的增加,沥青路面不断老化,病害增加,使用功能不断降低。适时对沥青路面实施微表处,实践证明是一项较好的预防性养护技术。研究和总结微表处施工技术及质量控制,对改善沥青路面使用性能、延长其使用寿命、节约投资,具有十分重要的意义。

1. 微表处的适用范围

微表处作为预防性养护的有效方法之一,主要应用在改善路面的抗滑性能、降低路面渗水、进行车辙修复等方面。因微表处厚度仅 1 cm 左右,实施微表处技术不能增加路面抵抗变形的能力。因此,必须确定一个微表处的合理适用范围,不能任何病害路段都用微表处进行处理。拟实施微表处的路段应满足以下条件:

①原路面结构强度必须满足要求。为保证微表处实施效果,要求拟进行微表处的路段道路结构强度必须满足要求,否则应首先进行补强处理。应在分析病害成因的基础上选沥青层挖补、基层翻修甚至路基土的换填等方式进行处理,然后再进行微表处罩面。以杭甬高速公路部分拓宽路段为例,在实施微表处前对拟实施路段根据路面病

害情况进行钻芯取样分析,发现部分路段的基层、底基层局部松散严重,强度不足,路基含水量偏高。据此,对出现严重病害路段进行局部铣刨并加铺沥青面层,然后再在病害处理后的路面上实施微表处。

②原路面存在的裂缝、坑槽、龟裂、网裂等病害必须事先进行修补、灌缝处理。试验证明,原路面上宽度大于 5 mm 的未处理裂缝、坑槽、龟裂、网裂、严重车辙、壅包、波浪等沥青路面病害,在通车 1~2 个月便会反射到表面上。以杭甬高速公路为例,2002 年在左幅 K65~K67 进行稀浆封层试验,原路面上宽度大于 5 mm 的裂缝未完全进行处理。在通车 2 个月左右便反射到路面上,影响了微表处的使用寿命和路容路貌。后经调查对出现严重病害的路段全部做铣刨罩面处理。

③当桥面为沥青混凝土铺装时,若在路面湿度较大情况下实施微表处工程,因微表处具有封水效果,会将沥青面层的水分封住,在车辆荷载作用下,会加速桥面混凝土的破损。2003 年宁波段实施微表处的 K102 桥面,雨后出洞数及破损面积均较未实施的桥面多。

2. 微表处的原材料选用

微表处混合料是由合理配比的乳化沥青、改性剂、集料、水和填料等组成的,材料质量的好坏直接关系到混合料的性能。微表处混合料中,集料质量占到了混合料总质量的 90% 以上,而改性剂则是微表处区别于普通稀浆封层最重要的特征之一。因此,集料和改性剂质量的好坏直接影响混合料性能。

(1)集料的选择

微表处成败与否的关键是集料。由于其功能是制造一个封闭、粗糙的表面,石料的耐磨耗性特别重要。故微表处所用集料,特别是粗骨料部分应该使用耐磨耗的硬质石料,这与中国对高速公路沥青面层用粗集料应采用耐磨耗的要求相同。

规范要求集料的砂当量不低于 65%,高于对普通稀浆封层用集料砂当量不低于 45% 的要求,也高于规范中高速公路沥青面层用细集料砂当量不小于 60% 的要求。对不同砂当量值的集料进行湿轮磨耗试验,结果表明:砂当量越低,混合料的湿轮磨耗值就越大,耐磨耗能力也就越差;砂当量低的集料还可能使改性剂无法发挥改性效果。因此微表处用集料砂当量不宜低于 65%。

(2)胶乳改性剂的选择

微表处混合料大多选用胶乳改性剂,其中最常用的是 SBR 胶乳。胶乳改性剂的加入,一方面改善了沥青本身的高温稳定性和低温延伸性,同时又可以提高沥青与石料之间的裹覆性能,改善混合料的耐磨耗能力。研究表明,国外知名厂家生产的沥青改性专用 SBR 胶乳(用量 3%)可以使乳化沥青蒸发残留物的针入度降低 20%~30%,软化点增高 5~7 ℃,5 ℃延度增至 80 cm 以上,混合料的湿轮磨耗值减少 20% 以上。对乳化沥青和微表处混合料均表现出好的改性效果。

3. 微表处混合料的设计

(1)矿料级配

①微表处级配宜粗不宜细。随着微表处使用期的延长,最初外观表现较好、级配较

细的微表处,出现抗滑功能不足的问题,而最初表观粗糙的微表处,不仅外观效果变得美观,而且保持了良好的抗滑性能。因此,微表处用于交通量大、重载车多的高速公路时,不宜采用Ⅱ型级配,而应采用Ⅲ型级配。交通量特别大的,级配曲线宜在Ⅲ型级配范围中值与下限之间。

②谨慎使用间断级配。间断级配存在施工和易性的问题,但间断级配曲线将加重矿料在运输、装载过程中出现粗料与细料离析的现象,影响摊铺的均匀性。

此外,间断级配会显著影响混合料的使用效果,这种级配往往会造成微表处表观不均匀、大料容易飞散。

(2)油石比的确定

在混合料设计时,应根据实际情况选择合理的油石比:

①原路面情况。如果原路面有泛油,特别是对于采用以前高标号沥青的,微表处材料层可以采用较小的油石比;如果原路面贫油或者原路面沥青老化较严重时,可以考虑采用稍大的油石比;原路面表面层空隙率大或渗水严重的,宜采用稍大的油石比。

②交通量的大小。交通量大,微表处应采用较小的油石比;交通量较小,微表处可以采用相对较大的油石比。

③高温季节微表处施工,油石比宜小不宜大。

④在允许的油石比范围内,微表处混合料的油石比宜小不宜大。

4. 微表处的施工质量控制

(1)稠度

稀浆混合料在进入摊铺箱后应保持良好的和易性。混合料过于黏稠,易造成破乳过早,并影响摊铺层的平整度,还会在刮平器作用下留下刮痕。如果过稀则混合料会离析,影响路面的摩擦系数,并导致泛油、黏结力下降、摊铺层的厚薄不均。在混合料的配合比设计中,用水量已被确认,因现场集料的含水量、温度、湿度、路面的吸水情况等条件都会有所偏差,故在施工中应根据实际情况作相应调整,以保证混合料合适的黏稠度。

摊铺过程中微表处混合料的稠度是保证摊铺质量的关键指标,必须及时进行检测。

(2)破乳时间

破乳过早常常是造成施工质量问题的重要原因,稀浆混合料应该在搅拌和摊铺过程中保持必要的稳定性。过早的破乳造成沥青结团、厚薄不均、刮痕等现象,而且对封层与路面的黏结非常不利,破乳时间过长会影响成型时间。解决办法是通过调节水量或适当加入一些化学添加剂来实现对破乳时间的控制。

(3)预湿水

天气过于干燥炎热时,对原路面进行预洒水,有利于稀浆对原路面的牢固黏结。一些新式的稀浆封层机都带有预洒水系统,摊铺时打开即可。对于无洒水系统的摊铺机或人工摊铺,可采取其他方式洒水,但应避免洒水过多,量的控制以路面无积水为宜,洒水后可立即摊铺。

(4)接缝

纵缝与摊铺方向平行是影响封层总体外观的重要方面,因此纵缝的处理非常关键。在先铺筑的接缝处进行预湿水处理有助于2辆车稀浆混合料的连接,而用橡胶刮耙处理接缝处的突出部分非常有效,再用扫帚进行扫平,使纵向接缝变得平顺,总体外观更佳。在高速公路上,应尽量减少纵缝的搭接宽度。并尽可能将重叠的位置安排在标线的位置,将一车道分成2幅或3幅摊铺的情况应当避免。横向接缝过多过密会影响外观和平整度,因此要尽可能减少横缝的数量,提高接缝的施工水平。良好的横向接缝对于防止水分下渗和形成悦目的外观极为重要。首先在起点处,当摊铺箱的全宽度上都布有稀浆时,就可以低速缓慢前移,这样就可以减少箱内积料过多而产生的过厚起拱现象。施工时可在起点的摊铺箱下铺垫一块油毡,当摊铺机前进后,将油毛毡连同上面的混合料一起拿走,这样可以保证一个非常平整的起点和良好的外观。当摊铺机所携的任何一种材料已经用完时,操作手应力求摊铺箱内混合料分布均匀。一般情况下,摊铺终点的稀浆混合料会不均匀,应往回铲除1~2 m的长度;下一车的摊铺应从上一车的终点倒回30~50 cm的距离,铺好油毛毡再开始摊铺;当进行最后一车时,其终点的处理应采取人工整平,并做出一条直线。

(5)加水量

某一种石料和乳化沥青,当外加水量为某一范围时,可以成为稳定的稀浆。机械作业时的外加水量,可以采取允许范围的中值。若加水量过少,拌和时的和易性及均匀性都受影响,甚至拌不出稀浆。有的施工单位片面地认为加水量增大有利于拌和摊铺,而对稀浆质量无多大影响,这是不正确的。

(6)超径颗粒及细料凝块

石料中难免会有超径的颗粒,这些颗粒有可能会卡住搅拌轴,引起机械故障。更有可能卡在橡胶刮板下面,形成纵向划痕。矿料受潮时会产生细料凝块,特别是对于砂当量较低的矿料,这种凝块也容易造成纵向划痕有时也可能在摊铺箱下压碎,给封层表面留下一条松散的浅色痕迹,通车后这条痕迹很容易跑散而形成一条凹槽。为避免这种现象,应在矿料装入矿料箱前将矿料过筛。

(7)摊铺箱

摊铺箱的功能是把混合的稀浆以一致的形式分布在路面上。用哪种形式的摊铺箱常取决于封层的类型和摊铺速度。摊铺箱的清洁非常重要,每天工作结束后必须清洁摊铺箱。在每车摊完的间隙内,也应该清洁摊铺箱和后面的橡胶刮板。如果在橡胶板的边缘堆积过多凝固的颗粒,会在摊铺时形成划痕。摊铺箱不应有漏浆现象,其侧面应安装橡胶板以使侧面保持整洁。摊铺箱的橡胶(或钢板)厚度应一致,这样在摊铺的封层表面就不会留下纵向不均匀的划痕式凸起的条纹,橡胶刮板的宽度、厚度和硬度应满足理想摊铺效果的需要。

摊铺箱的拖动应保持平稳无振动,机器的速度应一致,不能忽快忽慢。速度过快会造成摊铺箱振动或跳动,并在稀浆上留下横向的波纹。在使用拖布(常用短的粗麻布)的情况下,过快的速度会造成表面的划痕和不均匀。合适的摊铺速度取决于摊铺的效果。摊铺速度也受道路等级、石料级配、稀浆稠度和原路面的影响。

(8) 刮板与拖布

合适的橡胶刮板可以保证封层所需要的厚度。如果刮板材料太厚太硬,就会使混合料分离并挡住大颗粒,使其不能摊铺出去,形成划痕;如果刮板太软太薄,就会造成多层稀浆通过刮板。不同的橡胶和合成材料适合做成不同硬度的刮板,有的微表处在摊铺时甚至需要钢刮板。拖布常用来使封层表面形成理想的纹理。拖布可以使用粗麻布、帆布、毛毯等,只需能使稀浆表面形成一致的纹理即可。拖布的长度、重量、纹理和厚度必须随着集料的级配和稀浆系统进行调理,当拖布被磨损或沾满沥青变硬时就必须更换。

(9) 摊铺速度

微表处一个突出的优点是在摊铺过程中自动填充需要修补的路面,因此正确的摊铺速度对项目成功起着非常重要的作用。过快会引起波纹、推移和离析。摊铺的速度应根据路面的状况进行调整。在铺较薄的封层时,摊铺速度对封层的影响更加显著。摊铺速度主要取决于两大因素,一是集料的级配,二是原路面的表面纹理。

(10) 摊铺厚度

微表处摊铺厚度的控制也是微表处施工中的一个重要环节,不合理的厚度会减少微表处的寿命。在级配范围中的曲线如果靠近粗的一侧,即集料中大颗粒的比例较大时,就必须铺得厚一点,否则大骨料就不能嵌入封层中,并容易被刮板带起形成划痕。反之,级配靠近较细的一侧,即集料中细料比例较大时,就需要铺得薄一点。微表处的设计厚度为稀浆中最大颗粒的粒径,如果强行将封层铺厚或铺薄,将造成封层稳定性差,易出现松散、泛油和车辙等病害。现有路面的粗糙程度直接影响稀浆的摊铺厚度,表面的孔隙越多,需要填充的材料就越多。原有的沥青混合料中集料的尺寸、集料中细料的多少、原路面摊铺时的压实度、混合料的类型以及上一次封层的粗糙度等都会影响摊铺厚度。遇到松散严重的沥青面层时,可铺两层微表处以形成低空隙的紧密表层。在摊铺时,集料中最大粒径的骨料应埋入摊铺层内75%以上。摊铺太薄形成划痕,同时摊铺箱会刮走粗料,只剩下细料和乳液形成光面。

(11) 人工摊铺

有些路段不适合机械摊铺,必须通过人工摊铺来完成,这些地段的摊铺可以用胶滚来完成。人工摊铺的原则是越少越好,人工摊铺的稀浆越多,发生的离析也越多。当胶滚使混合料来回移动时,大骨料被带到了表面,造成表面没有细料,并使混合料脱水从而造成松散。人工摊铺时,首先应该湿润原沥青路面,确保微表处的整体性。混合料中的水会减少路面的张力,有利于人工操作,因此可适当增加人工摊铺时的用水量。

在操作过程中,凝固的稀浆必须清除。

(12) 降雨

在尚未达到通车的黏聚力之前,突然发生降雨冲刷封层表面时,应在雨停后立即上路检查,如果有局部轻度损坏时,可等路面干硬后进行人工修补;如普遍有损坏时,应在路面强度较低的情况下,将全部雨前摊铺的封层铲除,重新摊铺。

(13) 其他应注意的问题

应尽量避免雨天施工,施工及养生期间的气温应高于 13 ℃,路面过湿或有积水不可施工。

在中国微表处还是一项新技术,现行的施工技术标准和规范尚未完善,公路养护工作者应以科学、严谨、务实的态度来认识和应用该技术,并在施工中认真实践、摸索,逐渐总结出一套适用于高速公路养护的施工技术方法。

5.6 废旧橡胶沥青混合料

5.6.1 废旧橡胶粉改性沥青材料及其性能

废旧橡胶粉改性沥青路面目前已成为世界各国研究和应用的重点之一。废旧橡胶主要来源于废轮胎、废胶鞋、废胶管以及胶带等橡胶制品,其次来源于橡胶生产过程中产生的边角料及废品,属于工业固体废料。橡胶是高聚物,分解需长达数百年的时间,危害生态环境。随着社会经济的发展,废旧橡胶产生量日益增加。以汽车轮胎为例,汽车轮胎全世界每年的报废量在 10 亿条以上。随着我国汽车工业的飞速发展和人民生活水平的提高,汽车拥有量迅速增加,我国也将面临大量废旧轮胎的处理问题,给社会带来巨大的环境压力。对废旧橡胶轮胎的处理,人们曾尝试用掩埋或焚烧的方法,但这样会对环境造成污染;同时废旧橡胶也是一种含能材料,无论焚烧、掩埋或弃置都是一种资源浪费。因此,对废旧橡胶制品的处理,最可取的方法就是再生利用。将废橡胶粉应用于道路建设是大量处理废旧橡胶制品的较佳选择,是各国解决废旧橡胶污染的有效途径之一。

1. 研究现状

国际上,废旧轮胎橡胶粉在公路行业,特别是沥青和沥青混凝土中的研究、应用已有较长的历史。20 世纪 40 年代,美国橡胶回收公司首先采用干法生产工艺生产 Ramflex TM 橡胶粉沥青混合料。20 世纪 60 年代,胶粉改性沥青开始用于公路建设中,并在美国进行了铺路试验。20 世纪 70 年代后期至 20 世纪末,美国、瑞典、加拿大、比利时、法国、南非、奥地利、日本、澳大利亚和印度等国都对橡胶改性沥青进行了广泛的应用研究和铺路试验,并通过立法和技术推广,极大地促进了废旧轮胎在道路工程中的利用。

1991 年,美国国会通过了陆上综合运输经济法案(又称冰茶法),要求从 1994 年起,凡使用联邦经费购买热拌沥青混合料的,都必须将 5% 的经费用于废橡胶沥青混合料,以后每年递增 5%,直至 1997 年达 20%。在这 6 年间,公路行业共消耗废旧轮胎橡胶粉 8×10^6 t,相当于大约 4 亿条废旧轮胎。美国至今已有 11 000 km 的高等级公路采用了橡胶粉改性沥青。

在南非,废旧轮胎橡胶粉在公路行业中的应用也十分成功。据了解,目前南非 60% 以上的道路沥青使用橡胶沥青,而且根据他们的经验,认为对于超重轴载的使用环境,橡胶粉沥青混凝土尤为有利。

相比于国外,国内的研究起步并不晚,早在20世纪70年代末80年代初,就开始了废旧轮胎橡胶粉在公路行业中的应用研究,几乎与美国在路面工程中使用橡胶粉处于同一时期。但由于各种原因,早期的重复研究多突破少。2001年春,交通部公路科学研究所首次在钢桥面铺装中采用了相当于沥青用量30%的橡胶粉。同年由交通部设立并由交通部公路科学研究所主持的交通部西部科研项目废旧橡胶粉用于筑路的技术研究,对橡胶沥青及橡胶粉沥青混合料的路用性能及力学特性开展了全面、系统的试验研究,并在广东、山东、河北、四川、贵州等地修筑总长近30 km的试验路和实体工程,为我国在道路工程中大规模推广应用橡胶粉技术奠定了基础。

目前,国际上橡胶粉在公路上的应用领域主要有橡胶沥青、橡胶(粉)沥青混凝土、橡胶粉改性乳化沥青、橡胶粉在基层中的使用、橡胶粉排水性材料,其中还是以沥青材料为主。经过近半个世纪的应用,废旧橡胶粉在公路工程沥青材料中的应用大致经过了五个发展阶段:应力吸收层;应力中间吸收层;开级配沥青混凝土;连续级配沥青混凝土;断级配沥青混凝土。现在倾向于采用断级配沥青混凝土。

2. 废橡胶粉及其改性沥青生产方法

废橡胶粉有三种生产方法:

①室温粉碎法(AS),即在常温下,利用辊筒或其他设备的剪切作用对废旧橡胶进行粉碎的一种方法。室温粉碎过程产生的粒子具有粗糙的孔表面,大概可描绘为海绵状。

②低温磨制法,即废橡胶经低温催化后而采用机械进行粉碎的一种方法。这种方法制得的粒径比室温粉碎法更小,产生的微粒表面像玻璃一样清洁,且微粒的表面积比室温粉碎法材料的表面积小。

③湿法或溶液法,即先将废橡胶粗碎,然后用化学药品或水对粗胶粉进行预处理,再将预处理的胶粉投入圆盘胶体磨,粉碎成超细胶粉。这种胶粒表面为凹凸形,呈毛刺状态,在同样体积下表面积大,有利于与其他材料结合。

每种方法都有其各自的特点。在胶粉工业化生产中,室温粉碎法占主导地位。用废旧橡胶粉改性沥青的方法分为干法和湿法。干法是将沥青混合料总量的2%~3%的胶粉直接喷入正在搅拌的热沥青拌和锅中,搅拌20 min左右,即为胶粉改性沥青混合料;将废胶粉经活化制成活化胶粉,掺入沥青中,使其与沥青结合更为紧密,效果更好。湿法是将胶粉、活化胶粉或脱硫胶粉按配方剂量投入160~180 ℃的热沥青中,边搅拌边加入,搅拌30 min后,再用胶体磨或高速剪切机加工,制成改性沥青。胶粉用量、搅拌时间、沥青温度随着基质沥青和胶粉性质不同而有很大区别。改性沥青的性能与胶粉的粒径关系密切,粒径越小,分散越均匀,改性沥青的性能越好,且不易离析,有利于泵送。橡胶粉与沥青混溶过程中,可加入适量的活化剂,如多烷基苯酚二硫化物等。影响橡胶粉改性沥青改性效果的因素主要有橡胶粉来源、基质沥青性质、剪切温度、剪切速率、剪切时间、橡胶粉的浓度和橡胶粉的形态等,但对不同的沥青和不同来源的橡胶粉,各个因素的影响程度可能不同。这些因素相互交织在一起,相互促进又相互制约。

3. 废旧橡胶粉改性沥青的原理及其技术性能

废旧橡胶粉改性沥青的基本原理:天然橡胶、合成橡胶都是高分子聚合物,具有较强的弹性和韧性,其分子结构一般为线型、支链型或交链型。通常要把原生胶进行硫化处理,即在原生胶中加入硫磺和其他促进剂,使橡胶分子产生大量交联,形成三维空间网状结构,这样橡胶的强度、韧性、弹性及耐磨性能都能得到显著增强。由于橡胶粉和沥青的化学成分不同,且都具有较强的惰性,因此它们相互接触一般不产生直接的化学反应。橡胶粉与沥青拌和主要是溶胀反应。废旧橡胶粉加入沥青后,在高温及机械力的作用下,沥青中轻质油分子进入橡胶分子内,加上煤焦油软化作用,使橡胶颗粒逐渐软化,网状结构逐渐被撑开,部分交联点及分子链发生断裂。上述过程称为橡胶颗粒的溶胀。在拌和过程中,热氧化也能引起橡胶分子链断裂。由于废橡胶颗粒在沥青中发生了溶胀,部分恢复生胶的黏附性和可塑性,并由原来的紧密结构变为相对疏松的絮状结构。制备后的橡胶溶胀颗粒能均匀地悬浮分散在沥青中,使沥青由单相体系转变为双相体系,沥青界面性质发生变化,因此沥青的性能也发生了显著改变。

胶粉改性沥青具有以下优点:

①针入度减小,软化点提高,黏度增大。这说明沥青高温稳定性提高,对夏季行车的路面车辙、壅包现象有所改善。

②温度敏感性降低。对于普通沥青,温度较低时变脆使路面发生应力开裂;温度较高时路面变软,受承载车辆作用而变形。而用胶粉改性后,沥青的感温性得到改善,抗流动性提高,橡胶沥青的黏度系数大于基质沥青,说明改性后的沥青有较高的抗流动变形能力。

③低温性能得到改善。胶粉可提高沥青的低温延度,增加沥青的柔韧性。

④黏附性增强。由于石料表面黏附的橡胶沥青膜厚度增加,可提高沥青路面抗水侵害能力,延长路用寿命。

⑤增加车辆轮胎与路面的抓着性,提高行驶安全。

⑥降低噪声污染。

在橡胶粉改性沥青混合料中,由于橡胶粉对沥青的改性作用,其颗粒在沥青混合料中又是天然存在的,因此,赋予了橡胶粉沥青混合料良好的抗高温性能、抗老化性能和弹性性能,并使橡胶粉改性沥青混合料的受力特性也发生了变化。例如,橡胶粉沥青混凝土在承受动载时的动态响应增加,改善了其在承受动态荷载时的受力状态。多年的研究结果和工程实践表明,橡胶粉改性沥青混凝土在降低路面噪声、延缓反射裂缝、减薄沥青路面厚度、抵抗重交通和不良气候方面都具有明显优势。

目前,以改性沥青提高沥青路面的路用性能其研究和应用非常广泛,而沥青改性工艺的复杂程度,往往是生产单位能否接受和推广的决定因素。废旧橡胶粉用于沥青改性工艺十分简单,只需将一定数量的胶粉加入沥青罐中并在180 ℃连续搅拌1~2 h即可直接使用,故易于推广。另外,由于废旧橡胶料来源极其丰富,与其他化工产品相比,价格低廉,若按每吨沥青外掺10%~20%的剂量计算,则橡胶沥青每吨也仅约增加100~200元,因此也易于接受。

另外，利用废旧橡胶粉改性沥青可变废为宝，减少环境污染，因此具有很大的经济效益、环境效益和社会效益。

5.6.2 废胶粉沥青混合料的试验研究

1. 概况

据统计，2006年我国废旧轮胎达到1.5亿条，并以每年12%的速度递增，大量废旧轮胎所产生的黑色污染及其处理问题逐步凸显。废橡胶是国际上公认的影响环境而必须处理的固体废弃物。为了科学合理地利用废橡胶，国内外研究工作者进行了广泛地开发应用研究。将废橡胶制成废胶粉加入沥青中，可改善沥青的针入度指数、弹性、低温延度、抗变形能力等性能，使沥青的温度敏感性、高温稳定性、低温抗开裂性及抗疲劳性增强。实际上我国的此类施工规程大部分借鉴了他们的经验。京津高速公路东延工程路线全长6.66 km，路面铺装下面层采用8 km的Sup-25，中层采用6 cm厚的ARC-13，层间采用乳化沥青作为黏结层。国内采用双层橡胶沥青混凝土铺装工程实例鲜有报道，改建装结构体系中，中面层ARC-20利用橡胶沥青的特性，可从一定程度上吸收部分来自基层反射的裂缝应力，提高整体路面结构的抗疲劳开裂能力。相比普通沥青混凝土路面，橡胶沥青具有较大的弹性，双层橡胶沥青混凝土路面施工的关键就是合理的级配选择和路面施工碾压工艺控制，以确保路面达到设计要求的压实度和抗渗系数，延长路面的使用寿命。

2. 试验过程与研究方法

（1）材料选择

目前，国内批量生产的废胶粉主要有胎面胶粉、鞋底胶粉和杂品胶粉三大类。在选择其品种时，一是要看废胶粉中橡胶的含量大小，含量越高越好；二是要看废胶粉的种类，废胶粉颗粒越细，越能增强其与沥青和易性；三是要看废胶粉的性质，脱硫活化废胶粉与沥青结合得比较紧密，改性效果要大大好于未脱硫活化废胶粉。通过调研，我们确定使用30目活化三元乙丙胶废胶粉作为沥青的添加剂，其原因有以下几点：

第一，该废胶粉含三元乙丙胶40%，粒度适中，适合用作沥青改性添加剂。

第二，该废胶粉是用汽车橡胶件的边角料经粉碎、活化后加工而成，与沥青掺混后具有较好的技术性能指标。

第三，该废胶粉在当地橡胶制品厂可批量生产，质量稳定，价格合理，运输费用低，符合就地取材原则。

（2）试验方案

根据大多实际工程来看，废胶粉掺量越多，废胶粉沥青混合材料的黏度必增大，沥青泵送比较困难，所以从经济、技术的角度出发，废胶粉的用量不宜超过沥青总量的20%，一般为沥青的6%～15%，当废胶粉沥青用于应力吸收膜时，废胶粉的剂量以15%～20%为宜，据此，我们进行了基质沥青，基质沥青内掺5%、10%、15%剂量的废胶粉沥青的室内试验。根据现行的沥青试验方法进行试验，针入度试验，采用15 ℃、25 ℃、30 ℃三个测量温度，用对数回归方法求出沥青的针入度指数、当量软化点、当量脆点,以评价沥青的感温性能;延度试验采用15 ℃、5 ℃两个测量温度,以评价沥青的低温抗裂性能。还用 AC-13I 型级配拌制了不同废胶粉掺量的沥青混合料,并和同一沥青用量的基质沥青混合料进行了马歇尔试验进行对比。

进行了针入度试验、延度试验、软化点试验,结果见表5.11。

表 5.11 废胶粉沥青试验结果

实验项目		基质沥青	废胶粉沥青		
			5%	10%	15%
针入度 (0.1 mm)	15 ℃	42.0	40.3	33.4	32.5
	25 ℃	86.2	82.0	75.4	75.2
	30 ℃	153	148.0	136.0	135.0
软化点/℃		45.5	47.6	52.0	54.0
延度 /cm	5 ℃	43	112.0	111.2	120.6
	15 ℃	>150	132.0	144.0	135.0
PI(log Pen)		−0.78	−0.70	−0.10	−0.32
$T_{1.2}$/ ℃		−16.5	−16.7	−20.4	−18.9
T_{800}/ ℃		46.1	46.1	49.1	48.3

(3)试验数据分析

从以上试验结果可以看出,和基质沥青相比,废胶粉沥青具有如下特点:

第一,加入废胶粉后,随着掺量的增加,沥青的针入度逐渐下降,加10%与15%废胶粉时下降较多;沥青的软化点随着废胶粉掺量的增加而增加,说明其高温稳定性有所提高;废胶粉沥青的常温延度有所下降,而低温5 ℃延度却提高了2倍以上,说明其低温抗裂性有所改善。实验结果如图5.19~5.24所示。

第二,随着废胶粉掺量的增加,沥青的当量脆点均有所降低,加入10%橡胶粉时,降低幅度为3.9 ℃;当量软化点也有所提高,加10%橡胶粉时提高幅度为7 ℃。这两项技术指标表明,普通沥青掺入废胶粉后,其高温稳定性与低温抗裂性有较大提高。

第三,加入废胶粉后,沥青的针入指数 PI 值均有所提高,尤以加10%废胶粉最大,达到−0.10,这说明废胶粉沥青材料的感温性能得到很大改善。

马歇尔试验结果见表5.12。

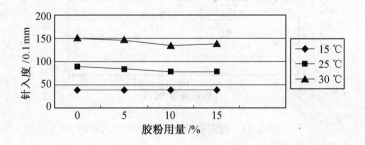

图 5.19 针入度随胶粉用量变化示意图

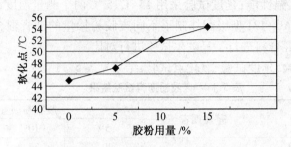

图 5.20 软化点随胶粉用量变化示意图

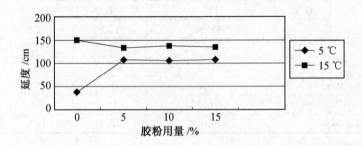

图 5.21 延度随胶粉用量变化示意图

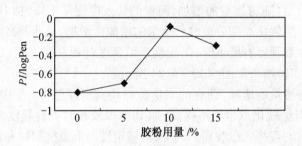

图 5.22 针入度指数随胶粉用量变化示意图

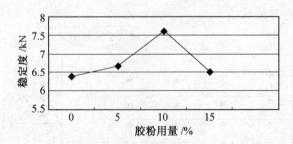

图 5.23 稳定度随胶粉用量变化示意图

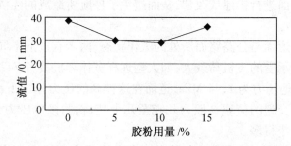

图 5.24　流值随胶粉用量变化示意图

表 5.12　废胶粉沥青混合料马歇尔试验结果

试验指标	基质沥青混合料	废胶粉沥青混合料马歇尔试验结果		
		5%	10%	15%
沥青用量/%	5.5	6.11	6.11	6.11
稳定度/kN	6.40	6.65	7.6	6.52
流值/0.1 mm	38	31	29	35

从废胶粉沥青混合料马歇尔试验结果看,和基质沥青混合料相比,加 10% 废胶粉时,马歇尔稳定度最大,达到 7.6 kN,流值最低,达到 29(0.1 mm)。老化后 25 ℃ 针入度比达到 76.3%,15 ℃、5 ℃ 延度也大于基质沥青,说明其抗老化性能比较强。

由于废胶粉料源成分复杂,应通过试验建立相应的技术标准,有固定的进货渠道,批量采购,使用前必须通过相应试验验证,以确保其工程质量。

5.7　机场道路沥青混合料

5.7.1　机场沥青道面混合料及其工作特点

机场跑道修建沥青道面,欧美国家早在 20 世纪 40 年代就已经开始。以后随着优质沥青的生产,从 20 世纪 60 年代到 70 年代,许多国家竞相修建沥青道面。根据国际民航组织的资料,在 147 个成员国共计 1 038 个机场的 1 718 条跑道中,沥青跑道占 62.6%,水泥跑道占 25.2%,其他类型的跑道占 12.2%,可见机场道面主要是沥青道面。亚洲一些国家,如日本、泰国、巴基斯坦等国家的军用机场大部分也都是沥青跑道。然而,我国过去几乎都是水泥跑道,据统计,水泥跑道占 87%,沥青跑道仅占 6%,其他跑道为 7%。20 世纪 90 年代以来,这种局面有了很大的改观,为适应民航交通事业的发展,相继在上海虹桥机场、桂林机场、南京机场、厦门机场以及北京首都机场等机场,在原水泥跑道上加铺了沥青道面。国家技术委员会在《中国科学技术政策指南》中就航空运输提出技术政策:改进机场道面结构,提高跑道等级,跑道道面应因地制宜,刚柔结合,向柔性道面过渡。

沥青道面的最大优点是修建方便,尤其是对于许多老机场来说,由于能够利用航班结束后的夜间对道面进行扩建或改建,从而避免了停航所造成的经济损失,显示了沥青道面的优越性。

分析比较机场道面与公路路面所处的工作状态,两者有以下不同:

①机场道面所承受的飞机荷载大,如大型远程宽体客机波音747-400,其起飞全重达386.8 t,轮胎接地压力为1.44 MPa,道面在这样高的压力作用下将产生很大的应力和应变。公路汽车交通的荷载一般为几吨至几十吨,轮胎接地压力为0.5~0.7 MPa,与飞机荷载相比要小得多。

②飞机轮迹在道面上横向分布很分散。各种飞机由于机型大小不同,起落架结构不同,轮子的数量、组合方式和间距都有很大差别,同时飞机是在宽度为五六十米的跑道上滑行,轮迹横向分布宽度可达36 m。各种汽车轮距相差不大,在划有分隔线的车行道上行驶易形成渠化交通。

③机场道面飞机交通量不大。国内多数机场日起降几十架次,航空运输繁忙的机场也不过二三百架次;而公路汽车交通量却可达几千辆,重交通道路日交通量甚至达一二万辆。

④飞机在道面上滑行的速度很高,时速可达二三百 km/h,故对道路的不平整和表面积水十分敏感。道面摩阻系数不足,雨天飞机降落会使滑行距离过长,甚至冲出跑道,造成飞行事故。公路上汽车行驶的速度与飞机相比则低得多。

显而易见,机场道面呈现为有限的大荷载重复作用疲劳特征,而公路路面则是小荷载下大量重复作用的疲劳特征。因此,机场沥青道面混合料设计,既有与公路沥青路面相同的地方,又有机场比较特殊的一些要求。目前,我国民用航空机场沥青道面设计规范正在制订之中,但总体来说,由于修建沥青跑道的历史比较短,在混合料设计方面还有许多问题有待研究和探讨。

综观世界机场沥青道面,面层有采用传统密级配沥青混凝土的,也有采用排水式沥青混合料的,还有采用沥青玛琋脂碎石道面的,但目前多数机场道面都是采用传统的密级配沥青混凝土。

5.7.2 改性沥青在机场道面的应用分析

沥青在机场道面的应用是随着航空事业的发展而发展的。第一次世界大战前,一些发达国家曾用沥青修建了表面处治式或沥青贯入式及双层沥青表面处治式机场道面。到了20世纪40年代,喷气式飞机研制成功并大量投入使用,这种飞机发动机喷出的高温高速气流,扩散到道面上的温度可达150 ℃,速度可达60 m/s,为了满足新型飞机的特殊需要,出现了采用沥青混合料修建的高级道面,很快许多国家的机场跑道纷纷采用沥青混合料修建,我国也用沥青混合料修建了多个机场。由于沥青道面没有接缝,维修方便简捷,因此受到人们的欢迎。

随着航空事业的发展,军用和民用飞机的总质量和轮胎压力不断提高,因此飞机对机场道面提出了更高的要求,不仅要求道面有足够的承载力(即满足强度要求),而且要求道面具有良好的使用品质(即道面平整性好),同时还要求有一定的粗糙度以保证飞机滑行平稳舒适,易于刹车制动,道面潮湿或雨天不产生飘滑现象,保证飞机安全。人们发现普通沥青混凝土耐久性差,使用一段时间后,容易产生松散、裂缝和老化等问题,已不能适应飞机的这些新要求。为了适应飞机发展的需要,许多国家对沥青进行研究,采取对沥青改性的方法提高其性能,改善使用品质。通过长期不懈的努力,已研制出多种性能优良的改性沥青并在机场工程中应用,表现出了明显的效果。因此,越来越多的机场采用改性沥青混凝土修建飞机跑道。

20世纪80年代初,我国在西北地区的多个军用和民用机场采用橡胶粉改性沥青修建飞机跑道,由于对改性沥青的研究处于探索阶段,有成功的经验,也有失败的教训。20世纪90年代后,我国对改性剂、改性沥青及其加工设备、改性沥青混合料的性能指标等方面进行了大量的研究工作,并开始引进改性沥青技术。特别是奥地利的NOVOPHALT技术在桂林机场道面应用之后,我国曾先后采用改性沥青对多个军用及民用机场进行改造,如首都机场道面东西跑道、广州白云国际机场、沈阳军区空军某机场、兰州军区空军某机场等都采用改性沥青混凝土对飞机跑道进行改造。目前,我国改性沥青的基础理论研究、加工生产设备及其技术的研究已经取得了可喜的成绩,改性沥青在机场道面的应用越来越被人们重视。

1. 机场对改性沥青道面的技术要求分析

(1)影响改性沥青道面使用寿命的因素分析

修建一条改性沥青跑道,要评价其综合效果,在确定投资的条件下,应该关心的是使用品质和寿命。由于机场是供飞机起飞、着陆、滑跑以及进行飞行前准备和维护保养的场地,因此机场在使用过程中,承受荷载作用,使改性沥青道面结构破坏;另外还有自然因素的作用,也使改性沥青道面耐久性降低,过早发生损坏。因此,影响改性沥青道面使用品质、寿命的因素可以从飞机和自然条件这两个方面进行分析。

①飞机作用产生的影响。

不同的飞机对道面的作用不同,不同的使用过程产生的作用力不同,因而对道面的影响也不同。民用机场和军用机场比较,大部分情况下,荷载相对较大,因而民用机场飞机荷载对道面的影响作用大,概括起来飞机对道面的作用因素有:

a. 飞机起飞、着陆、滑行和停放时产生的荷载。

b. 飞机粗暴着陆(冲击)以及发动机工作时滑行(在跑道不平整处)和停放时产生的动荷载。

c. 喷气式和滑轮螺旋桨式发动机的喷气和空气气流,发动机工作时产生的荷载及对改性沥青的作用。

②自然环境产生的影响。

一个繁忙的机场,假如每天有1 000个架次的飞机起降,每一个架次飞机通过跑道某一给定的地点,平均作用时间不到0.02 s,这就是说机场道面在一天内受飞机荷载作用的时间不到20 s,说明飞机对机场道面的实际作用时间很短。而飞机跑道修建在地表层,时刻都直接承受自然因素的影响,特别是军用机场,荷载相对较小,使用频率低,荷载对道面作用不是第一主要因素,因此自然条件对道面的作用是首先要考虑的因素。

全国各地自然气候条件差异很大,其影响程度不尽相同,但概括起来主要表现在以下几个方面:

a. 温度变化产生的稳定的周期(似稳定)荷载,使改性沥青面层夏天动弹性模量降低,抗车辙性变差,而冬天动弹性模量增大,抗裂性能下降。

b. 道面下层基础(如半刚性基层)温度的变化(两种材料温度系数不同)引起的温度应力,还有温度、湿度引起的冻胀力。

c. 阳光、紫外线和空气的作用引起改性沥青的老化。

d. 雨、雪、雾等的作用(即湿度问题)引起改性沥青的水损害。

(2)改性沥青道面的技术要求

改性沥青道面主要供飞机起飞、着陆、滑跑用,它除了直接承受飞机轮胎作用,还受大气环境的作用。而沥青材料的物理和力学性质受气候因素和时间因素的影响很大,这是沥青道面使用性能的一个重要特点。根据这一特点,通过对沥青道面使用影响因素的分析可知,为了保证飞机使用的安全性和舒适性,最大可能地发挥其投资的经济效益,改性沥青道面必须满足以下技术要求。

①高温稳定性。

沥青道面的强度和刚度随着温度的升高而显著下降,在炎热的夏季,机场沥青道面表面温度可达 60 ℃以上,为了保证沥青道面在高温季节受轮胎荷载的反复作用,不致产生诸如波浪、推移、车辙、泛油、黏轮等病害,要求改性沥青具有良好的高温稳定性,使所铺筑的沥青混凝土道面具有足够的强度和刚度。

②低温抗裂性。

沥青混凝土在温度降低时,将产生体积收缩,如果收缩变形受阻,沥青混凝土内部将产生拉应力,当拉应力超过沥青混凝土的极限抗拉强度时,沥青道面将发生开裂。对于在水泥混凝土道面上采用改性沥青层盖被,低温抗裂性尤为重要;否则,改性沥青道面将产生反射裂缝。因此,要求改性沥青跑道具有较低的劲度和较高的抗变形能力。

③耐久性。

沥青道面在自然环境中将受到温度、阳光、空气、水等因素的作用,随着时间的延长,沥青混凝土将失去黏性,逐渐变脆,由于轮胎荷载及其他因素的作用而发生脆裂,乃至沥青与矿料脱离,使道面发生松散损坏。而机场跑道表面不得有任何松散浮动物(如小石子),以免吸入飞机发动机打坏机件而造成事故,这就要求沥青道面表面整体性好。同时飞机发动机的高温气流对沥青道面也有一定的影响,因此,要求改性沥青不但具有良好的抗老化性能,而且还应具有较强的黏结性能(即与石料具有良好的黏附性)。

④表面抗滑性。

现代条件下无论是军用飞机,还是民用飞机,都要求机场道面能满足各种气象条件下的起飞和着陆,这就要求机轮与道面间有足够的摩阻力。改性沥青道面表面要有合适的粗糙度即有一定的抗滑性,这是防止飞机制动时打滑和方向失控的主要保证措施,在潮湿道面上的起飞或着陆滑跑抗滑性显得尤其重要。

⑤表面平整度。

道面表面的平整度决定飞机滑跑的稳定性和舒适性。当道面不平整,飞机滑跑通过时,将产生冲击和震动,随着平整度的变化和恶化,不仅影响乘客的舒适性、货场的完好性,而且还会影响飞行员操纵飞机和判读仪表,以及引起机件的震动与磨损,危及飞行安全。因此,平整度是机场道面表面要求的重要指标。只有满足机场对改性沥青道面的上述要求,才能保证飞机的安全性和舒适性,才能使道面保持良好的使用状态,延长使用寿命,创造社会(军事)效益。

2. 改性剂的类型与选择

(1)改性剂的类型

从国内外的试验研究、产品开发、实际工程应用情况来看,改性沥青的品种很多,但是由于价格、性能、资源和生产工艺等多种原因,真正能实现工业化生产,大规模用于机场的改性剂并不多。目前主要集中在高分子聚合物上,采用的方法是应用一种或几种改性剂对基质沥青进行单一改性或复合改性,加工成设计要求的改性沥青。根据改性材料的性质,机场道面可以选用以下几种改性剂:

①热塑性橡胶类材料,主要有苯乙烯-丁二烯-苯乙烯共聚物(SBS),苯乙烯-异戊二烯-苯乙烯共聚物(SIS)。

②橡胶类材料,主要有丁苯橡胶(SBR)、废旧轮胎磨细加工的橡胶粉等。

③热塑性树脂类材料,主要有低密度聚乙烯(LDPE)和乙烯-醋酸乙烯共聚物(EVA)。

(2)改性剂的选择

在具体工程中,改性剂种类和型号的选择、改性剂的添加量、对何种基质沥青进行改性以及需要达到何种技术要求等问题。需要经过一系列地调查分析和试验研究,并通过技术经济分析来确定。改性剂品种的好坏,可用与不可用,应当根据机场所处的地区气候条件、飞机类型与机场等级和投资情况、改性沥青设备条件、机场的设计要求等条件综合考虑。

①根据机场道面使用要求选择改性剂。

不同的机场,飞机类型可能不同,使用要求、荷载大小等都不同。对于大中型机场,荷载相对较大,提高其抗车辙、壅包等永久变形能力是重点,宜使用热塑性橡胶类(SBS)或热塑性树脂类(PE、EVA)等改性剂;而对于中小型机场,使用频率和荷载都较小,因此,气候因素和舒适性是考虑的主要因素,提高抗裂性和耐久性是重点,可考虑选择热塑性橡胶类(SBS)或橡胶类(SBR)。

②根据当地气候条件。

我国的气候条件复杂多变,且北方与南方差异很大,而机场又分布在全国各地,因此,改性剂的选择必须根据气候条件确定。对于南方高温地区,突出的问题是解决高温稳定性,可以选择 SBS、PE、EVA 等改性剂对沥青进行改性。而对于北方低温寒冷地区,抗裂的性能要求较高,选择 SBS、SBR 等改性剂改性效果比较好。在我国许多内陆地区如西北、华北、中南等地区冬季寒冷,夏季炎热,低温抗裂和高温稳定性都是要考虑的问题,从目前研究和使用情况来看,选择 SBS 改性剂或复合改性的效果比较好。

3. 改性沥青加工方式与选择

大多数改性剂与基质沥青不能很好地相容,要将改性剂完全分散在沥青中,达到对沥青进行改性来提高性能,必须采取特殊的设备,专门加工生产改性沥青。通过十多年的研究开发和推广,目前已有多种改性沥青的加工生产设备和使用方式。

(1) 搅拌法

搅拌法是事先将改性剂按比例投入沥青中通过机械强力搅拌,使改性剂颗粒均匀分散在基质沥青中,然后再加入拌和机与混合料一起拌和后使用。这种方式用于沥青相容性较好的聚合物(如 EVA),对于 SBS、PE 等相容性较差的改性剂,不宜采用这种方法。EVA 的品种很多,醋酸乙烯(VA)的含量越大,熔融指数越小,熔融后的黏度越大,改性效果越好,但是在沥青中的加工分散越困难。因此,这种方法仅适用于 VA 含量较高,熔融指数较大的 EVA 产品。

(2) 母料法

母料法是在专门的工厂采取适当的改性沥青设备,加工生产成改性剂含量高的改性沥青母料,在施工现场根据改性沥青母料中的改性剂的含量,按比例与基质沥青混合,再用搅拌设备循环搅拌,直到混合均匀再使用。

(3) 现场加工法

现场加工法是采用成套的改性沥青专用设备在施工现场加工改性沥青,随时加工随时应用。这种方法采用的成套设备有胶体磨和高速剪切设备等两种,其基本过程一般都要经过对改性剂溶胀、分散磨细和继续发育三个过程。改性剂经过溶胀过程后(SBS 充油将使溶胀变得很容易),才能又快又好地磨细分散,这一过程后的改性沥青再进入储存缸中不停地搅拌,搅拌过程使之继续发育,最终形成所希望的改性沥青。对于目前应用较多的热塑性橡胶类(SBS)和热塑性树脂类(PE)等改性剂,使用这两种专用改性设备,成本较低、改性效果好。

(4) 成品改性沥青

成品改性沥青是由一些公司开发研究的改性沥青产品,工厂用专业化的改性沥青加工设备,加工生产成一定品牌和型号的成品改性沥青。具体工程可根据要求在市场上采购,也可提出技术要求再由工厂专门生产。目前,外国的产品较多,我国也有一些产品,大部分成品改性沥青一般都是桶装,这种产品运输储存方便,也有在工厂生产并储存,使用时用大型油罐车运至施工现场。

(5) 橡胶粉改性沥青

橡胶粉改性沥青是在沥青中加入一定比例的橡胶粉及活化剂对沥青进行改性后形成的产品。这种产品可与骨料拌和而成改性沥青混合料,再用于机场道面工程中,或将橡胶粉直接喷入沥青混合料拌和锅内进行拌和来生产橡胶粉改性沥青混合料。不管何种方式,只要在沥青混合料中掺有橡胶粉,统称为橡胶粉改性沥青混合料。橡胶粉的种类较多,主要有胶鞋鞋粉、废旧轮胎粉、辊筒粉等。活化剂可用多烷基苯酚二硫化物、420 活化剂(即烷基酸化合物)等。

5.8 超薄沥青磨耗层沥青混合料

超薄磨耗层技术是近年来发展起来的一种预防性养护工艺形式。超薄磨耗层(Ultra-thin Wearing Course),也称为超薄沥青磨耗层,20世纪80年代末起源于法国,主要用于新铺路面的表面层和旧路面的养护。继法国之后,英国、波兰、瑞典、美国等其他一些国家也随即开展了此项技术的研究,20世纪90年代后在美国得到大规模推广应用。超薄磨耗层凭借其优异的安全、环保和舒适性能以及突出的综合经济性于2002年进入中国后,日益受到业界的重视,目前在不少省区得到应用,均取得了很好的路用性能和效果。

1. 超薄磨耗层概述

超薄沥青磨耗层技术是将间断级配热拌沥青混合料与乳化沥青相结合的一项技术,主要用于高等级沥青或水泥路面的预防性养护和轻微病害的矫正性养护。超薄磨耗层一般铺筑厚度为15~25 mm,铺设的超薄磨耗层能与原有路面紧密结合、推移病害,具有很好的抗滑性、降噪性、渗水性、减少雨天水雾及路面水膜等特点。

(1) 超薄磨耗层的主要特点

①施工时间短,大幅减少施工对交通的影响;超薄沥青混凝土罩面不影响原有路面设计;原路面一般不需铣刨;摊铺速度快,一次成型;摊铺后最快20 min可开放交通。

②保护路基,超强黏结。改性乳化沥青封层形成一道防水层,能有效封闭路表水渗入基层,保护路基免受水破坏,并与改性沥青热罩面实现超强黏结,防止路面松散。

③断级配混合料结构,保障路面安全性能。高摩擦系数,确保路面行驶安全;高排水能力,减少雨天行车水雾。

④理想的经济效益。路面有出色的抗老化和抗变形能力,其成本比传统路面铣刨加罩4 cm的单价低30%。据国外使用经验,优良的超薄沥青混凝土磨耗层使用寿命长达8~10年。

(2) 超薄磨耗层主要可以解决的路面问题

①路面出现轻微到中等病害,需要经济有效的养护,改善路用性能,延长使用寿命。

②路面光滑,摩擦系数不够或路面纹理深度不足,需要改善行驶质量。

③路面出现轻度裂缝、轻微剥落等情况,需校正表面缺陷。

④行驶过程中路面噪音过大,需要减少路面轮胎噪声。

⑤路表面横向排水不畅,需改善表面排水等。

(3) 超薄磨耗层应用范围

①高等级沥青或水泥路面的预防性养护。

②轻微、中等病害的矫正性养护。

③新建道路的表面磨耗层。

④需要快速开放交通的道路。

⑤适用道路种类:高速公路;城市道路、市区高架、桥梁、隧道;其他重交通道路。

(4) 超薄磨耗层的施工工艺

从施工工艺方面来划分,超薄磨耗层可分为同步施工超薄磨耗层和分步施工超薄磨耗层。同步施工超薄磨耗层工艺是指采用特殊机械同步完成乳化沥青洒布与沥青混合料摊铺,施工周期较短,这种工艺要求乳化沥青不仅起到黏结表面层与下承层的作用,更重要的是可以部分进入上部沥青混合料中,起到封层作用;而分步施工超薄磨耗层工艺是指先利用沥青洒布设备进行乳化沥青的洒布,然后再用普通摊铺设备对沥青混合料进行摊铺,这种工艺要求乳化沥青不仅层间黏结性能强,更重要的是乳化沥青洒布后形成的黏结层不易被施工机械(如摊铺机或运料车等)破坏。

因此,同步施工超薄磨耗层工艺更好,但需要使用带洒布功能的专用摊铺设备来完成。

(5) 超薄磨耗层与其他养护技术的技术性能比较

超薄磨耗层施工技术与其他的典型沥青路面养护技术,如雾封层技术、微表处技术、单层改性沥青加铺技术(含 SMA)各性能对比情况见表 5.13。

表 5.13 超薄磨耗层与其他养护技术的技术性能比较

预养护方式技术性能		雾封层	微表处	单层改性沥青加铺（含 SMA）	超薄磨耗层
结构补强,对下承层病害的作用		无	无	有一定作用,可以抑制浅层和潜在或初发的病害,但不能解决结构性破坏病害	有一定作用,可以抑制浅层和潜在或初发的病害,但不能解决结构性破坏病害
使用功能	防水损害	一般	较好	较好	好
	抗滑	降低	提高	恢复(SMA 提高)	明显提高
	降噪	无	增加噪音	无	明显降低
	防水雾	无	无	无	明显
	舒适性	影响不大	降低舒适性且加速轮胎磨耗	提升(SMA 明显提升)	明显提升
	道路形象	不佳	一般	较好(SMA 很好)	很好
其他	对营运影响程度	较大	一般	大	最小

2. 超薄磨耗层组成材料

超薄磨耗层组成材料可分为集料、矿粉、沥青结合料及乳化沥青,其中对沥青结合料和乳化沥青的要求相对较高。超薄磨耗层通过间断级配热拌沥青混合料与乳化沥青相结合,形成耐磨、抗滑、舒适性均佳的道路面层。以应用最广泛、结构最典型的超薄磨耗层 Nova

Chip® 为例进行介绍,图 5.25 为 Nova Chip® 超薄磨耗层材料内部结构示意图。

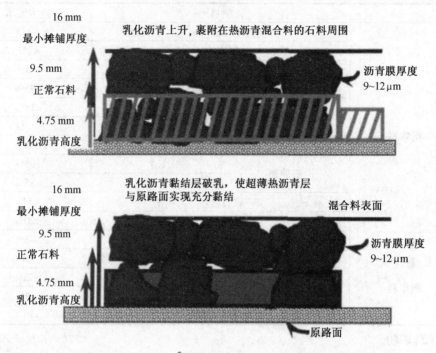

图 5.25 Nova Chip® 超薄磨耗层材料内部结构示意图

(1)集料

超薄磨耗层的厚度决定其集料的公称最大粒径,不宜过大,一般为 9.5 mm 或 13.2 mm。在对超薄磨耗层粗集料选择时,由于其采用间断级配沥青混合料,而且作为抗滑表层,所以粗集料的用量很大,其品质的好坏直接影响到沥青混合料的路用性能,因此超薄磨耗层粗集料技术要求较高,最好采用玄武岩,但尽量避免采用花岗岩和石灰岩,因为花岗岩的黏附性较差,而石灰岩的磨光值较小。在对超薄磨耗层细集料选择时,要求必须采用机制砂,可以是石灰岩或玄武岩,机制砂是采用坚硬岩石反复破碎制成,具有良好的棱角性和嵌挤性能,有利于提高混合料的高温稳定性;而天然砂是经过亿万年风化、搬运,其颗粒形状基本上呈球形,因此其抗高温变形能力很差,所以在超薄磨耗层中不允许用天然砂充当细集料。

超薄磨耗层集料具体指标的基本要求见表 5.14。

表 5.14 超薄磨耗层集料技术要求

项目			技术要求
粗集料	视密度/(g·cm⁻³)		>2.5
	吸水率		<2%
	与沥青黏附性等级		5
	洛杉矶磨耗		<35%
	坚固性	硫酸镁	<18%
		硫酸钠	<12%
	针片状颗粒含量(3:1)		<25%
	破碎面	1个	>95%
		2个	>85%
	软石含量		<5%
	压碎值		<20%
	磨光值		>48%
细集料	<0.075 mm 颗粒含量		<1
	砂当量		>45%
	亚甲蓝/(g·kg⁻¹)		<10
	松装空隙率		>40%

(2)矿粉

矿粉在沥青混合料中的作用至关重要,只有当沥青吸附在矿粉表面形成薄膜时,才能对集料产生黏附作用,因此,超薄磨耗层对矿粉的要求很高。一般采用石灰石矿粉,与沥青有良好的黏附性,矿粉必须存放在室内干燥的地方,其质量应符合现行规范关于沥青混凝土面层矿粉质量技术要求,见表 5.15。在超薄磨耗层的沥青混合料中,矿粉的用量最好不应超过有效沥青含量的 1.2 倍,过大的粉胶比不仅会给混合料的拌和带来很大困难,而且还会对其性能产生负面影响。

表 5.15 超薄磨耗层矿粉质量技术要求

项目		指标
视密度/(g·cm⁻³)		>2.50
含水量		<100%
粒度范围	<0.6 mm	100%
	<0.15 mm	90% ~ 100%
	<0.075 mm	85% ~ 100%
外观		无团粒结块
亲水性		<1

(3)沥青结合料

超薄磨耗层中沥青结合料的技术要求相对较高,在选择材料时要慎重。根据 Superpave 设计理论,沥青结合料的选择要因地制宜,根据当地气候的情况而定,不能一概而论,因此没有固定的具体指标要求。在研究或施工前期试验中,为了找出适合超薄磨耗层的沥青结合料,可以采用美国 SHRP 沥青结合料规范进行试验。

(4)乳化沥青

超薄磨耗层对乳化沥青(黏层油)的要求较高,乳化沥青的选择取决于施工工艺,不同的施工工艺采用的乳化沥青也不同。同步施工超薄磨耗层要求乳化沥青快裂快凝,使其进入沥青混合料的量较大,一般采用改性乳化沥青;而分步施工超薄磨耗层要求乳化沥青洒布后黏附性较弱,待逐渐破乳后黏附性恢复变强,从而避免运料车等施工机械碾压带走部分乳化沥青,可采用改性乳化沥青或低标号乳化沥青。虽然超薄磨耗层乳化沥青作为黏层油喷洒,但要求其固体含量较高,具体技术指标见表5.16。

表5.16 超薄磨耗层乳化沥青技术要求

项目		技术要求		试验方法
		同步施工	分步施工	
黏度(塞波特)(25 ℃)/s		20~100	10~80	
贮存稳定性试验(24 h)		<100%	<100%	
筛上残留物		<0.05%	<0.05%	
蒸发残留物含量		>63%	>60%	AASHTO T159
蒸发残留物油分含量		<2%	<2%	
破乳速度	35 ml,0.02 N CaCl$_2$或0.8%琥珀酸磺酸盐/%	>60	>50	
蒸发残留物	针入度(25 ℃)/0.1 mm	>60~150	30~100	AASHTO T49
	溶解度	>97.5%	>97.5%	AASHTO T44
	弹性恢复	>60%	>60%	AASHTO T301

3. 超薄磨耗层施工工艺

现在应用最广泛、结构最典型超薄磨耗层是Nova Chip®超薄磨耗层,它是同步型超薄磨耗层技术之一,以它为例介绍其工艺过程。

(1)施工前的准备

①施工前路面处理。在摊铺前对老路面的病害进行适当处理,如大于6 mm的裂缝应进行适当处理;不能有大于12.5 mm的车辙,否则需要把车辙路面刨掉,或用适当方法填平;路面泛油太严重,应铣刨填料处理等。

②混合料生产。在施工前,对原材料进行各项技术指标检测,以确保各项性能满足Nova Chip®超薄磨耗层系统设计的技术要求。根据工艺要求,对混合料进行配合比设计,并确定系统混合料的最佳油石比。

③混合料运输。运输车辆应采用加盖帆布等保温措施,确保满足摊铺时的温度要求。

(2)摊铺

采用特殊的施工设备同步完成乳化沥青洒布与沥青混合料摊铺。图5.26为超薄磨耗层专用施工设备简图,图5.27为超薄磨耗层专用施工设备作业施工现场图。具体相关参数要根据实际道路的特性决定,根据混合料体积性质和原路面纹理深度确定乳化沥青喷洒量及喷洒温度,喷洒量一般在0.6~1.2 L/m^2,喷洒温度为60~80 ℃;摊铺温度150~170 ℃;摊铺速度控制在10~20 m/min;摊铺后的混合料未压实前禁止进入践踏。

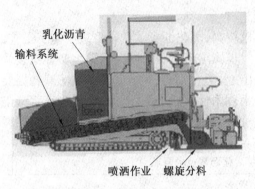 

图 5.26　超薄磨耗层专用施工设备功能示意图　　图 5.27　超薄磨耗层专用施工设备作业施工图

（3）碾压

NovaChip® 系统碾压必须在路面温度降至 90 ℃之前进行；用 10～13 t 双钢轮压路机静碾 2～3 遍，仅实现骨料稳定；压路机不能静止停留在刚刚摊铺好热沥青混合料表面上，必须在 NovaChip® 摊铺后立刻进行压实；施工完毕后，罩面温度小于等于 50 ℃才可开放交通。

4. 超薄磨耗层应用

（1）在国外的应用

超薄磨耗层产生应用于 20 世纪 80 年代后期的欧洲，凭借其优异的安全、环保和舒适性能以及突出的综合经济性，在 20 世纪 90 年代被引入美国并得到推广应用。目前，超薄磨耗层在美国公路路面应用很普遍，表 5.17 及图 5.28～5.30 是一些典型案例的情况。

表 5.17　超薄磨耗层在国外应用的典型案例

应用工程名称	国家	应用时间	应用情况	备注
NC SR1/64	美国	1996 年完成	超薄磨耗层	实施 7 年后，路况依然很好，其间无大修
PA Rt422	美国	1993 年完成	超薄磨耗层	实施 7 年后各项性能很好
L I-20/59	美国	2000 年完成	超薄磨耗层	实施 3 年后各项性能均很好
I-440&I-64	美国	2000 年完成	水泥混凝土罩面，超薄磨耗层	实施 3 年后，路况性能很好

图 5.28　NC SR1/64 超薄磨耗层应用实施 7 年后的状态

图 5.29　PA Rt422 超薄磨耗层应用实施 7 年后的状态

图 5.30　I-440&I-64 超薄磨耗层应用实施 3 年后的状态

(2)在国内的应用

①广东。2003 年开始应用超薄磨耗层技术,已完成超过 250 万 m^2 的工程量。其中,2007 年 10 月施工的广东省内京珠北高速超薄磨耗层的应用最具有代表性,应用效果如图 5.31 所示。其具体情况:目的:处治车辙、水损害等,进行预防性养护并提高路面承载力,延长使用寿命;界面车流量:约 3~4 万(自然车次);目前状况:经历罕见的雨雪冰灾,除抢险、除冰留下的机械刮伤之外,其余路段保持良好的路用性能。

②陕西。2008 年开始应用和推广超薄磨耗层技术,其中 2009 年西宝高速公路大修 LM-04 标段,面层采用了 NovaChip® 超薄磨耗层工艺,取得了很好的效果,如图 5.32 所示。

图 5.31　广东省内京珠北高速超薄　　　图 5.32　西宝高速公路大修 LM-04 标段
　　　　　磨耗层应用效果　　　　　　　　　　　　超薄磨耗层的应用现场

③湖南。湖南省较早地进行了超薄磨耗层施工技术的研究和尝试,2009年8月率先在耒宜高速公路养护中运用NovaChip®超薄磨耗层技术,效果良好。随后2010年,在京港澳高速公路湖南耒宜段1823K+450M至1821K+600M标段处应用了超薄磨耗层技术,在沥青路面上摊铺超薄磨耗层罩面,其优异的安全、环保和舒适性能以及综合经济性被广泛认同,超薄磨耗层技术得到行业专家的一致推崇(图5.33)。

图5.33 京港澳高速公路湖南耒宜段超薄磨耗层施工现场

④浙江。浙江省于2009年9月实施了首例超薄磨耗层技术的应用,在杭金衢高速公路金华段K153标段摊铺了2 cm厚的NovaChip®超薄磨耗层罩面。通过超薄磨耗层的应用实施,使得高速公路路面焕然一新,获得了很好的路用效果,路面使用性能得到较高的评价。

(3)超薄磨耗路用显著效果

①减少行车水雾。

在公路特别是高速公路上雨天行车不可避免形成水雾,水雾对行车有害,是雨天行车极大的安全隐患因素。通过实验证明,与普遍的沥青路面相比,应用超薄磨耗层罩面的路面在同等条件和车速条件下,对水雾形成的抑制效果要明显好于前者。图5.34、5.35为雨后行车所形成水雾的情况对比。

图5.34 普通沥青路面雨后行车水雾   图5.35 超薄磨耗层路面雨后行车水雾

②减少行车噪音。

根据美国密歇根州交通局一项针对各种不同路面所产生的行车噪音的研究表明:超薄磨耗层路面的轮胎噪音比普通的沥青路面要低2~3 dB。对行车噪音的抑制效果非常明显,减少噪音污染,也从行车环境角度显著提升了行车的舒适性。

超薄磨耗层技术作为一种高速公路预防性养护技术,具有抗滑、抗磨耗、降低路面行驶噪音等诸多优点,能够快速改善道路行驶性能,符合现代高速公路养护。

(4)发展方向

由于超薄磨耗层的各种优点,其在国内的应用和实践案例越来越多。在超薄磨耗层技术和施工工艺的应用和推广上,国内很多科研单位和路面工艺研究部门已经开展了多种试验和研究,在国内高速公路上的应用案例也越来越多,超薄磨耗层技术正被越来越多的业内人士认同和推崇,特别是超薄磨耗层应用后很好的路用效果及良好的综合经济性,在业内获得普遍较高的评价。与此同时,国内路面施工设备研发和制造机构也已经开始研究超薄磨耗层施工工艺及对施工设备的要求,并着手开发适用这种工艺的摊铺设备。只有在熟悉、掌握其工艺及特性后,才能真正满足超薄磨耗层施工的要求。可以预见,随着对超薄磨耗层工艺的推广和实践,以及国内针对其工艺的相关设备的开发,超薄磨耗层施工的应用将越来越多。相应的,针对超薄磨耗层施工的研究和技术探讨也必然更多、更深入、更专业。

5.9 柔性基层新材料

公路路面分为柔性路面(沥青路面)、刚性路面(水泥路面)和各种复合路面(有机-无机复合、双胶结料路面等)。

柔性路面结构主要由面层、基层、垫层组成,各层作用分别是:面层是直接承受车轮荷载反复作用和自然因素影响的结构层,可由一层或数层(表面层、底面层和为加强层间结合或减少反射裂缝而设置的联结层)组成;基层是设置在面层之下,并与面层一起将车轮荷载作用传布到土基的结构层,起主要承重作用,它可分为上基层和底基层;垫层是设置在基层与土基之间的结构层,它起排水、隔水、防冻和防污等作用,也可以说是改善基层结构的工作条件。

由此可知,进行路面的结构设计时,应根据不同层位来选择合适的原材料和组成比例。在此参考有关规范综合介绍基层结构类型和使用情况。

基层类型按其使用材料主要划分为两类,即粒料类基层和无机结合料稳定类基层(也称半刚性基层)。

1. 粒料基层

粒料基层是国内外均广泛采用的基层类型之一,且使用的历史已很长,所以人们对其施工技术要求都非常熟悉。按这类基层结构的强度构成可分为:

①嵌锁型结构:由具有一定大小和形状的矿料,经摊铺碾压相互嵌挤锁结形成的结构层,如水结碎石、泥(灰)结碎石等。

②级配型结构:由具有大小不同的粒料,按一定的级配比例要求所组成的材料,经拌和、摊铺、碾压形成的结构层,如级配砾(碎)石、符合级配要求的天然砂砾等。

粒料基层是非整体性结构层,其强度主要取决于原材料本身强度,因此受环境因素的影响较大。

经长期使用实践,一般认为粒料基层较适宜用作中等交通的路面基层。

2. 无机结合料稳定类基层

采用无机结合料稳定集料(或稳定土类)且具有一定厚度的基层结构称为半刚性基层,主要有:

①水泥稳定类,如水泥稳定土、水泥稳定砂砾(砂砾土、碎石土、石屑)等。

②石灰稳定类,如石灰稳定土、石灰稳定砂砾土(碎石土)、石灰稳定级配砂砾(即无土砂砾)等。

③石灰稳定工业废渣类,如二灰(石灰粉煤灰)、二灰土(砂、砂砾)及石灰煤渣类等。

半刚性基层的结构强度,不仅与使用材料本身性质有关,更主要的是混合料加水拌和碾压后发生的一系列物理化学反应作用,因而它是整体性结构,强度随时间增长而逐渐提高。它的强度、稳定性均比粒料基层好。所以近十几年来,许多国家都将这类基层广泛用于高等级(或高速)公路和机场道面的基层,而且应用得越来越多。

3. 柔性基层

传统上,不加结合料的粒料基层,因其没有固定的形状和刚度,称为柔性基层(Flexible Base)。加入无机结合料后(基层中一般加入量较少),具有一定的刚度,称为半刚性基层。后来,在粒料基层中加入少量沥青结合料成分,以提高基层的性能,这样的结构也归入柔性基层。它与加入无机结合料的半刚性基层差别较大。

用有机结合料或有一定塑性细粒土稳定各种集料的基层、沥青贯入碎石基层、热拌沥青碎石或乳化沥青碎石混合料(冷拌沥青混合料),不加任何结合料的各种集料(粒料类等材料)铺筑的基层和泥(灰)结碎石等结构均称为柔性基层。粒料类材料,包括级配碎石、级配砾石、符合级配的天然砂砾、部分砾石经轧制掺配而成的级配碎砾石,以及泥结碎石、泥灰结碎石、填隙碎石等基层材料。

5.10 RCC-AC 复合式路面

沥青路面作为一种高级路面被广泛应用于公路与城市道路,但沥青价格的不断上涨,使沥青路面投资增加,直接影响了公路的可持续发展。因此,在水泥混凝土路面上加铺沥青层,即修筑水泥混凝土与沥青混凝土复合式路面结构,不仅可减少沥青用量(与柔性路面相比),而且可弥补刚性路面的不足。这样刚柔相济,大大改善了路面的使用性能。

随着水泥、混凝土路面施工工艺的不断发展,20世纪70年代中后期在美国、加拿大开始研究碾压混凝土(Roller Compacted Concrete,RCC)路面。我国于1980年初开始碾压混凝土路面铺筑技术的研究,先后有十多个省市列项研究。1987年,国家科技工作引导性项目——我国水泥混凝土路面发展对策及修筑技术研究,把碾压混凝土路面作为研究重点之一,对碾压混凝土路面的强度形成机理、材料组成、施工工艺及路用性能等进行了系统研究,并于1990年通过了国家鉴定。我国1994年颁布的《公路水泥混凝土路面设计规范》(JTJ O12—94)已将碾压混凝土路面纳入规范,提出的适应范围为二级、二级以下公路和相应等级的城市道路。特别是"八五"期间,我国又把"高等级公路碾压混凝土路面施工成套技术的研究"作为国家重点科技攻关课题,在路面材料、配合比设计、施工工艺等一系列关键技术方面取得了突破性的成果。

RCC 是一种含水率低,通过振动碾压施工工艺达到高密度、高强度的水泥混凝土。其刚硬性的材料特点和碾压成型的施工工艺特点,使碾压混凝土路面具有节约水泥、收缩小、施工速度快、强度高、开放交通早等技术经济上的优势。但 RCC 路面平整度差,难以形成粗糙面,在汽车高速行驶时抗滑性能下降较快。平整度、抗滑性、耐磨性三方面的不足,使其难以在高等级公路上得到广泛应用。随着路面结构研究的不断深入,修筑碾压水泥混凝土与沥青混凝土复合式路面(RCC-AC),能有效地解决 RCC 抗滑性、耐磨性、平整度的三大难题,从而使性质截然不同的两种类型(RCC 与 AC)路面以复合的形式达到了高度统一与和谐。

复合式路面系列结构中,RCC-AC 路面结构发展迅速,备受道路研究者关注。RCC-AC 复合式路面结构层中,沥青混凝土层在一定厚度范围内可改善行车的舒适性。因此,随着沥青混凝土厚度的增加,下层 RCC 板的平整度可适当放宽,这样也便于不同类型 RCC 路面的施工。

不仅如此,这种新型路面结构对下层的 RCC 材料要求也可以适当放宽,如可掺加适量粉煤灰或用低标号水泥、地方非规格集料等材料,并可不考虑抗滑、耐磨性能,从而降低工程造价。

RCC-AC 复合式路面结构的修筑只是近年发展起来的。1985 年,西班牙某高速公路拓宽车道的施工,在基层为 15 cm 厚的水泥稳定层上铺筑 23 cm 厚的 RCC 层,RCC 板上加铺 5 cm 厚的 AC 热拌沥青混合料。1984~1986 年间,西班牙在高等级干线公路上,将 RCC 作为路面下层,上层铺筑 AC 沥青层,铺设面积已达 $3.0 \times 10^5 \text{ m}^2$。1989~1991 年,西班牙在马德里通往法国边界的某高速公路上,修筑 RCC-AC 复合式路面,双层式 AC 层厚达 12 cm。

1989 年 1 月,澳大利亚 Penith 市在水泥稳定基层上修筑了 RCC-AC 复合式路面,RCC 厚 10 cm,抗压强度为 30 MPa,AC 层厚 17.5 cm。1988 年,日本在某停车场对 RCC 作为沥青混凝土下层的适应性进行了研究,并将这种路面结构写入 1990 年 6 月出版的《碾压混凝土路面技术指南(草案)》中。据日本《铺装》杂志 1993 年报导,在山阳高速公路河内至西条段修筑了 9 km 的水泥混凝土 RCC-AC 复合式路面试验段,共 11 种结构类型,路面下层为不同厚度的 RCC 或 CRC,上层为单层 5 cm 沥青混凝土,或 10 cm 双层沥青混凝土。

日本《碾压混凝土路面技术指南(草案)》规定:在 C 级(单车道 1 000~3 000 次/日)、D 级(单车道 3 000 次/日以上)交通量的公路上,RCC 作为下层时,其厚度(抗弯拉强度为 4.5 MPa)可取为 20~23 cm,在其上铺 10 cm 沥青混凝土;或 C 级交通公路上,25 cm RCC 板上加铺 5 cm 厚沥青混凝土。西班牙在修筑试验路的基础上,也提出了 RCC-AC 复合式路面典型结构的厚度。

在国内,"八五"期间也开展了对于 RCC-AC 复合式路面结构的研究,西安公路交通大学承担了国家自然科学基金资助项目《碾压混凝土加铺沥青层复合式路面结构设计理论与方法研究》,取得了一定成果。

"八五"期间,由西安公路交通大学承担,全国水泥混凝土路面技术委员会、河南省交通厅、安徽省高速公路管理局、江苏省公路局及西安公路研究所等单位参加,对 RCC-AC 复合式路面从设计理论、设计方法与参数选用到施工技术进行了深入系统地研究,所得成果已编写成《RCC-AC 复合式路面设计施工须知》用于指导生产实践。

对于任何一种路面结构,从它的诞生、发展直至达到成熟的阶段,无不倾注着一代乃至几代科技工作者的艰辛努力,复合路面也不例外。1999 年 5 月,由胡长顺教授、王秉纲教授撰写的《复合式路面设计原理和施工技术》汇积了近 20 年来复合式路面的研究成果。

5.11 再生沥青混合料

沥青混合料再生是使沥青混合料恢复路用性能的过程,包括胶结性能的恢复、骨料性能的恢复以及矿粉填料性能的恢复。其中主要是胶结性能的恢复,胶结性能的恢复通过两种途径,一是加入轻油组分等外加剂激发和调整旧沥青混合料中原有沥青的性能,使之重新具备胶结料功能;二是加入少量新的沥青组分,以增加胶结料功能,同时新沥青组分对旧沥青组分也有激发作用。考虑到资源利用和再生成本,沥青混合料的再生,主要考虑旧沥青的功能再生,因此沥青混合料再生技术的关键是沥青的再生。沥青再生主要是指沥青混合料中所含沥青的再生,并且沥青再生一般是与沥青混合料的再生同时进行的。关于沥青再生的机理和再生剂,已在第 2 章中述及,本节主要从工程角度介绍沥青混合料的再生,可与第 2 章中"沥青再生"互参。

再生沥青路面施工,是将废旧路面材料经过适当加工处理,使之恢复路用性能,重新铺筑成沥青路面的过程。施工工艺水平的高低和施工质量的好坏,对再生路面的使用品质有很大影响,故施工是最为重要的环节。

一些欧美国家,再生沥青路面施工基本上都已实现了机械化,有的国家甚至已向全能型再生机械发展。由于机械设备条件的优越,再生路面的施工可以根据需要而采取各种不同的工艺和方法。如有应用红外线加热器将路面表层几厘米深度范围内加热,然后用翻松机翻松,重新整平压实的"表面再生法";有用翻松破碎机将旧路面翻松破碎,添加新沥青材料和砂石材料,再经拌和压实的"路拌再生法";有将旧路面材料运至沥青拌和厂,重新拌制成沥青混合料,再运至现场摊铺压实的"集中厂拌法"。

现在我国大多数地区尚缺乏大型的专用再生机械设备,近几年,有的单位研制了路面铣刨机、旧料破碎筛分机;有的单位设计安装了结构较为完善的再生沥青混合料拌和机械、再生机;还有的单位从国外引进全电脑控制的现代化再生沥青混合料拌和设备。再生沥青路面施工工艺水平正在逐步提高。

5.11.1 旧料的回收与加工

1. 旧路的翻挖

用于再生的旧料不能混入过多的非沥青混合料材料,故在翻挖和装运时应尽量排除杂物。翻挖面层的机械一般有刨路机、冷铣切机、风镐及在挖掘机上的液压钳。有的是人工挖掘,路面翻挖是一项费工费时但必不可少的工序。

2. 旧料破碎与筛分

再生沥青混合料用的旧料粒径不能过大,否则再生剂掺入旧料内部较困难,影响混合料的再生效果。一般来说,轧碎的旧料粒径一般小于 25 mm,最大不超过 35 mm。破碎方法有人工破碎、机械破碎和加热分解等。目前使用的破碎机械有锤击式破碎机、颚式破碎机、滚筒式碎石机和二级破碎筛分机等。加热分解的方法有间接加热法(即混合料置于钢板上,在钢板下加热)、蒸汽加热分解和热水分解等。也有将旧料铺放在地坪上,用履带拖拉机、三轮压路机碾碎,然后筛分备用。国外曾采用格栅式压路机破碎旧料,其压路机钢轮表面不是光面,而是做成格栅式,有利于减少旧料被压碎。

5.11.2 旧沥青混凝土质量要求

再生沥青混凝土应满足行业标准对路用沥青混凝土混合料的要求。对各种沥青混凝土提出的要求,不应低于额定指标。额定指标首先应根据采用该指标道路结构的用途和特点以及汽车的行驶条件来确定。修建路面基层和底基层的再生沥青混凝土,应符合标准:剩余空隙率不大于 10%,饱水率不大于 8%,膨胀率不大于 1.5%。

再生沥青混凝土的外观应该均匀一致,没有未被沥青裹覆的白色颗粒和黏块。用作矿质添加剂的有火成岩、变质岩和沉积岩碎石以及砂料。

为了制备再生混合料应选用不含其他杂质矿料的块状旧沥青混凝土。砂和亚砂土混合物的允许含量不大于 3%,而黏土含量则不能超过 0.5%(质量比)。因为在旧沥青混凝土中所含的沥青性质由于老化而逐渐变差,应合理地掺入一定数量的新沥青,作为旧沥青的稀释剂。

为了提高混合料的均匀性和便于检查其质量,建议把不同类型的旧沥青混凝土按细粒、中粒、粗粒或砂粒沥青混凝土分开储存,分别加工。

确定再生沥青混凝土混合料的质量,决定于对旧沥青混凝土的加工工艺过程的控制,其中包括对温度状态和拌和时间的控制。拌和的均匀性用取样试验的方法加以控制。

对被加工的混合料进行试验时,必须确定下列各项指标:60 ℃、20 ℃ 和 0 ℃ 时的抗压强度极限,20 ℃ 时的饱水抗压强度极限,水稳性系数、剩余空隙率、饱水率、长期饱水率、容重、长期水稳性系数等。

5.11.3 再生沥青混合料的制备

1. 配料

旧料、新集料、新沥青及再生剂(如有需要)的配置方法视再生混合料的拌和方式不同而异。人工配料拌和的方法较为简单,这里不予介绍。采用机械配料拌和再生混合料,按拌和方式分为连续式和间歇分拌式两种。连续式是将旧料、新料由传送带连续不断地送入拌和筒内,在与沥青材料混合后连续地出料。间歇分拌式是将旧料、新料、新沥青经过称量后投入拌和缸内拌和成混合料。

2. 掺加再生剂

再生剂的添加方式有:

①在拌和前将再生剂喷洒在旧料上,拌和均匀,静置数小时至一两天,使再生剂渗入旧料中,将旧料软化。静置时间的长短,视旧料老化的程度和气温高低而定。

②在拌和混合料时,将再生剂喷入旧料中。先将旧料加热至70~100 ℃,然后将再生剂边喷洒在旧料上边加以拌和。接着将预先加热过的新料和旧料拌和,再加入新沥青材料,拌和至均匀。这种掺入方式由于再生剂先与热态的旧料混合,便于使用黏度较大的再生剂。因简化了施工工序,所以大多都采用这种掺加方式。

3. 再生混合料的拌和

总的说来,拌和机械按拌和工艺划分主要有滚筒式拌和机和间歇式拌和机两大类。现在欧美国家滚筒式拌和机已成为拌和再生混合料的最主要设备。美国目前约90%的拌和厂采用这种工艺,其拌和过程是将旧料和新集料的干燥加热及添加沥青材料拌和两道工序同时在滚筒内进行。

用间歇分拌式拌和机拌和,与一般生产全新沥青混合料工艺相比较,其不同之处在于新集料经过干燥筒加热后分批投入拌缸内,而旧料却不经过干燥筒加热,就按规定配合比直接加入拌和缸。在拌缸内,旧料和新集料发生热交换,然后加入沥青材料或再生剂,继续拌和直至均匀后出料。该工艺的生产率和旧料掺配率都较低(一般在20%~30%),其主要问题在于旧料未加热,温度太低。因此,有些单位采取将旧料预热的措施,其方式也因设备而异。

由于拌和工艺对整个再生路面的质量影响最大,所以各国都十分重视工艺的改进和拌和机械的研制。

5.11.4 再生混合料的摊铺与压实

由于再生混合料摊铺前与普通沥青混合料的性能已基本相同,所以其摊铺与压实的过程与普通沥青混合料基本一致。要注意的是,在翻挖掉旧料的路面上摊铺混合料前,更应注意基层表面的修整处理工作。

沥青路面再生施工工艺,如果以施工时材料的温度划分,可分为热法施工和冷法施工。冷法再生与普通沥青混合料冷法施工工艺基本一致,所以这里不再赘述,但冷法再生的经验表明,旧路面材料的充分破碎是保证再生路面表面致密均匀、成型快、质量好的技术关键。总的来说,由于经济和技术的原因,目前国内外普遍使用的还是热法再生。

5.11.5 旧沥青混凝土路面的现场再生和利用

1. 沥青混凝土的重复利用方法

图5.36是旧沥青混凝土的重复利用工艺。沥青混凝土路面的大中修工程,一般是加铺新的沥青混凝土层,所采用的新工艺方法有:

①冷法或热法清除被损坏的沥青混凝土面层。
②把清除下来的旧料运至中间存放地点或重复利用路段,不需要做任何辅助性加工处理。
③把被破除的沥青混凝土破碎,并做好进一步加工处理的准备工作。
④用被破除的沥青混凝土制备沥青混凝土混合料,或把它作为新材料的添料使用。
⑤在路面结构层中重复利用不做任何加工处理的旧沥青混凝土材料。
⑥把旧沥青混凝土在固定式拌和设备中加工处理后再重复利用起来。
⑦在施工现场加热,直接重复利用旧沥青混凝土。

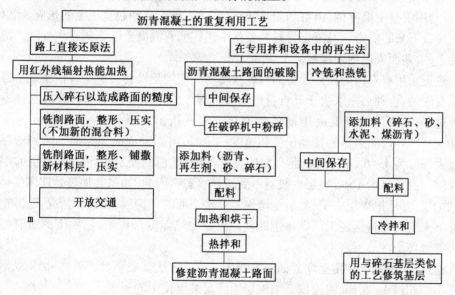

图5.36 旧沥青混凝土的重复利用工艺

在重复利用旧沥青混凝土新建和维修路面工程实践中,出现了一些新的术语和概念,现将其定义分述如下:

再生——使原始材料还原,或恢复原始材料的初始性质。

热整形——在加热状态下修整路面表层,其中包括对路面加热、翻松、整型和压实(不添加新材料)。

热再生——用加热、翻松和添加新料的方法恢复路面表层的原有性质。其方法有两种:一是修筑辅助性薄层路面;二是把新材料同旧材料在专用拌和机中按照统一的工艺过程拌制成混合料,然后进行摊铺、压实。

热法加工处理——把磨损的沥青混凝土路面破除,在专用设备中加热处理,同时添加(或不加)矿料、结合料或再生剂。

冷法加工处理——对路面就地或运到工厂进行加工处理。采用这种加工处理方法时,需把旧料同液体沥青、乳化沥青、水泥、石灰和其他结合料进行拌和,这种拌合物可用来修筑路面基层。

在城市条件下,如果在路面大中修时不断加铺新面层,一方面使路面逐渐升高,掩盖掉建筑物基础,破坏地面排水系统;另一方面需要花费较多的资金、材料和劳力用于加高排水井,重建路缘石和人行道。

道路建筑材料,特别是有机结合料价格上涨和严重短缺情况下,仍采用加铺新沥青混凝土结构层的传统方法维修城市道路和公路有很多困难,近些年来,一批用来恢复旧沥青混凝土原有性能的机械设备被研制出来,基本特点是:在不改变旧沥青混凝土的物理力学性质情况下恢复其塑性。当只清除表面一层时,可利用路面铣刨机,这种路面铣刨机既可在加热状态,也可在常温状态下铣掉被磨损的路面层。当需要清除几层结构时,可利用混凝土捣碎机,也可利用悬挂在挖土机、推土机和起重机上的相应破除设备。

冷铣下来的旧沥青混凝土材料一般都是送往沥青混凝土工厂做再生处理。冷铣法的优点是,路面表层的潮湿水分不会降低其生产效率。

热铣采用有专门的加热设备的红外线辐射热能加热沥青混凝土。由于加热器的面积是有限的,这种局限取决于其自身的加热过程。因为路表面加热的最高温度不能使沥青过热,从而使沥青混凝土的质量变坏。实践指出,在保证路表面温度为最佳值(100~180 ℃),加热器的移动长度和速度一定时,将沥青混凝土路面加热到塑性状态的最大深度为4~6 cm。由于混合料的种类不同,此值只是沥青混凝土面层的平均加热深度。由于热量不够,底层一般达不到塑性状态。因此,如果要加热处理深度4 cm处的结构层,必须把表层去掉,然后原地恢复处治下面的结构层,在这种情况下,需把上层破除下来的旧材料运往工厂做再生处理。限制加热深度还说明,路面下的所有结构层均可继续使用。

这样,采用直接在路上恢复沥青混凝土路面的方法需要满足的条件:加工处治层的厚度不应超过4~6 cm路面以下结构层应满足继续使用的要求。

分析沥青、混凝土面层和整个路面结构的状态,需先确定重复利用旧沥青混凝土的修理方法,有下列4种方法可供选择:

①加热、翻松和重铺法,就地加热再生沥青混凝土面层,根据给定的断面形式,在所用的旧料中可加添或不加添新料。需要考虑的问题是,要不要在再生层上加铺新的磨耗层,还是由再生层直接承受车轮荷载。

②破除和粉碎的旧沥青混凝土材料不再做其他辅助性加工处理,直接用来修建路面基层结构。

③冷铣下来的旧路面材料,同乳化沥青和再生剂添料进行混合。

④破除和粉碎的旧沥青混凝土运到工厂再生,然后再运到工地重铺路面结构层。

上述每种方法都是可行的,但需根据具体条件加以选择。因此,在选择修理方法前,必须进行技术经济论证。

2. 路面再生沥青混凝土的加热

加热程序包括在沥青混凝土路面的修整工艺中,这是由沥青混凝土的特殊性质决定的,目的是恢复路面材料的原有性质。

根据现代物理化学理论,沥青混凝土属于凝胶结构,它具有明显的黏-塑性性质。在凝胶结构中,固体颗粒之间不直接接触,而是通过极薄的液相膜层互相联结。在沥青混凝土中,固相是矿料颗粒的总和,是结构元素。液相是沥青,起结合料的作用。在此情况下,所有骨料都沉埋在由细小的闭合式和开口式毛细孔及孔隙所构成的网络中。沥青混凝土的最大特点是:在加热过程中,它的黏度和热物理性质将不断发生变化。

路面上直接再生时,是用红外线热能加热沥青混凝土的。红外线的特点是具有穿透力的热辐射。由于它有这种特点,可把它作为再生沥青混凝土路现场再生时的热源使用。研究指出,用红外线辐射热能加热沥青混凝土时,热处理温度和延续时间起决定性的作用,它们对沥青混凝土的性质有重大影响。对用红外线多次加热的沥青混凝土试件试验结果指出,若加热温度不超过 180 ℃,加热时间不超过 30 min,沥青混凝土的各种性质几乎保持不变。

给定条件下用红外线辐射热能加热沥青,不会提高其黏度值。用红外线辐射热能多次把沥青混凝土混合料加热到 160 ~ 180 ℃,沥青中轻油分的挥发并不严重,沥青混凝土物理力学性质的变化也不大。

红外线辐射源作用在路面上时,热量向沥青混凝土路面的传递条件与一系列因素有关,其中最重要的有辐射强度、受热表面的吸热能力、空气在路面基层的温度和流速、表面形式等。

在红外线辐射作用下,路表面的温度将迅速提高,且增长速度均匀,向深处逐渐衰减,结构层中的温度随之发生变化。

当沥青混凝土表面温度固定时,可把加热路面结构层的过程分为两个阶段。第一阶段的时间很短,路表面的温度迅速增长到所需要的数值,但在深度方向温度则无显著变化。在第二阶段,温度主要是沿着恢复层的深度方向发生变化。

对加热沥青混凝土有下列要求:

①沥青混凝土需加热到一定深度和一定温度,才能够把路面翻松而又不破坏碎石的整体性。这一温度与沥青标号、沥青结合料的含量等有关,一般为 80 ℃。

②沥青混凝土路表面的加热温度不应超过 180 ℃,以免把沥青烧焦。

③在路面旧材料翻松和分布以后,摊铺机处理以前,应该具有这样的平均温度,使之在材料冷却以前已结束压实工序,在保证材料可压实性的最低温度到来以前结束全部压实工作。根据沥青标号的不同,这一温度等于 70 ~ 90 ℃。

研究了温度对沥青混凝土的作用后得知,温度的分布在很大程度上与热源的作用时间有关。时间越长,温度曲线越陡,在恢复沥青混凝土路面的过程中,如果加热层的底面温度必须大于 80 ℃，而表面温度又不能超过 180 ℃，则除了总的热能消耗外，加热时间（即热的传播速度）也有重要意义。路面结构层不宜在短时间内加热到很高的温度，而要慢慢地使其升高（图 5.37）。图 5.37 中曲线 9 是高温短暂作用下的温度分布情况。在此情况下，路表面的温度超过了最高限值，沥青有烧焦现象。与此同时，路面底面的材料则加热不足，其结果必将导致碎石的损坏。图 5.37 中曲线 8 的优点是在低温长时间作用下可得到质地优良的材料。在这种情况下，热量可较深地透入到底层结构中，这有许多好处，首先是受热层自下而上冷却得慢，可延长压实时间。

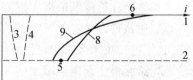

图 5.37 在短暂强烈加热和长时间缓慢加热两种情况下沥青混凝土结构层内部温度沿处治深度上的分布图

1—温度；2—加热深度；3—冬季初始温度；5—夏季初始温度；5—最低温度；6—最高温度；7—初热深度；5—缓慢加热时温度分布曲线；5—强烈加热时温度分布曲线

近年来，俄罗斯、日本等国家试用微波法加热沥青混凝土，其加热深度到 10 cm，而且不会使沥青混凝土加热过度。频率大于 300 MHz，小于超高频波段的特高频波称为微波。研究认为，这种微波很适合用来制造加热仪器。微波加热器具有很高的效率和能量。材料在深度方向的加热温度用电场强度来调节，在这种情况下，可保证很高的加热速度。

微波加热过程中沥青性质的变化情况，已经进行了许多研究工作，结果见表 5.18。

表 5.18 沥青微波加热后性质的变化

加热延续时间/min	0	8	16
软化点/℃	46.3	46.5	45.9
针入度/0.1 mm	93	93	95

从表 5.18 可以看出，在用微波加热沥青前后，它的性质几乎没有变化。在确定沥青混凝土内部温度分布特性时证明，在离路表面 2.5～7.7 cm 深度处的温度几乎相同，在 7.7 cm 以下深处，随着深度的增加，温度逐步下降。因此，用这种方法修理沥青混凝土路面的合理加热深度可达到 7.7～10 cm。

3. 旧沥青混凝土的现场再生法

根据不同的维修种类，可以采用不同的方法直接在路上恢复沥青混凝土路面的原有性质。

为了恢复车行道所必需的附着系数，可采用把沥青混凝土路面上层加热，再压入少量沥青处治高强碎石的方法。为了实施上述工艺，沥青混凝土路面的上层必须有足够的厚度，保证其在各种荷载作用下的稳定性。

为了恢复行车道的平整度及其相应的断面形状，采用的方法应包括以下主要工序：加热、翻松整型和压实。如果对原有沥青混凝土路面经过加热、翻松和整型处理后，其厚度不能满足继续使用的要求时，应立即在加热的面层上加铺新的热沥青混凝土混合料辅助层，并把两层混合料一并压实。这些工序可用一台或两台机械完成（图 5.38），新沥青混合料用普通沥青摊铺机摊铺。

图 5.38 用两台机械再生沥青混凝土路面的图示
1—红外线辐射沥青加热机;2—丙烷储罐;3—翻松器;4—布料器;5—压实工作部件

路面修复机的结构和作用原理如下:第一道工序是用设在机器前部的红外线辐射加热器加热旧沥青混凝土路面。开始,先把旧沥青混凝土路面加热到 180~200 ℃,当机器后面的耙路机进入这段路面后,路面温度将冷却到 120~140 ℃。因为底层温度是随着相对于表面的相位移逐步增加的,在翻松的路面中间部位,其温度是 80~100 ℃。

第二道工序是把加热的路面翻起来,翻松设备放在机器行走部分的后面,尽量不使已翻松的混合料再被机器压实,否则,被压实的车辙对新铺路面上层的平整度将产生不良影响。此外,压实的沥青混凝土比疏松的导热性能好。沥青混凝土用三排类似犁的锐利切齿进行翻松。这样排列的切齿除有翻松功能外,还有拌和混合料的作用。加热到适于加工处治温度的沥青混凝土很容易被翻松。由于混合料得到了拌和,使其温度分布更趋于均匀。

旧路面的剖开深度选择依据:旧路表面磨损最严重的地方剖深不小于 10 mm。切齿未翻到的沟底材料过于密实,尽管这是碾压时所期望的,但对于路面所要达到的平整度则是不利的,这是由于底层材料的密实程度不均匀造成的。在凸起处的顶点,路面的剖开深度可达 50 mm。

切齿翻松器后面紧接着是重型布料器,它把翻松的材料在全断面上分布均匀。混合料没有发生像螺旋布料器供料时易产生离析的弊端。

布料器的镘刀安装在不同高度上,可作横向移动。镘刀的移动速度及其横向搬移旧料的速度必须同机器的整个工作速度严格同步。布料器镘刀在垂直和水平方向的移动必须与沥青混凝土混合料的温度和组成、混合料的数量及其层厚等相对应。在此情况下,如果一旦需要把多余的材料堆到一旁,随时都可改用手工操作。为此只要去掉侧向挡板,代之以导向板就可以了。

把翻松的材料在横向分布均匀后,用安装在机器上的压实设备进行初步碾压。压实设备有电热熨平板、振捣器和夯实机构等。采用机上机下两套压实系统可达到最佳的压实效果。不需要加铺辅助层以补偿修复层中的材料损失,则可用自行式压路机进行最后压实。这样修成的路表面的物理力学性质与新沥青混凝土混合料铺成的没有差别。

图 5.39 是用热整形法修复沥青混凝土路面的工艺图示。

用翻松路面法恢复车行道的断面形状时没有被磨光的碎石颗粒可能被翻到路表面上来,这样就得到了一种意外的效果,即提高了路面的摩擦系数。

近年来,Martec 公司和 Artec Maruburi 的联合体为寻求就地拌和热再生工艺新技术开发,特制了一种 Martec 系列装置的样机,在加拿大几个工程中使用后现已搬至波兰某公路项目,后来,又对这台装置进行了如下的改进(其预加热器如图5.40所示)。

①加热系统不采用传统的红外线方法,而把热空气和低度红外线结合起来使用。

②所有加热和动力系统均采用柴油作为燃料。

③设有再循环的热空气系统同时可消烟。

④最终采用强制式拌和机将 RAP、添加剂和再生剂拌和。

全部装置长达64 m,分成四个单元和一台传统的摊铺机和压路机。操作时先有两个预热装置前后对沥青面层进行加热和软化,然后由一台带有加热器的铣刨装置继续对路面加热后按预定深度刨去软化了的老路面,最后一个单元则是热拌,如图5.41所示。

由于加热是连续的,而且一个特殊的刀片也连续不断地搅动粉碎了的路面材料,使再生料暴露于由热空气和红外线组成的加热系统内,就能保持和控制好材料的干燥度和

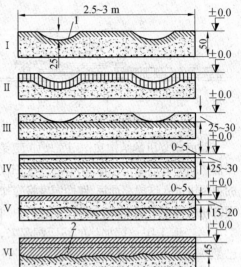

图 5.39 用热整形法修复沥青混凝土路面的工艺图示(cm)

Ⅰ—修理前的路面状态;Ⅱ—把路面加热30~40 mm 深;Ⅲ—翻松25~30 mm 深;Ⅳ—整平加热翻松的路表面;Ⅴ—加铺15~20 mm 的新混合料;Ⅵ—压实修好的路面

1—路面损坏层30~40 mm;2—路面修复层,厚45 mm

温度。加热后的干状再生料由一带状传送带经过料斗输入拌和机,拌和机设在热拌单元的前方。最后把再生过的混合料送至摊铺机进行常规摊铺和碾压作业。

图 5.40 Marter AR2000 型再生装置的预加热器

图 5.41 Martec AR2000 型再生系列装置作业图

据称,这种装置和工艺在造价上可比传统的铣刨后重铺工艺节省约30%~40%。但是,由于施工过程中环境空气质量不够好也使这种工艺没有能被很快推广的一个因素。应着手为红外线加热装置解决和开发一个能真空回收烟气的系统。热空气则能为降低再生料的含水量提供手段,方便拌和摊铺。

第6章 高性能水泥混凝土路面新材料

高性能水泥混凝土路面是一种新型的路面结构,已经成为公路建设中的重要组成部分。尤其是在我国南方的一些省份,高性能混凝土路面结构的应用越来越多,显示了它的独特的优异性能。

6.1 道路水泥和路用高性能水泥

随着公路交通现代化建设的快速发展,发展水泥混凝土路面已经放到道路建设的重要位置。由于混凝土路面比沥青路面具有使用寿命长、施工简单、维修费用低的优势,同时还具有良好的耐磨性和抗冲击性特点,因此在世界各国广泛采用。世界发达国家在高级、重交通道路上的水泥路面发展较快,如英国新建干线公路水泥路面占55%,美、法、德国高速公路中水泥路面各占40%、30%、30%。

和迅速发展的公路建设相比,我国道路水泥的发展却相对迟缓。广东省的公路建设发展是位居全国首列的,据报道,至2005年12月28日粤赣、渝湛粤境段、西部沿海珠海的三条公路同日通车,广东省高速公路建设实现历史性突破,全省高速公路通车里程突破3 100 km,位居全国第二。与快速发展的公路建设相反的是,广东省道路水泥的发展却相当滞后,全省只有花都区花东水泥二厂一家企业具有生产道路硅酸盐水泥的生产资质,公路建设大都采用普通硅酸盐水泥。目前不少的公路混凝土路面早期损坏严重,除与施工质量有关外,还与施工部门对路用水泥的品质了解不多,重视不够,控制不严有关,特别是在高等级公路工程应用方面。

6.1.1 道路水泥

道路硅酸盐水泥熟料:以适当成分的生料烧至部分熔融,所得以硅酸钙为主要成分和较多量的铁铝酸钙的硅酸盐水泥熟料称为道路硅酸盐水泥熟料。

道路硅酸盐水泥:由道路硅酸盐水泥熟料,掺加0~10%活性混合材料和适量石膏磨细制成的水硬性胶凝材料,称为道路硅酸盐水泥(简称道路水泥)。水泥粉磨时允许加入不损害水泥性能的助磨剂,其加入量不得超过水泥质量的1%。

通俗地讲,道路水泥就是用于道路、路面和机场跑道等工程的水泥。道路水泥要求强度高,混凝土抗折性能好,耐磨性好、抗冻以及低收缩和抗干缩性好。其熟料中含Fe_2O_3较高,属于硅酸盐水泥。

1. 道路水泥的特点

水泥混凝土路面既要承受高速载重车辆的重荷、冲击和磨损作用,又要承受自然因素特别是温差、干湿和冻融引起的破坏作用。因此要用适应道路工作条件的特种水泥,使混凝土能满足抗压和抗折强度高、硬化快、耐磨、抗冻性好、应变性能和抗冲击性能好等要求。道路水泥的这些特性,主要依靠改变矿物组成、粉磨细度和石膏用量来达到,必要时应掺用外掺剂。比较适合的矿物组成是:硅酸三钙和铁铝酸四钙的含量较高(分别为52%～60%和14%～24%),而硅酸二钙和铝酸三钙的含量较低(分别为12%～20%和<4%),这种水泥的细度最好控制在 3 000～3 200 cm^2/g 的比表面积范围内。

道路水泥除具有普通水泥的理化通性外,特别重要的是它还具有良好的耐磨性,收缩率小,应变能力高,强度高,抗冲击性能好,抗冻性能好,弹性好等特点。道路水泥混凝土能长期经受高速车辆的摩擦、循环不已的负荷、载重车辆的振荡冲击、温度变化产生的胀缩应力和冻融,因此,在公路和机场跑道的修建中,道路水泥是一种优良、耐久的铺设材料。

表 6.1 是道路水泥熟料中各矿物水化情况。可以看出,C_3S 是熟料强度来源的主要矿物,而水泥水化产物收缩率的大小主要受制于 C_3A 的含量,C_4AF 是一种水化后产物收缩小,抗冲击力强和化学稳定性好的矿物。为了保证熟料中硅酸盐矿物在液相中的形成及控制铝酸盐矿物的含量,有必要在道路水泥中增加铁铝酸盐的含量。在实际生产中采用高铁、高饱和比、低铝氧率的配方。

表 6.1 道路水泥熟料中各矿物水化情况

矿物	抗压强度/MPa			加水/%	收缩率/%
	3 d	7 d	28 d		
C_3S	24.21	30.97	42.14	13	0.048
C_2S	0.49	1.37	3.43	13	0.020
C_3A	1.76	7.55	8.13	13	0.102
C_4AF	11.47	12.15	14.41	13	0.025

2. 国内外道路水泥的发展情况

(1) 国外道路水泥发展情况

根据中国建材研究院的研究报告,国外从 20 世纪 50 年代初就开始了道路硅酸盐水泥的研究工作。如日本在《高速公路设计要领》中规定了混凝土路面板可采用中热水泥、道路水泥,对路用水泥提出了矿物组成、凝结时间及抗折强度的要求。在欧洲混凝土道路的标准和实践中,法国、捷克、瑞典、德国都对路用水泥作出了矿物组成、组分含量等特殊要求,从而改善水泥的某些性能。而罗马尼亚则是目前国际上唯一专门生产道路水泥的国家,并制订了比波特兰水泥要求更高的标准要求。

上述情况说明世界各国对路用水泥的选择都十分重视,而不是人们所想象的不论什么水泥都用来铺筑路面。

(2) 我国道路水泥的发展与要求

我国从 20 世纪 50 年代开始研究道路水泥,并最终于 1992 年制订了第一个道路水泥国家标准《道路硅酸盐水泥》(GB 13693—92),将道路水泥作为一个专门品种生产,并于 2005 年对该标准进行了修订。表 6.2 是现行国家标准 GB 13693—2005 对道路水泥各项指标要求与我国五大通用水泥中的硅酸盐水泥、普通硅酸盐水泥进行对比。

表6.2 各道路水泥与通用水泥的技术要求比较

序号	技术要求			Ⅱ型硅酸盐水泥	普通硅酸盐水泥	道路硅酸盐水泥
1	氧化镁含量/%			≤5.0	≤5.0	≤5.0
2	三氧化硫含量/%			≤3.5	≤3.5	≤3.5
3	烧失量/%			≤3.5	≤5.0	≤3.0
4	熟料中游离氧化钙含量/%			无要求	无要求	旋窑:≤1.0 立窑:≤1.8
5	碱含量/%			由供需双方商定		
6	熟料中铝酸三钙含量/%			无要求	无要求	≤5.0
7	熟料中铁铝酸四钙含量/%			无要求	无要求	≥16.0
8	细度			比表面积大于 300 m²/kg	80 μm 筛余≤10.0%	比表面积为 300~450 m²/kg
9	凝结时间	初凝		≥45 min	≥45 min	≥1.5
		终凝		≤6.5 h	≤10 h	≤10 h
10	安定性(沸煮法)			必须合格	必须合格	必须合格
11	干缩率(28 d)/%			无要求	无要求	≤0.10
12	耐磨性/(kg·m^{-2})			无要求	无要求	≤3.00
13	强度等级 32.5	抗压强度/MPa	3 d	—	≥11.0	≥16.0
			28 d	—	≥32.5	≥32.5
		抗折强度/MPa	3 d	—	≥2.5	≥3.5
			28 d	—	≥5.5	≥6.5
	强度等级 42.5	抗压强度/MPa	3 d	≥17.0	≥16.0	≥21.0
			28 d	≥42.5	≥42.5	≥42.5
		抗折强度/MPa	3 d	≥3.5	≥3.5	≥4.0
			28 d	≥6.5	≥6.5	≥7.0
	强度等级 52.5	抗压强度/MPa	3 d	≥23.0	≥22.0	≥26.0
			28 d	≥52.5	≥52.5	≥52.5
		抗折强度/MPa	3 d	≥4.0	≥4.0	≥5.0
			28 d	≥7.0	≥7.0	≥7.5

从表6.2可见,道路硅酸盐水泥的技术要求要高于同等级的通用水泥,其主要特点体现为对混凝土耐久性及质量影响重要的理化指标与通用水泥相同甚至严于通用水泥,如凝结时间、比表面积、MgO含量、SO_3含量、安定性等,同时又区别于通用水泥,体现出早强、高抗折强度、干缩小、耐磨性好及脆性小的优良性能。道路水泥的性能与其化学成份和矿物组成有着密切的关系,其最主要的特殊性能是耐磨性和干缩性。由于水泥熟料中主要矿物的耐磨性能好坏按下列顺序排列:$C_4AF>C_3S>C_2S>C_3A$,而收缩率由大到小顺序为:$C_3A>C_3S>C_4AF>C_2S$,因此道路水泥标准严格规定了水泥熟料中C_4AF和C_3A含量,以保证生产出耐磨性能好、干缩率低的道路硅酸盐水泥。

从目前生产情况看,我国生产道路硅酸盐水泥的企业有近100家,其中包括间断生产和长期生产的厂家。

在1999年以后,我国高等级公路建设快速发展,道路水泥的产量逐年增加,在高速公路、机场、桥梁和隧道得到广泛的应用。2005年交通部发布实施的《公路水泥混凝土路面施工技术规范》明确提出特重、重交通路面应优先采用道路硅酸盐水泥,这一规定无疑将为道路水泥的推广应用提供更广阔的空间。

3. 道路水泥的性能比较

我们对花东水泥二厂生产的525道路硅酸盐水泥(相当于新标准的42.5等级)进行了检测,表6.3是花东水泥二厂与国内其他主要道路水泥生产企业的水泥熟料成分比较,表6.4是道路硅酸盐水泥物理性能统计结果。

表6.3 各厂水泥熟料矿物成分比较 %

生产厂家	C_3S	C_2S	C_3A	C_4AF
山东华银	62.26	14.27	0.21	16.72
湖南韶峰	49.37	21.12	4.14	18.71
吉林通化	58.49	16.09	2.62	16.72
四川新都	63.57	8.17	4.62	16.32
祁连山永登	61.63	16.00	2.52	17.56
吉林亚泰	62.67	15.57	0.35	18.36
青海特水	51.10	23.67	0.68	17.59
郴州金磊	57.17	15.45	4.25	18.51
甘肃花东二厂	55.70	15.56	3.90	19.24

表6.4 道路硅酸盐水泥物理性能

生产厂家	细度/%	比表面积/(m²·kg^{-1})	凝结时间/min 初凝	凝结时间/min 终凝	抗折强度/MPa 3d	抗折强度/MPa 28d	抗压强度/MPa 3d	抗压强度/MPa 28d	干缩率/%	磨损量/%
山东华银	—	352	200	330	6.2	8.7	36.0	61.0	0.03	1.8
湖南韶峰	1.4	349	161	203	5.6	8.8	31.5	62.7	0.06	0.75
吉林通化	3.8	—	175	243	5.8	8.5	29.3	55.3	—	—
四川新都	3.5	—	182	245	4.9	8.2	25.2	51.2	0.07	2.6
祁连山永登	0.9	341	—	—	5.8	9.2	32.1	61.4	0.06	2.5
郴州金磊	2.1	354	175	242	6.4	8.4	34.4	65.3	—	—
吉林亚泰	1.4	—	120	210	5.8	8.8	31.5	59.8	0.09	0.91
青海特水	3.5	331	101	155	6.2	8.6	33.3	58.9	—	—
甘肃花东二厂	0.9	—	193	208	6.6	8.6	34.1	57.5	0.04	1.44

由表6.3、表6.4可以看出,花东水泥二厂所生产的道路硅酸盐水泥熟料与国内其他主要生产厂家的熟料质量水平接近,C_4AF含量较高,完全符合道路硅酸盐水泥标准对熟料的要求。由于高等级公路要具有高抗折强度、耐磨性好、低收缩等特点,因此对于水泥的要求也相应严格。《公路水泥混凝土路面施工技术规范》中特重交通路面对于水泥抗折强度要求3d为4.5 MPa,28d为7.5 MPa;抗压强度要求3d为25.5 MPa,

28 d 为 57.5 MPa。从上述要求来看,花东水泥二厂生产的水泥完全符合特重交通路面对水泥的质量要求。另外,由于特殊的熟料组成,使得道路水泥的水化热低,经测试,道路水泥的水化热达到中热水泥的标准,对于减少施工中由于水化热引起的温差变形而导致混凝土裂缝具有重要作用。同时,道路水泥严格规定生产所用混合材只能是一级粉煤灰或粒化高炉矿渣、电炉磷渣,使得道路水泥具有良好的施工性能和抗侵蚀性能。

检测结果表明,道路水泥具有良好的抗硫酸盐侵蚀性能,抗蚀系数高于通用水泥,对于抵抗周围介质对混凝土路面侵蚀具有重要作用。

4. 道路水泥的应用

道路水泥在路面混凝土的应用性能及使用效果归纳起来可包括以下内容:

①拌合物和易性好,不离析、不泌水,凝结时间合理,施工操作方便。

②早期强度高,后期强度增长迅速,可缩短拆模时间,切缝时间提前,加快施工速度。

③高抗折强度和低抗折弹性模量,是高等级公路、机场混凝土路面用的优良水泥品种。

④低收缩性使得路面出现收缩裂缝的可能性降低。

⑤耐磨性好。从已有路面使用情况看,道路水泥混凝土路面密实性好,耐磨性明显优于普通水泥混凝土路面。

⑥优良的性价比。配制相同等级混凝土,每立方米混凝土可少用 20~40 kg 水泥,经济效益明显。

5. 道路硅酸盐水泥技术要求

随着我国高等级道路的发展,水泥混凝土路面已成为主要路面类型之一。对专供公路、城市道路和机场道面用的道路水泥,我国已制定了国家标准。现根据我国现行国家标准《道路硅酸盐水泥》(GB 13693—2005)就有关技术要求和技术标准分述如下。

(1) 化学组成

在道路水泥或熟料中含有下列有害成分必须加以限制:

①氧化镁的质量分数不得超过 5%。

②三氧化硫的质量分数不得超过 3.5%。

③烧矢量不得超过 3%。

④游离氧化钙的质量分数,旋窑生产不得大于 1%,立窑生产不得大于 1.8%。

⑤碱的质量分数由供需双方商定。

(2) 矿物组成

①铝酸三钙的质量分数不得大于 5%。

②铁铝酸四钙的质量分数不得小于 16%。

③铝酸三钙和铁铝酸四钙的质量分数按 GB 17671—1999 方法求出。

(3) 物理力学性质

①细度。按国家标准 GB/T1345—1991 水泥细度检验方法,80 目筛的筛余量不得大于 10%。

②凝结时间。按国家标准 GB/T1346—2001 试验方法,初凝时间不得小于 1 h,终凝时间不得迟于 10 h。

③安定性。按国家标准 GB/T1346—2001 试验方法,安定性用沸煮法必须合格。

④干缩性。按行业标准《水泥胶砂干缩试验方法》(JC/T603—1995),28 d 干缩不得大于 0.1%。

⑤耐磨性。按行业标准《水泥胶砂耐磨性试验方法》(JC/T421—1991)磨损率不得大于 3.6 kg/m^2。

⑥强度。达到表 6.2 中要求。

6.1.2 路用高性能水泥

1. 高抗折强度

实践表明,在一般的现场施工条件下,水泥胶砂的抗折强度是同水灰比的混凝土抗折强度的上限,可能接近,不大可能相等,更不可能逾越。在#525 水泥 28 d 抗折强度为 8 MPa 的条件下,现场混凝土路面的抗折强度目前最高仅 7 MPa,这还是在滑模摊铺超高频 12 000 次/min 振捣密实,同时使用减水剂、引气剂,并掺质量分数为 15% 左右的粉煤灰时,在 90 d 以上的龄期方可达到。所以,高性能道路混凝土更高抗折强度的实现必然要求水泥胶砂本身具备更高的抗折强度,达到或超过 10 MPa。否则,尽管在实验室没有问题,但在现场施工条件下,配制 28 d 抗折强度为 7 MPa 以上的混凝土是相当困难的。

实现水泥更高抗折强度的熟料矿物,物理化学基础是使其具有较高的铁铝酸四钙、硅酸三钙、铝酸三钙的含量和优化其微细颗粒级配等。但必须指出,当铁铝酸四钙的含量过高,低水灰比时,水泥的黏聚性过大,振动黏度系数过高,振实能耗高,影响路面密实度和强度;抹面拉不开,较难平整路面。而抗折强度和平整度是水泥混凝土路面结构质量的关键因素。

有人提出增加水泥中的 SO_3^{2-} 含量,用快速生成的钙矾石微晶纤维的方法来提高其抗折强度,有些地方在混凝土路面中使用的"增折剂"就基于这个原理。客观地讲,使用增折剂有一定效果但提高幅度不大。可能的原因是:由于钙矾石微晶显微的尺度和长细比过小,不足以达到显著地增加抗折强度的效果。同时,有人认为,当水泥混凝土中的 SO_3^{2-} 含量过高,可能会产生体积不稳定或降低抵抗硫酸盐侵蚀的能力。具体实践中,我国大量使用的膨胀剂,主要成分是 Na_2SO_3,众多工程中并未造成体积不稳定和硫酸盐侵蚀问题,使用增折剂或许是大幅度提高抗折强度的可能途径和思路之一。在掺与不掺粉煤灰的情况下,高抗折强度的水泥在不带来副作用的前提下,弄清楚其中可能的最大 SO_3^{2-} 含量,是一个有意义的研究课题。

2. 动载结构要求更高的耐疲劳极限和更小的 f-CaO 含量

研究表明,承受动载的结构水泥与静载结构水泥相比在耐疲劳极限和 f-CaO 含量方面的要求是很不相同的。水泥的安定性对耐疲劳极限和水泥混凝土路面的服役期影响巨大。我国现行水泥规范从满足静载结构要求出发,对 f-CaO 含量的限制是质量分数不大于3%,不合格水泥因各种因素应用于道路混凝土建设将导致严重后果。

在安定性合格的条件下即 f-CaO 的质量分数小于3%时研究混凝土耐疲劳性,结果表明,当 f-CaO 的质量分数从 0.9% 增大到 2.7%,水泥砂浆的耐疲劳极限可相差 1~2.5倍,混凝土还要大一些,达 1.5~4 倍。f-CaO 含量越低的水泥配制的混凝土耐疲劳极限越高。这项研究说明,承受动载的高性能道路混凝土(包括公路混凝土路面、机场跑道、公路铁路桥梁)所使用的水泥,应该比目前水泥规范按静载要求的安定性合格的水泥的 f-CaO 含量还要低。在高性能道路水泥的研究中应该高度重视这个问题。目前我们能够做到的是:在相同水泥品种和标号情况下,当水泥的生产厂家和性能有选择余地的条件下,应选用 f-CaO 含量较低的水泥作为动载疲劳结构用水泥,以保证高性能道路混凝土冲击疲劳应力循环周次,延长路面使用寿命。

3. 研究柔韧性好、变形小的高性能道路水泥

水泥混凝土路面是刚性路面,刚度过大,造成水泥混凝土路面柔韧性不良、减振性能差、噪音大、舒适性欠佳。由于截面惯性矩无法改变,减小结构刚度主要途径是减小抗折弹性模量。在混凝土中,利用引气剂可降低弹性模量,高性能道路水泥也要研究减小弹性模量的途径和可能,另外,还要研究减小水泥的干缩和温度收缩变形系数的方法。

4. 更高的耐久性

从水泥物理化学上讲,混凝土的耐久性取决于水泥中的碱度、SO_3 含量及水泥水化后的 $Ca(OH)_2$ 含量。因此必须考虑,在水泥混凝土路面中是否使用粉煤灰混合材料。在没有使用混合材料的情况下,上述三个因素对软水渗透侵蚀、硫酸盐侵蚀、碳化、碱集料反应等耐久性都是不利的,对其含量应该加以限制。在使用粉煤灰等混合材料的情况下,如果这三者的含量过低,混合材料的活性激发和二次反应都将受到遏制,并非有利。

对混凝土中的碱集料反应,应认识到其两面性,即在限制其膨胀的同时,可利用其强化界面结构。问题的关键是如何控制不发生体积破坏,又增强界面这个合适的"度"。其实在我国水泥工业中,实际已经在利用碳酸盐的碱集料反应,如不少水泥厂掺质量分数不大于5%的石灰石粉作为混合材料。在石灰石集料的混凝土中,不可否认它仍会反应,但绝大多数情况下,不会有反应破坏问题。

在水泥混凝土路面上,碱集料反应的三个条件(高碱度、活性集料和水)基本都具备,已经发现道面上典型的硅酸盐碱集料反应造成破坏的情况,碱硅酸盐反应危害可能大于碱碳酸盐反应。为了减少其危害,在道路工程的混凝土中,限制高性能道路水泥中的碱度不大于 0.6% 是必要的。

在水泥混凝土路面上,耐久性破坏最多最常见的是由于强度不足导致的冲击磨损破坏。研究表明,抗磨性并不独立,它与抗折强度和抗压强度均有线性正比关系。因此,提高抗折强度、增强抗冲击磨损耐久性是高性能道路水泥的重要任务之一。

另外,实践发现在我国高寒和寒冷地区,由于水泥混凝土路面和机场跑道中没有使用引气剂,2~3 年内全部冻酥崩溃的情况很多。因此,建议在全国各地的水泥混凝土路面上强制使用引气剂的技术要求,它有增加工作性、提高抗折强度、降低弹性模量、减小温湿翘曲变形、增强耐候性(包括高温高湿膨胀和负温抗冻性)的积极效果。有些发达国家在水泥生产过程中加助磨剂和水泥引气剂产生双重效果,可在高性能水泥生产中引为借鉴。

6.2 路用高性能水泥混凝土

水泥混凝土路面作为我国高等级公路和城市道路工程中一种重要的路面结构形式,在各类路面工程中发挥着重要作用。水泥混凝土路面,也称为刚性路面,它是一种高级路面。水泥混凝土路面有素混凝土、钢筋混凝土、连续配筋混凝土、预应力混凝土、钢纤维混凝土和装配式混凝土等各种路面。水泥混凝土路面具有强度高、扩散荷载能力强、温度与水稳定性好、使用寿命长、维护费用低等优点,因此在各类路面工程中发挥着十分重要的作用,其广阔的发展前景也备受全社会的重视。

但是由于水泥混凝土自身是一种脆性材料,对交通超载及环境因素的变化十分敏感,加上设计、施工和管理不善等问题,在长期运营中路表砂浆层易破损,不但会严重影响路面的平整性和抗滑性,内部的粗集料在失去了砂浆层的保护后也会迅速脱落,从而导致整个面板的断裂破坏。近代高速公路建设的进步,对混凝土的性能(耐久性)与技术也都提出了更高的要求。人们开始考虑,在建造初期,采用高性能混凝土延长使用年限,减少维修费用更具有经济性。因此,路用高性能水泥混凝土和高性能水泥路面修补混凝土成为其主要的发展方向。

6.2.1 高性能混凝土的定义

高性能混凝土(High Performance Concrete,HPC)是在20世纪80年代末90年代初才出现的。1990年5月,在美国国家标准与技术研究所(NIST)和混凝土协会(ACI)主办的第一届高性能混凝土会议上首次定义了高性能混凝土,其含义可概括为:混凝土的使用寿命要长(耐久性作为设计的主要指标);混凝土应具有较高的体积稳定性;混凝土应具备良好的施工性质;混凝土应具有一定的强度和密实性。

就目前工程急需和研究热点来看,高性能水泥混凝土的特点集中表现为大流动性、高强度、高韧性、高耐久性。其中,高强度可以作为高性能混凝土的核心标志。高性能混凝土是近期混凝土技术发展的主要方向,有人称其为21世纪混凝土。

高性能道路混凝土的技术内涵包括5项基本要求:

①优良的工作性,在坍落度不大于50 mm条件下的可施工密实性。
②高抗折强度,28 d强度大于7 MPa,90 d强度大于8 MPa。
③高耐疲劳极限,在规定应力强度比下,弯曲疲劳循环周次从普通混凝土的50万次提高到100～200万次。
④小变形性质,包括较低抗折弹性模量,较小的温度、湿度变形系数。
⑤高耐久性,包括抵抗物理作用、化学侵蚀的耐久性,普遍突出的是抗磨性。

在道路混凝土路面施工小坍落度条件下,优良的工作性是保障上述后4项使用性能的前提。就是要在给定水泥混凝土路面的各种机械或人工施工方式下,满足新拌混凝土适宜的振动黏度系数、坍落度工作要求,这是水泥混凝土路面和桥面结构可施工密实的保证。

综上,高性能混凝土指的是:满足水泥混凝土路面各项设计(高抗折强度、高耐疲劳极限、小变形性能)、施工(优良工作性)和使用(高抗磨性)的优异性能要求,经久耐用的混凝土道路面层材料。

6.2.2 高性能混凝土的组成材料

配制高性能混凝土时,往往配合使用以下措施:降低水胶比,可以获得高强度;降低空隙率,可以获得高密实度、低渗透性;改善水泥的水化产物以提高强度和致密性;提高水泥等胶结料与骨料的黏结强度;利用非水泥的增强材料如纤维、树脂等。

1. 水泥

水泥的品种通常选用硅酸盐水泥和普通水泥,也可采用矿渣水泥等。强度等级选择一般为:C50~C80 混凝土宜用强度等级 42.5;C80 以上选用更高强度的水泥。1 m^3 混凝土中的水泥用量要控制在 500 kg 以内,且尽可能降低水泥用量。水泥和矿物掺合料的总量不应大于 600 kg/m^3。

2. 掺合料

(1)硅粉

硅粉是生产硅铁时产生的烟灰,故也称为硅灰。它是高强混凝土配制中应用最早、技术最成熟、应用较多的一种掺合料。硅粉中活性 SiO_2 的质量分数达 90% 以上,比表面积达 15 000 m^2/kg 以上,火山灰活性高,且能填充水泥的空隙,从而极大地提高混凝土密实度和强度。硅灰的适宜掺量为水泥用量的 5%~10%。

研究结果表明,硅粉对提高混凝土强度十分显著,当外掺 6%~8% 的硅灰时,混凝土强度一般可提高 20% 以上,同时可提高混凝土的抗渗、抗冻、耐磨、耐碱-骨料反应等耐久性能。但硅灰对混凝土也带来不利影响,如增大混凝土的收缩值、降低混凝土的抗裂性、减小混凝土流动性、加速混凝土的坍落度损失等。

(2)磨细矿渣

通常将矿渣磨细到比表面积为 350 m^2/kg 以上,具有优异的早期强度和耐久性。矿渣掺量一般控制在 20%~50%。矿粉的细度越大,其活性越高,增强作用越显著,但粉磨成本也大大增加。与硅粉相比,矿渣增强作用略逊,但其他性能优于硅粉。

3. 高性能减水剂及其他外加剂

常用的减水剂有萘磺酸盐甲醛缩合物(掺量在 0.35%~1.5%)、蜜胺磺酸系(液体掺量在 1.5%~4%)、聚羧酸系(掺量在 0.1%~0.3%)、氨基磺酸系(液体掺量在 1.5%~2.5%)、木质素磺酸盐(掺量在 0.1%~0.3%)。应注意,萘磺酸盐甲醛缩合物与三聚氰胺磺酸盐甲醛缩合物两个系列的高效减水剂,不能直接用于配制高性能混凝土,必须复合使用。混凝土强度越高,使用不同的高效减水剂对最终强度的影响越大。

配制高性能混凝土往往还需要选用复合型高性能减水剂,如缓凝剂、引气剂、增稠剂、膨胀剂等,以满足高性能混凝土性能的不同需求。

4. 合适的粗细骨料

粗细骨料在混凝土中约占总体积的 65% ~75%,因此,合适的粗细骨料是配制高性能混凝土的基础。粗细骨料的品质、单位体积混凝土中粗细骨料所占的体积、粗骨料的最大粒径构成了配制高性能混凝土的三要素,必须同时考虑。

细骨料应选择较圆滑、坚硬的河砂或碎石砂,细度模数宜在 2.6~3.2,含泥量低,表观密度大于 2.15 g/cm³,且吸水率低。粗骨料应选择表面粗糙有棱角的硬质砂岩、石灰岩、玄武岩轧制的碎石,最大粒径宜在 15~20 mm,压碎值在 10%~15%,表观密度大于 2.65 g/cm³,吸水率不超过 1%。

6.2.3 高性能路面水泥混凝土配合比的试验研究

通过试验研究水泥强度、外加剂对高性能路面水泥混凝土的力学性能和抗冻性、收缩性的影响,对路面混凝土配合比设计参数进行优选,提高路面混凝土的服务寿命。

1. 原料

水泥(P·O 42.5 和 P·S 32.5)、外加剂(JM-Ⅲ、PCWG-5 和引气膨胀剂)、粉煤灰、石子、砂、水。

2. 试验

高性能路面水泥混凝土配合比见表 6.5。

表 6.5 高性能路面水泥混凝土配合比

水泥品种	配合比编号	外加剂种类	配合比					
			水灰比	水泥	砂	石子	水	外加剂
P·O 42.5	PJ	JM-Ⅲ	0.37	348	688	1 223	138	29
	PR	PCWG-5	0.38	363	692	1 221	138	2.18
	PRH	PCWG-5+引气膨胀剂	0.38	348	688	1 223	138	2.36+26.64
P·S 32.5	KJ	JM-Ⅲ	0.37	348	688	1 223	138	29
	KR	PCWG-5	0.38	363	692	1 221	138	2.00
	KRH	PCWG-5+引气膨胀剂	0.38	348	688	1 223	138	2.07+26.82

试验方法:

①抗弯拉强度试验方法按照 T 0558—2005,采用 100 mm×100 mm×400 mm 棱柱体试件,采用 3 点加载法。

②抗压强度试验按照 GB/T 0553—2005,采用 100 mm×100 mm×100 mm 的立方体试件,将试验结果乘以 0.95 后得到标准抗压强度。

③抗弯拉弹性模量试验参照 T 0559—2005,初荷载为 4 kN,终荷载为 10 kN。

④抗冻性能试验是根据所测的冻融循环次数评价各种混凝土的抗冻性能。

⑤收缩性能试验是在恒温、恒湿条件下,测定混凝土试件由于干缩产生的横向变形,试验方法参照 T 0566—2005,通过考虑基准棒长度的变化,来消除温度变化等其他因素造成的影响,主要反映出混凝土的干缩性能。

抗压破坏受正应力控制,抗压强度主要取决于浆体与集料黏结的强度;而抗折破坏主要受弯拉应力控制,弯拉应力对混凝土的界面结构和匀质性更为敏感。混凝土的收缩包括干缩和徐变,混凝土的干缩是早期裂缝出现的主要原因。

混凝土抗弯强度和抗压强度试验结果见表 6.6。混凝土抗弯拉弹性模量及抗冻性试验结果见表 6.7。

表 6.6 混凝土抗弯强度和抗压强度试验结果

配合比编号	抗弯拉强度/MPa		抗压强度/MPa		
	7 d	28 d	3 d	7 d	28 d
PJ	3.1	5.0	38.5	42.2	42.6
PR	3.8	5.6	45.6	51.1	56.3
PRH	3.2	5.6	—	47.0	53.8
KJ	2.7	5.5	34.5	41.4	52.0
KR	3.2	5.4	34.2	43.5	56.0
KRH	3.4	5.2	—	37.8	48.3

表 6.7 混凝土抗弯拉弹性模量及抗冻性试验结果

混凝土配合比编号	PJ	PR	PRH	KJ	KR	KRH
弹性模量 E_f/MPa	38 333	57 500	48 254	44 231	50 735	41 071
抗冻融循环次数/次	300	150	300	300	150	300

从表 6.6 和表 6.7 可以看出:

①使用 RCWG-5 减水剂的混凝土强度高于使用 JM-Ⅲ 外加剂的混凝土。

②6 种混凝土 28 d 抗弯拉强度从大到小依次为:PRH=PR>KJ>KR>KRH>PJ,其中 PR 和 PRH 的抗弯拉强度均达到 5.6 MPa;28 d 抗压强度从大到小依次为:PR>KR>PRH>KJ>KRH>PJ,其中,PR、KR 和 PRH 的抗压强度达到 53.8 MPa。

③在混凝土中掺入引气膨胀剂的混凝土试件(PRH)与其他混凝土试件相比,其收缩率是最小的,如图 6.1 所示。

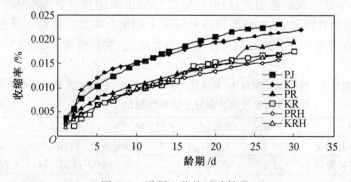

图 6.1 混凝土收缩试验结果

3. 结论

①高强度水泥可明显提高混凝土的抗弯拉强度。

②RCWG-5 减水剂对强度的提高较为明显。

③在混凝土中掺入引气膨胀剂可明显改善混凝土的干缩性能,减少早期裂缝的出现。

④高寒地区重交通水泥混凝土路面采用 P·O 42.5 水泥、掺用 RCWG-5+引气膨胀剂的 PRH 配合比试件具有较高的早期抗压强度、28 d 抗弯拉强度及较高的抗冻融循环次数和抗干缩变形能力,完全满足高寒条件下重交通对水泥混凝土路面的使用要求,混凝土的路用性能有了明显的改善。

6.2.4 高性能水泥路面修补混凝土

混凝土表面破损修补技术的关键在于加强旧混凝土路面与新浇混凝土之间的黏结。而二者收缩性能的不协调导致了其界面易开裂,加上外界车辆荷载的作用和环境变化的影响,成为修补材料破坏的源头。国外相关研究表明,影响新老水泥基材黏结的主要因素有修补界面的清洁度、老混凝土界面开裂情况、新拌混凝土的黏结性能,其中前二者与施工工艺有关。第三个因素主要考虑到材料组成设计的改性研究。根据国内外调研报告可知,目前的混凝土路面破损修补材料在施工工艺和材料设计方面还有很大的发展空间。

以往对破损路面较多采用换板等维修措施,但因此带来的工作量大和耽误通车等问题一直困扰着管理部门。参考国内外相关经验,特别是近年来较为流行的预防性养护理念,采用小粒径混凝土对破损面板进行早期修补可以大大减缓路面的破损速率,因此成为目前对混凝土路面和结构工程破损修补的主要方法之一。

高性能水泥路面修补混凝土通常采用高效减水剂、超细矿渣以及聚合物对细粒混凝土进行改性。材料配比目标设计遵循三个原则:高流动性、高黏结强度和低收缩量。

高流动性保证了修补混凝土良好的施工性能,高黏结强度和低收缩量则是新旧混凝土界面黏结性能的根本要求。但事实上,上述三个原则对修补混凝土配比的要求不同甚至是相互矛盾的,如高黏结强度要求修补混凝土具备低水灰比特征,而高流动性则需要较大的用水量以及水泥用量;而低收缩量与低水泥用量又直接相关。普通修补混凝土、普通改性修补混凝土、矿渣改性修补混凝土和聚合物改性修补混凝土的典型配比见表6.8。表6.8中的4种配比混凝土测试力学强度、黏结强度和3 d 收缩率测试结果见表6.9。

表6.8 普通修补混凝土、普通改性修补混凝土、矿渣改性修补混凝土和聚合物改性修补混凝土的典型配比

类型	编号	水灰比	水泥:砂:石料:水:减水剂:矿渣(SD622S)
普通修补混凝土	J0	0.44	380:660:1170:167:1.9:0
普通改性修补混凝土	J1	0.40	360:660:1170:144:3.60:0
矿渣改性修补混凝土	J2	0.385	252:660:1170:139:0:108
聚合物改性修补混凝土	J3	0.330	252:660:1170:83:0:72

注:聚合物修补混凝土中的水灰比包括聚合物乳液的含水量

表6.9 强度与黏结性能测试结果

类型	编号	抗弯拉强度/MPa		抗压强度/MPa		压折比/cm		黏结强度/MPa	干缩率/10^{-6}
		3 d	28 d	3 d	28 d	3 d	28 d	28 d	3 d
基准	J0	3.62	5.56	31.5	42.4	8.70	7.63	1.45	210
PCC	J1	4.77	6.95	30.7	49.5	6.44	7.12	2.07	240
	J2	5.09	7.27	32	46.1	6.29	6.34	2.21	120
	J3	5.36	7.92	31.1	39.9	5.80	5.04	3.02	130

对表6.9结果分析可知,三种改性修补混凝土的黏结强度均远远高于普通修补混凝土。高效减水剂、矿渣和聚合物的掺入均可有效地提高混凝土的黏结强度。特别是复合双掺高效减水剂和矿渣以及复合双掺聚合物和矿渣,两者改性的混凝土黏结强度与普通修补混凝土相比较提高了约52%与108%。

单掺高效减水剂虽然可以显著增加混凝土的黏结强度,但收缩也有较大的增长,因此会影响新旧混凝土界面的黏性性能。而矿渣或聚合物的掺入可以降低新浇筑混凝土的收缩量,特别是3 d的收缩量,因此非常有利于降低新老混凝土界面开裂的趋势。虽然综合比较黏结强度和收缩性能,聚合物改性修补混凝土效果更好,但聚合物的价格太高,从而使得修补混凝土的成本难以承受。

6.3 纤维高强水泥混凝土路面新材料

各种纤维掺入水泥混凝土路面结构中,可以大大增强路面的抗开裂能力。由于许多路面病害都是从路面裂缝开始的,因此纤维高强水泥混凝土路面可以大大提高路面的使用性能和耐久性。

原则上讲,各种纤维都可以用于路面结构中。例如,各种有机纤维的加入,可以提高路面的强度和结合性;导电碳纤维的加入还可使路面加热,对于冬季路面的积雪或积冰融化是一种可行且环保的方法;钢纤维的加入更是一种提高路面各项性能的有效方法。

公路建设中,钢纤维水泥混凝土路面的使用越来越多。由于成本相对偏高,许多工程仅将钢纤维水泥混凝土路面用于公路沿线的关键部位,如神木至谷府高速公路(陕西省榆林至商城线)在交通量大的主线收费站和互通式立交匝道均采用钢纤维水泥混凝土路面。钢纤维混凝土是在普通混凝土中掺入乱向分布的短钢纤维所形成的一种新型的多相复合材料,这些乱向分布的钢纤维能够有效阻碍混凝土内部微裂缝的扩展及宏观裂缝的形成,显著改善混凝土的抗拉、抗弯、抗冲击、抗疲劳性能,具有较好的延性。

1. 原材料的选择

(1)钢纤维类型及尺寸

采用的钢纤维为钢锭铣削型钢纤维,其抗拉强度应不低于600 MPa,钢纤维的长径比为30~40。

(2)水泥

一般可采用普通硅酸盐水泥或硅酸盐水泥,因钢纤维混凝土路面工作条件特殊、厚度小,故路面混凝土应尽可能采用强度高、干缩性小、抗磨性及抗冻性好的水泥。每立方米钢纤维混凝土的水泥用量(或胶凝材料用量)不宜小于380 kg。当钢纤维体积率或基体强度较高时,水泥用量(或胶凝材料用量)可适当增加,但不宜大于550 kg。

(3)集料

粗骨料(粒径大于7 mm)宜采用岩浆岩或未风化的沉积岩碎石,不宜采用石灰岩碎石,公称最大粒径宜为钢纤维长度的$\frac{1}{2} \sim \frac{2}{3}$,并不宜大于26.5 mm。

细集料(粒径小于5 mm)可用天然砂,要求颗粒坚硬耐磨,级配良好,表面粗糙有棱角,其硅质砂或石英砂的含量不宜低于25%。

(4)水和外加剂

同普通混凝土一样,以饮用水为宜,混凝土用水量为130~180 kg/m³。为保证混凝土具有足够的强度和密实度,水灰比宜为0.4~0.55。钢纤维混凝土的水灰(胶)比不宜大于0.50;对于以耐久性为主要要求的钢纤维混凝土,不宜大于0.45;配制高强钢纤维混凝土所用的水灰(胶)比宜控制在0.24~0.38,并应掺高效减水剂。水灰比低时,混凝土和易性差,可增加减水剂或塑化剂。为使路面提早开放交通,可在混凝土中掺加适量早强剂。为提高混凝土的和易性,可掺入适量加气剂。

2. 配合比设计

钢纤维水泥混凝土混合料配合比设计需保证钢纤维混凝土具有较高的抗弯强度,以满足结构设计对强度等级的要求(即抗压强度与抗折强度),以及施工的和易性。钢纤维混凝土配合比设计应按绝对体积法计算,并按以下步骤进行。

①根据强度设计值以及施工配制确定强度提高系数,确定试配抗压强度与抗折强度。钢纤维混凝土抗折强度设计值的确定按下式进行:

$$f_{ftm} = f_{tm}(1 + \alpha_{tm}\lambda_f)$$

式中,f_{ftm}为钢纤维混凝土抗折强度设计值;f_{tm}为同强度等级普通混凝土抗折强度设计值,按现行有关水泥混凝土路面设计规范的规定采用;α_{tm}为钢纤维对抗折强度的影响系数(试验确定),建议值为1.19;λ_f为钢纤维含量特征参数,$\lambda_f = \rho_f \cdot l_f/d_f$,其中$\rho_f$为钢纤维体积率,一般为0.4%~0.8%;$l_f/d_f$为钢纤维长径比,其值为30~40。

②根据试配抗压强度计算水灰比。

③根据试配抗压强度确定钢纤维体积率。

④按照施工要求的稠度确定单位体积用水量,钢纤维每掺加0.5%(体积率),单位体积用水量相应增加6 kg,如果掺用外加剂应考虑外加剂的影响。

⑤确定合理砂率,钢纤维每掺加0.5%(体积率),砂率相应增加2%。

⑥按绝对体积法计算混合材料用量,确定试配配合比。

⑦按照试配配合比进行拌合物性能试验,调整单位体积用水量和砂率,确定强度试验用基准配合比。

⑧根据强度试验结果调整水灰比和钢纤维体积率,确定施工配合比,一般要求水泥用量不得低于380 kg/m³,钢纤维用量为45 kg/m³。

3. 施工技术要点

(1) 拌和

为防止钢纤维混凝土在拌和时结团,在施工时每拌一次的搅拌量不宜大于搅拌机额定搅拌量的 80%。为保证混凝土混合料的搅拌质量,采用先干后湿的搅拌工艺。投料顺序和搅拌时间为:粗集料→钢纤维(干拌 1 min)→细集料→水泥(干拌 1 min)。其中钢纤维在拌和时分三次加入拌和机中,边拌边加入钢纤维,再倒入砂、水泥,待全部料投入后重拌 2~3 min,最后加足量水湿拌 1 min。总搅拌时间不少于 5~6 min,超时搅拌会引起湿纤维结团。按此程序拌出的混合料均匀。若在拌和中先加水泥和粗、细集料,后加钢纤维,则容易结成团,而且纤维团越滚越近,难以分开。一旦发现有纤维结团,就必须剔除掉,以免影响混凝土的质量。

(2) 运料

在运送混合料时,主要采用手推车、翻斗车或自卸汽车运输,应尽量缩短运送的时间和距离,以免运输中振动使钢纤维下沉,影响拌和料的均匀性。运输中要防止钢纤维受污染。运输的最长时间以实验提供的水泥初凝时间并给施工留有足够的操作时间为限。

(3) 浇筑

当混合料运送至指定地点后,一般直接倒入安装好模板的路槽内,并用人工找平。落料时应避免同一处大堆落下。在规定的连续施工区段内必须连续进行,不能中断,否则会造成钢纤维延接缝隙表面排列,不能产生增强作用,易产生裂缝。

(4) 振捣

钢纤维混凝土的振捣机具宜用平板振捣器。若板厚在 20 cm 以内可一次摊铺成型,振动时间一般以表面振出砂浆、混合料不再下沉为度,严禁漏振。再用两端置于外侧模板的振动梁,沿摊铺方向振动压平,振动过程中,多余混合料被刮出,低洼处应随时补足。最后用置于两侧模板上的无缝钢管,沿纵向滚压一遍以确保路面的平整度。

(5) 表面处理

为防止钢纤维外露或竖直伸出表面,以保障车辆及行人安全,在整平前可用凸棱的金属压滚或其他方法,将竖起或外露的钢纤维压入后再整平,抹面和压纹时也不得将钢纤维带出,抹平的表面应在初凝前进行压纹和拉毛。压纹和拉毛工具宜使用压滚和刷子,不得使用竹扫帚。路面切缝宜采用割缝机割出要求深度的槽口,割槽时间不宜过早或过迟,一般以钢纤维抹面后 12~48 h 抗压强度达到 5~10 MPa 作为割槽时间。

(6) 养生

钢纤维混凝土与普通混凝土一样,应及时养生。当混凝土抹面 2 h 后,表面具有一定硬度,用手指轻压不出现痕迹时,就可开始养生。用土工布覆盖于混凝土表面,每天均匀洒水数次,使其保持潮湿状态,养护时间不得少于 7 d。

(7) 切缝

钢纤维混凝土设有多种切缝。胀缝与路中心线垂直,缝壁必须垂直,缝隙宽度必须一致,缝中不得有连浆现象,缝隙内应及时浇灌填缝料。当混凝土达到 28 d 强度的 25%~30% 时,采用切缝机进行缩缝切割,切缝深度为 3 cm,缩缝设置 8 m 一道。施工缝位置宜与胀缝或缩缝设计位置吻合,施工缝与路中心线垂直。对胀缝、缩缝均采用10#石油沥青灌式填缝。

4. 钢纤维混凝土的质量控制

为保证钢纤维混凝土的施工质量,应注意以下事项:

①对原材料进行严格检验,确保使用合格的原材料。

②事先应检测基层的强度、刚度、均匀性、高程、平整度等,须符合设计要求。

③现场测试砂、石料的含水率,根据试验配合比,以适当调整施工配合比。

④摊铺前,应检查基层的平整度、路拱横坡、模版标高等。

⑤试件制作:每铺筑 400 m³ 的钢纤维混凝土,应制作两组抗折试件(以做 7 d 和 28 d 强度试验),每增铺 1 000~2 000 m³ 钢纤维混凝土,增做一组试件,备做验收或检查后期强度时使用,在现场与路面相同条件下对试件进行湿法养生,施工中应及时测定试件 7 d 龄期强度,检查是否达到 28 d 龄期强度的 70% 以上,若达不到,要查明原因,立即采取措施,以达到设计要求。

⑥水洗法检测钢纤维含量偏差不应大于设计掺量的 ±15%。

6.4 聚合物高强水泥混凝土路面新材料

目前,应用在路面工程中主要的铺装材料为水泥混凝土和沥青混凝土两种,但这两种混凝土在应用中都有各自的缺点。对于水泥混凝土路面:行车舒适性差,噪音大,早期水损害现象严重,路面接缝裂缝多,含细料较多的基层容易形成唧泥现象,最终使水泥混凝土路面板断裂、破碎。而对于沥青混凝土路面:成本较高;承载力不足;在重载作用下,容易造成车辙变形,从而导致表面横向推移,形成坑槽、壅包和波浪等病害。于是既具有水泥混凝土路面的高强度又具有沥青路面的高柔性的聚合物改性水泥混凝土应运而生。聚合物改性水泥混凝土是指骨料(碎石)与水泥在混合的时候,与分散在水中、或者可以在水中分散的有机聚合物材料结合生成的复合材料。

聚合物改性水泥混凝土是以聚合物(或单体)和水泥共同作为胶凝材料的一种聚合物混凝土,能提高抗拉、抗渗、抗冲、耐磨、耐蚀等性能。

聚合物混凝土是将聚合物掺入混凝土中而形成的混杂复合材料,是涉及聚合物科学、无机胶凝材料化学、混凝土工艺学的边缘学科。由于少量聚合物的掺入,填充了混凝土内部的孔隙和微裂缝,甚至在水泥浆体中形成连续的聚合物薄膜,这样,在以水泥为胶凝材料的无机刚性空间骨架内,有机的、弹性的聚合物以绞点及膜的形式像空间网络一样相互穿插,所以聚合物混凝土结合了普通混凝土和有机聚合物各自的优点,使混凝土的性能得到显著提高。聚合物混凝土按其制备和复合方式,一般可分为聚合物浸渍混凝土(PIC)、聚合物水泥混凝土(PCC)和聚合物胶结混凝土(PC)三种。PIC 是以已硬化的混凝土为基材,经干燥后浸入有机单体,然后再用加热或辐照的方法使渗入混凝土孔隙内的单体聚合,从而使聚合物和混凝土成为一个整体;PC 也称为树脂混凝土,是一种完全不用水泥,全部以合成树脂为胶结材料、以砂石为骨料的混凝土;PCC 是以聚合物(或单体)与水泥共同作为胶结料,加上骨料一起配制而成。PIC 工艺复杂不利于现场施工;PC 成本太高受到一定限制;PCC 工艺简单,现有的普通生产设备,既能生产,成本又低,因而易于推广应用。

与水泥混凝土以及沥青混凝土相比,聚合物改性混凝土具有以下特点:
①增加混凝土韧性、抗折强度以及柔性。
②由于本身的减水作用,可以改善混凝土拌合物的工作性。
③降低混凝土的脆性、干缩。
④增强混凝土的耐久性。

6.4.1 聚合物对水泥混凝土的改性作用

1. 强度性能

一般而言,与普通水泥混凝土相比,聚合物改性砂浆和混凝土的抗拉强度和抗折强度都有明显的提高,而抗压强度则没有明显改善,甚至有所降低。抗拉和抗折强度的提高主要归因于聚合物本身较高的抗拉强度和水泥水化产物与骨料之间黏结的改善。表6.10 是羧基丁苯乳液改性水泥混凝土的强度随龄期的变化。由表 6.10 可以看出,当聚合物掺量为 15% 时,其 7 d 的抗折强度相对于普通混凝土提高了 22%,28 d 提高了38%,90 d 提高了 27%,而抗压强度均有所降低。聚合物改性砂浆和混凝土的力学性能还受到很多因素的影响,且许多因素往往相互关联,主要的因素有聚合物本身的性能、聚灰比、养护方法、测试方法等。

表6.10 羧基丁苯乳液改性水泥混凝土的强度

聚灰比/%	水灰比	抗压强度/MPa			抗折强度/MPa			压折比		
		7 d	28 d	90 d	7 d	28 d	90 d	7 d	28 d	90 d
0	0.43	65.69	73.39	87.38	4.92	4.85	5.04	13.35	15.13	17.34
15	0.34	64.22	66.19	76.80	6.02	6.69	6.42	10.66	9.89	11.96

2. 韧性、抗冲击性

聚合物具有柔韧性和弹性。在聚合物混凝土中均匀排列的聚合物颗粒在水泥水化物颗粒和骨料之间起着弹性隔层的作用,增强了混凝土的柔韧性和弹性,使其具有一定的缓解外力冲击的能力。在相同流动度条件下,聚合物改性砂浆韧性比普通混凝土水泥砂浆要好很多,断裂能是水泥砂浆的两倍以上。普通水泥砂浆(C∶S=1∶3)试件在落锤式冲击试验机上可耐 10 次冲击。加入丁苯胶乳,当 P/C=0.1% 时,耐冲击强度无改变;当 P/C=0.4%~0.7% 时,耐冲击强度最大,可耐 90 次冲击。

3. 黏结性

聚合物改性水泥混凝土与其他材料的黏结强度高于普通水泥混凝土。亲水性聚合物与水泥悬浮体的液相一起向被黏附材料的孔隙及毛细管内渗透。在孔隙及毛细管内充满水泥水化产物并且水化物被聚合物增强,使得聚合物改性水泥混凝土与被黏附材料之间建立起致密的搭接结构,从而提高了它们之间的黏结强度。聚合物掺量增加,黏结试样的断裂能和最大劈裂拉伸强度提高,当聚合物掺量增加到 5% 时,最终断裂能提高了55%,初裂断裂能提高了86%,最大劈裂拉伸强度提高了35%。

4. 耐水性

聚合物的加入使混凝土的渗水量降低,吸水率减少,反映出乳液改性混凝土的致密性和聚合物膜形成后的阻水性。在较好的情况下,吸水率最大可以下降50%。在浸水条件下,与普通混凝土相反,弯曲强度下降更为明显,但是仍能保持相当的强度,其湿强度仍然比普通混凝土高,因而对实际应用没有影响。

5. 耐候性

由于聚合物本身存在耐候性比较差的问题,因此有人提出聚合物改性混凝土的耐候性问题,引起聚合物耐候性差的主要因素是紫外线。事实上,由于聚合物被水泥、砂石等无机材料覆盖,而这些材料并不能让紫外线透过,所以,聚合物改性混凝土中的聚合物基本上不会受到紫外线的作用。

6.4.2 聚合物的改性机理

研究人员研究了单纯的聚合物与应用在水泥中聚合物的一些区别,并做出了总结。通过加入聚合物提高了砂浆的抗拉强度并且降低渗透性,如果改变加入聚合物类型还能使抗压强度降低。通常聚合物的加入量少于水泥量的20%,一般为10%~15%。

水泥中所加入的聚合物需要考虑到聚合物与水的兼容性,大部分聚合物材料是不溶于水的,所以采用悬浮乳液。分散在乳液中互相连接的微粒称为薄膜结构。这些微粒相连的结构是在水蒸发的过程中形成的。随着水分的蒸发,球形微粒之间的距离达到一种临界尺寸,这种临界尺寸使得其低于水的表面张力作用范围而不会发生变形,持续蒸发水分直到蒸发结束,使混合液改变原先的形式而形成一层持续的薄膜。

总之,聚合物改性水泥系统本身是机械式的,聚合物填充水化水泥中的孔隙,随着水分的消耗,水泥的水化作用与聚合物的膜结构同时反应使内部相互连接。具有可反应基团的聚合物可能会与固体氢氧化钙表面或集料表面的硅酸盐发生化学反应,这种化学反应可增强水泥水化产物与骨料间的黏结,因而改善混凝土与砂浆的性能。最终的产物是水泥的水化产物与聚合物均匀分散交联的产品。聚合物可有效防止裂纹的产生。聚合物在硬化水泥浆体中交织成网状胶膜,一方面起到增韧的作用,另一方面起到提高耐久性能的作用。聚合物膜铰接的作用机理表现在聚合物形成的空间三维连续网状结构,相当于纤维状,从而增强了水泥浆体的基体抵抗裂纹扩展,提高了抗折强度,增加抗拉强度;另外,聚合物乳液中大量的活性物质增强了混凝土拌合物料表面的湿润,降低了孔隙率,形成聚合物膜牢牢地黏附在集料表面,改善了其断裂性能,有效防止了裂缝的产生,聚合物均匀地分散在水泥水化物中也起到减小渗透性的作用。

不是所有的聚合物都能应用在聚合物改性混凝土中,只有能满足下列条件的聚合物才能应用:

①对于水泥水化中所释放的阳离子(如 Ca^{2+} 和 Al^{3+})有很强的化学稳定性。

②具有很强的物理性能,特别是在与砂浆、混凝土混合时仍能保持一定抗折稳定性。

③在砂浆或混凝土中加入消泡剂时,保证少量空气进入。
④对水泥水化过程没有不良影响。
⑤聚合物的最低成膜温度要低于实际应用中的温度,并且能与水泥、骨料有较强的黏结性能。
⑥聚合物所形成的膜结构有很好的抗水性、抗碱性、耐候性。
⑦在应用、运输以及储藏中有很好的热稳定性。

6.4.3 聚合物水泥混凝土配合比设计中应解决的几对矛盾

聚合物水泥混凝土在制备过程中,除了要根据工作性质、经济性、强度及耐久性进行配合比设计之外,还要解决以下几对矛盾:
①水泥和聚合物的竟凝和竟聚之间的矛盾。
②水泥水化反应的亲水性和聚合物聚合反应的憎水性之间的矛盾。
③水灰比大小的矛盾。
④胶灰比大小的矛盾。
⑤湿养护和干养护的矛盾。

6.4.4 聚合物混凝土的制备工艺

1. 聚合物混凝土的组分

水泥浆将砂石骨料胶结在一起,形成了混凝土的刚性骨架。聚合物膜将无机骨架中的孔隙贯穿在一起,这样就形成了二元混杂复合的聚合物水泥混凝土。水泥、水、砂和石子仍然是聚合物水泥混凝土的主要组分,占总量的75%~95%,聚合物虽然含量少,但对聚合物混凝土的改性起到关键作用。

水泥浆是聚合物混凝土的主要胶结材料,根据强度设计要求和使用场合可选用普通硅酸盐水泥、矿渣硅酸盐水泥、火山灰水泥、粉煤灰水泥、高铝水泥等各种水泥。砂、石集料是聚合物水泥混凝土的骨料,不仅砂石颗粒的表面需要水泥浆体和聚合物来包裹,而且砂石之间的空隙也需要水泥浆和聚合物来填充。为了减少水泥和聚合物用量,降低成本,砂石要求级配合理、粗细配合得当,由中粒填充粗粒的空隙,再由细粒填充剩余的中粒的空隙,尽量减少空隙率。为了充分发挥水泥和聚合物的作用,必须拌和均匀和充分捣实。

聚合物和有机助剂是对混凝土产生重要影响的辅助材料,要求它们对混凝土无侵蚀作用或不降低混凝土的强度,不影响水泥的凝结硬化,聚合物本身的性能在混凝土呈碱性的环境中不会受到影响等。由于无机胶结物水化产物大都呈碱性,实验表明碱性越低,对加入的聚合物乳液的稳定性越有利。常用的聚合物有天然橡胶、丁苯橡胶、氯丁橡胶、丁腈橡胶、聚乙酸乙烯酯乳液、呋喃溶液和乳液、氯乙烯和偏氯乙烯的共聚物、丙烯酸酯类聚合物、苯乙烯-丁二烯共聚物、环氧树脂乳液等,可以根据强度要求、侵蚀介质性能、成本等综合考虑来选择,聚合物一般占水泥质量的5%~25%。

2. 聚合物水泥混凝土的制备工艺

高质量的聚合物水泥混凝土必须是质量均匀、无孔洞、无不连续性及充分养护的，所以应充分搅拌和捣实。为了提高聚合物水泥混凝土的和易性，同时易于控制水灰比和胶灰比，并使聚合物形成均匀的连续有机膜，实验中应先将水泥和砂石干料混合均匀，然后加一定的水拌成水泥砂浆（注意水量要考虑到以后乳液中的水），最后将乳液掺入，经搅拌后形成聚合物乳液砂浆。砂浆和乳液机械拌和时，可能会引入大量空气，甚至形成泡沫，在合理操作情况下，正确选择拌和机械或采用人工操作可使引入的空气量减少，也可加入少量去泡剂。

聚合物水泥混凝土制备工艺流程如图 6.2 所示。

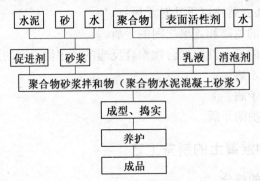

图 6.2　聚合物水泥混凝土制备工艺流程

3. 几种聚合物水泥混凝土的配合比

按质量比将 100 份普通硅酸盐水泥与 500 份干燥的河砂（粒径为 0.5～3.5 mm）混合均匀，加 30 份清水搅拌成砂浆，将乳液、促进剂、消泡剂依次掺入砂浆中，搅拌均匀成聚合物水泥混凝土砂浆拌合物。在 50% 的湿度下干养护 28 d 后，测定其力学性能（见表 6.11），其中普通混凝土参比样是在潮湿环境下湿养护 7 d，然后干养护 21 d 得到的。

表 6.11　几种聚合物混凝土的配合比及其力学性能

水及乳液用量	抗压强度/MPa	抗拉强度/MPa	弯曲强度/MPa
30 份水、30 份氯乙烯-偏氯乙烯共聚物乳液	56.2	6.2	12.7
30 份水、30 份聚丙烯酸酯乳液	38.5	5.6	12.5
30 份水、20 份苯乙烯-丁二烯乳液	34.0	4.3	9.7
30 份水、20 份环氧树脂乳液	64.4	4.9	11.1
30 份水、20 份聚乙酸乙烯乳液	26.0	4.7	12.5
40 份水、普通混凝土对比样	30.8	2.2	4.1

6.4.5　聚合物在水泥混凝土路面工程中的应用

目前，聚合物改性混凝土的主要应用之一就是用于混凝土结构的修补。原因是：聚合物改性混凝土相比普通混凝土具有较高的抗折强度、抗拉强度、耐磨性，而且有良好的黏结性、耐水性，其配合比和施工工艺也与普通混凝土基本相同。聚合物应用在改性混凝土修补材料及功能材料时,根据各种不同需求选用不同聚合物,常见的聚合物有丙烯酸酯、苯丙共聚物、丁苯共聚物、乙酸乙烯酯-乙烯共聚物等。混凝土结构损害的形式多种多样,因此修补的方式也各有不同。下面就聚合物在公路工程中的应用举出一些实例。

(1)芜湖中江桥预应力钢筋混凝土梁纵向裂缝处理

芜湖中江桥全长330.63 m,宽20 m。主桥为钢筋混凝土单悬臂梁加后张预应力吊梁,立交桥梁为预应力混凝土大梁。经检测确定灌浆孔道内冲洗后未排干水分的结冰膨胀产生纵向裂缝。经建桥指挥部组织设计、施工、科研单位研究确定,纵向裂缝补救以满足梁的耐久性要求为原则,并决定采用丙乳砂浆与丙乳净浆进行修补处理。其处理办法:①在预应力孔道灌浆时,在水泥净浆中掺入丙乳,以提高梁内部钢筋周围浆体的密实性;②立交梁在距顶面50 cm以下范围内涂抹4~5 mm厚的丙乳砂浆来修补裂缝,以提高梁外部的密实性;③对于难以维修的吊梁,沿裂缝部位全长贴15~25 mm玻璃钢,再沿全梁裂缝部位涂抹丙乳砂浆,以提高耐久性。在处理施工过程中,现场取样进行丙乳净浆和砂浆的力学与密实性试验表明,在现场养护条件下,丙乳净浆的泌水率仅为水泥净浆的41%;与普通水泥砂浆相比,丙乳砂浆的抗压强度降低了40%;但其抗拉强度、抗折强度以及与老砂浆的黏结强度分别提高51%、71%、67%;其抗碳化性能提高近2倍;1 d吸水率仅为普通水泥砂浆的1/5。现场修补处理工作完成后,进行了加载试验。在立交梁和吊梁的承载力和挠度均超过设计要求的情况下,丙乳砂浆处理的梁表面完整无损,未见开裂脱壳。

(2)新型聚合物改性水泥混凝土路面在湖北沪蓉西高速公路的应用

湖北沪蓉西高速公路的功能性表面处理层由复配聚合物表面乳液及水泥、颜料等填料组成。聚合物改性水泥混凝土面层由聚合物改性水泥混凝土铺筑而成,聚合物改性水泥混凝土按照每立方米质量比为:复配聚合物乳液∶粗骨料(单级配5~10 mm面层用碎石或者单级配9.5~13.2 mm面层用碎石,即石英砂岩碎石)∶水泥∶水=95∶1 650∶325~345,适量搅拌均匀而成。搅拌过程中还将根据粗骨料的含水量加入适量水调节聚合物改性水泥混凝土干湿状况,但应保证聚合物乳液用量,即每立方米聚合物混凝土中复配聚合物乳液不低于95 kg。界面黏结防水层由复配聚合物乳液水泥组成的聚合物界面结合料形成,各组分按每平方米质量比为:复配聚合物乳液∶水泥(P·O 42.5)∶水=0.35∶0.7∶适量水。聚合物乳液的主要原材料可放在拌和站附近的贮备场地,其他若干种辅助剂用量小,可在混凝土拌和前一天运至搅拌站保存。运输车将主要材料运至搅拌站,倒入配料池内兑拌,同时加入其他助剂和水,一次配料6~10 t。将配料池中兑好的乳液搅拌均匀之后,开动搅拌机的同时,用水泵通过搅拌机加水的通道将配料池中的乳液抽至搅拌机内开始聚合物改性水泥混凝土的生产,乳液计量准确度由搅拌机上电脑计量装置控制。聚合物改性水泥混凝土的搅拌根据设计配合比,结合现场情况进行试拌,确定最终配合比,拌和出来的混合料应满足摊铺所要求的施工性。聚合物改性水泥混凝土搅拌通常情况下采用强制式混凝土搅拌机。搅拌出的混合料必须均匀一致,无花白料,无离析和结块现象,不符合要求时应及时废弃。摊铺采用自振实功能良好且非自由伸缩式的沥青摊铺机进行摊铺。聚合物改性水泥混凝土面层摊铺过程中,利用摊铺机自身的夯实功能对面层进行压实,无需碾压。路面摊铺成型后,立即用薄膜覆盖养护 1~3 d。覆盖养护时,薄膜的边缘固定,保证封闭严实,避免局部水分丧失引发质量问题。薄膜的搭接需要一定的长度,约 50 cm 左右,避免早期雨水从接缝流入路面。当聚合物改性水泥混凝土罩面层摊铺结束 3~5 d 后,如果根据路面设计需要进行分板,则应在养护期内对面层锯缝处理。割缝工艺与普通水泥混凝土割缝基本相同。表面处理采用专门的设备喷涂特制的聚合物改性水泥浆,厚度为 1 mm 左右,防止路面的表面松散、与底层黏结失效等病害。功能性表面处理层施工完成后封闭交通,直到面层和表面处理层的力学指标满足设计要求后,即可开放交通。

6.4.6 结论

水泥混凝土中加入聚合物,明显地提高抗折强度和弯曲强度,增强韧性,但对抗压强度影响不明显,有时促进,有时弱化。聚合物水泥混凝土有效提高混凝土耐久性,由于水灰比降低,空隙率降低,密实度增大,有机物薄膜还能弥补混凝土微裂缝,减少渗透性,提高抗水损害和抗冻能力。有机聚合物水泥混凝土成本明显高于普通水泥混凝土,但其力学性能和耐久性的提高可以作为补偿,可作为良好的修补材料,也可作为砌体和桥面板的罩面、墙壁灰泥的理想材料。由于可抹成薄层、抗折强度高、能抵抗收缩开裂、耐磨性和抗冻性好以及良好的抗硫酸盐能力,因此还可作为装饰材料和绝缘及保护涂层材料。

因为聚合物种类繁多且结构复杂,在改性机理方面到现在仍然没有统一的定论。由于聚合物改性水泥混凝土属于复合材料,符合当代材料发展的趋势,因此在聚合物改性水泥混凝土研究中应首先研究其各种聚合物对其的改性机理,再根据实际工程选择合适的聚合物,并且对施工工艺做出更进一步的研究。随着技术的发展,人们对聚合物改性混凝土的要求也越来越高,各国都在努力开展聚合物改性水泥混凝土的研究工作,因此其得到迅速发展,使得聚合物改性水泥混凝土作为一种重要的结构材料性能更加优越,其应用前景也更加广阔。

第7章 沥青-水泥双胶结料混合料路面
——有机水硬性胶结料混凝土

7.1 概 述

在道路建设工程技术方面,材料与结构密切相关,建筑材料的发展是建筑结构进步发展的基础,当今宏伟的跨海大桥和高速公路都是现代建筑材料的产物。

交通运输的发展历程主要表现在交通量的逐年增长、交通运输车辆载重与轴载的逐年增大,这种情况造成路面与整个道路材料迅速受到破坏,城市路面两次维修间隔越来越短,基建费用投入越来越大。

目前,最为普及的路面形式就是沥青混凝土路面。沥青混凝土路面具有很多优点:可以进行薄层摊铺、低噪声、工艺性好、有良好的减震性能及易于维修。然而,像其他任何材料一样,沥青混凝土的可靠性和耐久性均有不足之处。例如,当环境温度为50 ℃时,沥青混凝土的最大抗剪强度不超过 $0.3 \sim 0.4$ MPa,而在制动区段运输车辆所产生的剪切强度却会达到2.0 MPa;周期性寿命约为 10^6 个循环,这相当于仅能正常使用2~3年。这种情况就会导致路面提前破坏,或者需要加大路面的厚度与材料用量来改变原路面的结构设计。水泥混凝土路面能够弥补沥青混凝土路面的某些弱点,但也有一些局限。综合诸多因素还是尽可能地以沥青混凝土路面取代水泥混凝土路面为宜。首先要考虑的就是铺筑水泥混凝土路面费用较高,要满足弹性模量和抗弯拉强度要求,面层厚度应为 $20 \sim 24$ cm;水泥混凝土在化学反应剂的强力作用下耐久性较差,且不易维修,而化学反应剂在预防路面结冰时经常使用,尤其在城市道路中更普遍。这种情况要求寻找能提高路面可靠性和耐久性的新材料与新工艺,以降低材料用量和施工费用,并有利于环保和生态平衡。

沥青-水泥双胶结料混凝土,或称为复合混凝土、有机水硬性胶结料,能够综合沥青混合料和水泥混合料的优点,是一种全新的路面结构材料,性能优异,前景良好。有机水硬性胶结材料通常是以水泥和乳化沥青混合胶浆作为集料胶结条件的一种冷拌混合料,其中乳化沥青需要破乳脱水发挥出结合力,水泥则需要经过水热化过程结晶固化,两者互成条件,形成了立体网状的微观结构,因而兼有有机和无机材料胶结混凝土产品的双重优势。沥青-水泥双胶结料混凝土是道路材料学领域从事研究开发工作的一个重点。在传统的刚性和柔性两类路面材料之间,有机水硬性胶结材料作为一个新品,具有刚柔相济的特性,可以广泛应用于公路建设和维修工程,如车辙修复、表面处治、路面再生等。有机水硬性胶结材料技术的推广应用,为实现未来经济、节能、环保的公路建设具有重要意义。

沥青-水泥双胶结料混凝土,不同于 RCC-AC 复合式路面,复合式路面是在水泥混凝土路面上加铺沥青层,即修筑水泥混凝土与沥青混凝土复合式路面结构,这是两层结构,而双胶结料混凝土的水泥和沥青是完全结合在一起的,因而更能发挥复合材料的优异性能。

有机水硬性胶结料混凝土是一种人工建筑材料,它综合了热力学上互不相容的有机材料(沥青、柏油)与无机材料(水泥、石膏、矿渣等)的胶结特性,在其复合后的结构中能够胶结在一起。它的出现,基于以下因素:

①随着当代交通运输载荷的快速增长,对传统的沥青混凝土来说可靠性和耐久性均表现出不足。

②采用节约能源与充分利用材料的工艺,就需在材料中加水起作用(乳化沥青、泡沫沥青、含水的有机矿物混合料等)。

③路面养护和改建工程中及新工艺的出现(再生法、冷拌还原法等)。

有机水硬性胶结料混凝土最早产生于白俄罗斯。B·M·别兹鲁克是最早研究和采用有机材料与水硬性矿物材料为胶结料的。有机结合料(液态沥青)和硅酸盐水泥一起在水的作用下得到最佳效果的综合胶结物。B·M·别兹鲁克并不认为沥青与水是对立体,水泥能够主动吸水,同时又促使氢氧化钙分离出来,氢氧化钙则能改善沥青与土壤间的相互作用。综合加固土的主要优点是抗裂、防水、抗冻,根据不同性能结合料的混合比例,它们在一起可以形成凝聚晶化结构(或称晶化凝聚结构)。

20 世纪 60~70 年代,开始用阴离子乳化沥青来代替液体沥青,由于黏度低,混合、拌和、摊铺方便,采用乳液的同时简化了施工工艺,扩大了施工季节。后来将乳化沥青与水泥结合研究,经过一些试验路段的验证,取得了良好的效果。某些实验证明了加入乳液后混合料能够形成水泥结晶结构,以乳液和水泥为结合料形成的混合材料确实能显现出它们之间所具有的一些中间过渡特性。此后相当长的时间该项技术未能得到有效推广利用,缺乏可靠而高效的施工设备是广泛应用土壤综合加固法滞后的原因之一。

在美国和西欧水泥外掺技术应用比较顺利,法国 1989 年有"冷拌再生的道路施工与大修方法"的专利,采用宝马 GMPH120R 铣刨机,发动机功率为 236 kW,铣刨机可将任何类型的沥青混凝土路面粉碎,并将粉碎物与水泥加水进行混合,加工处治后,获得具有特殊结构与性能的新材料。被粉碎的沥青混凝土是一种粗结构与微结构的集合体,其颗粒通过水泥结晶物或层间过渡薄层相互结合在一起,该方法得到广泛应用,其中包括德国慕尼黑-卡尔斯鲁厄的公路施工(1995 年),施工中在破碎的沥青混凝土中加入 6.5% 的水泥修筑路基,层厚 20 cm,经 28 昼夜后材料强度达到 6.6 MPa,不过,尽管得到了广泛应用,但并未取得此种材料在低温下的可靠性、耐久性、变形稳定性之类的资料。

20 世纪 80 年代,以阳离子乳化沥青为基础的路面保护层先后在法国、中欧、白俄罗斯得到推广。考虑到乳液迅速破乳后混合料含有水分,又在矿料中加入 3%~4% 的水泥,当时,水泥对混合料有何影响没有可靠资料,根据仅有的资料表明,水泥在沥青和集料之间起一种活化作用。1991年,法国的 CoLas、Screg 公司分别制出了以乳液和硅酸盐水泥为基础的新材料,由于乳液的高稳定性和分散性,水泥与沥青良好的"相互渗透性"就得到了保证,从而使材料的细微结构具有足够的刚度,同时具有可塑性和弹性,使用5年后,未见有明显的温缩裂缝。

考虑到乳液生产工艺过程中的复杂性以及造价较高,1987年独联体各国为降低能耗和成本,制成湿性有机矿物混合料 BOMC,它是用含水矿料与热沥青进行搅拌混合制取的,在搅拌混合过程中,可见到沥青的乳化状态。其中的水泥部分表现出乳化的作用,这就表明水泥的加入在改善乳化作用。同时,由于所形成的水化物与沥青的相互作用以及凝聚晶化组织构成物,致使其物理力学性能得以大大改善,在有机矿物混合料成分中形成的矿物胶结料可以很好地避免各种沥青的过分氧化以至于老化。20世纪80年代,上述工艺就显现出对生态环境的改善是有利的,在具体应用中主要是采用页岩灰作为水硬性胶结料的原料,而在使用页岩灰的同时又加入了含石膏的下脚料作为填料,其效果也非常好。

除焦油灰渣矿料外,为解决工艺问题,还使用了含水焦油矿渣混合料(1982年),制取方法如下:先将矿渣加热至 40~60 ℃,再与活化剂(石灰、水泥)搅拌混合 15 min;然后加入沥青(柏油、沥青)并搅拌 30~45 s;最后加入水和添加剂。由于矿渣固化缓慢,可以掺加水泥、石灰类的碱性悬浮物将其进一步活化。掺水的焦油矿渣混合料与矿渣混凝土相比,其形成新的胶凝物的量要多得多,这是受焦油煤矸石中沥青活化成分的影响而产生的,结果在有孔空间内和各相表面出现苯酚盐和甲苯酚盐型新生物,这两种盐类均具有含水铝酸钙质盐和含水硅酸钙质盐胶凝无机新生物的结构亲和性。

用矿渣作为沥青混凝土的填充料同样取得了令人满意的效果。在制备混合料时不掺加水的情况下,由于大气水分的渗入和矿渣表面水化新生物的出现,沥青矿渣混凝土在使用过程中就有了特殊性能,类似新生物促进了沥青混凝土附加结构的形成,从而使其耐久性得以提高。

为了最大限度地利用沥青混凝土和水泥混凝土的优良性能,简化混合料的生产工艺,以及在制备阶段有效控制质量,采用分别搅拌混合法,即沥青混合料与水泥混合料应分别制取,然后再搅拌混合在一起。

混凝土分步浇筑法得到了广泛应用,按照该法用沥青搅拌器将碎石进行沥青处理,把制备好的混合料经摊铺压实,然后在面层上铺含添加剂的水泥砂浆,其中添加剂能提高其可塑性、弹性,再用振动器把黑色碎石层中的空隙与空腔填满,这样的上层路面可于第二天承受较轻的交通载荷。

混凝土分步浇筑法排除了混合料的生产制备与浇筑都要在瞬间完成的必要性,保证了水泥砂浆固化的最佳条件。

B·M·戈格利泽提出了新型复合材料混凝土,即配筋加固刚性构件。这类材料用三种方式构造:

①用自动平地机把堆放在地基上的水泥砂浆平摊 2~3 cm,并用压轮上有相应造型的压路机在表面造成网状、皱纹状或其他形状的图案。

②配筋材料用带漏斗的专用拖挂设备铺设,其漏斗底部是一个能转动的开有槽孔形式的转筒,砂浆从漏斗进入转筒并在滚转的情况下将砂浆摊铺到地基上。为了把铺设加强筋及随后的摊铺沥青混合料这两个步骤结合起来,在往地基上洒布水泥砂浆时要用一种特殊爪手进行。

③带有一定形状孔眼的分配管道形成输送架,用砂浆泵将水泥砂浆压入分配管道,将沥青混合料输送喷洒到地基上。分配管道的长度为 3 m,装在行走部分与普通沥青摊铺机的分配器之间。

7.2 有机水硬性胶结料混凝土的种类与分级

有机沥青混凝土的最初工艺方法是由 H·B·格列雷舍夫提出的。土粒经过水泥处理后形成团块状,在此基础上喷洒稀释沥青薄层。这种工艺可以最大限度地保证沥青薄膜所需要的厚度,从而可以保证层间接触面的结合强度。白俄罗斯著名道路专家弗拉基米尔·韦连科教授对有机沥青混凝土做了大量研究并取得了丰硕的成果,目前有机水硬性胶结料混凝土在白俄罗斯已比较成熟并得到广泛应用。

对所有用到的材料进行分析,以有机水硬性胶结料为基础的各种材料基本上可以分为三类:

①第一类混凝土是以有机水硬性胶结料为基础的沥青混凝土,这种混凝土是由一种有水硬性作用的填充物形成的有机矿物混合料。获得此类材料的方法就是用水硬性胶结料代替矿粉和部分砂子,制造方法与普通沥青混凝土相同,但在搅拌过程中或摊铺阶段都要适当加水以便进一步激活水泥的水化作用。当用水泥、水泥灰、页岩灰作为水硬性胶结料的原材料时,以含有石膏的下脚料以及页岩灰或水泥构成的充填料效果都非常好。

第一类混凝土的制备工艺有三种:热拌、温拌、冷拌。

热拌是将石料和有机结合料加热到施工温度,经搅拌后把混合料摊铺在路上,在摊铺过程中加水并压实。在沥青摊铺机的螺旋分料器的格子部分加水,水的用量为用料总量的 3%~5%,水温加热至 60~80 ℃。热工艺适用于在高黏度结合料与高强度等级水硬性结合料(水泥)的情况下使用,因为在搅拌阶段加水会使水泥"汽凝",致使水泥瞬间变硬,混合料的工艺质量就会大打折扣。

在使用低黏度有机结合料和低活性填充料(页岩灰)时则采用温拌工艺。此工艺是将石料加热至 60~120 ℃,然后加入被加热至施工温度的有机结合料以及填充料和水。填充料的低活性使"汽凝"得以消解,而有机结合料的低黏度则可在有水的情况下进行拌和。温拌工艺对制备沥青(柏油、焦油)矿渣混合料的效果尤其好。

使用冷拌工艺时,常温下的矿料含水率应在 8%~10%,然后加入水硬性材料并加入加热至施工温度的有机结合料。对使用含有水分的生产下脚料(石膏和页岩灰)为基础的填充料用冷拌工艺效果较好。一般冷拌工艺用的都是乳化沥青。

属于第一类混凝土的还有以矿渣和冷焦油矿渣为基础的沥青混凝土。在水的作用下,矿渣颗粒接触面上会形成晶状体形式的黏结。

第一类混凝土工艺简单,材料强度可提高 1~4 倍。但由于存在阻止水与有机水硬性混合料相互渗透的憎水膜,此类混凝土不能充分利用水硬性材料的潜力,尤其是在用热拌工艺时。相互作用及采用不同结合料的效应都会在细微结构水平上显示出不同的效果,这就是此类复合材料的基本特征。

② 第二类有机水硬性胶结料混凝土的材料构成,是用不同混合搅拌法获取的。此时,沥青与水泥的组合成分各自分别产生,然后再混于一体。属于这一类的,包括有各种掺加了浆状水泥与水泥添加剂的沥青混凝土。浆状水泥可加入搅拌机与冷拌沥青混凝土混合料拌和。

以分步浇筑混凝土法获取的此类混凝土应用较广。此种情况是,在压实的黑色碎石层上浇注水泥砂浆或铺洒专用水泥聚合物混合料,然后用振动器将上述材料充填入黑色碎石的空隙中。加了黑碎石的水泥混凝土、经过水泥浆处理的再生沥青混凝土颗粒以及颗粒化土壤均可归入分别混合法获取的混凝土这一类。

第二类混凝土实际上可充分利用水泥的潜力并在强度上位于沥青混凝土和水泥混凝土之间,而其生产不论是制备还是摊铺都有一定的复杂性。生产时必须有两台搅拌机组及专用设施。加入水泥浆时不能排除混合料产生汽化凝聚急速变硬的可能性。摊铺时需用专用摊铺机和大功率振动压实设备。从结构观点来看,第二种混凝土属于渗流方式,其性能首先取决于各种自然条件下材料配置与数量的特点。对第二类混凝土的矿物胶结料来说,其产生的影响可能显示在微小组织结构与中介组织结构层面上(颗粒状沥青混凝土掺以水泥稠浆或水泥砂浆进行处理,即别托赫利特型混合料)。

③ 第三类有机水硬性胶结料混凝土属于块状混凝土,它是以大型机组工艺实施的,将沥青混凝土与水泥混凝土合二为一,而获取的普通块状混凝土。该类型的混凝土在保持几乎整个路面高张弛能力的情况下,可以得到高纵向刚度。矿物胶结料的作用显示在宏观结构层面上。

虽然以上所列分类有些模糊,但仍可从它们不同特征将各种有机水硬性胶结料混凝土分成不同类型。

所给有机水硬性胶结料混凝土的分类表明,根据不同的生产工艺,矿物胶结料参与了微细结构、中介结构组织与宏观结构层面上的结构形式。

7.3 有机水硬性胶结料混凝土结构的现代概念

从已有的理论与实验研究结果看,不论是何种沥青混凝土的生产工艺,只要在混凝土里掺加了水和水泥(粒径从几十到几百微米),就会产生水化作用。这种经过水化作用的水硬性胶结材料与原来的混凝土相比,虽然其骨料表面所覆盖的沥青很薄,但其强度却有了很大的提高。

当在混合料中加水并受到力的作用时,沥青颗粒就会和水泥集合体发生剥离(水的表面张力大于沥青的表面张力),水泥颗粒与水的相互作用会导致碱性介质的生成并使有机结合料进一步乳化,从而更加促进水化过程的进行。类似过程还可用电离工艺的方法加以强化(超声作用、电动液压效应等)。

对混合料的 pH 值、水蒸气的吸附动力学、不同组合"水泥-沥青-水"系统强度的试验研究,以及 X 射线结构和热图像记录分析都证实了生产有机水硬性胶结料混凝土时水化作用过程的存在。有机水硬性胶结料混凝土结构中水泥的水化作用与水泥硬化过程中的水化作用程度相比可达 50%~100%。而在沥青之后加水时的水化作用程度较低。当采用乳液、沥青和水泥组合料分别制取后再混合时的水化作用程度最高(第二、三类混凝土)。

有机水硬性胶结料混凝土结构在形成过程中,由于有机结合料薄膜存在不同厚度,在水化作用下胶结料混合物中便会出现不同的相互连接。在很多情况下,由于水化物的相互作用而引起水泥水化生成物的相间接触。这些接触点出现在沥青薄膜断裂部分,也可以穿过厚度较小的沥青薄膜。碳氢化合物薄膜的存在会出现接触点的原因是:由于水化作用,产生的内部晶状体会有一定压力,这种压力的扩散产生了离子对流,因烃类化合物薄膜收缩而产生断裂,进而使组合成分的局部间相互连接。

沥青经萃取后,对试样进行强度试验,经对非破坏性结构和破坏性结构的分析研究表明,当有机结合料薄膜的厚度为 $1~5~\mu m$ 时可能出现相间接触。然而,考虑到在有机结合料薄膜存在的情况下,相接触点的强度并不大。这种接触并非是有机水硬性胶结料混凝土的主要结构形成因素(特别是第一类型,此类水硬性胶结料表现在微结构层面上)。有机水硬性胶结料混凝土的基本结构形成,表现的是一些不同类型的中间过渡层的组织结构。由于水硬性胶结料在热力学上都互不相容,它并不能构成稳定的单相结构形式,相间分界线显得模糊不清,只是通过两层之间以过渡层的形式相连接。层间结构形成所产生的影响既有物理过程(结晶体的形成、吸附、沥青结合的破坏、离子对流、双层电子层的形成),也可用化学的形式来表达($M^+\cdots^-OOCR$、$H—O—H$ 的链状及其他构成物等类型构成)。

根据以上理论与实验研究,制定了有机水硬性胶结料混凝土的结构模型,该模型表示出水泥在不同程度上的水化作用形成的集合物以及多层次的相间过渡层。根据水泥部分体积的大小,水泥生成物可以通过过渡层的相互作用,或者直接相互作用而形成相位接触。

对所述模型的电子计算机理论计算得出结论:随着水泥相体积的增大,渗透接触点的数量呈级数形式上升。由于中间过渡层的存在,结构物形成渗透屏障,渗透呈下降态势。过渡层间的强度与延展性均得以提高,其强度与延展性的提高与矿物胶结料相类似。

胶结料的强度与混合料的强度关系近似直线。提高矿物胶结料的标号(强度)在其所占体积部分应大于 50%~60%。因此,成系列的混凝土(特别是第一类)可以使用低标号的无机结合料,这有很大的使用价值。

所以,一旦水硬性胶结料的结构形成,它就具有一定的胶结能量并使结构体系的强度与稳定性提高。

7.4 有机水硬性胶结料混凝土的应用

有机水硬性胶结料在美国和西欧都得到了许多应用,本节主要叙述在白俄罗斯道路工程实践中的应用,主要有以下 5 个方面:

①渣油(沥青、柏油)、矿渣灰混合物的利用。

②填充料经复合形成水硬性作用的温拌沥青混凝土混合料。

③施工期间,在硅酸盐水泥中加水作为填充料的热拌沥青混凝土混合料。

④填充料经复合形成水硬性作用的温拌有机矿物混合料。

⑤以分步浇筑混凝土(也可用经过破碎的颗粒状沥青混凝土)的方式获取的乳化沥青矿物混合料或沥青水泥混凝土混合料。

与水泥相比,使用页岩灰的优点有:首先,由于页岩灰的固化期较长,从而避免了当温度提高时使其在混合料制备与施工期间的过快凝固。同时,灰渣混凝土在水化作用完成后就已经具备了足够的强度。其次,页岩灰渣含有大量细小分散性颗粒,它能使形成结构的焦油聚结。第三,页岩灰渣较易得到且成本低,而且,在煤矸石焦油中含有水分时还具有高黏附性,从而能获得工艺性好且较经济的混合材料。

从 1985～1990 年,白俄罗斯已指明要积极使用焦油灰渣矿物混合材料,那时广泛应用的是煤焦油。焦油灰渣矿物混合材料的应用可以解决工艺、经济和生态平衡问题。特别是由于降低了混合料的温度,从而可以避免胶结料对大气的污染,而且不必使用外地碎石等。

焦油灰渣混合材料用于路面基层已铺筑了很多公路。混合料在 40～100 ℃时,用沥青摊铺机或平地机将混合料摊铺在地基上。由于水的作用,混合料具有较好的摊铺性和压实度。多余的水分在碾压时被挤到表面,滞留的水分被水硬性灰渣材料吸收,不会对该层的质量造成影响。当混合料碎石含量不低于 40% 时,用钢轮压路机压实效果较好;当碎石含量较低时,由于混合料的可塑性高,初压阶段混合料的抗剪强度较低,应采用轮胎压路机。这些公路耐久性良好,10 多年未见塑性与脆性形变,尤其是在自然条件下经长期使用证明,有机-矿物胶结料具有良好的"互容性"。

有机水硬性胶结料混凝土的温拌工艺(图 7.1)是:先将集料进行混合冷拌,接着加热至 80～90 ℃。此处采用了特殊的沥青搅拌机以保证分两个阶段制备混合料。第一阶段,将冷拌矿物混合料与加热至工作温度的沥青预拌混合。在这个阶段,部分沥青与水泥会发生水化作用。第二阶段,将混合料送入特别结构的滚筒搅拌机。滚筒的第一级装有加热器,筒内侧壁上固定的叶板是为了使材料在滚动时易于在滚筒叶片之间翻滚。材料受燃烧热的吹动,同时从叶板获得热量,避免与火焰直接接触,从而保留了不少水分,还能使混合料在出口的温度不超过 90 ℃。

温拌工艺有许多优点,首先,由于混合料进行了预先冷拌混合,其中水泥的水化作用逐步达到最佳状态;其次,混合料在边加热边搅拌的过程中,依靠沥青表面能量的增大可保证其良好的分散性。试验表明,有机水硬性胶结料混凝土的弹性模量和弯曲强度极限值同沥青混凝土相比提高了 50%~70%,从而可减少路面厚度。

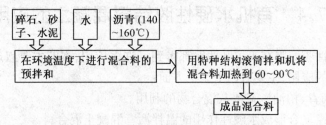

图 7.1　有机水硬性胶结料混凝土的温拌工艺

以单层有机水硬性胶结料沥青混凝土代替双层沥青混凝土可使路面的总厚度减少 2 cm。具有代表性的是,在混凝土的组分中使用了复合填充料(水泥和白云石矿粉)。

含硅酸盐水泥填充料并在施工阶段加水的热拌沥青混凝土混合料在城市街道和道路应用中的效果都非常好,这些道路存在着路面剪切破坏的棘手问题,尤其是在制动区段(停车站、十字路口)。例如,在明斯克市的罗索科夫斯基大道上,尽管路面材料符合标准,但车辙深度仍会达到 10~20 cm。

混合料的组合成分见表 7.1。

表 7.1　混合料的组合成分

混合料组合成分	质量百分数/%
碎石粒径 5~15 mm	35
碎石粒径 5~10 mm	20
砂	15
筛上剩余物	15
水泥	15
沥青	4.7

以白俄罗斯 1996 年混合料生产和试验路段施工为例说明如下。混合料由白俄罗斯道路施工管理处的 5 号"沃尔玛"型沥青混凝土拌和设备生产。混合料的出料温度为 150 ℃,用自卸汽车运到工地需用 30~40 min,混合料运到工地的温度为 130~140 ℃。混合料用沥青摊铺机摊铺,用喷淋机经带孔的管道为其供水(图 7.2、图 7.3)。用水量用预先调整好的阀门进行调节,一般用水量可达混合料质量的 3%~4%。摊铺后的混合料用轮胎压路机和钢轮压路机压实。其具有的特点是多余的水分被挤压道路表面并且不会产生沥青黏结。有机水硬性胶结料混凝土的性能见表 7.2。

1996~1997 年的炎夏与寒冬,各区段在使用中其状态良好。1997 年 6 月在明斯克市马舍洛夫大道十字路口,以类似方法铺筑了这种路面,使用效果良好。

 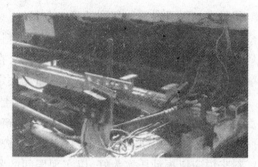

图 7.2 摊铺机正在边加水边进行混合料摊铺　　图 7.3 在混合料中加水的装置

表 7.2 有机水硬性胶结料混凝土的性能

混合料类型	指标				
	R_{50}/MPa	R_0/MPa	R_{20}/MPa	W/%	H/%
不加水	1.2	8.3	3.6	2.0	0
加水(7 d 龄期)	2.0	8.6	4.8	1.5	0

1997 年 7～8 月高温期间,在相关区域铺设了总面积达 285 m² 的试验路段,虽然路面温度曾高达 55～60 ℃,却并未出现塑性形变。用热拌和温拌方法生产的混凝土,其水泥的水化作用程度取决于搅拌强度,这与搅拌设备的功率大小有关。图 7.4 是在试验室条件下,有机水硬性胶结料混凝土的水化作用程度与单位搅拌功率之间的关系。

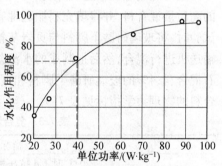

图 7.4 水化作用程度与单位搅拌功率的关系
(注:图中虚线所围区域指所在拌和极限区)

若单位搅拌功率为 30～40 W/kg,则水化作用程度可达到 60%～70%。若要把水化作用程度提高到 80%～90%,则必须把单位功率再提高 1～2 倍。所以,要生产出高质量的有机水硬性胶结料混凝土混合料,就必须要提高搅拌设备的单位搅拌功率。

有机水硬性胶结料混凝土,其结合料中水的存在使它具有流变的固有特性。水是天然的润滑剂,它能降低混合料的黏度,并且,在沥青混凝土和焦油混凝土中,混合料加水可以增强其密实性能。对于温拌工艺生产的有机水硬性胶结料混凝土混合料黏结性能的研究表明,加水后会使其黏度降低,当水和水泥的质量比为 1∶2 时,这种现象尤为明显。进一步增大用水量,对混合料性能的改善并不大。在某些情况下,对铺筑反而产生不利影响。因为沥青在水湿表面流动最好的条件是水膜厚度与吸附水层相等。所以,水的最佳含量应控制在矿物部分总量的 8%～12%。

有机水硬性胶结料混凝土,其混合料具有较好施工和易性。如果铺筑沥青混凝土的最佳温度为 110～130 ℃,那么有机水硬性混凝土的最佳铺筑温度在 60～80 ℃时,就将具有与沥青混凝土相同的施工和易性。进一步研究表明,同沥青混凝土相比,可以在明显较低的温度下铺筑有机水硬性胶结料混凝土混合料,在保持同样的用水量时,可以保证相同的工艺参数。考虑到此种情况,在用热拌工艺加工时,加水也应在低于 100 ℃时进行,从而可防止其强烈地蒸发而无法定量控制加水量。

在路面铺筑有机水硬性胶结料混凝土,所使用的设备与铺筑沥青混凝土相同。此时,应当考虑到混合料中水的存在,与铺筑沥青混凝土相比需要把铺筑层的厚度再增加 20%~30%。鉴于这种混合料的和易性较好,压实时最好使用轮胎压路机,对于热混合料来说应以振动压实为好,以实现层间的紧密结合,有助于尚未发生水化反应的水泥颗粒发生较强的渗透。温拌和冷拌混合料最好在水泥初凝后进行振动压实,这样就可以在水泥块状结构形成时,使乳化沥青快速破乳,也利于沥青在结构层中的分散。

白俄罗斯含石膏废料(玻璃研磨下脚料、枸橼酸,又叫柠檬酸石膏、磷酸盐石膏)储备量很大,曾用页岩灰或水泥与其混合,得到了复合填充料。为了生产类似的填充混合料,设计了特殊的生产工艺。存在的问题是,经混合的湿性填充料在容器或计量器中会板结,不易使加入的矿粉顺利通过滚筒进行干燥,只是灰尘太大并使产量大大降低。这个问题可以用螺旋输送装卸机(MC-353M 型)来解决,它可以得到不同填充物组合成的高质量混合料,并将填充料顺利地直接送入拌和机,而无需通过烘干筒和调节装置。试验时,将玻璃研磨下脚料与页岩灰按 4∶1 的比例并加水到 50%,使用 MC-353M 型输送机进行混合,然后把制成的水泥浆送入搅拌机。混合料成分中含有 91% 的砂和砾石混合料、4% 的玻璃研磨下脚料和页岩灰、5% 的水和 4% 的焦油(外掺)。复合填充混合料的物理力学指标见表 7.3。

表 7.3 复合填充混合料的物理力学指标

指标	数值
20 ℃时 1 d 抗压极限强度/MPa	1.32
28 d 抗压极限强度/MPa	2.31
10 ℃时 1 d 抗压极限强度/MPa	0.87
水饱和度/%	8.2
膨胀率/%	0.7
长时间饱水后的极限强度/MPa	1.4

混合料按冷拌工艺生产与摊铺,路面的施工试验与其后的使用均证明了该工艺的有效性。冷板工艺可使水硬性胶结料达到最大的水化程度,节约能源与资源。

在修筑白俄罗斯 KM33-48.2M-1 号道路时使用了乳化沥青冷拌工艺制备。基层是以旧路面混凝土的破碎颗粒经与乳化沥青(2.5%)及水泥(3%)相拌和的混合料铺设而成。该项工艺被白俄罗斯尤明斯克州路建局及维捷布斯克州路建局等单位采用。使用类似材料能使修筑费用降低,效果显著。

显然,用分步浇筑混凝土的方法修筑路面很有前景,因为此类路面具有高强度与高韧性,施工时无需大功率机械设备(有振动摊铺机即可,如图 7.5 所示),且具有良好的装饰外形(可在浆内加颜料,如图 7.6 所示)。施工时,必须把填充浆料成分与填满空隙工艺性能调整到最佳程度。在这方面应该深入分析聚合物水泥砂浆,尽量扩展利用水泥的可能性。用该方法制取的混凝土可用于汽车加油站、飞机场、停车场等。

图 7.5　按分步浇筑混凝土法修筑　　　图 7.6　按分步浇筑混凝土法修筑
　　　　路面用的振动摊铺机　　　　　　　　　　的路面外观形式

为广泛推广应用分步浇筑混凝土的方法并更好地运用各种不同的材料和工艺,建议如下:

①热法制取易于施工时加水的有机水硬性胶结料混凝土。加工此类混凝土不需要增加新设备,但可能仅限于局部规模不大的项目(个别最繁忙的交叉路口、公交停靠站等)。

②具有较大可靠性和耐久性的乳化沥青和硅酸盐水泥混凝土。该种混凝土既可用于城市主要交通干道,也可用于城外干线公路。为利于推广使用,应该扩大以冷拌工艺生产沥青混凝土为主的场拌网点。

③在破碎的旧沥青混凝土中加入乳化沥青与水泥而获取再生混凝土。在此情况下,必须设计制造出既能冷铣刨又能移动的高生产效率的搅拌摊铺机。

7.5　有机水硬性胶结料混凝土的生产

本节仅涉及某些用乳化沥青和水泥处理经铣刨的沥青混凝土以获取有机水硬性胶结料混凝土的工艺。将类似的混合料命名为有机水硬冷再生沥青混合料。有机水硬冷再生沥青混合料用固定或移动装置、专用搅拌摊铺设备生产并以冷状态铺到路面形成结构层。基本的工艺方案有两种:①混合料用固定搅拌机或移动搅拌机生产,然后运往工地,摊铺并压实(场拌);②混合料要用专用特种铣刨搅拌机生产,然后摊铺在路面上并压实(路拌)。

第一种情况,用于生产有机水硬冷再生沥青混凝土混合料的沥青混凝土颗粒,用"冷"铣刨刀直接铣刨现有路面,并将大于 40 mm 的颗粒筛出;也可用固定或移动装置对沥青混凝土废块进行加工,加工装置上配备有锤击式或离心锤击式破碎机的破碎筛分设备。

第二种情况,取沥青混凝土颗粒的最大粒径为 20 mm。在"冷"铣刨路面时,建议使用刀杆旋转方向"由上向下"的铣刨机(图 7.7)。用这种刀具进行铣刨时,沥青混凝土颗粒的粒径较为一致,且粉尘颗粒含量少,不会出现 40 mm 以上的颗粒,可以直接用于有机水硬冷再生沥青混凝土混合料的生产,无需进一步筛分。

现场冷拌有机水硬再生沥青混凝土路面的基层应在气温不低于 5 ℃ 时摊铺,并且允许在细雨中摊铺。秋季应于温度稳定在 0 ℃ 以下之前,2~3 周内就必须完成冷再生沥青混合料的摊铺。

图 7.7 "维特根"公司铣刨机的作业全貌

已铺好的有机水硬冷再生沥青混凝土应立即压实。如果能使多余水分从混合料中蒸发则可将压实期起点推迟在 4 h 内进行。

对压实技术及其施工方案与摊铺后密实体上的材料厚度计算要进行选择。有机水硬冷再生沥青混凝土压实用压路机的标准激振力应为 30~50 kN,频率为 40~50 Hz,振幅为 0.4~0.8 mm,振动压路机的总质量为 7.0~12.0 t,机内可调压力为 0.2~0.8 MPa,这种联合压路机较为适用。

在压实厚度为 30 mm 以下的有机水硬冷再生沥青混凝土层时,碾压设备的施工方式如下:

①轮胎压路机在前,先碾压 8~12 遍;振动式或联合式压路机在后,碾压 4~6 遍。
②振动式联合压路机在前,先碾压 4~6 遍;轮胎压路机在后,碾压 8~12 遍。

在压实有机水硬冷再生沥青混凝土层时,单层厚度在 120 mm 以下,往返碾压。

压路机单幅碾压遍数应该由试压来确定,应不低于上述遍数。有机水硬冷再生沥青混凝土一旦铺好就要尽快地对过往车辆与工程车辆放行。在压实后的有机水硬冷再生沥青混凝土上摊铺结构层时不得早于 2~3 周,以便使水分完全蒸发和材料成型。

白俄罗斯共和国 2000 年铺设的新的奥尔-舍尔舒内-斯列德涅公路所用材料为:阳离子沥青乳液占 3%、400 号硅酸盐水泥 5%、水 2%、沥青混凝土颗粒 90%。选择该成分是以保证最佳抗裂性为出发点的。

混合料按冷工艺 СБ50 用固定式混凝土搅拌机生产,摊铺用自行式沥青摊铺机,碾压用钢轮压路机压实。

图 7.8 和图 7.9 是新的奥尔-舍尔舒内-斯列德涅耶公路全貌和有机水硬性胶结料混凝土路表面纹理结构。

图 7.8 新的奥尔-舍尔舒内-斯列德涅耶公路全貌　　图 7.9 有机水硬性胶结料混凝土路面纹理结构

在路面成型后曾用"季那杰斯特"动力加荷装置进行了路面总的弹性模量试验检测(图7.10)。对获得的资料的分析表明,这种有机水硬冷再生沥青混凝土的强度并不低于热沥青混凝土。

使用第二种工艺方案时,要按以下工序进行:

①用专用设备把占铣刨路面总量为3%~8%的水泥摊铺在原路面上。

②铣刨路面时加入5%~7%的乳化沥青或含有水成分的泡沫沥青(经铣刀上加结合料),经搅拌混合后的混合料摊铺在路面上。

③用自动平地机推铺平整并均匀压实。

第二道工序特别重要,该项工序全部用专用设备"维特根"联合机来完成。特别的,该工艺允许用另一种形式的结合料即泡沫沥青代替乳化沥青。在此种情况下,与泡沫箱连在一起的沥青喷洒机和铣刨机同步运行(图7.11),以便在泡沫箱中的热沥青与水接触后产生泡沫沥青。这种工艺的工程造价自然会显著下降。

图7.10 对采用有机水硬性胶结料混凝土覆盖层的路面强度进行检测评估

图7.11 就地制取有机水硬性胶结料混凝土的全套机械

施工设备具有高效率(每分钟达数米)并能获得高质量的混合料。该设备之于固定场地距公路基地较远时,对低等级公路维修是方便的。然而,这项工艺的不足之处是造价高、能耗高(燃料用量每小时达200 L,设备总质量达37 t),且不能保证稳定的质量(旧路面性能在全路各段会不一致),因此应用受到一定限制。

路面结构类型和各层厚度设计应根据结构成分、交通量以及混凝土设计特征来确定,推荐三种路面结构以供采用:

①厚3~8 cm单层表面处治的复合胶结料沥青颗粒混凝土表面,如果混凝土抗冻系数高于0.8,温度抗裂指数大于0.6,该类结构就可采用。

②厚4~8 cm双层表面处治,以复合胶结料沥青颗粒混凝土为混合料所铺筑的路面,如果混凝土抗冻系数为0.6~0.8,温度抗裂指数为0.4~0.6,在保证可塑变形稳定条件下该结构类型就可采用。

③在厚度为3~5 cm的沥青混凝土基层上铺筑4~8 cm的复合胶结料沥青颗粒混凝土的路面,如果混凝土抗冻系数低于0.6,温度抗裂指数为0.3~0.4,该结构类型也就可采用。

结构类型的选择可以采用选定的组合,也可以用在设计阶段评估材料性质的方法来确定。

7.6 有机水硬性胶结料混凝土的有关标准

白俄罗斯共和国制定有《公路与城市道路用有机水硬性胶结料混凝土》（СТБ1415—2003）标准,其中有关有机水硬性胶结料混凝土的技术要求见表7.4。

表7.4 白俄罗斯标准中规定的有机水硬性胶结料混凝土的技术要求

	指标名称	体积保水率/%	体积膨胀率/%	抗塑性变形指数 ≮	抗温裂指数/% ≮	最大结构强度/MPa ≮	+50℃时抗压强度/MPa			腐蚀性环境中的抗冻系数 ≮
							在养生1 d时（第一组）≮	养生14 d时（第二组、第三组）≮	养生28 d时 ≮	
施工用混凝土技术要求	路面	0.7~7.0*	≤1.0	1.0	0.6	2.2	0.5	0.9	1.0	0.7
	城市道路汽车停靠站和交叉路口区域路面	0.5~7.0*	≤1.0	1.0	0.6	2.5	0.7	1.2	1.4	0.7
	路面下层	0.5~10	≤1.0	1.0	0.5	1.8	0.3	0.6	0.8	0.6
	城市道路汽车停靠站和交叉路口区域路面下层	0.5~10	≤1.0	1.0	0.5	1.8	0.5	1.0	1.2	0.6
	确定方法	СТБ1115		白俄罗斯有关标准			白俄罗斯标准1115			白俄罗斯有关标准

注:*表示6个月后才能铺筑保护层,最大允许吸水程度应不大于4%

根据该标准,混凝土用混合料可分为三组:

①由碎石（砾石）、砂（天然砂与人工砂）、水硬性结合料、有机结合料和水构成的混合料。该混合料同时还可以含有一定量的矿粉（占水泥总量的50%）。

②由碎石（砾石）、砂（天然砂与人工砂）、硅酸盐水泥（页岩灰、矿渣硅酸盐水泥）和乳化沥青构成的混合料。

③由破碎的旧沥青混凝土、乳化沥青、硅酸盐水泥构成的混合料。这种混合料还可含一定量的碎石和经破碎过筛产生的砂。

根据大修前服务期规定的可靠性总水平,有机水硬性胶结料混凝土分为三级:

Ⅰ级——可靠性总水平≥90%（服务期为15~18年）。

Ⅱ级——可靠性总水平为75%~90%（服务期为10~12年）。

Ⅲ级——可靠性总水平为60%~75%（服务期为8~10年）。

该俄罗斯标准第一次提出了在选用材料组成阶段评估设计路面时,所使用材料的计算特征,这可以使设计与施工阶段的"脱节"降到最低程度。

作为在设计路面时所用的计算特征,这里使用了温度在 0 ℃ 时的弯拉强度以及温度在 0 ℃ 和 10 ℃ 时的弹性模量。计算特征按下面所列出的简便方法来确定:

①按白俄罗斯标准 СТБ1115 制作 12 个圆柱体试样,在正常温湿度条件下放置 28 d。

②按白俄罗斯标准 СТБ1115 中的 6.10 项,在温度为 0 ℃ 和 10 ℃ 时沿中轴线确定试样(用 3 个试样)的拉伸强度。

③通过拉伸强度试验,确定结构强度的极限值(R_C)为

$$R_C = \frac{\bar{R}}{1 + 1.92 \lg\left(\frac{R_1}{R_2}\right)} \tag{7.1}$$

式中,R_1、R_2 为 15 ℃ 时,速度为 3 mm/min 和 10 mm/min 的抗拉强度,按白俄罗斯标准 СТБ1115-98 中的 6.10 项和 6.10.4 项求出

$$\bar{R} = \frac{R_1 + R_2}{2} \tag{7.2}$$

④按所计算出的变形速率和弯曲负荷状态(R_u)计算材料强度(MPa),温度为 0 ℃ 和 10 ℃,精确到 0.1:

$$R_u = \frac{2.5R}{0.431 + \frac{R}{R_C}} \tag{7.3}$$

⑤计算最大弹性模量值:

$$E_C = 1.2 \,(10R_C)^{1.9} \tag{7.4}$$

⑥按计算温度(0 ℃ 和 10 ℃)计算弹性模量值(E),精确到整数:

$$\left(\frac{E}{E_C}\right)^m = \frac{R}{R_C} \tag{7.5}$$

式中,m 为材料结构参数,对第一组混凝土取值 0.8,对其他组取值 1.0。

使用该方法应在设计准备阶段确定。设计评定按照业主要求或设计机构依试验室试验结果确定。

第8章 桥梁工程新材料

普通的桥梁结构(如梁桥、拱桥等)建立在传统的建筑材料基础上,而新型材料的不断开发,促进了新型结构桥梁的出现。从原始材料的木材、石材等为基础建造的梁桥、拱桥基础桥型,到铸铁、钢筋混凝土、钢绞线等建造的悬索桥、斜拉桥等现代桥型,再到现在大量应用复合新型材料、智能材料的桥梁结构。新型建筑材料的发展直接促进了现代桥梁、桥型的发展;同时,一些大跨径、特殊环境(如跨海大桥)、需要补强加固等桥梁也对材料提出了更高的要求。

8.1 桥面铺装新材料

桥面铺装指的是为保护桥面板和分布车轮的集中荷载,用沥青混凝土、水泥混凝土、高分子聚合物等材料铺筑在桥面板上的保护层。其作用是保护桥面板不受车轮或履带直接磨耗,防止主梁受雨水侵蚀,并借以分散车轮的集中荷载。

随着我国高等级公路建设的迅猛发展,公路工程结构的经久耐用对原材料提出了越来越高、越来越多功能化的技术要求,桥面铺装层对其强度、柔韧性、高温稳定性及疲劳耐久性等均有较高的要求。桥面铺装材料也在常用的水泥混凝土、沥青混凝土两种铺装材料基础上发展了一些适合工程特定要求的新材料,如聚合物水泥混凝土、纤维钢筋混凝土、聚丙烯腈纤维混凝土、高强轻骨料隔热沥青混凝土、环氧沥青浇注式混凝土、薄层抗滑铺装材料等。

8.1.1 聚合物水泥混凝土

水泥作为一种胶凝材料,在土木工程建设中得到了较广泛的应用。多年的研究表明,在混凝土中添加聚合物可以降低它的脆性、提高柔性,并使其抗裂性、抗腐蚀性和干缩性能都有不同程度的增强。聚合物用以改性水泥的性能,从其组成和制作工艺上可分为:聚合物浸渍混凝土;聚合物水泥混凝土,也称聚合物改性混凝土(Polymer Modified Concrete, PMC);聚合物胶结混凝土(Polymer Concrete, PC),又称树脂混凝土(Resin Concrete, RC)。

聚合物水泥混凝土以聚合物和水泥共同作为胶凝材料。其制作工艺与普通混凝土相似,在加水搅拌时,掺入一定量的有机物及其辅助剂,经成型、养护后,其中的水泥与聚合物同时固化而成。聚合物掺加量一般为水泥质量的5%~20%。使用的聚合物一般为合成橡胶乳液,如氯丁胶乳、丁苯胶乳、丁腈胶乳;热塑性树脂乳液,如聚丙烯酸酯类乳液、乙酸乙烯乳液等。

PMC与普通路用水泥混凝土在技术性质上存在较大差异,研究表明,当聚合物参量较高(聚胶比大于0.10时),混凝土的工作性能受搅拌工艺、成型方法、养护方式以及环境的影响比较显著。与普通水泥混凝土相比,PMC的模量显著降低,变形能力大幅提高,弯拉强度有所改善,抗压强度明显降低,说明聚合物的掺加明显改善了混凝土的脆性。聚合物混凝土疲劳寿命略高于普通混凝土,抗冲击、抗渗、干缩、温缩和抗冻等性能均有不同程度的提高,耐久性良好。

在混凝土桥面铺装混凝土中适量添加聚合物使混凝土弯拉强度明显提高,弹性模量减小,变形性能提高,这对于改善混凝土路用性能具有积极意义。作为一种新型的道路材料,目前尚处于研究探索初期,在气候环境作用和自然腐蚀条件下的长期力学性能和使用性能需要实践检验。

8.1.2 纤维混凝土

纤维混凝土,又称纤维增强混凝土,是以水泥净浆、砂浆或混凝土作基材,以非连续的短纤维或连续的长纤维作增强材料所组成的水泥基复合材料。在 1 m³ 纤维混凝土中,由于分散混合着几百万根(容积为1%~2%)纤维,故其增强效果遍及混凝土内各个部分,使整体显现延性大的均质材料的特征。

随着混凝土在工程中的广泛应用,其抗拉强度低、韧性和延性差等弱点日益突出,采用纤维来增强混凝土是改善混凝土性能的一种有效手段,它可以使混凝土的抗拉强度、变形能力、耐动荷能力和耐久性大大提高,采用纤维混凝土作为桥面铺装材料能大幅度提高其使用寿命,减少病害。在桥面铺装纤维增强混凝土中,应用较广的是钢纤维增强混凝土和聚丙烯腈纤维增强混凝土。

1. 钢纤维混凝土

钢纤维混凝土(简称SFRC)是近20年来迅速发展起来的一种新型复合材料,具有优良的抗裂性、抗弯曲特性、耐冲击性、耐疲劳性等特点,因此特别适用于公路路面、桥面、机场跑道等工程。桥梁的混凝土桥面铺装层,由于重型车辆的使用、交通量的增加,损坏非常严重,维修周期越来越短,这不仅妨碍了交通安全,也给维修工作带来不便。若改用SFRC铺装桥面层,则可使面层厚度减薄,伸缩缝间距增大,从而改善桥面的使用性能,降低维修费用,延长使用寿命。

钢纤维按外形分为有长直形(a)、压痕形(b)、波浪形(f)、弯钩形(d、e)、大头形(g、f)、扭曲形(h)等,如图8.1所示。

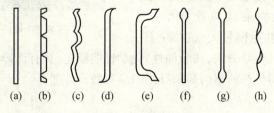

图 8.1 钢纤维的外形

表示钢纤维几何及体积的参数有钢纤维长度、直径(或等效直径)、长径比、体积率、钢纤维含量特征参数等。钢纤维长度指钢纤维两端点间的直线距离,钢纤维长度不能太小,否则将影响其增强效率,但也不能过长,因为钢纤维太长不仅难以在混凝土中均匀分散,而且会在搅拌过程中结团,影响钢纤维作用的发挥;钢纤维长度可为 18~60 mm,常用的是 28~30 mm。钢纤维的长径比指钢纤维的长度与直径之比,通常为 30~100。钢纤维体积率指钢纤维所占钢纤维混凝土体积的百分数,钢纤维体积率的大小,决定了对混凝土增强的程度以及破坏形态;钢纤维体积率也不能过大,钢纤维过多将使施工拌和更加困难,钢纤维不可能均匀分布,甚至严重结团,同时包裹在每根钢纤维周围的水泥胶体少,钢纤维混凝土就会因钢纤维与基体间黏结不足而过早破坏;体积率以 0.6%~2% 为宜。钢纤维含量特征参数是钢纤维体积率与长径比的乘积,反应二者综合影响。

在极重、特重和重交通高速、一级公路的桥涵上及各级公路翻修困难、要求使用年限较长的钢筋混凝土桥面铺装中,可采用钢纤维混凝土。例如,某高速公路大桥工程,采用钢纤维混凝土进行桥面铺装,做了不同钢纤维掺量混凝土弯拉及抗压强度对比试验,试验结果见表 8.1。

表 8.1 不同钢纤维掺量混凝土弯拉、抗压强度及增长幅度

混凝土等级	钢纤维掺量/(kg·m⁻³)	水灰比	砂率/%	3 d 弯拉强度/MPa	弯拉强度增长/%	3 d 抗压强度/MPa	抗压强度增长/%
C40	0	0.44	46	4.29		36.2	
	50	0.44	46	5.06	17.9	37.4	3.3
	65	0.44	46	5.69	32.6	39.6	9.4
C50	0	0.39	45	4.77		39.9	
	50	0.39	45	5.52	14.6	43.0	7.8
	65	0.39	45	5.76	20.8	40.8	2.3

2. 聚丙烯腈纤维混凝土

聚丙烯腈纤维(PAN)是指由聚丙烯腈纺制的纤维或丙烯腈含量占 85%(体积分数)以上的共聚物纺制而成的纤维。聚丙烯腈纤维(又称腈纶纤维)在混凝土中的作用和使用前景已经被工程界认识和接受。聚丙烯腈纤维原丝还广泛地用于制造碳纤维。

聚丙烯腈纤维为束状单丝纤维(图 8.2),色泽淡黄,有初始模量大、抗拉度高、

图 8.2 聚丙烯腈纤维

耐酸碱、耐腐蚀性好,极易分散,高吸油性、化学性能稳定,具有优异耐光性、耐候性等特点。表 8.2 为某公司生产的聚丙烯腈纤维产品参数及性能。

表 8.2 聚丙烯腈纤维产品参数性能及应用范围

参数及性能	直径/μm	12～20	长度/mm	6～50
	断裂强度/MPa	>900	密度/(g·cm^{-3})	1.18
	初始模量/GPa	>10	断裂伸长率/%	15
	熔点/℃	约240	燃点/℃	约580
	耐酸性	极高	安全性	无毒、无刺激
	耐碱性	极高	导热性	极低
	抗低温性	好	磁性	无
作用	作为混凝土的次要加筋材料,聚丙烯腈纤维可大大提高其抗裂、抗渗、抗冲击、抗震、抗冻、抗冲磨性能、抗爆裂性能及和易性、泵送性、保水性			
应用领域	水利水电工程,现浇混凝土和预制构件,市政、公路、桥梁、房建工程,工业化生产预混砂浆、沥青混凝土等			

聚丙烯腈纤维混凝土是聚丙烯腈纤维增强混凝土的简称。聚丙烯腈纤维在混凝土中的作用有三方面:作为非结构性补强材料,减少收缩,提高混凝土抗裂能力,减少直至避免表面干裂或龟裂;减少泌水、离析,改善混凝土结构的均匀性,全面提高耐磨、抗冻、抗渗、抗冲击、抗疲劳等性能;改变混凝土中原生裂缝的形态,改善混凝土内部的应力分布,提高其抗拉强度,降低弹性模量,增强韧性,改善混凝土后期变形性能。研究表明,与普通混凝土相比聚丙烯腈纤维混凝土在抗折强度、抗弯强度、耐久性、抗疲劳性等方面具有优异的特性,在工程应用中表现出的优异性能使其具有更广阔的应用前景。

郑州西南绕城高速公路郑少高速互通式立交区 B 匝道 K0+360 采用了聚丙烯腈纤维混凝土作为桥面铺装材料。配合比为:砂 420 kg/m^3,水泥 370 kg/m^3(普通硅酸盐水泥 PO 42.5),碎石 1 424 kg/m^3,水 170 kg/m^3,防水剂 3.7 kg/m^3,聚丙烯腈纤维 1.5 kg/m^3。混凝土的设计抗折强度为 5.0 MPa,抗压强度为 40 MPa。经过实验室试验验证,该配比能够满足设计要求,且施工性能够满足要求。

8.1.3 高强轻骨料隔热沥青混凝土

随着我国高等级公路建设的迅猛发展,公路工程结构的经久耐用对原材料提出了越来越高、越来越多功能化的技术要求,除了强度要求越来越高以外,对跨越结构的自重越来越要求轻质化,特别是大跨径桥梁桥面铺装质量的减小对桥梁经济性有重大意义。

迄今为止,我国钢桥面的各种改性沥青混凝土铺装乃至环氧沥青铺装均不过关。特别在盛夏高温天气下,由于阳光的直接照射,黑色的沥青混凝土从上表面吸收了很多的热量,沥青铺装层温度可达 60 ℃以上,如江阴长江大桥钢桥面铺装在通车第二年就开始陆续发生推移、车辙、开裂等破坏。这就对钢桥面的铺装提出了越来越多的热工技术要求,要求钢桥面沥青铺装要有一定隔热性能。而轻质、高强、隔热、抗滑四项技术要求共同集成在新型高强轻骨料材料上。

轻骨料按原料可划分为黏土陶粒、粉煤灰陶粒和页岩陶粒等。目前来看，生产便捷，并能够同时满足轻质、高强、隔热、抗滑四项技术要求的轻骨料首推高强页岩陶粒轻骨料。高强轻骨料隔热沥青混凝土就是用上述轻骨料来代替传统的骨料，用于公路工程沥青混凝土的高强轻骨料的还应满足压碎值、磨耗值、磨光值、黏附性四项指标。

交通运输部行业技术标准《公路工程高强页岩陶粒轻骨料》（JT/T770—2009）编制组在宜昌已经使用高强页岩陶粒轻粗骨料制作过沥青路面和桥面，使用年限在10年以上，证明其效果优良。

8.1.4 环氧沥青浇注式混凝土

环氧沥青是环氧树脂、固化剂与基质沥青经复杂的物理和化学反应后形成的具有三维立体互穿网络的新型复合材料，既不是沥青材料，也不是环氧树脂材料，而是兼具两者优点的热固性材料，是具有高强度、高黏结力、高柔韧性的新型复合材料。环氧沥青材料可分为结合料型及黏结料型两类。结合料型用于制备环氧沥青混合料，可用作桥面、路面及机场跑道的铺装材料，黏结料型可用于桥面黏结防水层、沥青路面封层及路面黏层等。

环氧沥青混凝土是在拌和厂将能够缓慢固化的环氧沥青与热集料混合后拌制而成的聚合物改性沥青混凝土。环氧沥青混凝土具有优良的力学性能，而且在低温条件下仍具有很好的变形能力，其强度是普通沥青混凝土或其他桥面铺装用的沥青混合料（SMA、浇注式沥青混凝土）的7~8倍，其温度变形系数接近钢板并具有优异的稳定性、抗疲劳、抗老化及耐腐蚀性能。因此环氧沥青混凝土作为钢桥面铺装材料较之其他种类材料具有很大的优越性。我国的上海青浦大桥、天津沽口大桥、江苏润扬大桥、南京长江二桥和南京长江三桥等工程项目均采用该技术进行桥面铺装。

浇筑式沥青混凝土意义为"流动路面"，其含义是浇筑式沥青混凝土具有流动性，摊铺时不需要碾压，只需要简单的摊铺整平即可完成施工。浇筑式沥青混凝土属于密级配沥青混凝土，混合料具有细集料含量高、矿粉含量高、沥青含量高等特点，浇筑式沥青混凝土不透水，在层内不会出现水损害。浇筑式沥青混凝土有较高的沥青含量，具有较好的抗低温开裂能力，同时又具有良好的密水性、耐久性、整体性好等特点。适用于大中型桥梁，尤其是大跨径斜拉桥和悬索桥的桥面铺装。我国江阴长江大桥、香港青马大桥、台湾新东大桥和高屏溪大桥以及东海大桥的均采用了此技术进行桥面铺装。图8.3为浇筑式沥青混凝土钢桥面铺装图。

环氧沥青浇筑式混凝土是为将浇筑式的施工方法用于环氧沥青混凝土而开发的一种新材料，充分利用浇筑式沥青混凝土和环氧混凝土各自优点，弥补两者在物理、力学性能及施工技术上的缺点，从而使铺装材料既具备优异的路用性能又具有施工简单

图8.3 浇筑式沥青混凝土钢桥面铺装

的优点。

为满足浇筑施工要求及路用性能要求,环氧沥青浇筑式混凝土为密集配沥青混凝土,其混合料结构为典型的悬浮密实结构。环氧沥青胶浆使细集料处于悬浮状态,而较高的沥青和细集料的含量使粗集料处于悬浮状态。环氧沥青浇筑式混合料的强度主要由结合料的固化强度及结合料与集料的黏结力来提供。对于环氧沥青浇筑式混凝土的配合比、路用性能、施工工艺等还需要进一步研究。

8.2 模板新材料

8.2.1 透水模板布

混凝土透水模板布是一种应用于土木工程领域的新型建筑材料,由表层(过滤层)、透水层、黏附层组成,使用时通过黏附层将透水模板布粘贴在钢模板上,如图 8.4 所示。透水模板布表层光洁、致密,具有微细小孔,平均孔径为 $20 \sim 35~\mu m$,和混凝土直接接触时,能透过水和空气而阻止水泥颗粒通过。透水层厚度约 $1 \sim 2.5~mm$,具有保水透气功能,能将多余的水分、空气透出并保存适当的水分,使混凝土表层始终处于潮湿的环境中。浇注混凝土时,在混凝土内部压力、混凝土透水模板布的毛细作用及振捣棒等共同作用下,混凝土中的气泡以及部分游离的水分由混凝土内部向表面迁移,并可通过混凝土透水模板布透水层排出,工作原理如图 8.5 所示。

 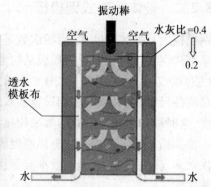

图 8.4 粘贴在钢模板上的透水模板布　　图 8.5 透水模板布工作原理

使用透水模板布浇筑的混凝土构件可以达到以下效果:
① 可以有效减少混凝土表面的气泡,使混凝土更加致密。
② 可以使混凝土中的部分水分排出而水泥颗粒留在混凝土表面,导致数毫米深的混凝土表面水胶比显著降低。
③ 使构件表面形成一层富含水化硅酸钙的致密硬化层。大大提高混凝土表面硬度、耐磨性、抗裂强度、抗冻性,使混凝土的渗透性、碳化深度和氯化物扩散系数也显著降低。

④减少了混凝土内部与外部交换物质的可能,从而提高了构件的耐久性。

⑤混凝土透水模板布具有均匀分布的孔隙,水能通过渗透和毛细作用经透水模板均匀排出,不形成聚集,这样能消除混凝土表面的气泡、砂线、砂斑等混凝土质量通病。

⑥混凝土透水模板布的保水作用,为混凝土养护提供了一个良好的条件,减少了细微裂缝的产生。

在杭州湾跨海大桥、青岛跨海大桥等工程中都采用了透水模板布来浇筑墩身混凝土,均取得了良好效果。使用钢模板和使用透水模板布浇筑的混凝土外观如图8.6、图8.7所示。

图8.6 使用钢模板

图8.7 使用透水模板布

8.2.2 整体桁架式钢模板

钢模板因其整体刚度大、周转次数多、拆装方便、浇筑混凝土外观质量好广泛应用于桥梁结构混凝土工程中。钢模板从构造上看由面板和增加面板刚度的纵向和横向的背带(肋)组成,普通的钢模板(图8.8)的背带常采用角钢、槽钢等来制作。实际工程中如果构件尺寸较大,且对表面质量要求较高,如大尺寸墩柱、箱梁等,就要求模板有较大刚度,这时纵向或横向的背带常采用抗弯刚度更大的桁架来制作,形成整体桁架式钢模板。整体桁架式钢模板具有整体刚度大、浇筑混凝土时变形小、混凝土外观质量好、周转次数多、模板尺寸大、施工效率高等优点,广泛用于大型基础、墩柱、主梁等桥梁构件的施工。

杭州湾大桥某合同段墩柱施工时采用了整体桁架式钢模板。在杭州湾跨海大桥专用技术规范中明确规定,为保证墩身表面美观,不允许设置模板对拉丝杆。根据合同工期要求又必须采用泵送混凝土以确保施工进度。为保证在泵送大坍落度混凝土快速灌注下墩身模板的变形被控制在允许偏差之内,必须采用刚度更大的桁架式模板结构。

杭州湾大桥非通航孔70 m跨径箱型截面主梁预制的侧模板(图8.9)采用了整体桁架式钢模板。该箱梁顶板宽15.8 m,底板宽6.25 m,梁高4.0 m,单箱单室结构,其侧模为不设拉杆体系整体桁架式钢模板。

图 8.8　普通钢模板

采用大跨径悬臂浇筑施工法施工的混凝土箱梁,因其尺寸较大,侧模也常采用整体桁架式钢模板。某主跨为 160 m 连续刚构,主梁采用悬臂浇筑施工法,主梁高度桥墩处为 9.0 m,跨中处为 3.0 m,其侧模采用了桁架式钢模板,如图 8.10 所示。

图 8.9　杭州湾跨海大桥 70 m 预制箱梁侧摸　　图 8.10　悬臂浇筑整体桁架式侧模

8.2.3　复合材料永久模板

永久性模板,又称一次性消耗模板,即在现浇混凝土结构浇筑后模板不再拆除,作为构筑物的一部分,其中有的模板与现浇结构叠合后组合成共同受力的叠合构件。

永久性模板的最大特点是:简化了现浇钢筋混凝土结构的模板支拆工艺;使模板的支拆工作量大大减少;改善了劳动条件,节约了模板支拆用工,加快了施工进度;采用不同材料的面板可以赋予建筑物保温、耐腐蚀等特定的功能。

复合材料是由两种或两种以上不同性质的材料,通过物理或化学的方法,在宏观上组成具有新性能的材料。各种材料在性能上互相取长补短,产生协同效应,使复合材料的综合性能优于原组成材料而满足各种不同的要求。按基体材料的不同,复合材料可分为聚合物(树脂)基复合材料、金属基复合材料和无机非金属材料基复合材料三大类。用于永久模板的复合材料主要采用水泥或热固性树脂(如不饱和聚酯树脂、环氧树脂、酚醛树脂、乙烯基酯树脂等)为基体,掺入玻璃纤维、碳纤维、芳纶纤维、超高分子量聚乙烯纤维等纤维增强复合材料。

纤维增强复合材料建筑模板具有以下特征:
①强度高、刚度大、韧性好、抗疲劳能力强。
②通过不同的成型工艺和改变纤维铺层,可获得各种工程结构件所需的结构性能

(抗弯刚度、受弯、受剪和受压承载力等),还可兼具受力构件的作用,代替钢材等传统材料,因此是一种绿色高性能的结构材料。

③耐水性、光洁度高、低维修、易存储,质轻、搬运便捷,能大幅提高施工效率。

④耐腐蚀,能在沿海地区、地下工程、矿井、海堤坝工程中使用。

⑤工厂预制,拼装简单,施工方便,省时省工。

⑥可塑性强,可设计性好,根据设计要求,通过不同模具形式可生产出不同形状和规格的模板。

国外已有将复合材料永久模板成功应用于桥梁实例,2007年美国威斯康星州建造了布莱克桥,该桥采用拉挤成型的纤维增强复合材料桥面板模板,主梁为预制混凝土T形梁,间隔2.1 m,主梁翼缘间距914 mm,模板搁置于T形主梁之间。模板长度取主梁翼缘间距,宽度有305 mm和610 mm两种尺寸,图8.11为305 mm宽拉挤成型纤维增强桥面模板。将二氧化硅砂砾通过环氧树脂胶合于模板内表面,以增强模板和混凝土直接的黏结力。桥面板中无需另行配置受力钢筋,从而形成了一个轻质高强、绿色环保、耐腐蚀的复合材料——混凝土组合桥面板,其中纤维增强复合材料同时兼具了模板和受力构件的双重作用。国内已经有建筑工程采用复合材料永久模板,桥梁工程中应用较少,是一种有发展前景的新型模板。

图 8.11　305 mm 宽拉挤成型纤维增强桥面模板

8.2.4　新型塑料模板

近几年,塑料模板在国外工业发达国家发展很快,塑料模板的品种规格越来越多,我国塑料模板已经历了20多年的发展过程,目前在建筑工程和桥梁工程中也已得到一定应用,取得很好的效果。塑料模板是一种节能型和绿色环保的产品,推广应用塑料模板是"以塑代木",节约资源的重要措施。塑料模板具有广阔的发展前景,采用塑料模板应该是模板行业今后发展的方向之一。

根据美国材料试验协会所下的定义,塑料是一种以高分子量有机物质为主要成分的材料,它在加工完成时呈现固态形状,在制造以及加工过程中,可以借流动来造型。塑料主要由合成树脂及填料、增塑剂、稳定剂、润滑剂、色料等添加剂组成的。常用主要塑料有聚氯乙烯(PVC)、聚乙烯(PE)、聚丙烯(PP)等。

塑料模板是以聚丙烯等硬质塑料为基材,加入玻璃纤维、剑麻纤维、防老化助剂等增强材料,经过复合层压等工艺制成的一种工程塑料,模板可锯、可钉、可刨、可焊接、可修复,其板材镶于钢框内或钉在木框上,所制成的塑料模板能代替木模板、钢模板使用。常用的塑料模板主要有 PVC 模板、木塑模板、聚乙烯模板、复合聚丙烯模板、复合发泡塑料模板(PP 发泡板)等。

1. 木塑复合刨花板模板

木塑复合刨花模板是将木质材料与塑料混合,铺装后再热压复合成新型复合材料。它所用木质材料主要采用木材加工剩余物,枝丫材及人工林小径材;塑料原料为废弃的塑料膜、塑料袋等,塑料品种可以是聚乙烯、聚丙烯、聚氯乙烯、聚苯乙烯,也可以是不同塑料的混合物,这对充分利用废弃塑料具有十分重要的意义。据对某种木塑复合刨花板有关测试资料,其物理力学性能较好,静曲强度为 97.1 MPa,静曲弹性模量为 9 809 MPa,胶合强度为 3.26 MPa,都高于木胶合板模板和竹胶合板模板。

2. GMT 建筑模板

GMT 是玻璃纤维连续毡增强热塑性复合材料的英文缩写,它是用可塑性的聚丙烯及其合金为基材,中间加入玻璃纤维和云母组合增强而成的板型复合材料,它是目前国际上最先进的复合材料之一。它具有钢材、玻璃钢等材料的共同优点,如重量轻、强度高、耐疲劳、耐冲击、有韧性、防腐性好、耐磨性和耐水性好等。主要生产地在美国、德国、韩国和日本等国家,主要用于中高档汽车结构材料和零配件、建筑模板、包装箱和集装箱的底板与侧板、家用电器、化工装备、体育场馆的座椅和运动器材、军工产品等。韩国和日本的 GMT 建筑模板已大量用于建筑工程中。

3. 复合发泡塑料模板

发泡塑料是借助发泡材料在塑料中形成分散且较均匀细孔。聚丙烯发泡塑料是人们近年来寻找到的一种新型的泡沫塑料,与其他泡沫塑料相比,聚丙烯泡沫塑料不但具有优异的力学性能和热性能,而且具有可回收、可降解等优异的环保性能、质量轻的显著优点。复合发泡塑料模板一般由上下复合层及发泡的芯层组成,如图 8.12 所示。

图 8.12 发泡塑料模板

塑料模板表面光滑、易于脱模;加工制作简单,板材用热压机即可快速模压成形;质量轻、耐水、耐腐蚀性好;可以回收反复使用、有利于环境保护。另外,塑料模板可塑性强,可以根据设计要求,加工各形状或花纹的异形模板。图 8.13 为利用塑料模板制作的异型桥梁的侧模。但塑料模板热膨胀系数大,焊渣可能会烫伤模板表面等缺点。

图 8.13 用塑料模板制作的异型桥梁侧模

8.3 预应力筋新材料

随着桥梁结构建造水平的不断提高,国内外预应力材料生产技术与装备发生了质的变化,同时也促进了预应力混凝土结构工程领域的设计、施工与用料的技术进步和更新换代。现代交通的发展,对桥梁的营运质量和寿命提出了更高的要求,预应力新材料、新技术应用于桥梁设计与施工中,适应了桥梁结构新的功能要求。

8.3.1 碳纤维复合材料力筋

1. FRP(Fiber Reinforced Polymer)材料

在预应力混凝土中,为了解决预应力筋的腐蚀问题,自20世80年代中期以来,欧美及日本等国家开始使用纤维增强塑料FRP(Fiber Reinforced Polymer)制作而成的非金属预应力筋。FRP具有抗拉强度高、质量轻、自诊断特性、无磁性和无腐蚀性等优良特性,而且FRP棒材可做成普通钢筋的形状,因而FRP筋被认为是预应力混凝土结构中预应力钢筋和普通钢筋的一种良好的替代材料。用于生产土木工程的FRP筋的纤维主要有碳纤维CFRP(Carbon Fiber Reinforced Polymer)、芳纶纤维AFRP(Aramid Fiber Reinforced Polymer)和玻璃纤维GFRP(Glass Fiber Reinforced Polymer)三种。目前FRP材料的研究开发在国内已达到相当高的水平,并进入实际应用阶段。

FRP筋是一种复合材料,由纤维丝、树脂、添加剂以及表面附着层等材料复合而成,有的FRP筋还有内芯。在所有组成部分中,纤维丝、树脂和添加剂是影响FRP筋物理、化学及力学性能的主要因素。FRP筋是由多股连续纤维通过基底材料进行胶合后,再经过特制的模具挤压和拉拔成型的。纤维在筋中起加劲作用,是受力主体,因此FRP筋的性能主要取决于纤维丝。

2. CFRP(Carbon Fiber Reinforced Polymer)材料

碳纤维是有机纤维经碳化及石墨化处理而得到的微晶石墨材料。按原丝类型主要分为烯腈基(PAN基)和沥青基两类。碳纤维是一种力学性能优异的新材料,它的主要优点是:轻质、高强、高弹模、温度膨胀小、耐疲劳,以及在潮湿环境和化学环境下具有较好耐腐蚀性能。它的比重不到钢的1/4,碳纤维树脂复合材料抗拉强度一般都在3 000 MPa以上,CFRP的比强度(即材料的强度与其密度之比)可达到2 000 MPa/$(g \cdot cm^{-3})$以上,而A3钢的比强度仅为59 MPa/$(g \cdot cm^{-3})$左右,其比模量也比钢高。材料的比强度越高,则构件自重越小,比模量越高,则构件的刚度越大,从这个意义上已预示了碳纤维在工程的广阔应用前景。碳纤维丝的主要缺点是极限延伸率相对较小,仅有0.9%~2%,是三种纤维材料中最小的,因而抵抗冲击荷载的能力差。用于工程中的碳纤维材料有碳纤维布(图8.14)、碳纤维板(图8.15)和碳纤维筋(图8.16)三种。表8.3为国内某公司生产的碳纤维筋技术参数。

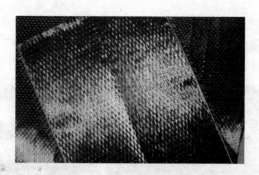

图 8.14 碳纤维布

图 8.15 碳纤维板

图 8.16 碳纤维筋

表 8.3 某公司生产的碳纤维筋技术参数

直径/mm	密度/(g·cm^{-3})	拉伸强度/MPa	拉伸弹性模量/GPa	断裂伸长率/%
3~16	1.8~1.6	1 680~2 450	140~165	1.3~1.5

3. CFRP 复合材料力筋工程应用

CFRP 复合材料力筋既可用于普通混凝土结构也可以用于先张法和后张法预应力混凝土结构,还可以用作缆索承重体系的缆索,如斜拉桥的斜拉索等。此外还广泛地应用于工程加固领域。

美国 Bridge Street 桥总长约 63 m,为三跨简支梁,跨径组成为 21.314 m+20.349 m+21.429 m,是美国第一座使用 CFRP 筋建造成的公路桥。该桥由 12 片预制的双 T 形(每跨 4 片)混凝土梁组成,同时使用了先张 CFRP 筋及后张 CFCC 筋(即 Carbon Fiber Composite Cable,碳纤维复合绞线)。

缆索承重体系桥梁的缆索直接与外界接触,更容易发生腐蚀等耐久性问题。CFRP 力筋具有耐腐蚀、耐疲劳、比强度大等优点,在缆索承重桥梁中的应用也有广泛应用前景。碳纤维缆索的索股通常为多股绞线组成,最常用的为 7、19、37 股,标称直径分别为 15 mm、25 mm、35 mm,很小直径的则由单股组成,一般单股直径为 5 mm,长度从几十米到上百米不等。然后在碳纤维索股的外面套上一层高密度聚乙烯保护套(HDPE),在中间则填充树脂或砂浆。图 8.17 为组装后的碳纤维复合材料斜拉索。国内的首座 CFRP 拉索斜拉桥在江苏大学建成,该桥为独塔双索面钢筋混凝土斜拉桥,采用塔梁墩固结体系,索塔为双柱式,跨径为 30 m+18.4 m,桥面宽度为 5 m,设计人群荷载为 3.5 kN/m²,CFRP 力筋的标准强度为 2 300 MPa,弹性模量为 147 GPa。法国于 2003 年建成的跨径为110 m 的 Laroin 斜拉桥的斜拉索也采用了 CFRP 力筋。

图 8.17　组装后的碳纤维复合材料斜拉索

8.3.2　玻璃纤维复合材料力筋

1. 玻璃纤维 GFRP(Glass Fiber Reinforced Polymer)材料

玻璃纤维是一种性能优异的无机非金属材料,种类繁多,优点是绝缘性好、耐热性强、抗腐蚀性好,机械强度高,缺点是:性脆、耐磨性较差。它是以玻璃球或废旧玻璃为原料经高温熔制、拉丝、络纱、织布等工艺制造成的,其单丝的直径为几个微米到 20 多个微米,相当于一根头发丝的 $\frac{1}{20} \sim \frac{1}{5}$,每束纤维原丝都由数百根甚至上千根单丝组成。玻璃纤维经加工,可制成多种形态的制品,如纱、无捻粗纱、短切原丝、布、带、毡、板、管等。玻璃纤维通常用作复合材料中的增强材料。

两种应用较多的玻璃纤维是 E 型玻璃和 S 型玻璃,抗拉强度为 2 300~3 900 MPa,弹性模量为 74~87 GPa。E 型玻璃纤维因价格比较低廉而被广泛的应用,但其强度和模量较低;S 型玻璃纤维强度高,刚度和极限延伸率也大,并且耐酸性能好于 E 型玻璃纤维,但价格较高。目前,玻璃纤维最大的用途是用于制造玻璃钢产品,也经常用于结构加固、受力主筋等工程中。作为受力筋用于工程中玻璃纤维材料有玻璃纤维布(图 8.18)和玻璃纤维筋(图 8.19)等。表 8.4 为某公司生产的玻璃纤维筋力学参数。

图 8.18　玻璃纤维布　　　　　　　　图 8.19　玻璃纤维筋

表8.4 某公司生产的玻璃纤维筋力学参数

直径/mm	质量/(kg·m)	抗拉强度/MPa	剪切强度/MPa	张力/kN	扭矩/(N·m)	尾部螺纹承载力/kN
20	0.615	≥650	≥200	85	≥60	85
22	0.745			95		95
24	0.904			105		105
25	0.981			135		135

2. GFRP复合材料力筋工程应用

玻璃纤维丝的种类较多,采用不同的树脂进行复合后,GFRP产品相当丰富。GFRP复合材料力筋作为新建桥梁受力筋在美国、加拿大、欧洲等国家均有采用,在国内应用较少。GFRP复合材料还广泛地应用于结构加固工程中。

8.3.3 芳纶纤维复合材料力筋

1. 芳纶纤维 AFRP(Aramid Fiber Reinforced Polymer)材料

芳纶全称为"聚对苯二甲酰对苯二胺",英文为 Aramid fiber,是一种新型高科技合成纤维,具有超高强度、高模量和耐高温、耐酸耐碱、质量轻等优良性能,其强度是钢丝的6～8倍,模量为钢丝或玻璃纤维的2～3倍,韧性是钢丝的2倍,而质量仅为钢丝的1/5左右,在560 ℃下,不分解、不融化。它具有良好的绝缘性和抗老化性能,具有很长的生命周期。芳纶的发现,被认为是材料界一个非常重要的历史进程。

芳纶纤维与碳纤维相比,密度小,拉伸强度下降20%左右,而断裂伸长率则提高60%以上。芳纶纤维的抗冲击和耐疲劳性能要大大优于碳纤维,在耐火性能、耐腐蚀方面也好于碳纤维。芳纶纤维复合材料在对构件韧性和延性要求高的抗震结构,抗冲击和耐疲劳、防火、耐腐蚀方面要求高的工程结构的应用,比碳纤维复合材料有较大的优越性。

由若干股连续芳纶纤维束按特定的工艺经配套树脂浸渍固化而成的条棒状芳纶纤维增强树脂材料称为芳纶纤维筋和芳纶纤维索。树脂固化后刚度较大、不易弯曲的制品称为筋(AFRP-tendons),树脂固化后刚度较小、可以弯曲盘绕成卷的制品称为索(AFRP-cables)。例如,AFT-15和AFC-15分别表示标称直径为15mm的芳纶筋和芳纶索。常用的芳纶筋、索的公称直径为3 mm、6 mm、7 mm、9 mm、11 mm、13 mm、15 mm、17 mm。工程用芳纶筋、索的主要力学性能指标应满足表8.5要求。

表8.5 工程用芳纶筋、索的主要力学性能指标

力学性能	芳纶筋	芳纶索
抗拉强度标准值/MPa	≥1 150	≥1 150
弹性模量/MPa	≥65 000	≥65 000
断裂延伸率/%	≥2	≥2
密度/(g·cm^{-3})	≥1.4	≥1.4

2. AFRP复合材料力筋工程应用

芳纶纤维复合力筋材料早期在土木工程中的应用是采用芳纶纤维筋代替钢筋,如日本建造的 Tabras golf club 桥、Birdie 桥等。工程实践经验表明,采用 AFRP 筋桥梁的材料造价高于采用钢筋的方案,但其可节约大量后期维护费用。AFRP 筋也可用于预应力混凝土结构,如日本于1996年修建的长54.51 m 茨城悬索板桥就是采用 AFRP 作为预应力筋。在一些防腐要求较高的港口、码头中也有一些采用芳纶纤维力筋的实例。

8.3.4 超高强预应力钢绞线

1. 超高强预应力钢绞线材料

随着桥梁结构的跨度和宽度不断增大,结构中预应力钢筋的用量也越来越大,结构设计与预应力束的布置越来越困难,施工中力筋张拉也容易发生事故。采用超高强预应力钢绞线代替普通预应力钢筋,既节省了钢材,又方便了设计,加快了施工进度,减小了施工难度,是大跨度桥梁结构值得推广的一项改进方法。在欧洲,钢绞线抗拉标准强度已达2 160 MPa并批量生产;在日本,已研制出抗拉强度高达2 300 MPa的预应力钢绞线。大直径、高强度是预应力钢绞线发展的趋势。

美国"预应力混凝土用1×7 光面钢绞线"ASTM(美国材料与试验协会)A 416 标准是目前广泛采用的标准,其中最高强度级别为1 860 MPa(270 级)。国产预应力混凝土用普通钢绞线的最高强度级别一般在1 860 MPa以内,《公路钢筋混凝土及预应力混凝土桥涵设计规范》(JTG D62—2004)中钢绞线最高强度级别也为1 860 MPa。为进一步提高钢绞线强度,我国已经研发出2 000 MPa(290 级)超高强预应力钢绞线,目前国内已经有厂家可以批量生产 ϕ15.24 mm 和 ϕ12.7 mm 的 2 000 MPa(290 级)超高强预应力钢绞线,且应用于多项工程。其开发的钢绞线除设计强度为2 000 MPa(290 级)外,其他性能指标均按 ASTM A 416 考核,钢绞线强度提高后,钢绞线的直径、公称面积未增加,而钢绞线的破断力提高了7.4%。表8.6 为上海申佳金属制品有限公司生产的2 000 MPa超高强钢绞线主要技术参数。

表8.6 2 000 MPa 超高强钢绞线主要技术参数

级别	公称强度/MPa	公称直径/mm	直径偏差/mm	公称面积/mm²	公称质量/(g·m)	破断力/kN	屈服力/kN	延伸率/%	松弛率/%
290	2 000	12.70	−0.18~0.66	98.7	775	≥197.4	≥177.7	≥3.5	≤2.5
290	2 000	15.24	−0.18~0.66	140	1 102	≥280.0	≥252	≥3.5	≤2.5

2. 超高强预应力钢绞线工程应用

国内最早应用2 000 MPa级预应力钢绞线的工程为2001年建造的上海嘉浏高速公路工程新浏河桥项目,采用了2 000 MPa钢绞线来替代1 860 MPa钢绞线用于箱梁结构,该工程列入上海市建委重点科研攻关项目,施工采用节段预制拼装工艺,2 000 MPa钢绞线分别用于体内索和体外索,箱梁断面为单箱单室结构,混凝土采用现场拌制 C60 高强度混凝土,整个断面布置17 根预应力索,其中13 根体内索,4 根体外索,索长41 m

左右。共使用了 2 000 MPa 钢绞线 250 余吨。厦门环岛路海军码头——演武路工程、厦门纳潮江大桥工程等桥梁工程中都采用了 2 000 MPa 级预应力钢绞线。

8.3.5 填充型环氧涂层钢绞线

1. 填充型环氧涂层钢绞线材料

作为预应力混凝土结构的骨架材料——预应力钢材,其防腐性对结构耐久性起着最为关键的作用。光面钢绞线作为最早推广使用的预应力钢材,已在国际上得到广泛应用,在我国近 20 年内得到迅速发展。光面钢绞线表面无涂层保护,并在高应力状态下服役,存在环境腐蚀和应力双重作用下的应力腐蚀问题。预应力钢绞线的锈蚀程度对预应力工程质量的影响非常大,决定了结构的耐久性。随着预应力技术的不断发展,其应用领域不断扩大,一般防腐措施已不能适应对预应力钢绞线越来越高的防腐要求。

目前,具有防腐功能的预应力钢绞线有两种:镀层钢绞线和涂层钢绞线。镀层钢绞线的代表是镀锌钢绞线和镀 Galfan 钢绞线;涂层钢绞线的代表是涂塑钢绞线、包塑钢绞线、无黏结钢绞线和涂环氧树脂钢绞线。镀锌钢绞线的表面锌层破损后会引起电化学反应从而加重钢绞线的腐蚀;镀 Galfan 钢绞线虽然成为替代镀锌钢绞线的热点,但国内尚未有成熟产品出现;涂塑和包塑钢绞线国内应用也较少;无黏结钢绞线使用时需进行剥套和清洗油脂处理,若 PE 破损会造成油脂泄漏导致防腐失效。与上述防腐钢绞线相比,涂环氧树脂钢绞线为目前业界认可的防腐性能最佳的钢绞线产品。

1981 年,美国佛罗里达线缆公司在早期的环氧树脂涂层钢筋技术的基础上,采用热熔固化方式将环氧树脂涂覆到光面钢绞线外侧,形成了最初形态的环氧涂层钢绞线,称为环氧涂层涂装型钢绞线,如图 8.20 所示。在以后的 10 多年内,环氧涂层涂装型钢绞线在实际工程得到了应用。在环氧涂层涂装型钢绞线的工程使用过程中,人们发现,由于该种钢绞线仅在其外侧涂覆环氧树脂,水汽及其他腐蚀介质仍可能进入钢绞线间隙内,因此防腐性能并不十分理想。为此,1987 年日本住友电工株式会社在购买了环氧涂层钢绞线的专利技术后,着手研究钢绞线内外均涂覆环氧树脂的全密封环氧树脂涂层钢绞线,称为环氧涂层填充型钢绞线,如图 8.21 所示。随后,这种新型的环氧涂层钢绞线在北美和日本被大量推广使用。

图 8.20　环氧涂层涂装型钢绞线

图 8.21　环氧涂层填充型钢绞线

填充型环氧涂层钢绞线外层及其间隙间均填充环氧树脂,使钢绞线各部分成为密封整体,能完全防止外界腐蚀介质通过毛细作用或其他液压作用渗透到钢绞线内部。熔融的环氧树脂与钢绞线有效黏结,形成一整体,钢绞线拉伸时各丝同时受力,使用强度增加;同时,防止各丝之间摩擦疲劳的产生,提高了抗疲劳性能。外层厚环氧涂层(0.4~1.1 mm),比其他防腐钢绞线更能适应施工过程对钢绞线的摩擦损伤。环氧涂层具有足够的强韧性,能与钢绞线同步拉伸而不出现开裂现象。因此,目前,欧美和亚洲地区,填充型环氧涂层钢绞线的用量约占环氧涂层钢绞线总用量的70%。

2. 填充型环氧涂层钢绞线的工程应用

1992年,填充型环氧涂层钢绞线首次在日本小田原港桥上使用。1994年,首次在日本首都高速公路中作为体外索使用。2003年,国内首次在厦门钟宅湾大桥上将其作为系杆索使用。

安徽泾县青弋江人行桥的主桥为2×110 m独塔柔性悬索桥,主塔高32.098 m,型钢桥面,桥面宽2.5 m,全桥共设2束主缆,如图8.22所示。每束主缆由22根ϕ15.2 mm填充型环氧涂层钢绞线组成,如图8.23所示。单根填充型环氧涂层钢绞线标准强度为1 860 MPa,外挤HDPE后外径ϕ19.00 mm。主缆采用两端张拉,长约236.412 m。

图8.22 施工结束后的悬索桥　　　　图8.23 填充型环氧涂层钢绞线主缆

由于填充型环氧涂层钢绞线优异的防腐性能,常用于体外预应力筋的桥梁工程中,如建成于1997年的江津长江公路大桥,主桥为(140+240+140)m预应力混凝土连续钢构,2007年在对该桥加固中采用了填充型环氧涂层钢绞线体外预应力筋,如图8.24所示。

(a) 箱梁内部钢绞线配置　　　　(b) 钢绞线紧固放大图

图8.24 填充型环氧涂层钢绞线体外预应力加固箱梁

8.3.6 形状记忆合金(SMA)筋

1. 形状记忆合金(SMA)材料

SMA 是一类对形状有记忆功能的材料,这种材料本身具有自感知、自诊断和自适应的功能。1932 年,美国学者 Olander 在研究金镉合金时发现了形状记忆效应,合金的形状被改变之后,一旦加热到一定的跃变温度时,它又可以魔术般地变回到原来的形状,人们把具有这种特殊功能的合金称为形状记忆合金,SMA 也因此而得名。1963 年,美国海军武器试验室的 Buehler 偶然在 Ni-Ti 合金中发现了形状记忆效应,此后对 SMA 的研究和应用才真正开始。

科学家在 Ni-Ti 合金中添加其他元素,进一步研究开发了钛镍铜、钛镍铁、钛镍铬等新的镍钛系形状记忆合金;除此以外还有其他种类的形状记忆合金,如铜镍系合金、铜铝系合金、铜锌系合金、铁系合金(Fe-Mn-Si、Fe-Pd)等。形状记忆合金在生物工程、医药、能源和自动化等方面也都有广阔的应用前景。

2. 形状记忆合金特性

通常情况下,认为 SMA 中存在两种不同的结构状态。SMA 在高温态时称奥氏体相或母相,是一种立方晶体结构;低温态时称马氏体相,是一种低对称的单斜晶体结构。通常认为 SMA 材料有 4 个相变温度:马氏体相变开始温度 M_s 和结束温度 M_f,以及奥氏体相变开始温度 A_s 和结束温度 A_f。马氏体体积百分数随着温度的升高而下降,宏观上表现为 SMA 形状的变化。

在 SMA 的物理与力学性能中的主要特性有:

(1)形状记忆效应

形状记忆效应是指材料在较低的温度下或增加应力时,经受塑性变形,当升高温度或减少应力时,这种材料能恢复到原来的形状。具体地说,形状记忆效应是指材料会记忆它在高温奥氏体状态下的形状,即形状记忆合金在低温马氏体状态下产生预变形,加热后就会恢复到原来在奥氏体状态下的形状。

(2)超弹性效应

如果 $T>A_f$,SMA 材料产生非弹性变形后,其内部始终存在使材料恢复原始状态的收缩力或恢复力,卸载时即使不加热,应变也会随荷载减少而减少,而应力为零时应变也恢复到零,呈现出迟滞循环效应。这种不通过加热即可恢复到原有形状的特性称为超弹性。

(3)电阻特性

SMA 的电阻率要比单一金属材料的电阻率大 1~2 个数量级。此外,SMA 的电阻也会随着应变的变化而变化,因此,利用 SMA 的电阻应变特性可以实现结构的自监测和自诊断或将 SMA 制成传感元件。

(4)弹性模量温度变化特性

SMA 的弹性模量受温度的影响变化很大,高温下奥氏体 SMA 的弹性模量是低温马氏体 SMA 的弹性模量的 3 倍以上。利用 SMA 的这种特性,将 SMA 预埋入结构中,通过加热和冷却 SMA,改变 SMA 的组织,控制 SMA 弹性模量变化,从而可以改变结构局部或整体刚度达到避开共振的目的。

(5) 阻尼特性

SMA 材料比阻尼高达 40%,而普通低碳钢只有 6%。研究表明 SMA 处于母相(奥氏)和马氏体混合状态时阻尼最大,完全马氏体状态时阻尼次之,母相状态时阻尼最小。因此,可利用 SMA 的阻尼可变特性对结构进行主被动控制。

3. 形状记忆合金筋工程应用

将形状记忆合金筋放置于混凝土内,可以利用形状记忆合金的形状记忆效应来实现对混凝土施加预应力。该技术不需要任何张拉设备,只需对 SMA 通稳压直流电即可达到目的,方法简便、快捷、省力。还可以作为智能材料应用于结构中。但目前多处于理论研究阶段,较少应用于实际工程。

8.4 桥梁修补加固新材料

随着我国交通事业的飞速发展,建设了大量道路和桥梁,公路桥梁总数由改革开放前的5.59万座,跃升到2009年底的62.19万座,计2 726.06万延米。现存桥梁随着时间的推移,在自然环境和交通荷载作用下,逐渐发生损伤和缺陷导致结构承载能力和耐久性降低;加之设计标准不断提高、交通量不断增大、超载超限等问题的存在使得结构的可靠度降低,安全性下降。

既有桥梁承载力下降、结构老化、破损是个世界性范围的问题。2006 年,美国联邦公路局的统计报告显示,全美大约 12% 的桥梁被鉴定存在结构性缺陷,其中有一些还是 20 世纪 90 年代初才建造的。原交通部《2006 年全国公路养护统计年报》的统计表明,截至2006年底,全国有6 282座第五类公路危桥,即技术状况处于危险状态,部分重要构件出现严重缺陷,桥梁承载能力明显减低并直接危及桥梁安全。

面对数量众多、使用范围极广的危旧桥,拆除重建不仅投资巨大,而且在新建期间全社会为之付出的"综合"代价更加高昂。实践证明,采用适当的加固技术和措施,对恢复和提高旧桥的承载能力,延长桥梁使用寿命是可行的。有关资料也表面,桥梁加固费用约为新建桥梁的 10% ~ 30%,其综合经济效果较新建桥梁优势明显。

桥梁修补加固材料的应用与修补、加固方法密切相关,《公路桥梁加固设计规范》(JTG/TJ22—2008)给出的结构常用加固方法有增大截面加固法、粘贴钢板加固法、粘贴纤维复合材料加固法、体外预应力加固法、改变结构体系加固法等。上述加固方法可以称为结构性加固,除此之外还有一些非结构性加固方法,如对裂缝进行封闭或压浆处理等。

8.4.1 水泥基修补材料

水泥基修补材料是过去经常采用的修补材料。它适用于修补宽度较大的裂缝及损伤面积较大的混凝土结构。由于要求修补后结构或构件应有较高的强度与原结构要有可靠的黏结,所以,用于修补的水泥基材料必须具有快硬早强性能及较小的干缩性,最好应稍具膨胀性。由于要求修补后的结构有较好的耐久性能,加固材料还要求有一定的防腐蚀、抗渗、抗裂能力。

1. 高强混凝土及砂浆

在配制修补用的高强混凝土或砂浆时,应针对其破坏原因,采用适合于破损结构的水泥品种,且应选择较高标号的水泥,细骨料、粗骨料也应符合质量要求,并可选用必要的外加剂,如高效减水剂、引气剂、早强剂、早强减水剂、速凝剂、防冻剂等。其配合比也应根据修补要求经试验确定。

2. 硅粉混凝土及砂浆

硅粉(Micro Silica 或 Silica Fume),也称微硅粉,学名"硅灰",是工业电炉在高温熔炼工业硅及硅铁的过程中,随废气逸出的烟尘经特殊的捕集装置收集处理而成。主要成分为玻璃态二氧化硅,掺入混凝土中能使其具有高强、抗冲磨、耐久等优异性能。

硅粉在混凝土中同时起填充材料和火山灰材料使用。使用硅粉后,大大降低了水化浆体中的孔隙尺寸,改善了孔隙尺寸分布,使强度提高,渗透性降低。研究表明,为获得 70 MPa 的混凝土强度,应用纯水泥水胶比为 0.35,而当加 8% 的硅粉时,水胶比可以为 0.50。但其早期干缩率较大,所以必须有良好的养护,特别是在薄层修补时,尤其要注意切实做好养护工作,避免表层干裂。

由于硅粉颗粒小,比水泥颗粒小 20～100 倍,可以充填到水泥颗粒中间的空隙中,使混凝土密实,同时由于硅粉的二次水化作用,新的生成物堵塞混凝土中渗透通道,故硅粉混凝土的抗渗能力很强。较强的抗渗能力显著提高了混凝土抗化学侵蚀能力,增强了加固后构件的耐久性。

3. 铸石骨料混凝土及砂浆

铸石骨料混凝土及砂浆是将铸石破碎成碎石及人工砂,作为混凝土的粗、细骨料,配制成的铸石混凝土或砂浆,具有强度较高、硬度大、吸水率低、耐磨性好等特点。已在一些大型工程中作为抗冲磨修补材料,效果良好,缺点是造价较高。

4. 纤维混凝土

水泥混凝土中掺入适量散乱短纤维以提高抗裂、抗冲击等性能的复合材料。常用的纤维有钢纤维、玻璃纤维、丙烯纤维等。横跨裂缝的钢纤维可极大地限制混凝土裂缝的进一步扩展。因此,纤维混凝土有效地克服了普通混凝土抗拉强度低、易开裂、抗疲劳性能差等固有缺陷。

5. 喷射混凝土

喷射混凝土是借助喷射机将按一定比例的混凝土混合物通过管道输送并以高速喷射到受喷面上凝结硬化的混凝土。喷射混凝土与其他材料或建筑结构具有良好的黏结性,并能嵌入结构表面洞穴、裂缝,保证与被加固结构共同工作,具有较高的强度和较好的耐久性。图 8.25 为喷射混凝土加固墙体施工。

6. 真空处理混凝土

真空处理混凝土是将浇灌后的混凝土,立即利用真空泵等组成的真空吸水装置,在混凝土表面造成真空;从表面附近的混凝土中将气泡和水分吸走,同时利用大气将混凝土加压的一种工艺处理而获得的混凝土。采用真空作业处理的混凝土,可在不增加水泥用量的前提下,降低水灰比,增加密实度,较大幅度地提高混凝土的强度和耐久性。图 8.26 为混凝土路面真空处理施工。

图 8.25　喷射混凝土加固墙体

图 8.26　混凝土路面真空处理

8.4.2　聚合物水泥基修补材料

聚合物水泥混凝土(砂浆),是在普通水泥混凝土(砂浆)拌合物中再加入一种聚合物,以聚合物与水泥共同作胶结料黏结骨料。聚合物在混凝土内形成膜状体,填充水泥水化产物和骨料之间的空隙,与水泥水化产物结成一体,起到增强同骨料黏结的作用。聚合物混凝土与普通水泥混凝土相比,具有高强、耐蚀、耐磨、黏结力强等优点。聚合物水泥砂浆可直接用于混凝土表面缺陷的修补和加固,也可在混凝土表面绑扎钢筋网,再用砂浆作为保护和锚固材料,使其与原构件共同工作整体受力,以提高结构承载力。

1. 丙乳砂浆

丙乳砂浆是丙烯酸酯共聚乳液(简称丙乳,PAEC)加入水泥砂浆后形成的高分子聚合物乳液改性水泥砂浆。

丙乳砂浆中聚合物膜弹性模量较小,它使水泥浆体内部的应力状态得到改善,可以承受变形而使水泥石应力减少,产生裂缝的可能性也减少,同时聚合物纤维越过微裂缝,起到桥架作用,缝间都有聚合物纤维相连,所形成的均质聚合物框架作为填充物跨过已硬化的微裂缝,限制微裂缝的扩展,微裂缝常在聚合物膜较多处消失,显示聚合物的抗裂作用。而且聚合物有减水功能,使砂浆的水灰比减小,聚合物膜填充了水泥浆体的孔隙,切断了孔隙与外界的通道起到密封的作用。

丙乳砂浆是一种新型混凝土的护面修补材料,具有优异的黏结、抗裂、防水、防氯离子渗透、耐磨、耐老化等性能。可用于混凝土表面有裂缝、剥落、冲磨、空蚀、钢筋锈蚀等缺陷的加固,特别是使用环境较差的跨海、近海桥梁。

2. 丁苯乳液砂浆

丁苯乳液(SBR)是目前国内外研究的主要对象之一,它由丁二烯与苯乙烯共聚而成,其耐热性优于天然橡胶,耐水、耐油及耐多种化学品,即使在潮湿条件下其黏结性能也很优异。SBR 改性砂浆修补材料具有良好的施工性和保水性,硬化后具有较高的黏结强度和很好的低温柔韧性,成本适中,是综合性能较理想的修补材料之一,目前主要用于道路、桥梁、水电大坝和市政工程等的修补工程。

3. 氯偏水泥砂浆

氯偏水泥砂浆将氯乙烯-偏氯乙烯共聚乳液按配方加入水泥、砂配制成的聚合水泥砂浆,具有黏结强度高、抗水渗能力等特点。

4. 聚合物浸渍混凝土

聚合物浸渍混凝土(PIC)技术即将水泥固化体用聚合物单体浸渍混凝土的孔隙、空洞和毛细管,随后单体在原处聚合,把混凝土和聚合物结合成一体的一种新型混凝土(有机-无机复合材料)。这种聚合物浸渍混凝土基本上不渗透,在强度、耐久性和抗化学腐蚀性上都比水泥固化体有明显改善。可以将浸渍液涂刷于新浇筑的混凝土或修补后的干燥的混凝土表面(基体)形成聚合物浸渍混凝土。可用做耐腐蚀材料、耐压材料及水下和海洋开发结构方面的材料。

聚合物浸渍混凝土加固技术是一项纯粹的化学加固技术,具有施工过程完全不损伤混凝土构件,不削弱原构件承载能力,安全可靠;加固材料深入混凝土内部,不存在应力滞后问题;不影响原构件尺寸。聚合物浸渍混凝土加固技术适用于配筋无误,但混凝土质量达不到要求的构件。

公路桥涵施工技术规范(JTGF/T F50—2011)中给出了混凝土表面硅烷浸渍的施工要求,可以采用辛基或异丁基硅烷作为硅烷浸渍材料,施工时涂抹于干燥混凝土表面。主要适用于有防腐要求(如海洋环境)的混凝土工程中,如硅烷浸渍混凝土技术已经成功应用于杭州湾跨海大桥等跨海大桥中。

5. PCC 砂浆

PCC 砂浆是一种以高分子聚合物为原材料,经处理后再掺入水泥、添加剂和砂等组成的聚合物水泥基复合型胶凝材料。PCC 砂浆具有良好的黏结性能和变形性能、抗冲磨、抗老化、施工简单、工期短,且价格较低,特别是能够带水作业的特点,对于经常处于潮湿状态的放水洞、涵管等地下工程的混凝土修补尤为方便,在水利工程中获得广泛的应用。

PCC 砂浆的施工工艺:良好的施工质量是保证修补加固效果的关键。在使用 PCC 砂浆时,必须严格按照施工工艺进行。首先,在修补施工以前,必须对混凝土基面进行认真的拉毛或喷砂处理,打出新茬并冲洗干净。其次,在混凝土基面上先喷涂一层 PCC 砂浆,然后,涂覆 PCC 砂浆,手工批抹成型,要求压紧抹平;同时,在初凝后再喷刷一遍 PCC 净浆。最后,及时进行养护处理,要求湿养 7 d 以上。在采用 PCC 砂浆修补时,对经计算配筋不足的结构,必要时进行补筋加固。但要求增补的钢筋必须与原结构连接牢靠,并先行用 PCC 砂浆进行补筋部位填补密实,表面进行拉毛处理,待初凝后再用手工批抹表面保护层,压实抹光,以保证施工质量。

6. 水下不分散聚合物水泥混凝土

水下不分散混凝土(NDC),也称无冷缝水下混凝土,是国外近 20 年问世的一种新型建筑工程材料,国外学术界、工程界称为"理想的划时代的全新混凝土"。其机理是将具有特定性能的聚合物(PMA)加入新拌制的普通混凝土中,极大地提高混凝土黏聚力,同时流动性高,可自流平、自密实,使层间结合良好,无冷缝,操作简便,无需专门设备,无需振捣。

迄今为止,在水下工程中混凝土仍然是最主要和用量最大的建筑材料之一。水下混凝土的性能将直接影响到水下工程的质量和进度。因此,水下混凝土的性能研究和施工技术越来越受到工程技术界的重视。众所周知,水泥虽然是水硬性材料,但若将混凝土拌合物直接倾倒于水中,当其在水中下落时,由于水的冲洗作用,骨料将与水泥分离,部分被水带走,部分长期处于悬浮状态。当水泥下沉时,已呈凝固状态,失去胶结骨料的能力。这样在水中直接浇筑的混凝土拌合物一般分为一层砂、砾石骨料,一层薄而强度很低的水泥絮凝体或水泥渣,不能满足工程要求。因此,水下混凝土过去都要求在与环境水隔离的条件下浇筑,而且浇筑过程不能中断,以减少水的不利影响,在其硬化后还要清除一定数量的强度不符合要求的混凝土。

水下不分散混凝土是在普通混凝土基础上掺入以纤维素系列或丙烯系列水溶性高分子物质为主要成分的抗分散剂,提高了新拌混凝土的黏聚力,限制新拌混凝土的分散、离析及避免水泥流失,水下不分散混凝土技术填补了普通混凝土水下施工的不足和缺陷,大大简化了水中混凝土的施工工艺,促进了水中混凝土施工工艺的发展。

我国研制的水下新型混凝土主要技术指标如下:水下浇筑时水泥流失量小于 0.9%,缓凝时间为 15~20 h,抗压强度为 30~40 MPa,泌水率为 0.005%。

8.4.3 高分子有机修补材料

1. 环氧砂浆及环氧混凝土

环氧树脂是泛指分子中含有两个或两个以上环氧基团的有机高分子化合物。固化后的环氧树脂具有良好的物理、化学性能,它对金属和非金属材料的表面具有优异的黏结强度,介电性能良好,变定收缩率小,制品尺寸稳定性好,硬度高,柔韧性较好,对碱及大部分溶剂稳定。

环氧树脂工程应用十分广泛,可用于混凝土表面裂缝封堵,结构物表面粘贴 FRP 布,植筋注胶锚固,也可用于拌和砂浆和混凝土形成环氧砂浆和混凝土。

环氧砂浆及环氧混凝土是以环氧树脂为主剂,配以促进剂等一系列助剂,经混合固化后形成一种高强度、高黏结力的固结体,具有优异的抗渗、抗冻、耐盐、耐碱、耐弱酸、防腐蚀性能及修补加固性能。它主要用于混凝土结构裂缝补强加固或防渗堵漏灌浆等领域。

2. CW 系列混凝土表面保护修补材料

为了防止因混凝土表面劣化以及向内扩展影响工程的使用寿命,提高混凝土的耐久性,必须对使用条件恶劣的混凝土表面进行特殊保护和修复。长江科学院利用超声分散法,在聚天门冬氨酸酯与异氰酸酯合成脂肪族耐老化高分子材料的基础上,添加纳米二氧化硅、有机硅烷偶联剂和活性稀释剂制备出一种新型的纳米二氧化硅/聚脲复合材料——CW 系列混凝土表面保护修补材料。研究表明,该材料具有环保、高耐候性、高黏结性、干燥和潮湿面均可施工等特性,能有效提高混凝土等结构的抗紫外老化、抗冲磨、抗渗、抗碳化、抗冻融、抗化学侵蚀等耐久性能,且施工简便,可广泛用于涉水桥梁、病险水库的除险加固,新建桥梁、大坝、水库的混凝土表面防护和裂缝修补,乃至工程中其他防渗抗老化等领域。目前,该材料已在三峡大坝、丹江口大坝、南水北调中线工程、宜昌汤渡河和尚家河水库等水利工程的除险加固中得到成功应用。表 8.7 为 CW 系列混凝土表面保护修补材料的主要力学性能指标。

表 8.7 CW 系列混凝土表面保护修补材料的主要力学性能指标

项目	性能指标	项目	性能指标
固体含量	≥95%	碳化深度(28 d)	0 mm
拉伸强度(28 d)	≥10 MPa	抗冻融	≥F150
断裂伸长率(28 d)	≥400%	抗冲磨(磨损率,72 h)	<0.5%
黏结强度(28 d)	≥3.5 MPa	低温柔性	不开裂
撕裂强度(28 d)	≥30 MPa	不透水性	不透水

8.4.4 钢材及其他修补加固材料

1. 粘贴钢板

粘贴钢板(筋)加固法是采用环氧树脂等黏合剂(也可配合锚固螺栓使用)将型钢、钢板等材料粘贴在结构构件的受拉边缘或薄弱部位,使之与结构物形成整体,从而提高结构承载能力的一种方法。粘贴钢板加固法是一种传统的加固方法,施工简单、不影响结构外形,但钢板容易锈蚀。

所选用的各种钢材的材料质量应分别符合现行国家标准的规定,其强度设计值也应按现行国家设计规范的规定取用。选用材料的规格尺寸等,应充分考虑补强加固施工的可能性及今后运用的耐久性要求等。图 8.27 为粘贴钢板加固混凝土主梁。图 8.28 为粘贴钢板加固混凝土施工工艺。

图 8.27 粘贴钢板加固混凝土主梁

(a) 砼表面清理　　　　　(b) 粘贴碳纤维布　　　　(c) 碳纤维布粘贴完成

图 8.28　某桥上部结构为钢筋混凝土简支板桥,板底横向开裂严重,采用粘贴钢板加固

2. 纤维复合材料

土木工程中的新技术往往来自新材料的应用。自 20 世纪 70 年代,欧洲进行纤维增强复合材料(FRP)在土木工程应用研究以来,具有极好的比强度和比刚度、良好的耐腐蚀性、良好的抗疲劳强度、易于裁剪的纤维增强复合材料已广泛用于混凝土结构的粘贴加固工程,形成了纤维增强复合材料补强加固已有混凝土桥梁的新技术。

纤维复合材料加固法利用树脂类材料将纤维材料粘贴在混凝土表面,形成复合结构,通过与混凝土之间的协同工作,对构件或结构起到加固及改善受力的作用。纤维复合材料的种类主要有玻璃纤维增强复合材料(GFRP)、碳纤维增强复合材料(CFRP)和芳纶纤维增强复合材料(AFRP),其中碳纤维增强复合材料(CFRP)应用更多其形式可以是布、板或筋。

外贴复合 FRP 材料加固既有桥梁总是基于一定恒载进行的,在受力机制上存在着一定的滞后效应,FRP 的有效利用率较低。为提高加固材料利用效率,可以先对 FRP 材料施加预应力后再粘贴在混凝土表面。采用粘贴 FRP 加固桥梁结构技术在国内外的试验研究和工程应用已近相当广泛,但相对于传统的加固方法研究和应用历史较短,在许多方面还需深入研究。

图 8.29 为桥梁桥墩采用 CFRP 布加固,图 8.30 为济南黄河二桥连续钢构主梁底板采用 CFRP 片材加固。

图 8.29　CFRP 布加固桥墩　　　　图 8.30　CFRP 片材加固济南黄河二桥主梁

京福高速某立交主线桥为 20 m+25 m+20 m 钢筋混凝土连续板,墩顶处翼板和跨中底板开裂严重并渗水,采用粘贴碳纤维裂缝灌胶进行加固,如图 8.31 所示。

砼表面清理　　　　　粘贴碳纤维布　　　　碳纤维布粘贴完成

图 8.31　桥梁加固粘贴碳纤维的施工

8.4.5　灌浆修补加固材料

桥梁加固有各种灌浆材料，如水泥砂浆灌浆、化学灌浆、CG-100 灌浆材料等。

浙江兰溪横山大桥为预应力混凝土连续梁桥，主桥跨径为 52 m + 80 m + 52 m，检查发现箱梁腹板开裂严重，采用了箱内横向钢架、裂缝灌胶、粘贴钢板、粘贴碳纤维、更换桥面铺装等加固措施，恢复了桥梁承载力。

灌注前先进行钻孔取芯检验，确定损害程度，制定灌修方案，芯样如图 8.32 所示。

灌胶操作有低压灌胶和高压灌胶等工艺。图 8.33 为低压灌胶施工。

图 8.32　钻孔芯样

(a) 低压灌胶技术　　　　　　　(b) 低压灌胶操作

图 8.33　低压灌胶操作

8.5　智能材料

智能材料是指能感知环境条件或内部状态发生的变化，自动做出适时、灵敏和恰当的响应，并具有自我诊断、自我调节、自我修复等功能的材料。其全新的构思源于仿生，目标是获得类似人的各种功能，使无生命的材料变得有感觉。智能材料典型特点有传感功能、反馈功能、信息识别与积累功能、响应功能、自诊断能力、自修复能力和自适应能力。

智能材料根据其功能特点可分为两大类：一类是对外界或内部的刺激强度，如应力、应变及物理、化学、光、热、电、磁、辐射等作用具有感知功能的材料，通常称为感知材料，这类材料主要有光导纤维、压电陶瓷、压电高分子材料、形状记忆合金等；另一类是能在外界环境条件或内部状态发生变化时做出响应或驱动的材料，如形状记忆合金、压电材料、电致伸缩材料、磁致伸缩材料、电流变体、磁流变体和功能凝胶等，这些材料可根据温度、电场或磁场的变化而自动改变其形状、尺寸、刚度、振动频率、阻尼及其他一些机械特性，因而可根据不同需要选择其中的某些材料制作各种执行或驱动元件。

重大工程结构，如跨江跨海的超大跨桥梁、用于大型体育赛事的超大跨空间结构、代表现代城市象征的超高层建筑、开发江河能源的大型水利工程、用于海洋油气资源开发的大型海洋平台结构以及核电站建筑等，它们的使用期长达几十年甚至上百年，环境侵蚀、材料老化和荷载的长期效应、疲劳效应与突变效应等灾害因素的耦合作用将不可避免地导致结构和系统的损伤积累和抗力衰减，从而抵抗自然灾害、甚至正常环境作用的能力下降，极端情况下引发灾难性的突发事故。因此，为了保障结构的安全性、完整性、适用性与耐久性，有必要采用有效的手段监测和评定其安全状况，甚至能够控制和修复损伤。研究、开发和应用结构智能健康监测系统，实时监测其服役期间的安全状况是避免重大事故的发生的必要手段。智能材料系统的引入，为力图从根本上解决工程结构在整个寿命期的安全及减小灾害影响提出了一条崭新的思路。

8.5.1 光纤光栅材料

光纤光栅是利用光纤材料的光敏性，通过紫外光曝光的方法将入射光相干场图样写入纤芯，在纤芯内产生沿纤芯轴向的折射率周期性变化，从而形成永久性空间的相位光栅，其作用实质上是在纤芯内形成一个窄带的（透射或反射）滤波器或反射镜。

光纤光栅自问世以来，已广泛应用于光纤传感领域。光纤光栅传感器（Fiber Bragg Grating Sensor）属于光纤传感器的一种，基于光纤光栅的传感过程是通过外界物理参量对光纤布拉格（Bragg）波长的调制来获取传感信息，是一种波长调制型光纤传感器。光纤光栅传感器主要用于测量温度、应变、压力、液位、位移、加速度等物理量。由于光纤光栅传感器具有抗电磁干扰、抗腐蚀、电绝缘、高灵敏度和低成本以及和普通光纤的良好的兼容性等优点，所以现在越来越受关注。

由于土木工程结构长期健康监测的需求，自1999年光纤光栅传感器在我国得到了广泛的研究和应用。由于裸光纤光栅无法适应土木工程结构的粗放式施工要求，光纤光栅传感器封装工艺成为土木工程结构光纤光栅应用的关键问题。2000年以来，欧进萍等人系统地研制开发了管式和片式封装光纤光栅传感器，并已进入工程应用和形成定型产品。此外，也可将光纤光栅应变传感器埋设在FRP筋中形成FRP-OFBG（Optical Fiber Bragg Grating）复合筋，纤维筋对光纤光栅传感器可以起到很好的保护作用。FRP-OFBG复合筋（或简称FRP-OFBG筋）既可以作为受力筋，同时具有感知功能，成为具有自感知特性的纤维筋。现在可以规模化生产的FRP-OFBG筋，其中玻璃纤维光纤光栅(GFRP-OFBG)智能筋复合传感器是常用的形式,可用作桥梁结构的受力主筋及斜拉索等。FRP-OFBG复合筋已经成功应用于四川峨边大渡河大桥、天津永和桥、湖南矮寨大桥等项目。

8.5.2　压电材料

压电材料主要包括压电陶瓷和压电高分子材料。压电材料受到机械变形时,就会引起内部正负电荷中心发生相对移动,从而导致压电元件表面产生电荷,这种现象称为正压电效应。反之,在压电元件两个表面上通以电压,在电场的作用下,压电元件会发生变形,即逆压电效应。利用正压电效应,可将压电材料制成传感元件,利用逆压电效应,可将压电材料制成驱动元件。

压电传感器具有频响范围宽、响应速度快、结构简单、功耗低、成本低等优点,不仅能够灵敏地检测到损伤的产生,还能够定位损伤并表征损伤程度。缺点是:需要解决受电磁干扰的影响,且在实际工程应用中需要增加许多附属设备。对于压电驱动器来说,最主要的缺点是极限应变量普遍较小,不能承受实际建筑、桥梁等土建结构在地震或强风作用下的变位,而且供电电压较高。

8.5.3　形状记忆合金(SMA)

形状记忆合金材料在本章第三节已经介绍,是一种同时具有自感知、驱动和耗能特性的多功能材料,利用SMA的多功能特性可以实现土木工程结构的一些智能特性。SMA的电阻与其应变之间的关系是近似线性的,因此,SMA具有良好的感知特性;SMA在受限恢复时,可以产生很大的恢复力,因此,可以用于混凝土结构的裂缝监测及自修复。

8.5.4　磁流变液材料

磁流变液(MRF)是一种由非导磁性载体液、高导率和低磁滞性的磁性介质微粒、表面活性剂组成的混合流体。在无磁场作用时,MRF是一种黏度很低的牛顿流体,可以随意流动,磁性颗粒自由排列;在处于强磁场作用下,磁性颗粒被磁化而相互作用,沿磁场方向相互吸引,在垂直磁场方向上相互排斥,形成沿磁场方向相对比较规则的类似纤维的链状结构,进而转化成宏观的柱状结构。此时MRF的表观黏度可以增加两个数量级以上,并呈现出类似于固体的力学性质。当外加磁场撤掉后,MRF又变成流动性良好的液体。MRF的这个特性被称为磁流变效应。

由于磁流变液在磁场作用下的流变是瞬间的、可逆的,而且其流变后的剪切屈服强度与磁场强度具有稳定的对应关系。MRF制成的控制装置可用于阻尼器等,在土木工程结构振动控制领域更具有应用前景,是一种用途广泛、性能优良的智能材料。

8.5.5　碳纤维材料

CFRP筋既具有结构材料优良的力学性能,又具有功能材料的感知特性,因此它既能用作受力筋又能作为传感器。CFRP筋的感知特性主要反映在其受力变形过程中电阻发生变化,可利用测量其电阻变化来识别结构受力状态,是一种有发展前途的智能材料。

研究发现,在混凝土中掺入碳纤维后形成的碳纤维混凝土在弹性范围内其电阻是可逆的,而在弹塑性范围内或开裂后,其电阻是不可逆的。因此,根据碳纤维混凝土的电阻变化规律就可以预测其自身的损伤状况。有学者研究了碳纤维混凝土标准应变传感器,应变传感器为 70 mm×50 mm×50 mm 的棱柱体,沿其受力方向分别埋设 4 个电极,采用 4 电极法测量碳纤维混凝土的压敏特性。

8.6 机制砂混凝土研制及其工程应用

混凝土是目前最主要的建筑材料,随着我国建设规模越来越大,混凝土用量及砂的消耗量也极其惊人。混凝土用砂分为天然砂和人工砂两类。天然砂是由自然风化、水流搬运和分选、堆积形成的、粒径小于 4.75 mm 的岩石颗粒,但不包括软质岩、风化岩石的颗粒。按其产源可分为河砂、海砂、山砂,所以它是一种短期内不可再生的资源。机制砂是用岩石经除土开采、机械破碎、筛分制成的粒径小于 4.75 mm 的岩石颗粒,但不包括软质岩、风化岩石的颗粒。混合砂是由机制砂和天然砂按一定比例混合制成的砂,人工砂是机制砂和混合砂的统称。

随着混凝土技术的发展,现代混凝土对砂的技术要求越来越高,特别是高强度等级和高性能混凝土对骨料的要求很严,能满足其要求的天然砂数量越来越少,甚至没有。沪蓉西高速公路全长约 320 km,位于山岭重丘区,地势复杂、桥涵众多,仅宜恩段桥梁全长达 53 927 m,其中设特大桥 30 座,中大桥 153 座,建设这些工程无疑需要大量的砂。然而,湖北省恩施的天然砂资源已经枯竭,无砂可用,若采用天然砂配制混凝土,必须从外地购进。众所周知,山区交通不便、运输条件差、运距远,运费就决定了天然砂的价格。同时,湖北省西部山区石灰石资源却十分丰富,同时工程挖方和隧道弃渣大量堆放,占用耕地,破坏环境。而利用隧道弃渣或就近采石加工机制砂既可解决砂资源问题,又可保护生态环境。如果从岳阳调进河砂价格高达 180 元/m^3,而在沿线采石,机制砂生产成本约为 50 元/m^3,运输费用低廉。因此,对于砂少石多的山区高速公路建设,用机制砂代替天然砂配制混凝土更是势在必行。

目前在机制砂混凝土研究和应用中,还存在着系列问题,其中比较突出的有:

①机制砂的制备技术落后,产品质量良莠不齐。

②对石粉在机制砂混凝土中作用和机理,研究不够深入系统,国标中对用于各级混凝土的机制砂中的石粉含量限制要求过于严格。

③对机制砂混凝土的耐久性和高性能化缺乏深入系统研究,工程技术人员对机制砂混凝土认识存在误区,使得重点工程不敢使用机制砂混凝土。

④尚未根据机制砂及机制砂混凝土的特性,编制相应的机制砂混凝土配合比设计与施工技术规程,从而使工程技术人员难于掌握。

针对机制砂生产和机制砂混凝土应用存在的主要问题,对机制砂制备中的影响因素进行了系统研究,研制了高性能机制砂混凝土,有效地节约了工程成本。

8.6.1 高性能机制砂混凝土的配制及性能研究

我国关于机制砂的应用研究已经有了几十年的历史,但应用水平普遍在 C60 以下。随着混凝土结构工程的发展,混凝土对施工性能和强度的要求越来越高,对耐久性越来越重视,已有的机制砂发展与应用水平已跟不上混凝土高性能化的进程。首先,缺乏高性能机制砂混凝土的设计理念,对一些配制高性能机制砂混凝土的敏感因素(如砂率、石粉含量、是否掺用矿物细掺料及掺量的多少等)以及相互之间的关联缺少实质性的研究。其次是石粉在高性能混凝土中的极限含量问题。

有关采用机制砂制备高强高性能混凝土,国内有少数研究与应用,但基本上是采用水洗或石粉含量很低的机制砂,而有关高石粉含量机制砂制备高强高性能混凝土的研究则没有。机制砂在生产过程中,不可避免地要产生一定数量的粒径小于 75 μm 的石粉,这是机制砂与天然砂最明显的区别之一。与天然砂相比,机制砂还有级配较差、细度模数偏大、表面粗糙、颗粒尖锐有棱角等特点,这对集料和水泥的黏结是有利的,但对混凝土的和易性是不利的,特别是配制大流态高性能混凝土时可引起较大泌水和离析。

因此,本节针对上述问题,重点探究了石粉含量和粉煤灰掺量对机制砂高性能混凝土工作性、强度、体积稳定性和耐久性的影响(以 C60 和 C80 机制砂高性能为研究对象),以从混凝土技术角度有效利用与控制石粉,这也是机制砂配制高性能混凝土的关键技术问题。

1. C60 机制砂高性能混凝土的配制与性能

重点研究了质量分数为 3.5%、7%、10.5%、14% 4 个石粉含量,质量分数为 0%、11.3%、17% 3 个粉煤灰掺量对 C60 机制砂高性能混凝土性能的影响,得到以下结论:

①无论掺与不掺粉煤灰,随石粉含量增大,机制砂高性能混凝土的坍落度基本不受影响,而坍扩度呈弱下降趋势,且石粉改善了机制砂混凝土拌合物的黏聚性和保水性,仅在石粉含量高达 14% 时,混凝土拌合物变得很黏,此时坍扩度明显变小。机制砂混凝土的抗压强度随石粉含量的增加呈逐步增大趋势,且石粉对其后期强度的增长无不良影响。

②随石粉含量增大,机制砂高性能混凝土的弹性模量呈降低趋势。

③石粉含量对机制砂高性能混凝土的干缩影响与干缩龄期密切相关,石粉含量较高的机制砂混凝土的前 14 d 龄期干缩值要比天然砂混凝土大,而后龄期干缩值相差不大,因此机制砂混凝土要注意早龄期的湿养护。另外,掺入粉煤灰使机制砂混凝土各龄期的干缩值减小,且随粉煤灰掺量增加收缩值减小。

④相比同条件下的河砂混凝土,石粉质量分数为 7% 的机制砂混凝土虽然抗压强度高,但其徐变相对要大。

⑤机制砂高性能混凝土具有很好的抗氯离子渗透性能,随石粉含量增大,机制砂高性能混凝土的氯离子扩散系数呈弱递增趋势,质量分数为 11.3% 的粉煤灰掺量可以起到改善机制砂混凝土的抗氯离子渗透性能的作用。

⑥机制砂高性能混凝土具有很高的抗冻性,各石粉含量的机制砂高性能混凝土抗

冻等级远超过 F325。随石粉含量增加,机制砂混凝土的相对动弹性模量几乎没有差异,且 11%~17% 的粉煤灰掺量并不降低机制砂高性能混凝土的抗冻性。

⑦无论是采用低石粉含量还是高石粉含量的机制砂,石粉的存在基本不影响掺用粉煤灰对混凝土的作用效果,因此在机制砂高性能混凝土中粉煤灰的掺用可以不考虑机制砂中石粉含量的高低。

⑧配制 C60 高性能混凝土时,机制砂的石粉含量可以放宽至 10%,且部分石粉可以作为掺合料使用,其取代数量大致为水泥用量的 10%,此时混凝土的强度基本不降低或降低很少。

⑨机制砂混凝土的工作性受砂率影响非常敏感,强度最佳时的砂率没有工作性最佳时的砂率对石粉含量敏感。随石粉含量的增加,机制砂混凝土的合理砂率降低。本试验条件下,石粉含量每增加 5%,合理砂率相应降低 3%。

⑩对泥粉含量的综合研究表明,随着泥粉含量的增加,C60 机制砂混凝土的强度及抗渗性无明显变化,但混凝土需水量增加,收缩增大,抗冻性明显下降。因此,机制砂中泥粉含量的控制对高性能机制砂混凝土抗裂性及耐久性均有很重要的意义。

2. C80 机制砂高性能混凝土的配制与性能

重点研究了石粉含量、粉煤灰掺量对 C80 机制砂高性能混凝土性能的影响,得到以下结论:

(1)外加剂选择

采用净浆扩展度和 Marsh 筒两种评价外加剂与水泥的适应性方法,通过两个系列、四种外加剂的对比,确定聚羧酸系外加剂比奈系在配制 C80 机制砂混凝土上更具有优势,优势体现在高减水率和保坍性能,并通过两种聚羧酸系外加剂的复配,配制出工作性和强度都比较理想的 C80 机制砂混凝土。

(2)基准配合比的确定

通过水胶比、胶凝材料用量、矿物掺合料品种和掺量、砂率的试验,优化出的 C80 机制砂高性能混凝土的基本配合比设计参数为:胶凝材料用量 600 kg/m³,水胶比 0.25,矿渣、粉煤灰、硅灰的掺量为 25%、15% 和 8%,砂率为 37%~39%,外加剂为 FOX + ADVA 复掺,掺量为 0.3% + 0.8%。

(3)机制砂石粉含量限值探讨

通过机制砂中 3%~10% 石粉含量对混凝土工作性和抗压、抗折、劈拉强度,弹性模量,氯离子渗透性的影响试验,结果表明,随着石粉含量增大,机制砂混凝土工作性有所降低,抗折强度呈递增趋势,抗压强度在石粉含量为 7% 时最大,劈拉强度强度在石粉含量为 5% 时最大,弹性模量呈递减趋势,氯离子扩散系数逐步增大,石粉含量对长龄期强度无不利影响。综合来看,C80 混凝土的机制砂石粉含量为 5% 时的性能较佳,因此 C80 机制砂混凝土的石粉含量限值可由国标规定的 3% 放宽至 5%。

(4)石粉作掺合料的可行性

石粉作掺合料等量取代约 15% 比例的水泥配制 C80 机制砂混凝土,与掺入等量的 I 级粉煤灰相比,混凝土工作性和强度略有下降,但影响不大,因此石粉可作掺合料代替粉煤灰使用。

(5) 不同机制砂配制 C80 混凝土的普适性

4 种料源、细度模数从 2.6~4.0 变化的机制砂,均可配制出强度高于河砂的 C80 混凝土,但细度模数偏大的机制砂混凝土工作性差,而混凝土的强度似乎与机制砂的细度模数关联不大。

8.6.2 混凝土用机制砂石粉含量限值研究

在机制砂生产过程中,不可避免地要产生一定数量粒径小于 75 μm 的石粉,这是机制砂与天然砂最明显的区别之一。实际中机制砂生产中通常要产生 10%~15%(质量分数)的石粉含量,远超过国标允许的限值含量。综合目前一些主要国家关于混凝土用机制砂的有关标准,美日等国家标准对石粉含量限值最为严格,即 75 μm 以下颗粒含量最高 7%;英国和西班牙的标准规定 63 μm 以下颗粒含量不超过 15%;法国的相关标准后来成为欧盟标准,63 μm 以下颗粒含量最高 18%;印度规定 75 μm 以下颗粒含量可到 20%;标准规定最宽的是澳大利亚,75 μm 以下颗粒含量最高限值为 25%。为了使我国混凝土用机制砂中石粉含量控制更加规范化和合理化,提出了具有工程应用价值的机制砂石粉含量限值指标,这对合理利用机制砂中的石粉,发挥机制砂的长处,促进混凝土技术的进展具有重要意义。

目前,国家标准《建筑用砂》(GB/T14684—2001)规定小于 C30、C30~C60、大于 C60 的混凝土用机制砂中的石粉含量(质量分数)限值分别为 7%、5%、3%。通过系统的试验研究发现,制订混凝土用机制砂石粉含量最高限值时,应根据混凝土用途和性能要求有针对性地制订限值。建议的混凝土用机制砂石粉含量(质量分数)限值指标范围为:小于 C30 混凝土,机制砂中石粉含量(质量分数)为 10%~15%,C30~C60 为 7%~10%,C60~C80 为 5%~7%,混凝土强度等级低者,石粉极限含量可越高,特别是对于配制中低强度、大流动混凝土,越高的石粉含量,反而越利于混凝土工作性的改善和水泥用量的降低。

8.6.3 高含石粉机制砂混凝土体系配合比

无论是从环境污染、浪费资源、制砂成本等社会经济意义上,还是从破坏集料级配等技术意义方面,机制砂生产过程中的"洗砂"工艺很不适宜。一方面应改进工艺设备,另一方面需解决用高石粉含量机制砂配制混凝土的技术难题。

影响混凝土工作性的主要因素是拌合物的用水量,但没有一些最低限度的细料,混凝土就不能呈现出可塑性,用水量不能脱离集料颗粒级配单独考虑。细的颗粒具有更高的比表面积,需要更多的水。对于最佳工作性来说,比较细的集料级配需水量较大。因此,水灰比不变时,固体物总表面积的增加,就会使混凝土工作性稍有降低。含石粉机制砂混凝土的配制不同于普通混凝土和其他特种混凝土的配制,其主要原因是石粉将影响混凝土的工作性。

针对上述问题,从流变学原理出发提出了合理的含石粉机制砂混凝土配合比的方法,利用试验手段得到了高石粉含量对机制砂混凝土配制的影响,提出了含石粉机制砂混凝土体系配合比设计原理,为工程应用提供合理的方案。

1. 高石粉含量对机制砂混凝土配制的影响

①用高强度等级水泥配制低强度等级或流动性混凝土时,可以利用机制砂中的石粉解决强度富余过多与工作性差之间的矛盾;另一方面石粉对混凝土工作性的改善作用和填充效应对强度的提高,在水灰比较大的情况下,石粉的贡献更加显著,也就是说,用含有石粉的机制砂比天然砂更适合配制低强度混凝土。

②一般石粉会增加水泥标准稠度用水量。不掺外加剂情况下,机制砂的高石粉含量使得混凝土流动性降低,要保持相同的坍落度,则混凝土的用水量增加。在掺外加剂的情况下,保持等水灰比,则机制砂中的石粉含量为7%~10%(质量分数),混凝土的工作性最好。

③对高效减水剂的需求与石粉在粉料中比例成指数关系。高效减水剂的掺量也可近似地按粉料的百分比计算。

④用高石粉含量机制砂配制混凝土时,也按常规方法确定水灰比和用水量,但确定最大水灰比和最小水泥用量完全出于工作性考虑时,应代之以最大水粉比和最小粉料用量的概念。

⑤石粉含量的增加会使合理砂率降低,用高石粉含量机制砂配制混凝土的砂率,应参考最佳水粉比,或由最佳水粉比决定砂率。

⑥可考虑掺用石粉作矿物掺合料,对于中低强度混凝土可以用石粉以不超过18.75%的比例取代水泥,相当于同掺量Ⅱ级粉煤灰的作用效果;对于高强度混凝土,可以用石粉以不超过22.5%的比例取代水泥,相当于同掺量Ⅰ级粉煤灰的作用效果。对于超高强混凝土,可以用石粉以不超过15%的比例取代水泥,相当于同掺量Ⅰ级粉煤灰的作用效果。

2. 含石粉机制砂混凝土体系配合比设计原理

①根据流变学原理,讨论了影响含石粉机制砂混凝土工作性的主要原因,提出了水粉比和集粉比的概念。

②基于石粉与水泥标准稠度用水量的差别和石粉对砂浆流动度的影响,阐述了水粉比对混凝土坍落度的影响。

③提出了等效砂率概念及与砂率的换算关系,并讨论了它对流动性的影响,选取砂率时需兼顾石粉含量。

④以等流动性和保持良好工作性原则,提出了含石粉机制砂混凝土系配合比的优化设计原理,阐述了以水灰比保证强度和以水粉比确保工作性的设计原则。

⑤详细叙述了基于保持良好工作性原则的配合比优化设计的方法,并以框图和举例方式,阐述了设计流程和步骤。

8.6.4 机制砂的生产及其在桥梁工程中的应用

1. 机制砂的生产与质量控制

机制砂的质量是决定机制砂混凝土性能的基础,要在沪蓉西高速公路的桥梁工程中,全面推广机制砂混凝土,必须解决机制砂的来源和质量问题。因此,指挥部形成专班针对沿线砂、石企业的现状,深入系统研究了机制砂生产中的管理、技术、质量控制等问题,建立了完善的质量管理体系,有力地保证了机制砂的质量,为沪蓉西高速公路大规模成功应用机制砂混凝土奠定了基础。

(1)机制砂的制备与生产

机制砂生产有湿法和干法生产工艺两种,考虑到湿法生产工艺耗水量大,我们推荐采用干法生产工艺,其生产工艺流程如图 8.34 所示。图 8.35~8.38 所示是几种机制砂的加工设备。

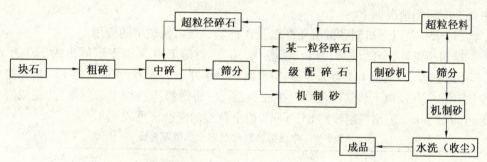

图 8.34 机制砂生产工艺(干法)

图 8.35 锤式反击式制砂机

图 8.36 立式冲击式制砂机

图 8.37 轮式洗砂机

图 8.38 HSZ 干法制砂分级机

(2) 机制砂的质量控制

用于配制混凝土的机制砂有严格的技术要求,主要包括:

①有害物质含量少,无潜在碱活性危害。

②颗粒级配优良,且粒型好,压碎值低。

③石粉含量适中,含泥量低等。

要获得质量优良的机制砂,除设计合理的生产工艺、选用相应的先进的专业设备外,还必须做好以下质量控制工作:

①选择母岩、矿山,合理开采矿山、控制有害物质。

②优化生产工艺参数,加强设备维护,稳定机制砂级配。

③采取有效措施,严格控制石粉含量。

2. 机制砂混凝土在沪蓉西高速公路桥梁建设中的推广应用

在湖北沪蓉西高速公路桥梁工程中展开了大规模机制砂混凝土的推广应用工作,主要推广应用情况如下。

(1) C30 及以下机制砂混凝土配制及在桩基、承台、桥墩中的应用

据初步统计,全线桩基、承台、桥墩、喷锚、二衬等 C30 及以下混凝土约 320 万 m³ (其中恩利段,即西段 114 万 m³),约需机制砂 160 万 m³。截止到 2006 年 12 月,在宜恩段(东段)C30 及以下机制砂混凝土在桩基、承台、桥墩等构造物中的应用,共完成混凝土约 177 万 m³,使用机制砂约 85 万 m³,两个典型的配合比见表 8.8。

表 8.8 中低强机制砂混凝土典型配合比

强度等级	使用部位	配合比/(kg·m⁻³)					性能结果		
		水泥	水	机制砂	碎石	外加剂	工作性(流动度)	R_7 /MPa	R_{28} /MPa
C30 泵送	涵洞与桥梁工程	380	175	720	1 175	1.9	160 mm 和易性好	34.9	42.1
C25 泵送	涵洞与桥梁工程	324	175	780	1 171	1.62	150 mm 和易性好	28.2	36.6

注:华新 P·O 32.5 水泥;5~31.5 mm 连续级配碎石;FDN 系列外加剂。

(2) C30 以上机制砂混凝土在预制梁板、桥面铺装层、现浇箱梁中的应用

据初步统计,全线 C30 以上混凝土共需 178 万 m³,约需用水洗机制砂共约 85 万 m³。截止到 2006 年 12 月,全线已应用机制砂混凝土 70 万 m³,使用水洗机制砂共约 32 万 m³,取得了较好的经济效益和社会效益。表 8.9 是几个典型中高强机制砂混凝土的配合比。

截止到 2006 年 12 月,在沪蓉西高速公路全线桥梁工程中推广应用机制砂混凝土约 247 万 m³,粗略估计直接经济效益 1.2 亿元左右。机制砂混凝土的质量,通过监理、中心试验室、省厅质检站多级检测验收,均达到优质工程要求。

表 8.9 几个典型中高强机制砂混凝土的配合比

强度等级	使用部位	配合比/(kg·m^{-3})						性能结果		
		水泥	粉煤灰	水	机制砂	碎石	外加剂	工作性(流动度)	R_7/MPa	R_{28}/MPa
C40	预制空心板	380	60	160	740	1 110	3.52	(160 mm)和易性好	45.8	56.0
C50	箱梁	430	50	150	692	1 128	4.8	(185 mm)和易性好	52.7	62.1
C40	箱梁	390	60	150	740	1 110	4.5	(160 mm)和易性好	47.5	52.6
C50	预制T梁	440	50	164	630	1 170	3.9	(150 mm)和易性好	53.5	62.4
C50	桥面铺装	424	67	162	647	1 150	4.4	(165 mm)和易性好	54.0	63.4
C40	桥面铺装	380	50	160	688	1 172	3.7	(160 mm)和易性好	46.4	52.1

注:华新 P·O 42.5 水泥;Ⅰ级粉煤灰;水洗机制砂;5~25 mm 连续级配碎石;FDN 系列外加剂

8.7 其他新材料

8.7.1 桩基护壁泥浆新材料——聚合物泥浆

对于大直径桩、超长桩在桩基成孔过程中为提高排渣效率,保证孔壁质量,控制沉淀层厚度,规范建议采用高性能优质泥浆。工程中常用的优质高性能聚合物泥浆是 PHP(Partially Hydrolyzed Polyacrylamide)泥浆,PHP 泥浆又称聚丙烯酰胺不分散低固相泥浆,是通过在采用膨润土作为原料的基浆中加入 PHP 胶体制成的。PHP 泥浆的制作材料主要为膨润土、聚丙烯酰胺(PMA)、纯碱($NaCO_3$)和 NaOH。

聚丙烯酰胺(PAM)为水溶性高分子聚合物,不溶于大多数有机溶剂,具有良好的絮凝性,能很好地絮凝钻屑或劣质土,可以降低液体之间的摩擦阻力。PAM 的突出功能是使泥浆具有触变性,保持不分散、低固相、高黏度的性能,其掺用量为泥浆体积的 0.003%。

膨润土具有很强的吸湿性,能吸附相当于自身体积 8~20 倍的水而膨胀至 30 倍。在水介质中能分散呈胶体悬浮液,并具有一定的黏滞性、触变性和润滑性,它和泥砂等掺和物具有可塑性和黏结性,有较强的阳离子交换能力和吸附能力。膨润土是泥浆胶体质的主要来源,分为钠质和钙质两类,膨润土泥皮薄、稳定性好、造浆率高。

PHP 泥浆具有如下特点:

①触变性好。配制成功的 PHP 泥浆黏度大,在静止状态时呈凝胶状。当钻头旋转泥浆流动时,泥浆结构被改变,黏度减小,流动性增加,减少了钻头阻力。PHP 泥浆的这种触变性能使它能同时满足钻进时阻力小,静止时稳定性好两项要求。

②比重轻、低固相。该泥浆以膨润土作为原料含砂率较低(0%~0.3%),造浆率高。原浆(未经钻进的 PHP 泥浆)比重小(1.02~1.04)能携带较多钻屑,固相泥浆含砂率可达4%。此外,由于比重较轻,其对钻头旋转的阻力较小,因此能提高钻进速度,减小钻机磨损。

③黏度高。泥浆制作过程中使用 PHP 特效增黏剂,泥浆黏度很高,因此相应的胶

体率大。这样,泥浆胶体在粉细砂、粗砂、砾石土体中形成一层化学膜,封闭孔壁,保持孔壁稳定。

④成孔后泥皮薄。这是 PHP 泥浆的一个重要特点,采用这种泥浆后孔壁泥皮厚度小于 1 mm,这也是普通泥浆难以办到的。

⑤失水量小。一般而言泥皮厚度与泥浆过滤失水率成正比,该泥浆的低失水率使其具有泥皮薄的特点。

⑥不分散。该性能使钻孔后泥浆发生絮凝作用,当一个高分子同时吸附在几个颗粒上,而一个颗粒又可同时吸附几个高分子时,就会形成网络结构,从而使泥浆中的淤泥类细颗粒钻屑进一步变成较大颗粒。

⑦经济、循环利用、无毒、无害。聚合物泥浆在桥梁桩基、地下连续墙基础中应用实例较多。如苏通大桥主桥墩的群桩基础由 131 根直径为 2.5~2.8 m、长 117.6 m 的钻孔灌注桩组成,属于大直径、超长桩基础,施工中采用了 PHP 泥浆,桩基沉淀层厚度为 0,效果良好。

8.7.2 桥梁支座新材料——改性超高分子量聚乙烯耐磨板

桥梁支座的功能为将上部结构固定于墩台,传递上部结构的支承反力(竖向力和水平力);保证结构在荷载、温度、混凝土收缩和徐变作用下,支座能适应上部结构的转角和位移,使上部结构可自由变形而不产生额外的附加内力。桥梁支座可分为固定支座和活动支座两种。

对于一般桥梁的活动支座,常在支座的顶部放置聚四氟乙烯板(PTFE)和不锈钢板,利用其相对摩擦系数小的特点,满足了活动支座能满足梁体水平移动的要求。聚四氟乙烯(PTFE)作为耐磨材料具有良好的自润滑性能,我国 20 世纪 70 年代以来 PTFE 作为公路、铁路桥梁支座耐磨材料得到广泛应用。但其存在设计承载能力偏低、活载位移速率偏小、易冷流、磨损率偏高等缺点,难以满足高速、重载的要求。

超高分子量聚乙烯(UHMW-PE)具有超高分子量(分子量通常达 150 万以上)的聚乙烯品种,具有耐磨损、耐冲击、耐低温、自润滑和不易黏附异物等优良性能,在国外被称为"神奇的塑料"。超高分子量聚乙烯同时也具有成型加工困难、表面硬度低、机械强度不高、耐热性差、导热性差以及应力开裂等许多缺点。本世纪初德国毛勒公司将超高分子量聚乙烯通过填充和交联等方法改性,改善了其缺点,并且进一步改善了超高分子量聚乙烯的抗蠕变和自润滑特性,替代 PTFE 应用于高速公路、铁路及磁悬浮列车的桥梁支座上,以适应支座快速位移的需要。有研究表明,改性复合 UHMW-PE 材料在无润滑磨损条件下的耐磨性是 PTFE 的 4 倍。

UHMW-PE 复合耐磨材料可制作成具有优良的耐冲击性、耐摩擦性、自润滑性管材、板材产品。改性超高分子量聚乙烯耐磨板用于桥梁支座时,更能适应载荷量更大、相对位移速度更快、累计滑动位移量更长和耐磨要求更高的工作环境,是高速铁路、公路桥梁支座理想的耐磨材料,已在武广、京沪高铁桥梁工程中得到广泛应用。

第9章 交通安全控制新材料

9.1 标线新材料

9.1.1 产品分类

按照涂料品种将标线涂料分为溶剂型涂料、热熔型涂料、双组分和水性涂料4类。表9.1为路面标线涂料的分类。

表9.1 路面标线涂料的分类

型号	规格	玻璃珠含量和使用方法	状态
溶剂型	普通型	涂料中不含玻璃珠,施工时也不撒布玻璃珠	液态
	反光型	涂料中不含玻璃珠,施工时涂布涂层后立即将玻璃珠撒布在其表面	
热熔型	普通型	涂料中不含玻璃珠,施工时也不撒布玻璃珠	固态
	反光型	涂料中含18%~25%(质量分数)的玻璃珠,施工涂布涂层后立即将玻璃珠撒布在其表面	
	突起型	涂料中含18%~25%(质量分数)的玻璃珠,施工涂布涂层后立即将玻璃珠撒布在其表面	
双组分	普通型	涂料中不含玻璃珠,施工时也不撒布玻璃珠	液态
	反光型	涂料中不含或含18%~25%(质量分数)的玻璃珠,施工时涂布涂层后立即将玻璃珠撒布在其表面	
	突起型	涂料中含18%~25%(质量分数)的玻璃珠,施工时涂布涂层后立即将玻璃珠撒布在其表面	
水性	普通型	涂料中不含玻璃珠,施工时也不撒布玻璃珠	液态
	反光型	涂料中不含或含18%~25%(质量分数)玻璃珠,施工时涂布涂层后立即将玻璃珠撒布在其表面	

9.1.2 技术要求

溶剂型涂料的性能应符合表9.2的规定。

表9.2 溶剂型涂料的性能

项目	溶剂型	
	普通型	反光型
容器中状态	应无结块、结皮现象,易于搅匀	
黏度	≥100(涂4杯,s)	80~120(KU值)
密度/(g·cm^{-3})	≥1.2	≥1.3

续表9.2

项目	溶剂型	
	普通型	反光型
施工性能	空气或无空气喷涂（或刮涂）施工性能良好	
加热稳定性	—	应无结块、结皮现象，易于搅匀，KU值不小于140
涂膜外观	干燥后，应无发皱、泛花、起泡、开裂、黏胎等现象，涂膜颜色和外观应与标准板差异不大	
不黏胎干燥时间/min	≤15	≤10
遮盖率/% 白色	≥95	
遮盖率/% 黄色	≥80	
耐磨性/mg（200转/1 000 g后减重）	≤40(JM-100橡胶砂轮)	
耐水性	在水中浸24 h应无异常现象	
耐碱性	在Ca(OH)$_2$饱和溶液中浸24 h应无异常	
附着性（划圈法）	≤4级	
柔韧性/mm	5	
固体含量/%	≥60	≥65

热熔型涂料的性能应符合表9.3的规定。

表9.3 热熔型涂料的性能

项目	热熔型		
	普通型	反光型	突起型
密度/(g·cm^{-3})	1.8～2.3		
软化点/℃	90～125	≥100	
涂膜外观	干燥后，应无皱纹、斑点、起泡、裂纹、脱落、黏胎现象，涂膜的颜色和外观应与标准板差别不大		
不黏胎干燥时间	≤3 min		
抗压强度	≥12 MPa	23 ℃±1 ℃时，≥12 MPa　50 ℃±2 ℃时，≥2 MPa	
耐磨性	≤80 mg(JM-100橡胶砂轮)（200转/1 000 g后减重）	—	
耐水性	在水中浸24 h应无异常现象		
耐碱性	在Ca(OH)$_2$饱和溶液中浸24 h应无异常		
玻璃珠含量（质量分数）	—	18%～25%	
流动度	35±10 s	—	
涂层低温抗裂性	−10 ℃保持4 h,室温放置4 h为一个循环，连续做3个循环后应无裂纹		
加热稳定性	200～220 ℃在搅拌状态下保持4 h,应无明显泛黄、焦化、结块等现象		
人工加速耐候性	经人工加速耐候性试验后，试板涂层不产生龟裂、剥落；允许轻微粉化和变色		

双组分涂料的性能应符合表 9.4 的规定。

表 9.4 双组分涂料的性能

项目	双组分		
	普通型	反光型	突起型
容器中状态	应无结块、结皮现象,易于搅匀		
密度/(g·cm^{-3})	1.5~2.0		
施工性能	按生产厂的要求,将 A、B 组分按一定比例混合搅拌均匀后,喷涂、刮涂施工性能良好		
涂膜外观	涂膜固化后应无皱纹、斑点、起泡、裂纹、脱落、粘贴等现象,涂膜颜色与外观应与样板差别不大		
不黏胎干燥时间	≤35 min		
耐磨性/mg	≤40(JM-100 橡胶砂轮) (200 转/1 000 g 后减重)		
耐水性	在水中浸 24 h 应无异常现象		
耐碱性	在 Ca(OH)$_2$ 饱和溶液中浸 24 h 应无异常		
附着性(划圈法)	≤4 级(不含玻璃珠)		
柔韧性/mm	5(不含玻璃珠)		
玻璃珠含量(质量分数)		18%~25%	18%~25%
人工加速耐候性	经人工加速耐候性试验后,试板涂层不产生龟裂、剥落;允许轻微粉化和变色		

水性涂料的性能应符合表 9.5 的规定。

表 9.5 水性涂料的性能

项目	溶剂型	
	普通型	反光型
容器中状态	应无结块、结皮现象,易于搅匀	
黏度	≥70(KU 值)	80~120(KU 值)
密度/(g·cm^{-3})	≥1.4	≥1.6
施工性能	空气或无空气喷涂(或刮涂)施工性能良好	
涂膜外观	应无发皱、泛花、起泡、开裂、黏胎等现象,涂膜颜色应与样板差异不大	
不黏胎干燥时间	≤15 min	≤10 min
遮盖率/% 白色	≥95	
遮盖率/% 黄色	≥80	
耐磨性/mg	≤40(JM-100 橡胶砂轮) (200 转/1 000 g 后减重)	
耐水性	在水中浸 24 h 应无异常现象	
耐碱性	在 Ca(OH)$_2$ 饱和溶液中浸 24 h 应无异常	
冻融稳定性	在-5 ℃±2 ℃条件下放置 18 h 后,立即置于 23 ℃±2 ℃条件下放置 6 h 为一个周期,3 个周期后,应无结块、结皮现象,易于搅匀	
早期耐水性	在温度为 23 ℃±2 ℃、湿度为 90%±3%条件下,实干时间小于等于 120 min	
附着性(划圈法)	≤5 级	—
固体含量(质量分数)	≥70%	≥75%

玻璃珠的性能应符合 JT/T 466 的有关规定。

路面标线涂料的色度性能应符合 GB 2893 的要求,其色品坐标和亮度因数应符合表 9.6 和图 9.1 中规定的范围。

表 9.6　普通材料和逆反射材料的各角点色品坐标和亮度因数

颜色			用角点的色品坐标来决定可使用的颜色范围 (光源:标准光源 D65,照明和观测几何条件:45°/0°)				亮度因数
普通材料色	白	X	0.350	0.300	0.290	0.340	≥0.75
		Y	0.360	0.310	0.320	0.370	
	黄	X	0.519	0.468	0.427	0.465	≥0.45
		Y	0.480	0.442	0.483	0.534	
逆反材料色	白	X	0.350	0.300	0.290	0.340	≥0.35
		Y	0.360	0.310	0.320	0.370	
	黄	X	0.545	0.487	0.427	0.465	≥0.27
		Y	0.454	0.423	0.483	0.534	

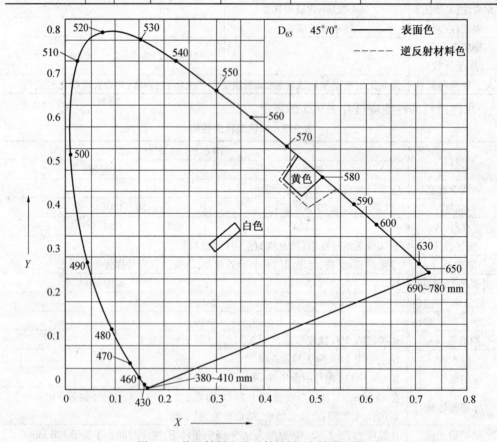

图 9.1　普通材料和逆反射材料的颜色范围图

9.1.3 试验方法

1. 试样的调节

涂料试样状态调节和试验的温湿度应符合 GB/T 9278 的规定。

2. 取样

按 CB/T 3186 进行。

3. 溶剂型、双组分、水性路面标线涂料试验方法

(1) 容器中状态

按 CB/T 3186，用调刀检查有无结皮、结块，是否易于搅匀。

(2) 黏度

按 GB/T 9269 法进行，其中溶剂型路面标线涂料的普通型黏度按 GB/T 1723 涂料黏度测定法进行。

(3) 密度

按 CB/T 6750(金属比重瓶)方法进行。

(4) 施工性能与涂膜制备

施工性能按 CB/T 3186 取样后，涂膜制备按 GB/T 1727 进行，可分别用喷涂、刮涂等方法在水泥石棉板上进行涂布。

(5) 热稳定性

按 GB/T 9269 测定样品的黏度。取 400 mL 已测黏度的样品放在加盖的小铁桶内，然后将铁桶放置在烘箱内升温至 60 ℃，在 60 ℃±2 ℃条件下恒温 3 h，然后取出放置冷却至 25 ℃，并按 GB/T 9269 重新测其黏度。

(6) 涂膜外观

用 300 μm 的漆膜涂布器将试料涂布于水泥石棉板上，制成约 50 mm×100 mm 的涂膜，然后放置 24 h，在自然光下观察涂膜是否有皱纹、泛花、起泡、开裂现象，用手指试验有无黏着性。并与同样处理的标准样板比较，涂膜的颜色和外观差异不大。

(7) 不黏胎干燥时间

不黏胎时间测定仪如图 9.2 所示。轮子外边装有合成橡胶的平滑轮胎，轮的中心有轴，其两端为手柄，仪器总质量为 15.8 kg±0.2 kg，该轮为两侧均质。

不黏胎干燥时间按下列程序进行：

①用 300 μm 的涂膜涂布器将试料涂布于水泥石棉板(200 mm×150 mm×5 mm)上，涂成与水泥石棉板的短边平行，在长边中心处成一条 80 mm 宽的带状涂膜，如图9.3所示。

②涂后，立刻按下秒表，普通型 10 min 时开始测试，反光型 5 min 时开始测试。

③把测定仪自试板的短边一端中心处向另一端滚动 1 s，立刻用肉眼观察测定仪的轮胎有无黏试料，若有黏试料，立刻用丙酮或甲乙酮湿润过的棉布擦净轮胎，此后每 30 s 重复一次试验，直至轮胎不黏试料时，停止秒表计时，该时间即为该试样的"不黏胎时间"。滚动仪器时，应两手轻轻持柄，避免仪器自重以外的任何力加于涂膜上。滚动方向如图 9.3 所示。

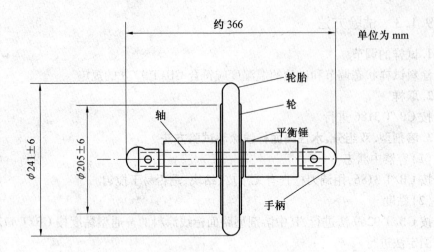

图9.2 不黏胎时间测定仪

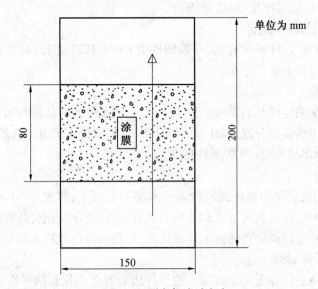

图9.3 测定仪滚动方向

(8)遮盖率

将原样品用300 μm的漆膜涂布器涂布在遮盖率测试纸上,沿长边方向在中央涂约80 mm×200 mm的涂膜,并使涂面与遮盖率测试纸的白面和黑面呈直角相交,相交处在遮盖率测试纸的中间,涂面向上放置24 h,然后在涂面上任意取三点用D65光源45°/0°色度计测定遮盖率测试纸白面上和黑面上涂膜的亮度因数,取其平均值。遮盖率计算式为

$$X = \frac{B}{C} \tag{9.1}$$

式中,x为遮盖率(反射对比率);B为黑面上涂膜亮度因数平均值;C为白面上涂膜亮

度因数平均值。

试验结果:其色品坐标 X、Y 值和亮度因数应符合表9.6和图9.1中规定的范围。

(9)色度性能

试验步骤如下:

①按(7)①制样板,涂面向上放置24 h。

②然后在涂面上任取三点,用 D65 光源 45°/0°色度计测定其色品坐标和亮度因数。

试验结果:其色品坐标 X、Y 值和亮度因数应符合表9.6和图9.1中规定的范围。

(10)耐磨性

按 GB 1768 进行。

(11)耐水性

按(6)制板,试板用不封边的水泥石棉板,试验按 GB/T 1733 进行。

(12)耐碱性

按(6)制板,试板用不封边的水泥石棉板,试验按 CB/T 9265 进行。

(13)附着性

按 GB/T 1720 进行。

(14)柔韧性

按 CB/T 1731 进行。

9.2 交通标志新材料

我国《公路工程技术标准》中阐述"标志是交通管理的一种重要设施,它分警告标志和指示标志、指路标志和辅助标志等种类"。交通标志可以说是道路上的无声语言,也是公路安全保护神之一。它是一种信息符号,由图形、符号、文字和传递特别信息管理内容和行为规则的一种交通管理重要设施。交通标志可架设在公路路面上,安置在道路路基两侧面,或高速公路中间带内的醒目位置上。它由不同颜色的发光、反光材料制成,无论在白天或黑夜,能清晰地显示各种交通信息,如通过交通标志可知道所经之地有否急弯、陡坡、交叉路口、桥梁及隧道,哪些地方是事故多发区,哪些地方可加油、机修、洗车和停车,其至可指示供餐饮、吃住、旅游的场所(高速公路一般称为服务区)的位置。

交通标志是一种通过图形符号、颜色和文字向交通参与者传递特定信息的交通安全设施,对保障道路交通的安全和快捷起着至关重要的作用。交通标志将向符号化、统一化、高亮化、节能化及轻型化的方向发展,新材料、新结构和节省能源的新型交通标志越来越受到重视。交通标志反光材料、交通标志金属材料技术要求对交通安全起着至关重要的作用。本节从交通标志反光材料、金属材料角度分析其主要性能与技术要求。

1. 交通标志反光材料

对于交通标志反光材料来讲,表征其能够反射车灯亮度的能力的指标为逆反射系数值。规定逆系数值的两个重要参数就是观察角和入射角。其中观察角主要表述车灯至标志的距离,入射角主要表述车灯与标志在行进方向上的偏离程度。

目前市场上以及国家标准所规定的反光膜主要有以下几种:性能较低的工程级;性能适中的高强级、超强级及性能很高的钻石级。

表9.7是不同类型的反光膜在观察角为1°入射角为-4°时的逆反射系数,也就是说小客车距离标志45 m,大车约100 m时各种反光材料的逆反射系数值。

表9.7 不同类型的反光膜在观察角为1°入射角为-4°时的逆反射系数值

逆反射系数/(cd·lx^{-1}·m^{-2})	工程级	高强级	超强级	长距离钻石级(国标一级)	第三代钻石级
美国 ASTM 标准	Type I	Type III	Type IV	Type VII、VIII、X	Type XI
观察角1°/入射角-4°	5	20	30	12	120

2. 交通标志金属材料技术要求

交通标志主要包括标志板、支撑件、连接件等。标志板由标志面、标志底板、滑槽组成;支撑件由立柱、横梁、底盘组成;连接件包括抱箍、螺栓、螺母、铆钉等。

(1)标志底板

在同一块标志板上,标志底板和标志面所采用的各种材料应具有相容性,防止因电化作用、不同的热膨胀系数或其他化学反应等造成标志板的锈蚀或损坏。

按照 JT/T 279—2004 的规定,标志底板可使用的金属材料包括钢材和铝材。目前交通标志板使用的钢材主要包括碳素结构钢及低合金结构钢冷轧薄钢板(简称钢板)、镀锌薄钢板(简称镀锌板);铝材主要包括铝合金板材(简称铝板)、铝合金热挤压型材(简称挤型铝)。标志板材料性能要求见表9.8。

表9.8 标志板材料性能要求

材质	性能要求		
	板厚/mm	力学性能	防腐层质量
钢板	>1.0	符合 GB/T 11253	符合 GB/T 18226
镀锌板	>1.0	符合 GB/T 2518	符合 GB/T 18226
铝板	>1.5	符合 GB/T 3880	/
铝型材	>1.5	符合 GB/T 6892	/

钢板自重较大,用钢板(包括镀锌钢板)制作而成的交通标志板较重,对标志支撑件和基础的要求都相应提高。而且钢板在空气中容易生锈腐蚀,制作标志板时必须经过防腐处理。钢板的防腐处理可以采用多种方式,如镀锌、镀铝、涂塑、涂漆等,加工工艺可采取热浸镀、热喷涂、静电喷涂、密涂等多种形式,其防腐层质量应符合 GB/T 18226。所以从安全和经济的角度综合考虑,制作标志板使用钢板及镀锌钢板未必合算。目前国内外高等级公路尤其是高速公路中,已很少使用钢板类材质制作标志底板,低等级公路在标志结构较简单、底板尺寸较小时,建议使用。

目前在制作标志底板时,使用较多的材质是铝板。GB 5768—1999 中规定:"铝合金板材的抗拉强度应不小于289.3 MPa,屈服点不小于241.2 MPa,延伸率不小于4%~10%。"该技术指标应为对铝合金热挤压型材的要求。对于轧制板材,其刚性和韧性同时满足上述要求是很难达到的。《铝及铝合金轧制板材》(GB/T 3880) 中规定,纯铝板的抗拉强度为 55～165 MPa,伸长率为 1%～35%。在没有设计要求时,出于成本上的考虑,制造商多采用纯铝板制作标志底板。由于纯铝板刚性较差,在板面尺寸较大时就带来一定的安全隐患。

为解决上述问题,JT/T 279—2004 中对使用铝板制作标志底板进行了以下规定:"高等级公路宜采用综合性能等于或优于牌号 3A21 的铝合金板。"牌号 3A21、O 状态的防锈铝板材,其抗拉强度为 100～150 MPa,伸长率不小于 23%,综合机械性能略高于纯铝板,而且材料易于得到,价格也比较合理,在制作标志底板时不失为一种较好的选择。同时考虑尽量不增加公路建设的负担,对普通公路没有提出技术要求,使用单位和生产单位在确保安全和符合标准的前提下可自行选择。如标志板尺寸较小,可优先选择纯铝板;如标志板尺寸较大,可优先选择铝合金板;也可通过调整板材厚度、加固方式等多种形式综合考虑。但前提是必须有充分的把握保证标志板在安装和使用过程中的安全。

由于目前标志板的板面尺寸越做越大,虽然可以通过加大锅板厚度、加密加网铝槽等方法改善其安全性能,但其综合性能通过提高底板的材质要求可能更为经济合理。JT/T 279—2004 中规定:"大型标志板或用于沿海及多风地区的标志板,宜采用综合性能等于或优于牌号 5A02 的铝合金板。"牌号 5A02、O 状态的防锈铝板,其抗拉强度为 165～225 MPa,伸长率不小于 6%,综合机械性能、防腐性能及性能价格比均较为优越。H14 或 K24 状态的铝合金与 O 状态的铝合金相比,抗拉强度较高,伸长率较低,价格较为便宜,在满足标志底板加工要求的情况下,也可以使用。

(2) 支撑件

标志立柱、横梁、底盘一般使用钢材制作。底盘由钢板法兰盘和钢质地脚螺栓焊接而成。立柱和横梁一般使用钢管或型钢。钢管一般使用结构用无缝钢管或焊接钢管,型钢一般使用热轧 H 形钢或方形冷弯型钢等。支撑件材质性能要求见表 9.9。

表 9.9 支撑件材质性能要求

材质	性能要求	
	力学性能	防腐层质量
无缝钢管	符合 GB/T 8162	符合 GB/T 18226
焊接钢管	符合 GB/T 13793	符合 GB/T 18226
热轧型钢	符合 GB/T 11263	符合 GB/T 18226
冷弯型钢	符合 GB/T 6725	符合 GB/T 18226

我国目前的标志立柱和横梁基本都采用 Q235 的碳素结构钢钢管。立柱直径大于 152 mm 时,一般要求采用无缝钢管制作;直径小于或等于 152 mm 的立柱可以采用焊接钢管,如直缝电焊钢管。钢管壁厚一般大于或等于 4.0 mm。美国等国家则较多使用型钢(如热轧 H 形钢)来制作标志立柱。

支撑件的管径、厚度等外形尺寸的设计要求,是根据标志板的板面大小、结构形式、承载能力、基础情况等计算得出的。

标志柱应配有柱帽,柱帽可采用板厚为 3 mm 的钢板焊接或其他方法固定在立柱上。

由于钢材的锈蚀问题,所以在制作标志支撑件时必须进行防腐处理。标志支撑件的防腐处理一般采用热浸镀锌、热浸镀铝或刷涂金属防锈漆等方式,其防腐层质量应满足 GB/T 18226 的要求。

(3)滑槽

滑槽作为标志板的组成部分,不仅可以加固标志板,增加标志板的刚性,同时也是标志板与标志立柱、横梁的连接部件,对于标志板的整体安全性能起着至关重要的作用。

滑槽可采用钢材或铝材制作。标志底板采用铝合金板材时,滑槽应相应采用性能相当且符合标准要求的铝合金热挤压型材,以避免因性能不同而造成标志底板和铝槽的机械损坏或电化学腐蚀损坏。

滑槽用型铝、型钢的材质应符合 GB/T 6892、GB/T 6725 等有关标准的要求,并且尽可能选用与标志底板性能相同或相近的材料。型钢应进行热浸镀锌等防腐处理,其防腐质量应满足 GB/T 18226 的要求。

(4)连接件

标志板与横梁一般是通过抱箍和螺栓、螺母等紧固件进行连接的。标志底盘与基础通过地脚螺栓和螺母进行紧固连接。抱箍和紧固件采用碳素结构钢或合金结构钢制作。紧固件的外形尺寸和机械性能应符合 GB/T 16938、GB/T 3098 等相应标准的要求。

滑槽对标志底板的加固作用,很大程度取决于滑槽与标志底板的连接可靠与否。目前铝合金标志底板与铝滑槽的连接多采用铆钉连接的方式。JT/T 279—2004 中规定:"铆接应使用沉头铆钉,其形状应符合 GB/T 869 的要求;铆钉材质应符合GB/T3196 的要求,且与标志底板及滑槽相匹配。交通标志板在使用铝合金轧制板材制作标志底板时,其连接铆钉的直径应不小于 4 mm,铆接间距一般宜为 150~200 mm。"

3. 标志面

标志面可用逆反射材料、油漆、油墨、胶黏剂、透明涂料及边缘填隙料等材料制造,目前应用较为广泛的是反光膜。

反光膜一般由透明薄膜、黏结剂、高折射率微珠、反射层等材料组成,由于它对汽车灯光的折射、聚焦和定向反射作用,夜间具有很好的反射功能。反光膜的材料性能要求应符合 GB 5768—1999 的规定。

(1)耐候性能

经耐候性能试验后标志面应无明显的裂缝、刻痕、气泡、凹陷、侵蚀、剥离、粉化或变形,从任何一边均不应出现超过 2 mm 的收缩,也不应出现从标志底板边缘的脱胶现象。其各种颜色的色品坐标应保持在规定的范围之内。一级、二级反光膜的逆反射系数值不低于相应规定值的 60%。三级反光膜逆反射系数值不应低于相应规定值的 80%。四级、五级反光膜和反光涂料的逆反射系数值不应低于相应规定值的 50%。

(2)耐盐雾腐蚀性能

经过耐盐雾腐蚀试验后,标志面材料不应有变色或被侵蚀的痕迹。

(3) 耐溶剂性能

经过溶剂试验后,反光膜表面不应出现软化、皱纹、气泡、开裂或表面边缘被溶解的痕迹。

(4) 抗冲击性能

经过冲击试验后,标志面(反射器除外)在以冲击点为圆心,半径为 6 mm 的圆形区域以外,不应出现裂缝、层间脱离或其他损坏。

(5) 耐弯曲性能

经过弯曲试验后,四级、五级反光膜不应出现裂缝、剥落、层间分离的痕迹(注:仅对四级、五级反光膜进行此项性能测试)。

(6) 耐高温性能

进行高温、低温试验后,标志面材料不应有裂缝、剥落、碎裂或翘曲的痕迹。

(7) 附着性能

由反光膜粘贴到标志底板上制成的标志板,进行附着性能试验后,反光膜在 5 min 后的剥离长度不应大于 500 mm;由反光涂料或其他涂料涂敷到标志底板上制成的标志板,进行附着性能试验后,涂料对标志底板的附着应达到 GB 1720 中三级以上的要求。

进行油墨对反光膜的附着性能试验后,标志面上油墨的墨层结合牢度应不小于 95%。

4. 道路交通标志的加工要求与防腐处理

采用钢板、钢管等材料制作标志板、柱时,应进行防腐处理。防腐处理可分为涂装、浸涂、镀锌等方法。根据板、梁柱的形状大小及数量选择防锈处理的方法。

(1) 涂装

钢铁件在涂装处理前应进行脱脂、防锈等预处理。若采用溶剂类涂料,构件预处理完成后,涂敷磷酸底衬涂料,然后涂敷防锈剂,再涂溶剂型涂料,可采用刷涂或喷涂。若采用静电粉末涂装,构件预处理完成后,将金属构件接地,喷枪接负高压,粉末粒子在静电场中受静电作用,甚至接地金属构件,形成均匀涂层,加热后固化成膜。

(2) 浸涂

金属构件完成预处理后,再将构件加热到一定温度,撒布胶接剂,通过特制的流化床,涂上均匀的粉末塑料,然后再加热流平,冷却后成膜。

(3) 热浸镀锌

金属构件预处理完成后,将其浸入温度达 450~480 ℃ 的锌液中,浸镀数分钟后冷却。镀层表面应光滑、无流挂、滴瘤或多余结块,镀件表面应无漏镀、露铁等缺陷。镀层厚度应满足有关规定要求。

5. 解体消能标志

从安全的角度讲,理想的路侧状况应该具备可穿越、无障碍的特点,但有一些设施仍必须设在行车道附近。在路权范围内,经常有一些人造的固定障碍物:交通标志、公路照明设施、交通信号、紧急电话、邮筒和其他公用设施的支撑杆柱。据统计,美国每年因车辆与固定障碍物相撞导致的死亡人员中,其中大约 15% 是由交通标志、照明和其他公用设施杆柱引起的。

在国内,有关将交通标志、信号灯、照明设施以及公用设施杆柱等作为一类路侧障碍物,分析它们对交通安全影响的研究很少,这方面宏观统计数据也不多,但不可否认的是,驶出路外的部分伤亡事故是由车辆与杆柱或设施支撑机构发生剧烈碰撞所致。由于现有的交通标志杆柱多年沿用传统设计,标志的整体结构比较坚硬,车辆碰撞后急剧减速增加了对乘员的伤害严重性。研究发现,在车辆与不具备解体特性或机制杆柱的碰撞事故中,超过30%的杆柱被撞到或严重损害。

公路上交通标志等公路设施作为障碍物,当与车辆发生碰撞时往往造成车辆和人身的损害伤害,为了减少损害伤害,将交通标志等交通设施附加解体消能功能,即在碰撞发生后,这些设施能够通过自我解体的方式消耗车辆碰撞的能量,具备该项功能的交通设施统称为解体消能标志。

(1) 解体消能设施的设计标准

根据美国多年的试验研究发现:失控车辆在碰撞前车速为 30～100 km/h 的情况下,碰撞后的车速降低值为 11～18 km/h 时,乘客不会受到严重的伤害,因此,美国将上述车辆速度的变化范围确定为保障失控车辆内乘客安全的阈值。将研究成果作为判断路侧设施构造物解体消能设计的标准,并据此制定了关于解体消能装置的实验测试和评价标准。

美国路侧设施构造物解体消能杆柱的设计标准要求如下:

① 车辆行驶速度的变化范围。

当 820 kg 的汽车或质量相等的某型汽车,分别以 35 km/h 和 100 km/h 的速度迎面撞击解体杆柱时,杆柱能够按照预计的方式发生折断。

② 对车辆的影响。

失控车辆保持正常状态,在发生碰撞过程中和碰撞后,失控车辆不发生显著变形,或者没有发生路侧设施构造物杆柱的解体部分插入车身而对人体造成伤害。

③ 保障解体消能装置杆柱的碰撞点高度要求。

失控车辆发生碰撞时,解体消能装置杆柱在撞击点受剪力荷载的作用下产生位移,通过杆柱的解体而减少对失控车辆的作用力。通常碰撞点位于车辆保险杠高度所在的位置,因此,解体消能设施杆柱设计时控制剪力作用点位于地面之上 500 mm 处。如果碰撞点过高,解体消能设施杆柱会发生弯曲变形,可能导致解体装置失灵。因此,建议解体消能设施杆柱不要设置在排水边沟、陡坡、或者发生碰撞时车辆容易腾空的地方。

④ 解体消能装置杆柱解体后高度。

解体后底座顶部距地面高度小于 10 cm 时,可以减少汽车底盘与杆柱底座发生刮蹭的可能性。因此,规定解体消能装置的底座不高于 10 cm,如图 9.4 所示。

(2) 解体消能装置的设计方法

解体消能装置的结构要求具有较大的抗弯强度;能够承受冰和风的荷载;满足支撑固定物的要求。其次,要求解体消能装置具有较小的抗剪强度,在遇到外力碰撞时,会发生预期的滑动或折断现象。

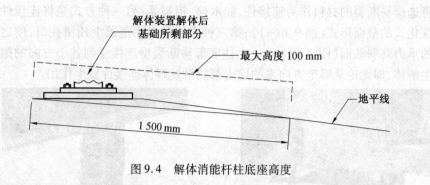

图9.4 解体消能杆柱底座高度

①解体消能装置的工作原理。

解体消能装置的理想工作状况为:当失控车辆撞击到解体消能的杆柱时,杆柱底部发生解体,杆柱发生位移,且位移方向与车辆撞击后的行驶方向一致,如图9.5所示。

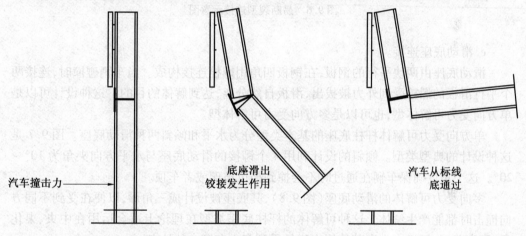

图9.5 理想状态解体消能装置的工作状况

②解体消能装置的结构。

解体消能装置通过将可解体杆柱与其底座之间的特殊连接方式来实现的。这种特殊的连接方式分为:底部弯曲型连接、底部易断裂型连接、滑动底座连接三种。

a.底部弯曲型连接。

杆柱由U形槽钢、多孔方形钢管、薄壁铝管或薄壁玻璃纤维管构成。底部发生弯曲的部分是由100 mm×300 mm×6 mm的钢板与支柱底部焊接或螺栓连接而形成的。这种类型杆柱的工作状况受立柱插入地下深度、土壤的抵抗力、支柱底部的刚性、杆柱的高度等许多因素的影响,所以很难预测其性能。

b.底部易断裂型连接。

用木栓、钢栓或铝制品将杆柱与置于底座上的独立固定器相连。通过将木栓、钢栓等构件将底座与杆柱连接并固定在一起。在正常使用状态下,起到连接作用;当底部受到事故车辆的撞击时,在固定器处的连接件发生断裂,杆柱实现解体。

为确保事故车辆碰撞时杆柱发生解体,其固定器处的连接件分为三种设计方式,一种是将选择易断裂的材料作为连接件,如木栓、铝制品;另一种方式是将连接件设计成显著变化式的截面形式(图9.6(a));第三种方式是在固定器上预留孔口,使之成为受力后的承力薄弱截面(图9.6(b))。上述底部易断裂型连接受到各个方向的撞击时均能产生解体,即无论从哪个方向来的撞击都能触发解体连接件发生作用。

(a)

(b)

图9.6　易断裂型连接示意图

c. 滑动底座连接。

滑动底座由两块平行的钢板,在钢板四角用螺栓连接构成。当车辆碰撞时,连接两个平行滑板的螺栓受到外力被拔出,滑板自然分离,达到解体的目的。这种设计可以是单方向受力可解体型,也可以是多方向受力可解体型。

单方向受力可解体杆柱底座的基本类型分为水平和倾斜两种滑动底座。图9.7是这种设计的典型类型。倾斜的设计利用4个铆接的滑动底座与水平方向夹角为10°~20°。这个角度确保车辆在通过时不会撞到挡风玻璃或者车顶。

多向受力可解体的滑动底座(图9.8),其底座被设计成三角形,以便在受到不同方向撞击时都能产生解体。这种可解体的杆柱底座类型在理论上适合运用在中央、渠化岛、丁字路口、匝道末端和其他标志容易受到多方向撞击的地点。

图9.7　倾斜的单方向受力可解
体的滑动底座连接

图9.8　多向受力可解体的
滑动底座连接

(3)照明设施解体消能装置的结构

解体消能装置主要应用于标志牌的支撑,也可以用于其他各种管线杆柱。照明设施由于其功能的要求,杆柱高大,而且有供电线路,因此,失控车辆撞击此类设施时,不仅需要保障照明杆柱能有效实现解体消能的目的,同时,还需要进行有效设计来防止失控车辆撞击此类设施而引发火灾和触电事故。因此,在进行照明设施的解体消能装置设计时,需要注意如下几个方面:

①照明设施的杆柱最高高度不能超过 18.5 m,这个高度值是目前经过美国解体装置试验认可的最大高度值,这个高度也能满足现代照明设计应用要求。为了防止杆柱跌落砸到车辆上造成严重后果,可解体照明杆柱最大质量不能超过 450 kg。

②解体杆柱内的电线在可拆卸的底座上,其拆离位置应尽可能接近基座。照明的解体杆柱要注意有效地减小起火或触电伤亡事故发生。一般将其设计为:当照明设施杆柱解体后,电路也自行中断,以避免上述情况发生。

③一般在中央分隔带内的照明杆柱不使用解体装置。主要原因是:如果中央分隔带内的照明设施杆柱发生解体后,会落在对向行车道内,影响对向车道的行车安全和交通通畅。

④尽量减少各种管线杆柱在路侧净区的总数量,可以考虑将各种管线改为地下敷设,增大间隔或一杆/柱多用等方法。

(4)解体消能装置的影响因素

①土壤与杆柱的埋深。

土壤的特性会影响一些可解体立柱的触发性能,对于防止拔出的锚固来说,支撑物的埋土深度大于 1 m,或者其他的支撑物对底座活动很敏感,就必须进行标准土壤碰撞试验以外的软土壤碰撞试验。

②解体消能装置的位置。

尽量使解体消能装置远离边坡,最好距离边坡起点 7 m 以上,确保解体消能装置的正常工作。将解体杆柱置于坡度等于或小于 10:1 的地面。在绝大多数消能装置设计时,均将杆柱的被撞击点设计在汽车的保险杠处,大约距地面 500 mm 高度。如果撞击位置发生在明显高于此高度时,在立柱底部会产生很大的弯矩,杆柱具有很强的抗弯能力,从而阻止解体消能设施功能的有效发挥。因此,解体消能装置不能设置在沟渠的底部。

③解体消能杆柱的连接构造。

解体消能杆柱的上部铰接构造必须设计为铰接连接方式,其目的在于失控车辆撞击到此类杆柱时,杆柱发生解体,其上部构造与底座结构分离,从而减少撞击对乘客的伤害。

为防止分解开的上部结构物在落下时插入到车身内,美国路侧安全设计指南中对其高度及质量均做出了详细规定:上部铰接必须设置在距地面大于或等于 2.1 m 的位置;杆柱受车辆撞击后解体的部分质量不应大于 67 kg/m,总质量不能超过 270 kg;要确保标志板与支撑杆柱连接的牢固性;在安装解体消能装置时,尤其是单向解体的装置,一定注意装置方向的摆放;当采用滑动底座连接的解体消能装置时,需要保障螺栓具有一定的抗扭性能,建议滑动底座连接尽量慎用。

目前,解体消能装置在我国的应用还不是很广泛。但是,随着宽恕道路理念的深入,解体消能装置会有非常广泛的应用前景。本章简单地介绍了解体消能装置的设计思想以及国外的一些经验。随着我国对道路交通安全意识的不断增强,伴随解体消能装置在我国的采用与推广,会使我们对这种设计理念有更加深入的了解。

9.3 交通反光膜新材料

反光膜起源于 20 世纪 40 年代末的美国,80 年代开始在我国道路上使用,90 年代我国开始生产反光膜。

反光膜是一种多层复合结构的反光材料,它采用先进的工艺将具有特殊金属镀层的玻璃微珠形成的反射单元与高分子材料相结合,形成一种密封式耐候性极好的反光材料。一般由面膜、透明树脂、高折射率玻璃微珠、金属反射层、背胶、背纸等组成,如图 9.9 所示。

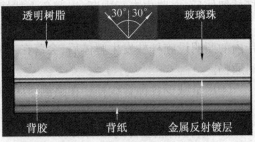

图 9.9 反光膜结构示意图

目前,国内市场上所使用反光膜的类别、结构以及在 GB 5768—1999、GB/T 18833—2002、JT/T 279—1995、JT/T 279—2004 中的等级对照、在公路中的主要应用见表 9.10。

表 9.10 反光膜等级对照表

类 别	结 构	等 级		主要应用
		GB 5768—1999 (JT/T 279—1995)	GB/T 18833—2002 (JT/T 279—2004)	
棱镜一级	微棱镜型	一级	一级	高速公路或一级公路
棱镜二级	微棱镜型	二级	/	高速公路或一级公路
高强级	密封胶囊玻璃珠型	三级	二级	高速公路或一、二、三级公路
超工程级	透镜埋入玻璃珠型	/	三级	二、三级公路
工程级	透镜埋入玻璃珠型	四级	四级	低等级公路等
经济级	透镜埋入玻璃珠型	五级	五级	低等级公路等

高强级反光膜(即 GB 5768—1999 中的三级反光膜和 GB/T 18833—2002 中的二级反光膜)是目前高等级公路中使用较多的一种反光膜,主要是密封胶囊玻璃珠型结构。近期市场上出现的超强级反光膜或特强级反光膜,逆反射性能与高强级相近,但结构为微棱镜型。工程级反光膜即 GB 5768—1999 和 GB/T 18833—2002 中的四级反光膜,结构为透镜埋入玻璃珠型,是目前低等级公路和农村道路中使用较多的一种反光膜。经济级反光膜为 GB 5768—1999 和 GB/T 18833—2002 中的五级反光膜,一般无质量保证,选用时应慎重。

反光膜的国外标准很多,有美国 ASTM 标准、英国 BS 标准、德国 DIN 标准等。其中对高强级反光膜逆反射系数的要求分别见表 9.11~9.13。

表9.11 高强级反光膜最小逆反射系数值(美国 ASTM 标准)

观测角/(°)	入射角/(°)	最小逆反射系数/(cd·lx⁻¹·m⁻²)						
		白色	黄色	橙色	红色	绿色	蓝色	棕色
0.1	−4	300	200	120	54	54	24	14
	+30	180	120	72	32	32	14	10
0.2	−4	250	170	100	45	45	20	12
	+30	150	100	60	25	25	11	8.5
0.5	−4	95	62	30	15	15	7.5	5.0
	+30	65	45	25	10	10	5.0	3.5

表9.12 高强级反光膜最小逆反射系数值(英国 BS 标准)

观测角/(°)	入射角/(°)	最小逆反射系数/(cd·lx⁻¹·m⁻²)				
		白色	黄色	红色	绿色	蓝色
0.2	+5	250	170	35	20	20
	+15	200	120	30	15	15
	+40	120	80	16	6	9
0.33	+5	180	120	25	14	14
	+15	150	80	30	10	10
	+40	95	65	16	5	7
1	+5	20	12	2	0.3	1
	+15	15	8	1.5	0.2	0.7
	+40	5	3	1	0.1	0.5

表9.13 高强级反光膜最小逆反射系数值(德国 DIN 标准)

观测角/(°)	入射角/(°)	最小逆反射系数/(cd·lx⁻¹·m⁻²)							
		白色	黄色	橙色	红色	绿色	蓝色	棕色	灰色
0.2	+5	250	170	100	45	45	20	12	125
	+30	150	100	60	25	25	11	8.5	75
	+40	110	70	29	15	12	9	5.0	55
0.33	+5	180	120	65	25	21	14	8	90
	+30	100	70	40	14	12	8	5	50
	+40	95	60	20	13	11	7	3	47
2	+5	5	3	1.5	1	0.5	0.2	0.2	2.5
	+30	2.5	1.5	1	0.4	0.3	/	/	1.2
	+40	1.5	1.0	0.3	0.2	/	/	0.7

对比各国的标准要求可以看出:不同国家对反光膜逆反射系数的要求略有不同,其观测条件(如观测角和入射角)也不完全一致。总体来看,美国 ASTM 标准的要求相对较高。我国的观测条件中一般观测角取 0.2°、0.33°、1°,入射角取−4°、15°、30°。其他国家除此之外,还采用观测角 0.1°、0.5°、2°,入射角 5°、40° 等观测条件。

目前国内使用的反光膜主要有美国 3M 公司生产的 3M 反光膜、PET 定向反光膜及亚克力型反光膜。

1. 3M 反光膜

（1）第三代钻石级 4000 系列

颜色代码：白色 4090、黄色 4091、红色 4092、蓝色 4095、绿色 4097。

规格：1.22 m×45.72 m。

使用年限：10 年。

（2）超强级棱镜式 3930 系列

颜色代码：白色 3930、黄色 3931、蓝色 3935、红色 3932、绿色 3937、橙色 3934。

规格：1.22 m×45.72 m。

使用年限：10。

（3）EG7 工程级 3290 系列

颜色代码：白色 3290、黄色 3271、红色 3272、蓝色 3275、绿色 3277。

规 格：1.22 m×45.72 m。

使用年限：7 年。

2. PET 定向反光膜

PET 定向反光膜表面为 PET 面层，属于一种聚酯薄膜在双面真空镀铝的聚酯膜上涂丙烯酸酯类压敏胶，将折射率为 1.9 的玻璃微珠粘上，干后再喷上一薄层聚酯作保护层。可适用于电脑刻字，制作标牌工艺简单，可以手工制作。这种反光膜有以下几个优点：

①易清洁，不积水，雨天不影响亮度。

②抗老化性好。

③反光强度高。

④不易撕坏。

3. 亚克力型定向反光膜

亚克力型定向反光膜是采用亚克力树脂作为反光膜面层。亚克力又称丙烯酸树脂，可用于丝网印刷、广告喷绘、施工标志等，操作工艺简单易于掌握。

这种反光材料的特点是：

①因玻璃微珠未受遮盖，反光强度较大。

②表面光泽度不强，容易被撕坏，柔韧性强。

③抗老化性能好。

9.4 交通护栏新材料

公路交通安全设施的主要功能是保证交通安全，安全护栏属于其中最重要的一项工程。安全护栏是一种吸能结构，在阻止车辆越出公路的同时，还通过变形来吸收碰撞能量，改变车辆方向，从而最大限度地减少事故损失。合理设置安全护栏，不但可以减少交通事故，降低事故的严重程度，还可以诱导行车视线，使司乘人员感到舒适，从而降低他们的疲劳程度，保障行车安全。护栏作为道路安全设施的主要组成部分，其重要性也越来越引起人们的重视。

随着国内高速公路建设的飞速发展和高速公路在我国的大量修建,建设高速公路需要大量优质的护栏板、立柱、龙门架等设施。而目前用热浸镀锌来代替以往刷漆的高速公路护栏,需要每年刷一次或两次防锈油漆,涂漆、修补等养护,其费用及作业次数的综合维护费用成本级数逐年递增。而且用多螺栓安装连接较为复杂。新颁布的国家标准《高速公路交通工程钢构件防腐技术条件》(GB/T18229—2000),将护栏产品的防护分为3类:镀锌、镀铝、镀锌(铝)后涂塑。在乡村和污染不严重的地区,可采用单独热浸锌层防护或单独喷塑防护型护栏板,而在重工业区或海岸城市地区,特别是有酸雨的地区,普通热浸锌或喷塑单涂层护栏板未到使用年限就可能失去效用,造成护栏的维护成本大大增加。对于热浸铝护栏,其耐蚀性比普通热浸锌护栏好,但其工艺、技术、成本以及对环境影响等方面的原因,应用范围还不很广。而采用热浸铝+喷塑的防护体系,相对于热浸锌+喷塑的防护体系是一种不经济的方法。采用镀锌板+喷塑的双防护体系和目前仍大量广泛采用热浸锌金属材料制作的防撞护栏,虽然可在重污染地区特别是酸雨地区达到较好的防腐效果,但每公里要耗用100 t左右的钢材,1 000 km就要耗用上百万吨钢材。虽然我国是钢铁生产大国,但依靠进口高昂原材料(铁矿石),钢铁制品生产成本不断高涨。而且耗能大的钢铁冶炼,大量的排放物污染我们生存环境,消耗了大量不可再生资源。

目前采用的高分子材料,如高强度工程塑料制造的护栏,以及采用不饱和树脂、增强剂、少量固化剂、脱模剂和着色剂,填充料经充分捏合成黏结料构成的"3"形护栏或"波纹板式"栏杆结构的护栏构件,虽然具备了一定的抗冲击强度,不易磨损,风吹日晒雨淋,不锈蚀,不变形,维修快捷的特点,但其通用的不饱和聚酯的交联密度较低,拉伸强度和硬度都较低,其断裂伸长率较低、冲击性能差,还不能解决树脂强度与屈服伸长率之间的矛盾,不满足高速公路被车辆冲断而越过护栏的结构标准所需的足够强度,而不能作为高速铁路/公路的护栏。

随着车辆状况、道路状况的不断发生变化和新交通安全理念的不断更新,现有技术出现了高分子复合材料公路防撞护栏、高强柔性树脂基体复合材料防撞护栏、高强度玻璃钢高速公路护栏和热喷锌浸塑的高速公路护栏等各种用途的护栏。

1. 高分子复合材料公路防撞护栏

高分子复合材料公路防撞护栏具有质量轻、抗冲击、耐腐蚀、易维护,施工安装方便,能够较大幅度地提高事故安全防护功效的公路防撞护栏。它包括以高分子复合材料为主体构成的管状护栏、防阻块、立柱和对接连接器。管状护栏是由多层浸有树脂作基体的增强纤维,缠绕在管状薄壁胎材上缠绕成型的复合材料管状缠绕管,且每层缠绕丝沿缠绕管轴向方向排列的缠绕角为0°~90°。高分子复合材料公路防撞护栏与传统的热浸镀钢制护栏体系相比,密度小、质量轻,比强度和比模量大,组装灵活快捷、结实耐用,断裂韧性高,耐老化、抗酸雨侵蚀。

通过三跨缩比护栏系统的有限元模型,在冲击条件下与相应的冲击试验进行对比分析和检验,通过对比不同跨数的模型在冲击条件下的结果,由于多层的缠绕结构,具有缓和冲击的功能,能够最大程度减少对车和人体的伤害。与传统的波形梁钢护栏、钢索护栏普通单增强相复合材料和热浸锌、热浸铝+喷塑的防护体系护栏相比,密度小、质量轻,比强度和比模量大。断裂韧性高于韩国PVC高速公路防撞护栏,不老化并抗酸雨侵蚀。大量地取代了目前金属波形梁大量耗用钢材的使用量,价格较低于热浸铁制护栏。尤其是在缠绕过程中浸润后的高强树脂能够将自动填涂缠绕丝间的缝隙,树脂链上的仲羟基与玻璃纤维或其他纤维的浸润性和黏结性,极大地增强了复合材料缠绕管的强度、抗冲击韧性、延展性、热膨胀系数,有极强的多弯地带适应性。达到了防撞杆设计的抗冲击韧性、耐腐蚀。其性价比和耐蚀性高于热浸铁制护栏。经过合成纤维杂化的体系,其刚性、强度、吸潮稳定性都有显著提高,对复合材料的韧性测试也显示出具有相当好的性能,完全可以和传统的热浸铁制护栏材料相媲美。

以高分子复合材料为主体的高分子复合材料公路防撞护栏,按照国家标准及中华人民共和国交通部发布的行业标准《高速公路护栏安全性能评价标准》(JTG/TF83-01—2004)及《公路交通安全设施设计细则》(JTG/T F81—2006)执行标准,组装灵活、结实耐用。不增加占用空间,安装不受地形起伏限制,施工运输安装简便,环保、使用无污染。

护栏通常不需专门维护,能够通过雨天自行清洗。公路建设的维护成本低。

如图9.10所示,护栏系统是多跨连续的。为了保证防撞强度,高分子复合材料公路防撞护栏一般由两根防撞杆梁(适用于公路2级到3级防撞等级)或三根防撞杆梁(适用于公路3级到4级防撞等级)组成。

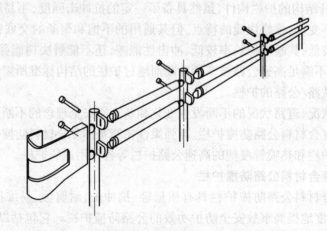

图9.10 高分子公路防撞护栏三维分解示意图

2. 高强柔性树脂基体复合材料防撞护栏

高强柔性树脂基体复合材料防撞护栏(图9.11)是一种具有一个沿纵向延伸并在复合材料中内置钢筋架的护栏型材。浸胶的增强纤维按延性铺层方式,以层间混杂、层内/层间混杂结构缠绕成型在具有抗弯曲截面的钢筋骨架上,复合成纤维增强树脂基复合材料连续型材。该类型护栏用两种或两种以上增强相材料混杂于树脂基复合材料基体相材料中构成的混杂结构复合材料,通过层间混杂按护栏构件制件不同部位的强度要求设计纤维的排列,使纤维增强材料具有各向异性,损伤后易修理。与普通单增强相复合材料比,密度小、比强度和比模量大,冲击强度、疲劳强度和断裂韧性高。

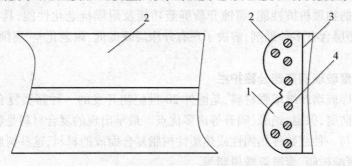

图9.11 高强柔性树脂基体复合材料防撞护栏结构图
1—高强树脂基复合材料;2—板状型材料;3—钢丝网;4—沿纵向延伸的钢筋

高强柔性树脂基体复合材料防撞护栏具有成本低,易制造,损坏后可快速局部拼装或更换,无需经常刷漆,能够降低撞击损伤,减少应力破坏强度,并能避免常规复合材料弱点,具有抗冲击强度高,韧性好,屈服伸长率大于5%,防碰撞性能优异的高强树脂基防撞护栏。

高强柔性树脂基体复合材料是将各种纤维增强体置于基体材料内复合而成,其组成包括基体和增强材料两个部分。复合材料结构通常一个相为连续相称为基体,而另一相是以独立的形态分布在整个基体中的分散相。图9.11中显示了一个以现有技术形式沿纵向延伸,并在复合材料中内置钢筋的护栏、护板结构形态,利用聚氨酯改性不饱和聚酯树脂的方法,合成了一种高强树脂基结构复合材料专用树脂。该高强树脂基结构复合材料专用树脂是在不饱和聚酯基料中加入柔性树脂复合成的高韧性树脂,并在聚酯分子结构中引入较长的脂肪链或加入含醚键的二元醇合成一种新型不饱和聚酯,并在制得的不饱和聚酯中加入的二异氰酸酯单体与不饱和聚酯反应,制得聚氨酯改性不饱和聚酯,把得到的高韧性树脂、新型不饱和聚酯、聚氨酯改性不饱和聚酯按比例混合组成改性不饱和聚酯韧性基体材料,然后辅以填充料经充分捏合制成护栏专用的高强树脂基结构复合材料专用树脂。高强树脂基结构复合材料专用树脂固化后,具有能够达20 MPa以上拉伸强度和高达100%断裂伸长率及较高的抗冲击韧性,上述钢筋内置在高强树脂基结构复合材料中,用前后两层钢丝网3将沿纵向延伸的钢筋4设置在两层钢丝网3之间,或板状型材面2与钢丝网3之间,并把它们包履在有增强纤维连续缠绕,间隔铺层叠合辊压或模压成型护栏构件的高强树脂基结构复合材料1中。并以层间混杂、层内/层间混杂方式缠绕成型在板状/管状型材之中。板状型材面2后侧可以是向内凹的圆弧曲面,用以提高冲击载荷的抗弯曲强度。

3. 热喷锌浸塑的高速公路护栏

热喷锌浸塑的高速公路护栏包括护栏基材,在护栏基材表面附着有热喷锌底层、热喷锌底层外是浸塑层。所述的浸塑层是热塑性聚乙烯或聚氯乙烯粉末涂料浸塑涂层,也可以是纯聚酯热固性粉末涂料喷涂涂层,涂料中至少含有下列一种性质的材料:紫外线吸收剂、抗氧剂、聚四氟乙烯、玻璃纤维、片状颜填料、纳米材料,浸塑层的厚度不小于 200 μm。锌喷涂层的厚度为 50～100 μm。热喷锌层具有良好的防腐保护能力,浸塑涂层具有优异的物理机械性能、腐蚀介质屏蔽功能及耐候抗老化性能,具有抗腐蚀能力强,外层浸塑层含有多种助剂,解决了现有外涂层硬度低、耐老化差、腐蚀介质易渗透的问题。

4. 高强度玻璃钢高速公路护栏

玻璃钢即玻璃纤维增强材料,是国外 20 世纪初开发的一种新型复合材料,它具有质轻、高强、防腐、保温、绝缘、隔音等诸多优点。最早出现的复合材料是玻璃钢,玻璃钢是玻璃纤维与一种或数种热固性或热塑性树脂复合而成的材料,这些树脂如酚醛树脂、环氧树脂、聚酯树脂、聚酰亚胺树脂等。

玻璃钢护栏的优势在于:

①玻璃钢护栏具有耐腐不锈蚀的特点,长期使用不需维护,可节省大量维修费用,综合投资费用低于钢护栏。

②玻璃钢护栏可采用多层复合结构,尽量择优选择原材料,充分改善制品性能,使材料优势互补。

③玻璃钢护栏因其独特的工艺可设计性,可任意改变其造型及截面,而这一点是钢护栏所做不到的。

④玻璃钢护栏可根据安装地段的不同,可选用不同的色泽和造型,达到制品性能与装饰美观的一致性。

⑤玻璃钢护栏作为一种新型制品推向市场后,具有较好的经济效益和社会效益。

A. Tabiei 等人研究了玻璃纤维增强聚合物基复合材料护栏的冲击性能,作者通过一系列的冲击试验和准静态试验优化了此种材料的护栏横梁,结果表明这种优化的横梁有最大限度的吸能特性和强度。

9.5 道路标示新材料

9.5.1 突起型闪光雨线

"突起型闪光雨线"是基于改善夜晚和雨天交通安全的初衷,以减少交通事故为目的,通过提高雨天时标线的视认性而开发的表面散布有高折射率玻璃微珠的突起型道路标线产品。其代表性产品在 1989 年由日本阿童木集团株式会社开发,经过 10 多年在日本的推广,已经被广泛应用于日本的城市道路和高速公路上。2000 年 4 月日本阿童木集团株式会社将其首次引进中国并在北京大面积试用,其后在北京以外的许多城市和高速公路得到了推广和应用,目前已经被业界所普遍认可和接受。

"突起型闪光雨线"(图 9.12)在夜晚尤其是在雨夜具有优异的高视认性;振动警示作用,防止行车中的假睡眠和越线行驶。

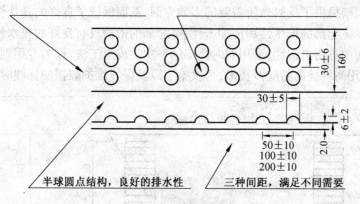

图 9.12　突起型闪光雨线

目前,在市场上已有多种"突起型闪光雨线"产品,从产品的形状上可大致分类为:圆点式突起型标线和方块式突起型标线。

圆点式"高级闪光雨线"(Rain Flash Line Super,RFLS)是非一次性成形的闪光雨线的替代产品,主要是解决了闪光雨线的二次性施工、易变形、易脱落等缺点。它是在光滑的基础标线上一次性成形规则、交错的圆点状突起的道路标线,因此即使在雨夜,车辆驾驶员对其也有很高的视认性,同时车辆在压线或越线的瞬间,会引起轻快的振动,因而具有防止瞌睡的警示作用。

突起部的圆点状结构,以 4 点、3 点(20 cm 线宽时)或 3 点、2 点(15 cm 线宽时)的规则、交错排列,可以使汽车的前照灯灯光在任何角度回归反射光,而且没有反射光所需要的立面缝隙,因此具有卓越的视认性。突起部圆点间距有 5 cm、10 cm、20 cm 三种形式,可以根据不同的地段、不同的使用目的在划线施工时,通过扳动专用划线设备上的按钮简单地进行任意调整,因此可以得到不同的振动效果;倒扣的半球状圆点结构具有良好的排水性,即使在雨夜也可大幅度地提高标线的视认性;特殊的圆点状突起部缝隙间不易积聚灰尘,具有良好的排污自洁性;与专用的划线机相配套,采用同时施工的一次性成形工法,大大缩短了施工时间并具有良好的耐久性。

9.5.2　排骨式"闪光雨线 HV"

"闪光雨线 HV"(图 9.13)是为适应用户在应用高亮度(高视认性)道路涂料过程中提出的增大标线振动性的要求而研究开发的最新型产品,同时它通过对大面积突起部的特殊表面处理考虑了雨夜的视认效果,并充分考虑了抗压性和抗冲击性等因素,因此是满足雨夜视认性和振动效果两方面要求的最佳产品。

它是在平滑的基础标线上一次性成形排骨状突起的高亮度道路标线涂料,无论在雨夜提高视认性方面,还是在防止司机瞌睡方面以及再次施工方面都是一种崭新的划线施工工法。

300 mm 的间距是充分考虑了汽车轮胎的直径大小以及轮胎压在突起部的最高点和最低点所需要的最短距离以及市区内汽车的行驶速度,追求最大限度的振动性;突起部表面的雨槽提供了反射光所需要的多数立面,从而保证了良好的视认性;大面积的突起部保证了突起部的抗压性和抗冲击性;突起部的雨槽具有良好的排水性能,并有益于突起部表面的排污自洁性;采用同时施工的一次性成形工法,作为专用划线机料斗上的选购件,采用高科技的感应器技术,再次施工以及保养维护破损的标线时方便、容易。

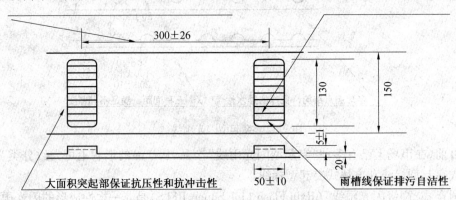

图 9.13　闪光雨线 HV

9.5.3　彩色路面铺装材料

彩色路面铺装材料是近年来出现的新型道路标示材料,它的出现充分体现了当今社会对于交通安全的日益重视和对于环境保护和美化的需求。

彩色路面铺装材料以防止打滑、增强车辆运行时的减速效果、路面的彩色化以及从视觉上提高安全性并以美化环境为目的开发的防滑铺路材料。它可以使车辆得到比普通柏油路面更好的制动性,从而有效地抑制交通事故;同时,由于其膜厚是普通热熔涂料标线的 2~3 倍,利用该材料铺设的减速标线,不仅可以起到减速、防滑的作用,而且还具有振动效果和视觉上的警示效果。因此,此种材料不仅是替代道钉、减速胶带的最佳材料,而且也传承了"突起型闪光雨线"的振动功能,是今后交通安全设施和美化环境、美化道路不可缺少的重要材料。

彩色路面铺装材料根据使用原材料和施工方法的不同,分为三种类型,见表 9.14。

表 9.14　彩色路面铺装材料

使用树脂	适用的施工方法	用途	适用场所	代表产品名
(单液溶剂)水溶性	涂刷、喷涂方式	美化环境	步行道	HC-EM
(单液)双液反应型	散布骨材方式	防滑、彩色	车道等	HC-EPO
	浇灰浆方式	透水性能 美化环境	车道等	HC-MOR
热熔型	机械施工方式(应用热熔斑马划线机)	彩色化	车道等	彩色-热熔涂料
	添加骨材的新方式	彩色、防滑、振动、夜间视认性	车道减速铺路材料等	HC-M

9.6 道路减速设备新材料

1. 限速标志

(1) 设置的范围

凡是国家道路交通管理方面的法律、法规规定限速的路段,公路设计取极限值或者设计存在缺陷对行车安全有影响的路段及其他复杂和危险路段,都应当根据实际情况设置限速标志,主要包括:

①铁路道口、村庄、学校附近、下陡坡处、窄路窄桥、急弯路等复杂和危险路段。

②隧道、匝道、施工路段、未设置护栏的临崖傍水路段、公路设计取极限值或者设计存在缺陷对行车安全有影响的路段、每公里隔离护栏一侧开口5个以上的路段和列入省、市、县确定交通事故多发的"黑点"路段等。

③无交通信号灯控制且不分支干路的平面交叉口等。

④法律、法规有其他限速规定的。

(2) 设置的限值

根据国家道路交通管理方面的法律、法规和技术规范、标准的规定,并充分考虑设置路段线形、视距、路侧净空、车道数量和宽度以及交通流量参数等情况,对有关路段设置参考限值如下:

①铁路道口、学校附近、下陡坡处、窄路窄桥、急弯路等复杂和危险路段,设置最高时速不超过 30 km 的限值。

②没有划道路中心线(包括在施工区内通行的道路)路段,设置最高时速不超过 40 km的限值。

③同一方向只有一条机动车道的路段,按照法律、法规规定,设置最高时速不超过 70 km 的限值(虽划道路中心线但不分机动车道和非机动车道的路段可相应降低限值)。

④同一方向有两条以上机动车道,且有物体隔离和控制出入的干线性质路段,可以参照该路段设计车速标准,设置最高时速不超过 100 km 的限值(如烟威汽车专用路)。

⑤同一方向有两条以上机动车道,只有中央物体隔离和部分控制出入的集散性质路段,作为城市的干线公路,可以参照该路段设计车速标准,设置最高时速不超过 80 km的限值;并对左侧快速车道实行最低限速 60 km/h 或 70 km/h 的设置。

⑥同一方向有两条以上机动车道,没有物体隔离和控制出入的路段,可以参照该路段设计车速标准,设置最高时速不超过 70 km 的限值。

⑦其他法律法规没有具体规定限速的路段,可以在其设计控制点参照该路段设计车速标准,设置不低于该标准的限值。

⑧村庄、隧道、匝道、未设置护栏的临崖傍水路段、每公里隔离护栏一侧开口5个以上的路段和列入省、市、县确定交通事故多发的"黑点"路段,可以参照该路段设计车速标准,设置不低于该标准的限值。

⑨无交通信号灯控制且不分支干路的平面交叉口,可以参照该路段实际控制车速 50%~70%的幅度标准,设置具体的限值。

限速标志是最基本的限速手段。关于限速标志的设置,美国的 MUTCD 建议:同一块限速标志或标志组不允许出现多于 3 个的限速值;限速标志的限速值应该是自由流状态下 85% 车速±10 km/h。实际设立限速标志时可能需要考虑以下因素:

①道路特征、路肩条件、等级、线形和视距等。
②路侧土地使用和环境。
③停车需求和行人活动。
④一个时间段的事故报告。

设置限速标志时,可以分车型分别限速,如客车、货车;也可以分时间或天气分别限速,如专门的夜间限速标志。

设置的限速标志不是一劳永逸的,尤其对于一般公路,隔一段时间后,应对道路特征或周围土地使用情况发生重大变化的路段的限速标志进行再评估。关于限速标志的限速值,美国公路分级是按功能分级,本地道路主要是提供接入,限速值一般为 32~72 km/h;集散道路平衡接入和畅达,使当地道路的车辆到达干路上,限速值一般为 56~88 km/h;干路是连接城市的主要道路但不包含洲际公路,限速值一般为 80~113 km/h;美国最高一级公路是洲际公路,提供快速畅达,限速值一般为 88~121 km/h。我国公路分级根据使用任务、功能和适应的交通量等分级,没有像美国这样明确,在确定限速值时很难直接参考选用。另一方面,可以设置车速反馈标志(图 9.14),这样有利于车辆遵守限速规定。

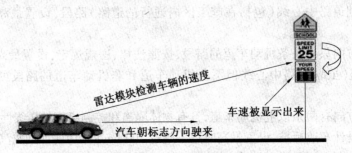

图 9.14 车速反馈标志

限速标志限速是对应一个区段的,这个区段应该有多长,国内标准没有规定或说明。澳洲的 MUTCD 规定了限速标志的一个最小的设置区间,见表 9.15。

表 9.15 最小限速区间

限速值/(km·h^{-1})	40	40(仅限于学校)	60	70	80	90	100	110
最小长度/km	0.4	0.2	0.6	0.7	0.8	0.8	2.0	10.0

速度反馈标志的工作原理是:当车辆与安装在标志板上的雷达测速器接近距离达到有效范围时,雷达测速器即可获得驶来车辆的当前速度,并将测速值传递给标志板的显示控制器,并按照事先规定的逻辑将速度值信息或其他辅助信息显示在屏幕上。速

度反馈标志一般用于村镇、学校、公园等人流密集的道路,也适合于公路上的危险路段,尤其是因车速过快而频发事故的路段,如冲出路外事故较多的弯道处。相关研究显示,设置速度反馈标志可使车速降低8%~25%,同时遵守限速的司机比率也上升50%。图9.15为国外某公路弯道前方设置的速度反馈标志实例。

图9.15 速度反馈标志

2. 减速丘

有许多研究证明减速丘是一种比较有效的限速手段,甚至有研究表明设置减速丘道路事故数和严重度的降低达到50%以上。英国的Webster分析设了减速丘后,85%车速降低了16 km/h,所设道路上事故数减少了71%,周围道路事故数减少了8%。

减速丘在我国应用得较多,还没有相应研究说明减速丘在我国应用的效果。但无论效果怎样,基于我国的应用经验,应该注意两点:

①减速丘应全断面布置,如果只是下坡方向布置(半幅路),车辆为了避免行驶上的不舒适感,会绕行而占用对向车道,更容易造成车辆对撞。

②布置减速丘的路段,应提前告知驾驶员,否则,驾驶员如果没有看见减速丘(尤其是夜晚)车速较高也容易发生事故。

3. 减速标线

我国在GB5768中只规定了收费广场前减速标线的画法,至于路段上减速标线,国内外应用的种类形式多种多样,其中应用较多的是在车道上施划的成组的横向标线,无论线条的宽度、间距、一组的个数等如何变化,基本上可以归结为两类。

①标线宽度、间距、个数不变。仅起提示作用,告知驾驶员这是减速标线,应该减速。台湾的交通工程手册里描述:标线宽10 cm、间隔20 cm、6条一组,每隔30~50 m设置一组。

②标线宽度、间距逐渐变小。当驾驶员恒速行驶时,宽度和间距渐变的横向标线给驾驶员的感觉是他的车速越来越快,这样他会逐渐减速以减缓这种视觉和心理感受。根据这个原理,计算出设置减速标线的间距为

$$D = \frac{V_1^2 - V_2^3}{2a} \tag{9.1}$$

式中,D为减速标线间距;V_1为减速标线起点车速;V_2为减速标线终点车速,即期望减至的车速;a为减速度。

目前,应用比较多的是热塑振动减速标线(图9.16),适用于城市道路、高速公路、一级公路、收费站、匝道口附近。它是通过专用喷涂设备将涂料喷涂在路面上,经过快速固化形成杂纹或圆点状的凸起减速带,凸起高度一般为3~7 mm,且有反光功能。使用热塑振动减速标线作为道路强制控速设施时存在的问题是:①易于剥落;②易被磨平;③强制减速的力度不够。

图9.16 热塑振动减速标线

4. 限速坡

限速坡是目前国外普遍使用的道路限速装置。它由沥青或(回收)橡胶制成,通常沿行驶方向的长度为3.7~4.3 m,抬升高度为8~10 cm,纵断面的形状可以是抛物线形、圆形和正弦曲线形。

限速坡的设置标准:

(1)基本描述

①通行距离为3.7~4.3 m长的圆角升起路段,升起高度为8~10 cm,以橡胶或沥青为主要材料。

②通常连续设置,间距为91~193 m。

③配合设置警示标志。

(2)应用范围

①道路流量小于2 500辆/d,最大限速在40 km/h以下的双向住宅区道路,每个方向上只有一条车道。

②通常不设置在主干道、公交车线路和主要的应急路线上。

③设置在路段中,不宜设置在交叉口上。

④不宜设在道路坡度大于8%的路段上。

(3)设计与安装

对限速坡设计与安装的要求主要有以下几点:

①一般通行长度为3.7~4.3 m,特殊情况时可以设置为3 m、6.7 m、9 m。

②纵断面形状有抛物线形、圆形和正弦曲线形三种。

③要保证精确施工有一定的难度,通常允许有4 cm的误差。

④边缘渐变段需预留出排水间隙。

⑤需设置路面标线。

⑥路边要设置警示标志。

⑦要预留自行车通道。

(4)标线和标志设置

在限速坡的表面设置白色标线来表示位置,通常有两种设置形式:

①不包含人行道,有三种标线设置方法 A、B、C,每种形式尺寸标准如图 9.17 所示。

②包含人行道,也有三种设置形式 A、B、C,如图 9.18 所示。

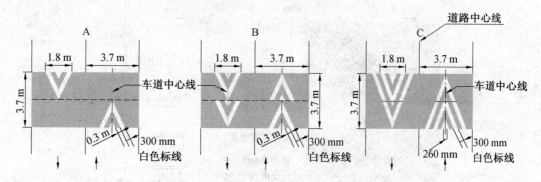

图 9.17　不包括人行道的限速坡设置尺寸

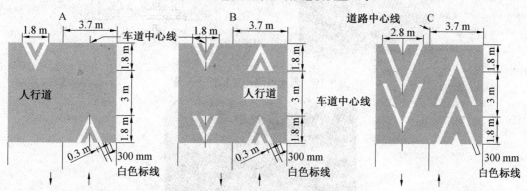

图 9.18　包括人行道的限速坡设置尺寸

(5)警示标志的设置

①在道路旁边设置路牌标志,以警告驾驶员前方需要限速且设有限速坡,通常限速坡是连续设置的,路边标牌只需设置在第一个限速坡处。

②沿车辆行驶方向,在每条车道上,距离限速坡 30 m 处开始设置白色标线。随着限速坡的接近,标线间的间距逐渐减小,8 条标线的长度也由 0.3 m 递增到 2.4 m,如图 9.19 所示。

5.减速带

国内道路限速方面采用的装置主要是驼峰式减速带,适用于城市道路、收费站、匝道口、居民区附近。它可由水泥浇注成形,也可以使用橡胶材料固定于路面。瓦楞式的橡胶减速带,不仅可以有效地降低车速,还可以减少噪音污染,吸震减震效果佳。水泥台减速带是在道路表面用水泥浇筑的凸出地面 20～40 cm 的圆拱。由于水泥台的刚性太强,对车辆造成的损坏大,且安装和拆卸时易对路面造成损坏,所以大多数社区以橡胶减速带为主。橡胶减速带由橡胶、添加物经模板压制而成,表面具有花纹或凸点,颜色一般为黄黑相间,高 8～15 cm,通行长度为 30～90 cm,纵断面为圆弧状(图 9.20、图 9.21)。

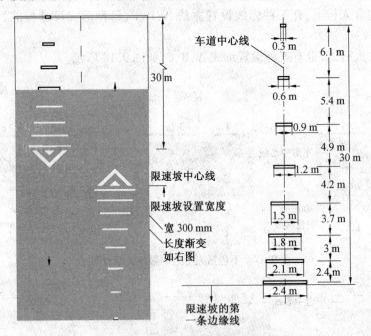

图 9.19　限速坡路面警示标志设置

图 9.20　减速带

图 9.21　驼峰式减速带(水泥、橡胶材料)

减速带由于材料、设计的坡度和通行长度的原因,车辆与其碰撞时产生的冲击大。即使在典型的住宅区行驶速度下也会使人感到不舒服,迫使驾驶员以平均 8 km/h 的速度通过减速带。与道路限速要求的 40 km/h 相比,显得过低;而在高速情况下限速效果反而不明显,因为在车身能够做出反应之前非刚性颠簸就迅速吸收了这种影响。

6. 物理减速路面

物理减速路面是强制减速设施之一,设置在路段上,使驾驶者降低车速。常用的为比利时路面,适用于山区公路,是用一定尺寸的石块砌在水泥混凝土路槽内形成高低不平的路面,其不平度一般为±2.5 cm,长度为 500～1 000 m。车辆在驶过时,凹凸不平的面层对司机产生强烈的颠簸感,从而降低车速。这种减速带减速效果比较明显,但是高等级公路主线较少采用。在设置比利时路面的时候,要注意路面下排水处理,防止渗入路基造成病害。设置比利时路面的路段起点宜设置相应的警告标志(图9.22)。

7. 振动警示带

振动警示带是把路面一部分设置成凹槽或凸起的形式,方向垂直于行车方向(图9.23)。当车辆驶过时,轮胎碾压不平整面层引起的噪声和振动警示注意力不集中的司机。

图9.22 比利时路面

图9.23 振动警示带

按照施工方法和振动警示带在公路横断面上的位置不同,振动警示带可划分为不同类型。

(1)按照施工方法划分

①铣刨式(Milled-in)。

铣刨式(MI型)振动警示带(图9.24)在设置时有很大的灵活性,可用于已有、新建、改建的沥青混凝土路肩上,通常是由带锯齿型的直径为 600 mm 的圆形滚动桶在路面上碾压切槽形成的平滑、均匀、间隔连续的弧形沟槽。因便于施工、对路面结构影响小,是目前用得最多的一种。

铣刨式振动警示带的槽深 13 mm、宽 180 mm、长 400 mm(垂直于行车道方向),每个凸槽之间的间距为 120 mm,凸槽顶部距行车道边缘线 100～300 mm。现场测试表明,这种类型的路肩振动带对提醒大型货车和客车更为有效,其产生的振动效果是滚动式的12.6倍,噪音量是滚动式的3.4倍。

②滚动式(Rolled-in)。

滚动式(RI 型)振动警示带(图 9.25)是使用在振动轮上焊接钢管或钢筋的压路机碾压热铺沥青混凝土路肩,形成的具有一定间隔的、一定深宽的圆形或 V 形沟槽。然而,这种施工方法会给以后的养护带来麻烦。由于碾压时受多种因素的影响,如沥青混凝土的密度、施工的温度等,会造成沟槽的深度不一致。当沥青老化后,V 形凹槽变得光滑,发出的噪音就不足以提醒偏离车道的司机。

图 9.24 铣刨式振动带

图 9.25 滚动式振动警示带

滚动式振动带的凹槽深 25 mm、宽 50~64 mm、长 450~900 mm(垂直于行车道方向),每个凹槽中心之间的间距为 200 mm,凹槽顶部距行车道边缘线 150~300 mm。

③模压式(Formed)。

模压式振动警示带是使用波纹状模板压在新浇注的水泥混凝土路面形成的凹槽,规格与滚动式相近。模压式振动带在水泥混凝土路面上产生噪音效果明显,但在沥青路面上效果不佳,目前使用的比较少。

④凸起式(Raised)。

突起型路肩振动带(图 9.26)是将 50~350 mm 宽的圆形或矩形标记或窄条粘贴到新铺或已有路面上,通过突起的标记引起振动的振动带,也有使用突起路钮。由于其高度一般为 6~13 mm,因此通常仅限于气候温暖、无须铲雪的路段使用。

(2)按照在道路横断面上的设置位置划分

①车行道振动警示带(Transverse Rumble Strips)。

图 9.26 突起振动警示带

车行道振动警示带(图 9.27)横设于车道上,用来警示公路上即将来临的变化或者危险。另外,它还用于警告那些需要变换车道,或需要减速停车操作,或在车流中的进行变化操作的驾驶员。

图 9.27 车行道振动警示带

通常需要在行车道上设置振动带的情况为：

a. 驶向交叉路口的路段，尤其那些车速较快的路段，只有一个独立的标志，而司机往往想不到会出现停车标志；或者由于视距、环境影响司机难以察觉前方会出现交叉口。

b. 驶向收费广场的路段，尤其对于设置在主线的收费广场。

c. 驶向弯道的路段，尤其驶向小曲率半径的急弯路段。

d. 驶向高速公路主线（非出口处）车道数减少的过渡路段。

e. 进入维修或施工区的路段。

f. 进入居民区或工作区。

设置在行车道上的振动带实际是一种带有辅助性质的报警装置，必须和交通控制设施结合使用，其功能只是引起司机对交通控制设施或可能危险的注意，提醒司机可能需要采取某些措施。因此，其位置应保证当司机行驶在振动带时能够清楚地看到前方路况或提醒标志，并有足够时间采取措施。

此外，不宜过多使用这种停车振动带，否则会由于信息过频而不被司机注意，从而失去其本来作用。通常应布置在有事故记录并且传统处理方法（如设置标志）效果不佳的情况。由于车辆连续使用车道振动带所发出的噪声影响太大，因此在靠近居民区的路段也不宜使用。

②中线振动警示带（Centerline Rumble Strips）。

中线振动警示带（图 9.28）设置于未分隔公路的中线处，以警告驶向对向车道倾向的驾驶员，避免横向正面碰撞事故的发生。多用于二、四车道公路上，特别是在中线上碰撞事故多发地段，设置中线振动带，以防止中间位置的碰撞。中线振动带多使用铣刨式，并在振动带顶部或边缘涂绘分隔线。

图 9.28　中线振动警示带

设置中线振动带的条件一般为：

a. 车速 50 km/h 以上。

b. 横向正面碰撞事故多发地段。

c. 车道宽不少于 3 m，一般要求在 3.25 m 或 3.5 m 以上。

d. 沥青路面条件良好，最小厚度为 7.00 cm。

以下区域则一般不设中线振动带：

a. 二车道公路爬坡区段或超车区域。

b. 距城区 200 m 内不设。

c. 交叉口或商业区入口不设。

d. 桥面上不设。

e. 自行车或机动车横穿公路频繁地段。

③路肩振动警示带（Shoulder Rumble Strips）。

路肩振动警示带（图9.29）主要在高等级公路上使用，高等级公路良好的道路条件常常引起驾驶员疲劳或注意力分散。路肩振动警示带有多种应用形式，如在沥青路肩上连续设置，或混凝土路肩上间断使用，或设置在出入口匝道、进入桥梁路段的路肩上。对于分离式路基，路肩振动带又分为左路肩振动带和右路肩振动带。

图 9.29　路肩振动警示带

④边线振动带（Edgeling Rumble Strips）。

边线振动带垂直铺设于道路边线上，作用与路肩振动带相同，用于防止驶离路外的碰撞。其尺寸较一般振动带小些，适用于车道宽度小于等于 3.25 m，且路肩宽度小于 1.5 m 的情况。

(3)振动警示带尺寸

①车行道振动警示带尺寸。

由于车行道振动带设置的地点、条件等差异比较大,应该根据具体情况设置,一般须注意选取振动带终点与前方区域的合适距离。用于警示前方为交叉口时的车行道振动带尺寸见表9.16,车行道振动警示带设计如图9.30所示。

表9.16 车行道振动带设计尺寸

宽/mm	长/mm	间距/mm	与中线距离/mm	与边线距离/mm
150~180	1220	610	150~305	150~305

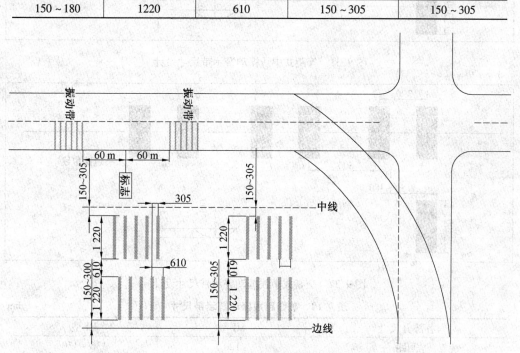

图9.30 车行道振动警示带设计
(注:其他未标注单位是 mm)

②中线振动警示带尺寸。

中线振动警示带的尺寸应根据中间带宽度、交通条件、噪音、费用、经验、驾驶员反馈等选用,形式多采用铣刨式,凹槽排列分为等距式和交替式两种,建议的具体设计尺寸见表9.17,中线振动警示带尺寸设计如图9.31、9.32 所示。

表9.17 中线振动警示带设计尺寸

形式	宽/mm	长/mm	间距/mm	深/mm	槽底半径/mm
等距式	150~180	300	300	13	300
交替式	150~180	300	300,600	13	300

③路肩振动警示带尺寸。

路肩振动带形式常用铣刨式、滚动式,建议尺寸见表9.18、9.19,路肩振动警示带尺寸设计如图9.33 所示。

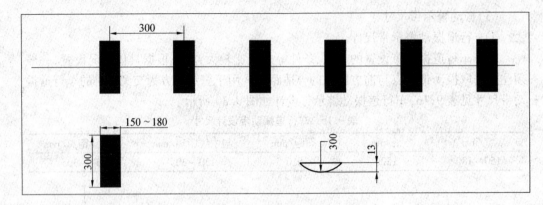

图 9.31　等距式中线振动警示带尺寸设计

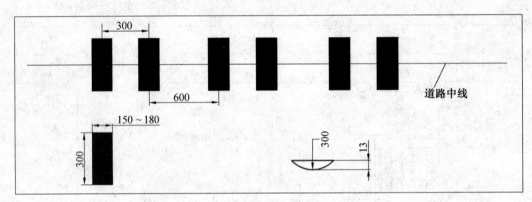

图 9.32　交替式中线振动警示带尺寸设计

表 9.18　美国路肩振动警示带尺寸　　　　　　　　　　　　　　mm

各部分尺寸	MI 型	RI 型
间距	120	136~150
纵向宽度 B	180	50~64
横向宽度 C	400	450~900
轮胎嵌入深度 D	13	0.75
深度 E	13	32
偏移量 OFFSET	100~300	150~300

表 9.19　我国路肩振动警示带尺寸建议值　　　　　　　　　　　　mm

各部分尺寸	MI 型	RI 型
间距	120	150
纵向宽度 B	180	50
横向宽度 C	450	150
轮胎嵌入深度 D	13	0.75
深度 E	13	32
偏移量 OFFSET	150~300	150~300

考虑到车道与路肩之间的接缝,当路肩宽为 1.5~1.8 m 时,边线振动警示带从接

缝向路肩偏移 50~100 mm;路肩宽小于 1.5 m 时,边线振动警示带从接缝向车道偏移 50~100 mm。

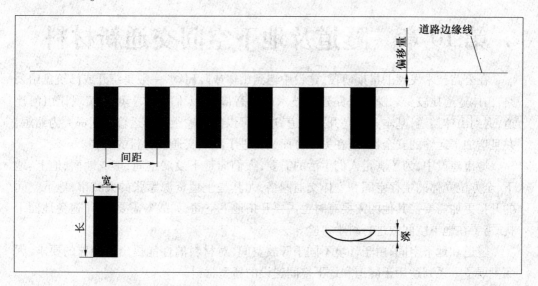

图 9.33　路肩振动警示带尺寸设计

设置路肩振动警示带的高等级公路的硬路肩外移,去掉高速公路、一级公路以及计算行车速度为 40 km/h 的二级公路的土路肩,这样既经济又不必对整个横断面结构尺寸进行调整,可操作性较强。

④边线振动警示带尺寸设计。

当车道宽度小于等于 3.25 m,且路肩宽度小于 1.5 m 时,宜采用边线振动警示带,其设计尺寸见表 9.20。

表 9.20　边线振动警示带设计尺寸

	宽/mm	长/mm	间距/mm	深/mm
铣刨式	115~140	150	180	10

第 10 章 隧道及地下空间交通新材料

在公路技术发展的早期阶段,建设中遇到山体或障碍物,一般是绕开或修筑盘山公路,山体隧道比较少。随着公路建设技术的提高,现在人们基本上可以实现让山河让道,遇到山体挡道,基本上都是开凿隧道,这样可以使运输距离和运输时间都大为缩短,并且增加了运输的安全性,这在另一方面又促进了隧道交通新材料的发展。

城市建设中,为了满足人们生活的需要,人们向地下发展空间,形成地面、地上、地下、全方位立体的生存空间和立体交通网络,尤其是土地资源紧张的大城市,地下空间的开拓更加需要。其他的需要有时也需要开拓地下空间,如战备需要,为了避免地面干扰,需要在地下空间内进行科学实验等。

隧道和地下空间,由于环境不同于开放空间,对材料的性能提出了特殊的要求,因而发展了一系列适用于隧道和地下空间建设的新型材料。

10.1 自密实防水混凝土

10.1.1 原材料

1. 水泥

对于自密实混凝土(SCC),不仅要求水泥具有较高的强度,而且必须具有较大的流动性及内部较高的黏聚性以保证混凝土拌合物不分层离析,所以 SCC 用水泥一般要求使用悬窑生产的水泥,以 42.5、32.5 普通硅酸盐水泥为最佳。受我国水泥制造技术的限制,提高水泥标号的手段主要是提高水泥细度或提高 C_3A 含量。水泥细度过大,导致需水量增加,降低耐久性;C_3A 含量大,则水化速度快,与外加剂相容性差,需要外加剂的量也大,因此不宜使用标号太高的水泥。标号低的水泥,一般保水性差,混凝土拌合物易于离析泌水。

2. 碎石

SCC 对粗骨料的要求很高,考虑混凝土的和易性、离析等因素,必须选择骨料的最大粒径、粒型和级配。配制 SCC 时,粗骨料的最大粒径不超过 25 cm,针片状颗粒含量少。如果骨料级配不好,SCC 的黏性不足,容易离析、泌水多。

3. 砂

细骨料一般要求使用级配合理、粒型均匀圆滑、洁净的河砂,0.63 mm 筛孔的累计筛余量大于 60%,0.315 mm 筛孔的累计筛余量为 85% ~ 95%,0.16 mm 筛孔的累计筛余量大于 98%,含泥量小于 1%(质量分数),细度模数以中粗砂为佳。

4. 矿物粉状材料

矿物粉状材料是生产自密实混凝土的必备材料。超细矿物粉状料具有较高的比表面积，颗粒小、玻璃体含量高，因此在混凝土中具有如下物理化学作用：

①高比表面积和微粉保水效果。

②微粉吸附(减小剂)、填充、包裹、隔离水泥黏附效果。

③降低浆体及混凝土拌合物屈服应力，使浆体及混凝土拌合物黏度适当。

④通过取代水泥，降低混凝土水化热。

同时，矿物粉状材料能吸收水泥水化产生的 $Ca(OH)_2$，并将高碱性水化硅酸钙转变为强度更高的低碱性硅酸钙，加快水泥水化速度，加深水泥水化程度，提高水泥石强度，改善过渡带 $Ca(OH)_2$ 取向度，减小 $Ca(OH)_2$ 晶体尺寸，提高界面黏结强度，从而提高混凝土强度。另外，微粉分散隔离的微晶核作用以及填充效应，可使水化产物在空间均匀分布并使混凝土内部形成密实堆积体系，提高混凝土密实度及均匀度，也可以提高混凝土强度。本试验从复合化的思路出发，在 SCC 中充分利用粉煤灰和矿渣的减水、饱水、流化作用以及硅灰的填充、增黏作用，合理匹配胶凝材料，使之满足 SCC 拌合物的高流动性以及高填充性的需要。

5. 外加剂

高效减水剂是配制 SCC 的关键材料，其减水率要求达到 20% 以上，掺量应在 1% 以上。目前，市场上的高效减水剂普遍存在的一个问题，就是在使用时 SCC 的坍落度经时损失大。因此，对于不同高效减水剂的性能比较和评价，研制开发出最适合的新型外加剂。

10.1.2 试验原材料测试分析

1. 水泥

施工现场水泥采用华新水泥厂生产的 P·O 32.5 普通硅酸盐水泥，其熟料的化学组成见表 10.1，物理力学性能指标见表 10.2。

表 10.1 华新 P·O 32.5 水泥熟料的化学成分

化学成分/%						
SiO_2	Al_2O_3	Fe_2O_3	CaO	MgO	SO_3	Loss
22.04	5.18	2.81	65.69	1.84	0.82	0.45

表 10.2 华新水泥厂 P·O32.5 水泥的力学性能指标

项目	检验结果							密度 /(g·cm^{-3})
	标准稠度用水量	凝结时间		抗折强度/MPa		抗压强度/MPa		
		初凝	终凝	3 d	28 d	3 d	28 d	
国家标准	/	≤45 min	≥10 h	≥2.5	≥5.5	≥11.0	≥32.5	/
实测结果	29.0%	3 h 25 min	4 h 50 min	3.0	7.3	16.9	36.4	3.04

2. 碎石

现场用碎石的物理性能见表 10.3。

表 10.3　现场碎石的物理性能

名称	产地	用途	粒径范围/mm	表观密度/(kg·m⁻³)	堆积密度/(kg·m⁻³)	含泥量/%	空隙率/%	针片状/%	压碎值	含水率/%
碎石	宜昌	女娘山	5~31.5	2 670	1 460	1.4	45.4	4.0	11.0	3

现场碎石级配符合本试验要求。

3. 砂

现场用砂的物理性能见表 10.4。

表 10.4　现场用砂的物理性能

名称	产地	用途	M_x	表观密度/(kg·m⁻³)	堆积密度/(kg·m⁻³)	含泥量	泥块	空隙率	有机质	云母	坚固性	含水率
砂	清江砂	女娘山	2.64	2 693	1 600	1.0%	0	40.6%	无	0	0	10%

现场用砂级配符合本试验要求。

4. 粉煤灰

采用荆门电厂 II 级粉煤灰,其化学成分和品质指标分别见表 10.5、表 10.6。

表 10.5　粉煤灰化学成分

品种	化学成分/%							
	Loss	SiO_2	Al_2O_3	Fe_2O_3	CaO	MgO	f-CaO	SO_3
II 级	3.98	5.76	34.12	24.12	3.03	0.55	0.32	0.63

表 10.6　粉煤灰品质指标

样品名称	检测结果/%					
	含水量	三氧化硫	烧失量	需水量比	细度	密度/(g·cm⁻³)
标准	≥1%	≥3%	≥8%	≥105%	≥20%	
II 级	0.3%	1.24%	3.62%	98%	12.9%	2.1

5. 外加剂

ZL-II 型 SCC 复合增塑防水剂(委托单位复合)。

6. 纤维

采用中鼎经济发展有限公司直接拉丝的聚丙烯束状集合体产品,其主要技术参数:密度为 0.91 g/m³;单丝直径为 48 μm;长度为 19 mm;弹性模量为 3 793 MPa;抗拉强度为 276 MPa;拉伸极限为 15%;参考掺量为 0.8~1 kg/m³。

7. 膨胀剂

采用武汉三元特种建材有限公司生产的 UEA,其性状为灰白色粉末,相对密度为 2.90,0.08 mm 筛孔筛余小于 10%,总碱量为 0.23%,参考掺量为 8%~12%。

通过现场试验调整配合比、重新选择和复合 ZL-II 型 SCC 复合增塑防水剂,克服现场碎石粒径过大的问题,保证了现场试验的顺利进行。

10.1.3　自密实防水混凝土施工配合比的确定

通过对自密实混凝土的组成材料、新拌混合料及其硬化性能的研究,掌握了自密实混凝土的生产技术,并确定了自密实防水混凝土的初步配合比,其所用原材料的名称、规格、产地及数量见表10.7。

表10.7 自密实防水混凝土用原材料明细表(每立方米混凝土)

序号	材料名称	规　格	产　地	质量/kg
1	水泥	P·O 32.5	葛洲坝水泥厂	323
2	石子	5~25 mm 碎石	宜昌	815
3	砂	中粗砂	长江砂	717
4	粉煤灰	Ⅱ级粉煤灰	湖北荆门	134
5	Z-Ⅱ	复合增塑防水剂	复合	10.8
6	纤维	鼎强纤维	中鼎经济发展有限公司	0.8
7	膨胀剂	UEA	武汉三元特种建材有限公司	43

通过对现场原材料性能的检测和分析,发现现场原材料与试验原材料之间存在较大的差异,如碎石最大粒径31.5 mm过大,砂子含水量过大,复合增塑防水剂引气量不适宜等。经过作者本人课题组成员的认真研究,在多次现场试验的基础上,确定了现场自密实防水混凝土的施工配合比,其所用原材料的名称、规格、产地及数量见表10.8。

表10.8 自密实防水混凝土施工用原材料明细表(每立方米混凝土)

序号	材料名称	规　格	产　地	质量/kg
1	水泥	P·O 32.5	华新水泥厂	300
2	石子	5~31.5mm 碎石	宜昌(含水率3%)	841
3	砂	中粗砂	清江砂(含水率10%)	825
4	粉煤灰	Ⅱ级粉煤灰	湖北荆门	162
5	Z-Ⅱ	复合增塑防水剂	复合	10.8
6	纤维	鼎强纤维	中鼎经济发展有限公司	0.8
7	膨胀剂	UEA	武汉三元特种建材有限公司	43

按表10.8所列自密实防水混凝土的施工配合比,在施工现场试验室对其性能进行了检测,检测结果见表10.9。

表10.9 现场自密实防水混凝土的性能

序号	初始混凝土性能			90 d后混凝土性能			抗压强度/MPa	
施工配合比	扩展度/cm	流到50 cm的时间/s	漏斗流出时间/s	填密度/%	扩展度/cm	流到50 cm的时间/s	漏斗流出时间/s	填密度/%	7 d	28 d
	65×68	8.5	11.0	91	61×63	11	13	88	22.9	36.6

表10.9有关现场自密实防水混凝土的性能指标完全满足要求。

10.1.4 自密实防水混凝土的试验检测

自密实防水混凝土的试验检测包含两个方面的内容:现场测试和实验室检测。

1. 现场测试

(1)测试目的

现场测试的主要目的有6个:

①测试并验证自密实防水混凝土衬砌隧道的抗渗性能。
②测试自密实防水混凝土材料对结构强度的影响。
③试验并探索自密实防水混凝土衬砌隧道的施工方案。
④为优化自密实防水混凝土的配合比、自密实防水混凝土衬砌隧道的结构设计提供依据。
⑤为理论分析、数值分析提供计算数据与对比指标。
⑥为工程类比提供参考指标。

(2)测试内容

方案一、二测试的内容包括：
①周向应变及径向应变测量。
②二次衬砌混凝土抗渗性能的测量（即测量给定渗水压力对应的渗水深度）。
③隧道二衬宏观位移测量。
④混凝土表面应变、强度测量。

(3)测试仪器

①周向应变。

ZX-215A智能弦式数码应变计（10个），其特点：记忆智能型，用于混凝土，适于长期观测。

②渗水压力测试。

ZX-556A智能弦式数码渗压计（10个），其特点：记忆智能型，适于长期观测。

③宏观位移。

水平仪、水平尺、钢尺、锚头位移计等。

④混凝土表面应变测量。

防水应变片，其主要功能：测量二衬表面周向应变。

⑤混凝土表面强度检测。

ZBL-S210数显回弹仪，其主要功能：回弹法检测混凝土抗压强度。

自动记录检测时间，可现场查看测量结果或传输至计算机处理。现场测量内容及仪器、规格及数量见表10.10。

⑥新拌混凝土流变性能的测试。

锥形坍落筒、V形漏斗仪、U-BOX、钢尺、秒表等。

表10.10 隧道防渗测试仪器一览表

序号		项目	测试目标	仪器名称	型号	数量
1	1.1	混凝土结构应变特性	周向应变	智能弦式数码应变计	ZX-215A	10个
	1.2		混凝土表面应变	防水应变片	设计	20个
	1.3		宏观位移	水准仪、钢尺等	常规	1台
2	2.1	混凝土抗渗性	渗水压力	智能弦式数码渗压计	ZX-556A	1台
	2.2		混凝土抗渗性	抗渗仪、渗压计	常规	1套

续表 10.10

序号	项目		测试目标	仪器名称	型号	数量
3	3.1	混凝土强度特性	混凝土表面强度	数显回弹仪	ZBL-S210	1 台
	3.2		混凝土现场强度	常规强度测试仪	常规	1 套
4	4.1	新拌混凝土流变特性	混凝土流变性	锥形坍落筒、V形漏斗仪、U-BOX、钢尺、秒表	自制购买	1 套

(4)测试方法

①周向应变测量。

周向应变采用 ZX-215A 智能弦式数码应变计来测量,应变计平行于圆拱的切向方向;用细匝丝将应变计捆绑在结构钢筋上,细匝丝捆绑位置应在应变计受力柄内侧 5 mm 处;测试导线沿结构钢筋引出。

钢筋计的测点布置如图 10.1 所示。

②混凝土渗水压力测量。

渗水压力的测量是本试验的重点,应在混凝土模筑后 28 d 进行。

加水方式:本试验拟将抗渗仪改造后,通过抗渗仪人工注水来快速测试隧道衬砌结构的抗渗性能。

渗水压力测量:采用预埋智能弦式数码渗压计来测量衬砌结构的渗水压力,通过渗水压力的变化来感知衬砌的渗水深度,从而得到衬砌结构的渗透系数(或抗渗能力)。

渗压计的测点布置及加压示意图如图 10.2(a)所示。

③隧道二衬宏观位移测量。

拱顶下沉量:采用水准仪、水平尺、钢尺、锚头位移计等来测量。由已知高成的水准点(通常借用隧道高程控制点),用水准仪测量二衬后隧道拱顶各测点的下沉量及其随时间的变化情况(拱顶下沉量测点布置在拱跨中处和两侧拱腰,每端面布置三个测点)。

净空相对位移:二衬后隧道净空相对位移可用净空变位仪测量,测量方法满足《公路隧道施工》要求。

宏观位移的测量非本试验的测量重点,可视现场测量条件实施。

④混凝土表面应变测量。

采用在隧道二衬表面粘贴防水应变片的方法来测量隧道二衬表面周向应变。在粘贴应变片前,应先对混凝土表面进行处理,即先用砂纸将混凝土表面打磨平整,用胶水找平,等干燥后再贴上应变片,并用环氧树脂进行防水防潮处理,24 h 后方可进行测量。

⑤混凝土表面强度检测。

采用 ZBL-S210 数显回弹仪来测试混凝土抗压强度。

⑥新拌混凝土流变性能的测试。

混凝土搅拌后(搅拌时间不低于 3 min),用锥形坍落筒来测试新拌混凝土的坍落度损失、扩展时间,用 V 形漏斗仪来测试新拌混凝土的流出时间,用 U-BOX 来测试新拌混凝土的钢筋通过性能。以上参数综合反映新拌混凝土的流变性能。

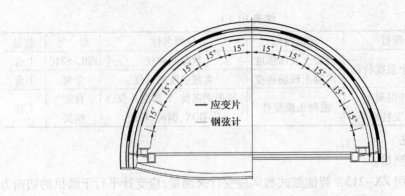

图 10.1　钢筋计的测点布置

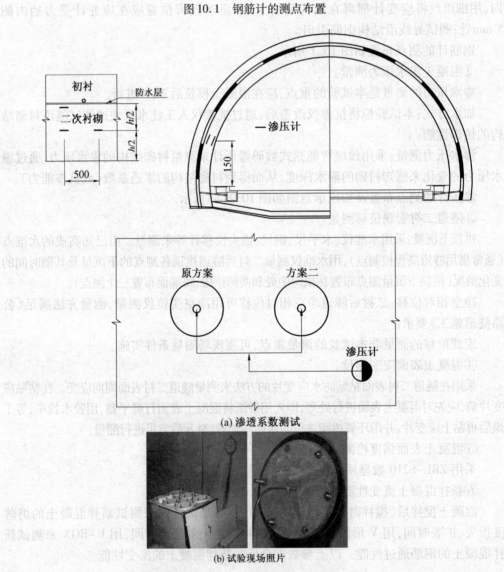

(a) 渗透系数测试

(b) 试验现场照片

图 10.2　渗透系数测试元件位置

⑦测试元件布置。

考虑到结构尺寸及元器件大小,拟取两个断面进行测试,两断面相距50 cm,其中一断面测试径向应变和周向应变,另一断面测试渗水压力和错层位移。两断面中间设一PVC管,用于测试导线引出。测试导线在二衬上侧引出,具体布置参见图10.2(b)。

(5) 现场测试结果

①渗压计结果(图10.3)。

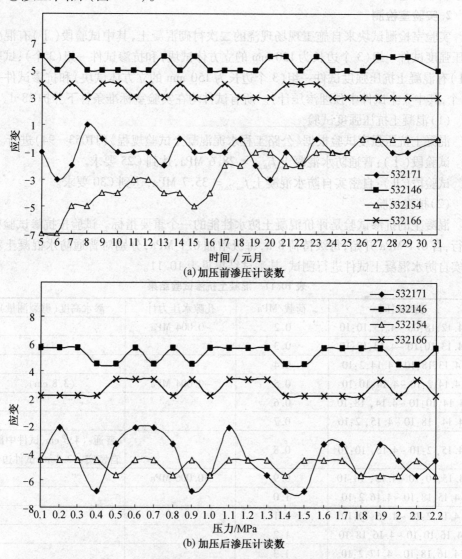

图10.3 渗压计实验测试结果

从图10.3的试验结果看,渗压计读数都在一定的范围内波动,分析认为原因是试验中加压水并没有达到渗压计埋设深度。

为了进一步证实,用现场浇注过程中的留样进行试验室检测。

②应力结果。

为了监测二衬的受力状态，现场利用钢弦计和应变片对二衬的应力应变状态进行了测量。监测时间从二衬施工完成开始，共计 38 d。从测得的数据来看，二衬中最大的应力为 4 MPa，压应力远远低于混凝土的抗压强度；在测得的数据中，有局部的应力为拉应力，但低于 1.2 MPa，低于混凝土的抗拉强度。经分析认为是在混凝土硬化初期，由于收缩引起。

2. 实验室检测

实验室检测试块来自施工现场现浇的二次衬砌混凝土，其中试验段（Ⅰ）有混凝土抗压强度试件一组（3 个边长为 150 mm 的立方体试块）和抗渗试件一组（3 个）；试验段（Ⅱ）有混凝土抗压强度试件一组（3 个边长为 150 mm 的立方体试块）和抗渗试件一组（6 个，其中 3 个试件中预埋渗压计）。所有试件均在实验室标准条件下养护 28 d。

（1）混凝土抗压强度试验

混凝土抗压强度试验根据《公路工程水泥混凝土试验规程》（JT053—94）进行。

试验段（Ⅰ）：普通防水混凝土 $f_{cu,28} = 28.6$ MPa，达到 C25 要求。

试验段（Ⅱ）：自密实自防水混凝土 $f_{cu,28} = 35.7$ MPa，达到 C30 要求。

（2）抗渗试验

混凝土的抗渗试验是评价混凝土防水性能的一个重要指标。试验按抗渗试验标准进行，自 0.1 MPa 开始，每级持荷 8 h，每级增加 0.1 MPa；分别对普通防水混凝土和自密实自防水混凝土试件进行测试，其测试结果见表 10.11。

表 10.11 混凝土抗渗试验结果

持续时间	荷载/MPa	孔隙水压力计	渗水高度（劈裂测量）
4.12,18:00~4.13,10:10	0.2	-0.004 MPa	
4.13,10:10~4.13,18:10	0.3		
4.13,18:10~4.14,2:10	0.4		
4.14,2:10~4.14,10:10	0.5	-0.004 MPa	(3.8 cm)
4.14,10:10~4.14,18:10	0.6		
4.14,18:10~4.15,2:10	0.7		
4.15,2:10~4.15,10:10	0.8		普通：(4.5 cm，试件中部) 自密实：(2.3 cm，试件边部)
4.15,10:10~4.15,18:10	0.9	-0.006 MPa	
4.15,18:10~4.16,2:10	1.0		
4.16,2:10~4.16,10:10	1.1		
4.16,10:10~4.16,18:10	1.2		
4.16,18:10~4.17,2:10	1.3		
4.17,2:10~4.17,10:10	1.4(1.3)	-0.005 MPa	(0.9 cm)
4.17,10:10~4.17,18:10	1.5		
4.17,18:10~4.18,2:10	1.6		

续表 10.11

持续时间	荷载/MPa	孔隙水压力计	渗水高度(劈裂测量)
4.18,2:10~4.18,10:10	1.7		
4.18,10:10~4.18,18:10	1.8		
4.18,18:10~4.19,2:10	1.9		
4.19,2:10~4.19,10:10	2.0	−0.006 MPa	
4.19,10:10~4.19,18:10	2.1		
4.19,18:10~4.20,2:10	2.2		
4.20,2:10~4.20,10:10	2.3		
4.20,10:10~4.20,18:10	2.4		
4.20,18:10~4.21,10:10	2.5	−0.005 MPa	样1:(4.7 cm) 样2:(2 cm)

注:试验开始时间:2004 年 4 月 12 日 18:00

通过试验室试验结果,加压到 2.5 MPa,所有试样中加压水都没有达到渗压计埋设深度,进一步印证了现场试验的推断,说明混凝土的防水性能良好。

为了进一步评价混凝土的抗渗性能,按照快速氯离子渗透方法(CTH)进行氯离子扩散试验,以氯离子扩散系数评价混凝土的抗渗性。

3. 氯离子扩散试验

①取样

自密实混凝土 2 个样,普通混凝土 2 个样。

②氯离子扩散试验测量数据见表 10.12(1 为常规样;2 为自密实样)。

③渗透系数处理结果:

a. $10.104\ 23\times10^{-12}\ m^2/s<16\times10^{-12}\ m^2/s$:抗氯离子渗透性能一般。

b. $7.860\ 34\times10^{-12}\ m^2/s<8\times10^{-12}\ m^2/s$:抗氯离子渗透性能较好。

表 10.12 氯离子扩散试验测量数据

编号	厚度测量值/mm				渗透深度测量值/mm			
1	49	50	51	50	20	20	19	19
	49	50	50	50	17	16	18	19
2	49	50	50	51	21	19	21	
	50	51	51	51	16	20	22	

10.1.5 结论

通过实验研究认为:

①现场测得二衬的受力状态是安全的。

②二衬混凝土的防水效果良好。

10.2 马丽散注浆材料

马丽散是一种低黏度,双组分合成高分子——聚亚胺胶脂材料,采用高压灌注进行堵水时,当树脂和催化剂掺在一起时反应或遇水产生膨胀,本身反应或发泡生成多元网状密弹性体的特征,当它被高压推挤,注入煤岩层或混凝土裂缝(在高压作用下可以使煤岩层的闭合裂隙张开),可沿煤岩层或混凝土裂缝延瞻直到将所有裂隙(包括肉眼难以觉察的裂隙及在高压作用下重新张开的裂隙)充填。在封堵裂隙加固煤岩层时,煤岩层不含水时产品膨胀率也相应变小(膨胀倍数为 2~4 倍),高压推力将马丽散压入并充满所有缝隙,达到止漏目的,成品抗压强度介于 25~38 MPa;在遇水后(掺水)时产生关联反应,发生膨胀,在膨胀压力的作用下产生二次渗压(膨胀倍数为 20~25 倍),高压推力与二次渗压将马丽散压入并充满所有缝隙,从而达到止漏目的,成品抗压强度介于 15~25 MPa。其具有以下特点:①黏度低,能很好地渗入细小的裂缝中;②极好的黏合能力与地层形成很强的黏合;③其良好的柔韧性能承受随后的地层运动;④反应速度快,遇水后在十几秒内发生反应,能迅速封堵水流;⑤反应后形成的泡沫不溶于水;⑥良好的抗压性能;⑦膨胀率高,达到原来体积的 20~25 倍,施工用量小,节约资金。

马丽散注浆材料具有高度黏合力和很好的机械性能,注射入围岩后,低黏度混合物保持液体状态几秒钟,渗透细小的裂缝,发生膨胀和黏结,有效地加固周围岩松动圈,使之成为整体,提高了围岩的整体承载能力。

10.2.1 材料性能常规试验

1. 试验目的

马丽散浆材作为一种新型的化学浆材,在工程应用以前,首先要对注浆材料的综合性能进行测试,如材料反应时间影响因素、材料发泡后后期强度及老化性质、二次遇水膨胀性能、低温(0~5 ℃)反应性能、反应中水质问题等。

2. 试验内容

对于高压大流量隧洞涌水治理,注浆材料的综合性能是封堵成败的关键,材料各项指标的选取尤为重要。本次室内试验的目的主要是了解马丽散注浆材料的综合性能,包括其物理性质、力学性能、水污染性等,具体测试内容见表 10.13。

表 10.13 材料综合性能测试表

检测项目	参数名称	备注
力学性能	弹性模量、泊松比及压缩变形抗压强度、抗折强度、劈裂抗拉强度、抗剪强度	材料自身及材料加固大理石后测试
物理性质	密度、吸水性、膨胀性、抗渗性能、抗磨性能	材料二次遇水膨胀性及加固大理岩抗渗性测试
长期性和耐久性	抗冻性能(冻融试验)、收缩率、受压徐变老化处理后的拉伸强度保持率 老化处理后的断裂延伸率	材料自身及材料加固大理石后测试
黏结性能	不同温度下黏结强度变化 浸水情况下黏结强度	加固大理岩石后测试
水质常规检测(材料在水中反应前后)	水中所含物质反应前后对比检测水质毒理学指标检测	水中反应测试及大理岩石裂隙水中测试

部分试验拟委托其他资质单位测试,就材料在工程应用上的性能自行开展室内试验,主要包括材料基本物理力学性质、材料在不同温度(包括低温)下反应性能、材料发泡后后期强度、二次遇水膨胀等。

3. 材料物理力学性质测试

材料的物理力学性质试验主要测试材料在不遇水情况下的抗压、抗拉和剪切强度,单向抗压试验试块3块,抗拉试验试块3块,剪切试验试块3块,共计9块。具体测试结果见表10.14~10.16,试验照片如图10.4所示。

表10.14 单向抗压强度测试

试样编号	试件规格/mm			塑性变形起始载荷值/kN	最大破坏载荷/kN	抗压强度/MPa	平均抗压强度/MPa
	长	宽	高				
1	50	50	100	160.1	166.7	66.7	
2	50	50	100	150.9	158.6	63.4	65.8
3	50	50	100	151.9	168.4	67.4	

表10.15 单向抗拉强度测试

试样编号	试件规格/mm		破坏载荷/kN	抗拉强度/MPa	平均抗拉强度/MPa	变形量/mm	延展率/%	平均延展率/%
	直径	长度						
1	22	180	17.0	44.7		8.61	4.78	
2	22	180	13.2	34.7	41.5	5.67	3.15	3.82
3	22	180	15.6	41.0		6.72	3.54	

表10.16 剪切强度测试

试样编号	试件规格/mm			剪切角度/(°)	破坏载荷/kN	最大正应力/MPa	最大剪应力/MPa	内摩擦角/(°)	凝聚力/MPa
	长	宽	高						
1	70	70	70	55	188.6	22.1	31.5		
2	70	70	70	60	167.9	17.1	29.7	45	10.2
3	70	70	70	65	108.4	9.35	20.1		

图10.4 抗压、抗拉强度测试

灌浆材料强度测试结果表明,马丽散的抗压、抗拉以及抗剪强度都比较高,对于无水情况下的围岩加固具有相当的优势,但该材料若在围岩中遇水发泡后,材料强度会有所降低。

4. 材料化学反应测试

(1) 材料配比测试

试验基本材料为马丽散系列材料的树脂和催化剂,分别按不同的配比进行化学反应试验,观察其反应状态,并测试浆液的凝胶时间、膨胀比以及强度指标等,以此分析马丽散浆液成分的最佳配比值。浆液配比试验如图 10.5 所示,试验结果图如图 10.6 ~ 10.8 所示。

图 10.5　浆液配比试验

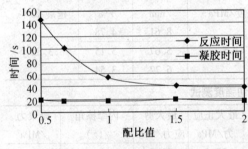 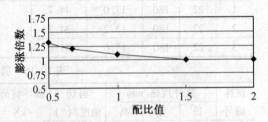

图 10.6　不同配比浆液的反应时间　　图 10.7　不同配比浆液的膨胀倍数

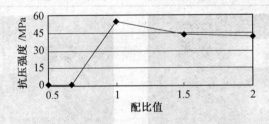

图 10.8　不同配比浆液的抗压强度

不同配比浆液整体反应时间和凝胶时间的测试结果表明:整体反应时间变化较大,但凝胶时间则基本维持在 17 s 左右,浆液按照等体积配比,其反应时间大约在 55 s 左右。

不同配比浆液膨胀倍数测试结果表明:当树脂和催化剂按等体积配比时,反应后的固结体开始发生明显的体积膨胀,这点在遇水反应时尤为剧烈。

不同配比浆液固结体的抗压强度测试结果表明:浆液按体积配比时固结体的抗压

强度值最高,但在 1∶1.5 后明显降低,质地变弱,无法进行强度测试。

综合上述因素,根据不同配比时灌浆材料表现出的性能差异,拟按等体积配比进行室内及现场试验。

(2)水量影响测试

测试定量马丽散灌浆材料在不同水量中的反应性能,浆液温度和水温均为恒定室温22 ℃,选择容积达 10 L 的平底塑料桶,标定材料和水的总体积为 5 L,具体测试结果见表 10.17,不同水量反应效果对比图如图 10.9 所示。

表 10.17 不同水量影响测试结果

实验编号	材料和水配比	凝胶时间	凝结时间	反应描述	膨胀倍数	抗压强度/MPa
1	1∶5	7″	3′40″	反应剧烈,结体密实,不漏水	16.2	0.18
2	1∶8	10″	3′43″	反应剧烈,结体密实,不漏水	16.5	0.12
3	1∶10	13″	3′50″	反应快,结体密实,不漏水	16.8	1.46
4	1∶12	15″	3′55″	反应快,结体密实,不漏水	15.9	1.39
5	1∶15	50″	4′02″	反应较快,泡孔大,漏水	14.3	1.34
6	1∶20	1′00″	6′04″	反应略快,泡孔略大,漏水	14.2	0.40
7	1∶25	1′20″	6′10″	局部泡孔略大,漏水	13.1	0.26
8	1∶30	1′23″	6′30″	反应平缓,泡孔较小,漏水	13.0	0.24
9	1∶35	1′48″	6′53″	反应平缓,泡孔较小,漏水	7.6	0.20

注:膨胀倍数为反应后固体与液态灌浆材料的比值

图 10.9 不同水量反应效果对比图

表 10.17 表明,反应体系温度恒定时,随着水量的增加,灌浆材料的凝胶和凝结时间逐渐增加,是由于化学放热反应随水量的增加导致散热加速,反应体系的整体温度随之降低;随着水量的增加,所得反应物堵水效果越来越差,膨胀倍数呈递减趋势,反应物的抗压强度先是逐渐增大又逐渐减小,在 1∶10 左右时呈现最大值,反应速度最快,封堵效果最佳。

(3)水温影响测试

在灌浆材料温度恒定为室温 22 ℃ 时,取不同温度的水,灌浆材料和水量按照 1∶10 恒定比例进行搅拌反应,测试结果见表 10.18。不同水温反应效果对比图如图 10.10 所示。

表 10.18　不同水温影响测试结果

实验编号	温度/℃	反应时间 凝胶时间	反应时间 凝结时间	反应描述
1	0	5′46″	11′42″	
2	1	6′04″	10′43″	
3	2	5′03″	8′23″	
4	3	4′10″	10′01″	
5	4	3′34″	9′10″	
6	5	2′46″	7′53″	
7	6	2′43″	8′12″	反应速度逐渐加快,泡孔越来越小,放热现象明显,基本都有回落现象,无法取样,反应后所得产物硬度逐渐变大
8	7	2′20″	7′38″	
9	8	2′32″	8′07″	
10	9	2′11″	7′12″	
11	10	2′05″	6′50″	
12	11	2′17″	5′34″	
13	12	1′46″	5′08″	
14	13	1′32″	5′23″	
15	14	1′30″	7′14″	
16	15	1′06″	4′23″	

图 10.10　不同水温反应效果对比图

测试结果表明,水温对反应时间的影响比较大,尤其是在 0~5 ℃低温情况下,材料的凝胶时间相当长,这对低温高压水的封堵相当不利。整体来看,随着水温的增加,反应速度逐渐加快,放热现象明显,反应物在反应过程中均有回落现象产生,无法取样,反应物泡孔越来越小,硬度逐渐变大。

(4)材料温度影响测试

在水温恒定为室温 22 ℃时,取不同温度的灌浆材料,灌浆材料和水量按照 1∶10 恒定比例进行搅拌反应,测试结果见表 10.19,试验图片如图 10.11 所示。

表 10.19　灌浆材料温度影响测试结果

编号	温度/℃	反应时间		反应描述
1	0	5′24″	10′46″	局部反应,泡孔大,不成形
2	5	2′53″	8′23″	产生回落现象,泡孔大,不成形
3	10	2′34″	6′01″	产生回落现象,泡孔变小
4	15	1′12″	4′23″	产生回落现象,泡孔小,略成形
5	20	50″	4′02″	完全成形,有泡孔,不漏水
6	25	34″	3′52″	结构密实,微泡孔,不漏水
7	30	32″	3′43″	结构密实,高膨胀性,不漏水
8	35			
9	40			反应太快,无法进行下步操作
10	45			

注:水温恒定为 22 ℃,反应时间分为搅拌时间和整体反应时间

图 10.11　不同材料温度反应效果对比图

上述试验结果表明,灌浆材料的温度较水温对反应时间的影响略大。当水温恒定时,随着材料温度的升高,反应速度逐渐加快,0~15 ℃时材料凝胶时间缓慢,反应产物也不太理想,在 25~30 ℃时反应加快,凝胶时间仅需几十秒,35 ℃以上时,树脂和催化剂混合后,来不及与水混合搅拌便迅速反应。

(5)多影响因素混合测试

混合测试主要考虑材料在不同温度、不同水量以及不同搅拌速率情况下的反应性能,主要分析材料在一般动水情况下的反应时间、膨胀性能以及结体后的强度,选取较有代表性的试验组合进行综合测试,具体安排见表 10.20、10.21。

表 10.20　第一组试验设计

试验编号	材料温度/℃	材料和水配比	转速/(r·min^{-1})
1	0	1∶8	800
2	1	1∶15	1 400
3	2	1∶25	600
4	3	1∶5	1 200
5	4	1∶10	400
6	5	1∶20	1 000

表 10.21　第二组试验设计

试验编号	材料温度/℃	材料和水配比	转速/(r·min^{-1})
7	25	1:8	700
8	26	1:15	1 300
9	27	1:25	500
10	28	1:5	1 100
11	29	1:10	300
12	30	1:20	900

按照上述试验安排,主要考虑低温灌浆材料和高温灌浆材料在动水中反应性能的差异,第一组试验水温为 5 ℃,第二组试验水温为 22 ℃,测试结果见表 10.22。

表 10.22　多影响因素测试结果

编号	温度/℃	反应时间		反应描述	膨胀倍数	抗压强度/MPa
1	0	2'20″	6'10″	结构松散,漏水,收缩	1.6	
2	1	1'34″	6'42″	反应不均匀,泡孔多,漏水	2.7	
3	2	2'40″	10'12″	结构密实,不漏水	2.5	无法取样
4	3			结构密实,不漏水,不收缩		
5	4	3'20″	9'38″	结构松散,反应不均匀,收缩	1.4	
6	5	2'46″	6'37″	结构密实,不漏水,收缩	1.5	
7	25	19″	3'58″	膨胀迅速,结构密实,松软	13.3	0.46
8	26	21″	4'34″	膨胀迅速,有泡孔	11.3	0.72
9	27	2'08″	8'23″	结构密实	6.4	0.37
10	28	20″	3'50″	膨胀迅速,半小时后收缩	15.9	0.16
11	29	1'10″	4'52″	泡孔较大	9.8	0.34
12	30	40″	5'45″	结构密实	1.08	1.08

注:定水量为 3 L,前 6 组水温为 5 ℃,后 6 组水温为 22 ℃

测试结果表明,灌浆材料高、低温反应情况差异比较大,搅拌速度影响明显,在低温情况下,材料反应凝胶时间整体比较缓慢,即便是搅拌速度加快也变化不大;在高温情况下,材料反应凝胶迅速,但在搅拌速度比较低的情况下,整体反应时间依然比较长,说明树脂和催化剂的混合均匀程度对反应时间的影响至关重要。

根据化学试验测试结果,可总结出以下几点:

①反应体系温度越高,灌浆材料凝胶越快,反应时间越短。

②灌浆材料的反应时间受自身温度、水温以及混合均匀程度的影响,温度越高、混合越均匀反应越快,水量是影响散热降温的主要原因。

③灌浆材料的反应时间受自身温度和混合均匀程度的影响最大,提高反应速度的最佳途径为提高灌浆材料温度和注射枪的搅拌速率。

(6)材料发泡后期强度测试

马丽散灌浆材料遇水发泡后,与岩壁黏结在一起,由于隧道涌水存在长期性和二次突水的可能,灌浆材料的后期强度直接影响到围岩的加固堵水效果。图 10.12 为灌浆材料遇水发泡后后期强度曲线。

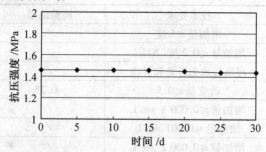

图 10.12　材料发泡后期强度变化曲线

从材料发泡后期强度变化曲线来看，灌浆材料遇水发泡后随着时间的推移，其强度并没有发生太大变化，仅在一个较小的范围内波动，水的浸泡对其物理性质不会产生明显的影响。

(7) 材料发泡遇水膨胀性能测试

灌浆材料在封堵止水后，若材料具有遇水再膨胀的性能，则可以很好地防御围岩再次突水。图 10.13 为材料发泡遇水膨胀性能测试结果，10.14 为材料遇水膨胀图。根据上述测试曲线，显然材料水料比值为 10 时膨胀倍数最大，而材料发泡后二次遇水不再具有膨胀性能。

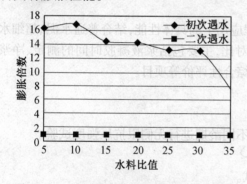

图 10.13　材料遇水发泡膨胀性能测试曲线

图 10.14　材料遇水膨胀图

(8) 材料发泡固结体水质毒理测试

灌浆材料用于封闭水流，必然会对水质产生一定的影响，依据水质检验相关规范（GB/T5750—2006，SL327.2—2005），委托山东科学院对反应固结体对水质的影响进行测试。由该院采用水质检测仪器对反应前后水质变化进行宏观和微观判断，表 10.23 为部分测试结果。

表 10.23　浆材水质检测结果

测试内容	技术要求	检验结果	单项判定
色度变化	增加量≤5 度	/	符合
浑浊度变化	增加量≤0.2 度(NTU)	/	符合
臭和味变化	浸泡后水无异臭和异味	/	符合
pH 值变化	改变量≤0.5	−0.25	符合
砷变化	增加量≤0.000 5 mg/L	/	符合
铅变化	增加量≤0.001 mg/L	/	符合
汞变化	增加量≤0.000 2 mg/L	/	符合
铁变化	增加量≤0.006 mg/L	/	符合
锰变化	增加量≤0.02 mg/L	/	符合
铜变化	增加量≤0.2 mg/L	+0.002 5	符合
锌变化	增加量≤0.2 mg/L	/	符合
钡变化	增加量≤0.05 mg/L	+0.031	符合

经过一系列化学试验,反应前后水中诸如铜、锌、铁、铬等微量元素以及其他测试元素含量基本无变化,符合生活饮用水输配水设备及防护材料卫生安全评价规范。

10.2.2　材料工程应用性能试验

1. 试验目的和内容

本试验主要针对马丽散堵水材料在工程应用上的具体性能,结合普通水泥、超细水泥、HSC 特种水泥等灌浆材料进行封堵性能对比,主要包括浆液凝胶时间的测定、净浆结石体强度测定、浆液的抗冲刷性测定以及综合性评价等项目。

2. 试验设计

(1) 材料的强度试验

各项材料经成型后进行标准养护,按照不同龄期进行无侧限抗压强度试验。

(2) 各种材料的凝胶时间试验

按照各种材料的配方进行凝胶时间测试。

(3) 各种材料的抗冲刷性试验

对各种材料按选定配方成型后,在不同水流速度下,进行材料的抗冲刷测试。

3. 试验结果分析

按照上述及所需测试的项目,开展了包括强度、凝胶时间、凝结时间、抗冲刷性等试验的制件和测试工作,实验结果见表 10.24~10.26,浆液挂壁效果图如图 10.15 所示,冲刷破壁效果图如图 10.16 所示。

表 10.24　各种材料的强度试验结果

材料	配合比	抗压强度/MPa			
		1 d	3 d	7 d	28 d
普通水泥	0.5∶1	0.92	1.28	14.75	31.25
	1∶1	0.63	0.79	4.54	10.59
	1.5∶1	0	0.21	2.73	4.67
超细水泥	0.5∶1	4.23	15.14	35.05	51.58
	1∶1	1.11	2.79	6.34	11.74
	1.5∶1	0	2.42	3.85	8.41
HSC 特种水泥	0.6∶1	24.62	30.93	31.34	39.60
	1∶1	12.34	23.21	24.63	25.61
	1.2∶1	6.81	11.32	13.20	14.30
马丽散 E	0.5∶1	0	0	0	0
	1∶1	56.20	56.20	56.20	56.20
	1.5∶1	65.75	65.75	65.75	65.75

注：马丽散 E 配比为树脂∶催化剂

表 10.25　各种材料的凝结时间表

材料	配合比	凝胶时间	凝结时间	
			初凝时间	终凝时间
普通水泥	0.5∶1		2 h 10 min	3 h 55 min
	1∶1		4 h 15 min	6 h 20 min
	1.5∶1		8 h 15 min	10 h 20 min
超细水泥	0.5∶1		1 h 45 min	3 h 40 min
	1∶1		5 h 25 min	7 h 20 min
	1.5∶1		7 h 15 min	10 h 10 min
HSC 特种水泥+水玻璃	0.6∶1		29 min	31 min
	1∶1		34 min	36 min
	1.2∶1		38 min	40 min
马丽散 E	0.5∶1	17 sec	132 sec	
	1∶1	17 sec	45 sec	
	1.5∶1	17 sec	40 sec	

注：马丽散 E 配比为树脂∶催化剂

表 10.26　各种材料抗冲刷性能表

材料	0.3/(m·s^{-1})	0.6/(m·s^{-1})	1.0/(m·s^{-1})	1.2/(m·s^{-1})
HSC-水泥基系列	100%	100%	100%	90%
马丽散 E	100%	100%	100%	100%

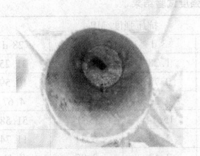 

图 10.15　浆液挂壁效果图　　　　　图 10.16　冲刷破壁后效果图

从表 10.24 可以看出,普通水泥、超细水泥、HSC 特种水泥的抗压强度均随时间的增长体现出不同的初期强度、早期强度,而马丽散 E 则在成型 3 h 后,强度不再发生变化,最终强度也最高。对于隧洞某些风化严重地段,如花岗岩、砂岩遇水容易快速崩解,对灌浆材料的凝结时间和早期强度的要求较高,马丽散 E 较其他材料具有明显的优势。

由于马丽散发生的是化学反应,其凝胶速度比较快,不超过 1 min,最终固结的时间也比较短。而普通水泥、超细水泥以及 HSC 灌浆材料,当注入岩层后,其初凝及终凝时间都比较长,即便是加入水玻璃后的 HSC 特种水泥的凝固时间也在半小时左右。对于封堵高压水流,水流速度比较快,需要灌浆材料在较短的时间内封闭水流,如果材料凝固时间太长,则容易被急流水冲散,无法整体固结实施快速封堵止水。

由于树脂与催化剂反应生成马丽散的时间非常短,注入岩层后迅速粘连在岩壁上,其生成物较强的挂壁能力使得灌浆材料不宜迅速被水流冲散,较 HSC-水泥基系列特种注浆液材料具有更强的抗冲刷能力,但在高压急速水流的情况,马丽散反应不完全,存在严重粉化现象,生成物质地较脆,强度不高。

综合马丽散室内物理力学性能的测试,并结合其他灌浆材料性能进行对比(表 10.27),可得出结论:针对高压急速水流的封堵,马丽散灌浆材料较其他灌浆材料具有一定的优势。普通水泥的强度适中、早期强度不高,适用于要求不高、围岩裂隙较大的注浆工程;超细水泥早期强度较普通水泥略高,且易与操作,适用于围岩裂隙密实的注浆工程;普通水泥和超细水泥均不适合用于动态水的封堵工程,HSC 特种水泥则是一种早强、强度高、凝胶时间可控、易于操作的灌浆材料,较其他类型水泥具有一定的围岩加固和动态水封堵的性能优势;马丽散灌浆材料凝胶速度快、反应时间短、强度高,反应中具有一定的挂壁能力,不容易被急速水冲散,在封堵高压急速水流工程上较其他灌浆材料具有一定的优势,但其反应时间受浆液温度、水温以及水速的影响比较大,对现场封堵的注浆参数的调节要求比较高。

表 10.27　各种材料的综合分析

指标 材料	早强(1 d) /MPa	强度(28 d) /MPa	胶凝时间	综合性能分析
普通水泥	0.63	10.59	初凝:4 h 15 min 终凝:6 h 20 min	早期强度低,后期强度高,适用于劈裂注浆或者一般的围层裂隙加固注浆
超细水泥	1.11	11.74	初凝:5 h 25 min 终凝:7 h 20 min	早期强度低,后期强度高,适用于一般的细密裂隙围岩的加固注浆
HSC 特种水泥	12.34	25.61	初凝:34 min 终凝:36 min	早强性好、强度高、凝结时间可控、抗冲刷性一般,适用于非急速突水封堵
马丽散 E	56.20	56.20	17 sec	凝胶快、强度高、抗冲刷性强,适用于高压急速水流的封堵

注:各种材料配比均为1:1

10.3　尿醛树脂注浆材料

10.3.1　尿醛树脂材料

尿素与质量分数为37%甲醛水溶液在酸或碱的催化下可缩聚得到线性脲粉状脲醛树脂醛低聚物,工业上以碱作催化剂,95 ℃左右反应,甲醛与尿素的摩尔比为1.5~2.0,以保证树脂能固化。脲醛树脂主要用于制造模压塑料,制造日用生活品和电器零件,还可作板材黏合剂、纸和织物的浆料、贴面板、建筑装饰板等。由于其色浅和易于着色,制品往往色彩丰富瑰丽。

脲醛树脂成本低廉、颜色浅、硬度高、耐油、抗霉,有较好的绝缘性和耐温性,但耐候性和耐水性较差。它是开发较早的热固性树脂之一。

脲醛树脂一般为水溶性树脂,较易固化,固化后的树脂无毒、无色、耐光性好,长期使用不变色,热成型时也不变色,可加入各种着色剂以制备各种色泽鲜艳的制品。

脲醛树脂是国内外木材工业的主要黏合剂。由于它胶合强度高、固化快、操作性好、生产成本低、原料丰富易得等一系列优点而得到广泛应用。但是脲醛树脂所含的游离甲醛具有毒性,树脂中的游离甲醛含量越低,其毒性就越小。降低脲醛树脂中游离甲醛的含量有各种各样办法,其中最有效的方法是降低甲醛与尿素的摩尔比,但减少甲醛的用量,将会带来脲醛树脂生产工艺复杂化、终点控制难、树脂固化时间延长和树脂胶合强度和储存稳定性降低等缺点。所以寻找一种有效消除低甲醛/尿素(F/U)摩尔比带来弊病的方法是很有现实意义的。本研究采用低 F/U 摩尔比合成脲醛树脂,从树脂合成的原理出发,通过实验找出最适宜的加料次数、加料比、加料时间,并确定树脂合成过程中最适宜的 pH 值、反应温度和反应时间,从而制备出低含醛量、稳定性好的脲醛树脂。

10.3.2 生产脲醛树脂的工艺流程

新型环保甲醛生产的脲醛树脂,绿色环保,无毒无味。用新型环保甲醛在不加任何添加剂的情况下,做出的脲醛树脂胶可以达到 E1 级或 E0 级。新型环保甲醛生产的脲醛树脂是普通脲醛树脂的升级换代产品。

1. 原料配比

脲醛树脂原料配比见表 10.28。

表 10.28 脲醛树脂原料配比

原料	甲醛	新型环保甲醛	尿素	聚乙烯醇	氢氧化钠	氯化铵
规格	36.5%(质量分数)		含 N 质量分数≥46%	2099 或 2299 型号	30%	20%
用量/kg	600	400	300	适量	适量	适量
备注	普通甲醛		市售		压碱	调酸

2. 生产工艺

①将环保甲醛 400 kg 和普通甲醛 600 kg,加入反应釜内,开动搅拌器,加聚乙烯醇(2099 或 2299 型号)2~4 kg。

②加尿素 300 kg,开始升温。

③保温反应结束后,用氯化铵调节 pH 值。

④成胶后,降温至 45 ℃,停止搅拌,即可放料。

该工艺制作简单,操作方便,容易掌握。

3. 树脂质量指标

脲醛树脂质量指标见表 10.29。

表 10.29 脲醛树脂质量指标

外观	黏度/(Pa·s)	游离甲醛含量(质量分数)	固化时间/s	pH 值	固体含量	储存期限/d
乳白色黏液	0.25~0.4	<0.05%	45~65	7.0~8.0	>50%	>20

4. 工艺特点

①成本低。环保甲醛售价完全和市售普通甲醛一样。尿素用量小,占总甲醛的 30%,比普通环保脲醛树脂节省约 50% 尿素。

②环保。该树脂游离甲醛含量很低,在制造过程中,味道就很小。成胶后,几乎闻不到甲醛味道。用该树脂制成的胶合板,经技术监督局化验、检测,完全达到了国标 E2 级和 E1 级。

③生产工艺简单。甲醛和尿素都是一次投料,前期甚至无需调节 pH 值,极易操作。

10.3.3 脲醛树脂浆液

随着我国化学工业的发展,作为地质钻探护壁堵漏用的化学浆液,从其类型、品种以及应用上都有了新的进展。目前就其浆液成分,可分为无机的、有机高分子的;就其性能可分为固化的、非固化的。常用的水玻璃就是无机类的代表;常用的脲醛树脂、丙烯酰胺是高分子类的代表;常用的水泥则是固化的化学浆液,而黏土、沥青等则为非固化的化学浆液。近年来,从化学浆液的发展趋向看,无机与高分子化合物复合使用,已成为品种繁多、应用广泛的化学浆液。

非固化化学浆液作为注浆材料,不足之处在于向孔内灌注后,易被水稀释而流失。对能固化的化学浆液——水泥浆液作为注浆材料,它的材料来源广、成本较低、固结性好、强度高,是目前普遍应用的一种注浆材料。其缺点是:在没有固化前易被水稀释,固化时间慢且难以控制等。我国在20世纪70年代期间,采用高分子化合物、合成树脂等化学浆液,在地质钻探上用于护壁堵漏,取得了一定的成效。其主要优点是:凝结时间可调,可实现瞬间固化,渗透能力和流动性好,能利用专用的灌注器注入封堵部位,提高成功率。应当指出这类化学浆液,如氰凝、聚酯等材料来源缺,成本高,且有一定的毒性,故在使用上受到了限制,不便推广用于地质钻探;对于一些高分子化合物,如聚丙烯酰胺、脲醛树脂等,用于地质钻探护壁堵漏上有积极的作用和推广价值。

本节重点介绍在钻井护壁堵漏中具有代表性的化学浆液和惰性材料,包括脲醛树脂浆液、水玻璃浆液、聚丙烯酰胺浆液、脲醛树脂水泥球、干性堵漏材料和沥青材料。此外,还有许多品种的化学浆液,如铬木素浆液、木铵浆液、丙凝浆液以及301聚酯浆液等,也可以用作钻井护壁堵漏浆液。

脲醛树脂是一种水溶性树脂,它在酸性条件下能迅速凝固成有一定机械强度的固结体,是适合于钻孔护壁堵漏的注浆材料。由于脲醛树脂是由原料易得的尿素和甲醛水溶液合成的一种聚合物,故其性能可调,可控制固化时间,成本较低,配制简单,且是低毒的化学注浆材料。近十多年来,用在钻孔护壁堵漏方面,开展了生产工艺、性能改性、注浆工具等的研究。目前已生产出适合地质钻探用的粉末脲醛,其灌注工具也得到进一步改进,可实现钻孔快速堵漏的效果。

尿素与甲醛的反应是一个复杂的化学反应过程,整个反应可分为三个阶段,即加成反应阶段、缩聚反应阶段和固化阶段。开始阶段为尿素与甲醛在弱碱性或弱酸性介质中发生加成反应,生成脲的羟甲基($—CH_2OH$)衍生物;同时进行缩合反应,从而得到缩聚的初产物(即脲醛树脂),在实际使用时,以酸作催化剂(一般用盐酸)使树脂固化生成不溶的体型网状结构的固结体。

脲醛树脂的固化过程,可分为初凝(胶化)和终凝(硬化)两个阶段。所谓初凝是加催化剂后至失去流动性这段时间(称初凝时间)。所谓终凝是加催化剂后至失去弹性所需的时间(称终凝时间)。然而,失去弹性并不立即具有一定强度,所以终凝实际上是一个缓慢的过程,一般凝固后还需在水中养护16~24 h后,才具有较高的机械强度。

脲醛树脂的固化过程与酸催化剂的种类和用量有关。一般强酸、弱酸中和生成的盐类均可作催化剂。常用的有盐酸、硫酸、草酸、氯化铵、三氯化铁等。试验表明,强酸的浓度增加,凝固时间缩短;若酸的浓度一定时,随掺量增加而凝结时间缩短。目前常用的是工业纯盐酸和硫酸,一般使用浓度为3%~36%(质量分数),用量为树脂液体的$\frac{1}{10}$~$\frac{1}{5}$,初凝时间可在几秒至数十分钟的范围内控制。在使用时,应注意环境温度的影响,温度高,则固化速度快;温度低,则固化速度慢。在灌注时,一定要做地表试验,并应考虑到孔内的温度。

为了提高脲醛树脂的强度,增加韧性,在提高其物理力学性能,常采取在脲醛生产过程中加苯酚、苯酚-聚乙烯醇等进行改性,来改变反应生成物的化学结构,增大树脂的相对分子质量和内聚力。目前,在合成脲醛树脂的同时,常加入苯酚,使羟甲基苯酚参与羟甲基脲的混合接枝与镶嵌,使树脂的机械强度和黏结力得到一定的改善。表10.30为苯酚改性后树脂物理机械强度性能。

表 10.30 苯酚改性后的树脂物理机械性能

	苯酚加量/%	0	11.8	17.5	20.8	22	23.8	38.2
固化剂	质量分数/%	20	20	20	20	20	20	20
-盐酸	加入量/%	12	12	12	12	12	12	12
物理机	抗压强度/(kg·cm^{-2})	87.3	185.5	277.0	243.9	289.8	243.8	71.4
械性能	抗冲击强度/(kg·cm^{-2})	2.2	3.5	3.5	3.6	3.88	3.4	3.1

使用脲醛树脂浆液,其灌注方式是采用专用的灌注器。它应能满足脲醛树脂与一定酸混合后,在很短时间内能凝固,且能准确地将已充分混合、尚未凝固的浆液注射到预定的孔段上。

近几年来,我国为解决小口径金刚石钻探中严重漏失层的快速堵漏问题,基于射流泵原理,设计了一种新型的、用于脲醛浆液的孔内双液注浆工具——ZJ型速凝注浆堵漏工具,它与其他注浆堵漏器相比,有以下特点:

①双液在孔内定量地连续均匀混合,可灌注数秒凝固的浆液。

②借用现场钻杆盛堵漏浆液,大大简化了工具的结构和操作,并可实现大剂量注浆。

③孔底动作过程的报信,由地面水泵压力表读数显示,信号明显,操作者可据此灵活调整操作工艺;注浆后可不提钻通水扫孔,实现注浆、透孔、清孔一次完成。ZJ型液浆堵漏工具(图10.17)现有 $\phi 54$、$\phi 73$ 两种规格,其主要技术性能见表10.31。

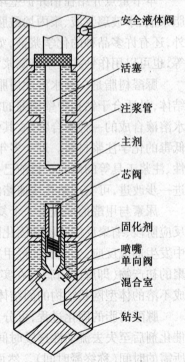

图 10.17 ZJ 型注浆堵漏工具结构图

表 10.31 ZJ 型灌注器的技术性能

项目		主体长度/mm	主体外径/mm	钻头外径/mm	最大注浆量/L	双液混合比体积比(固化剂:基浆)	压注泵量/(L·min^{-1})	启动泵压/(kg·cm^{-2})
型号	ZJ-54	5 600	54	56	45	(10~12):100	65~100	15~20
	ZJ-73	5 600	73	75	110	(10~12):100	65~100	15~20

10.4 陶粒混凝土研制及其工程应用

混凝土是现代土木工程最重要的建筑材料,轻质、高强、抗震、耐久的混凝土材料的需求量与日俱增,陶粒混凝土就是在这种背景下出现的。陶粒混凝土 LAC(Light-Aggregate Concrete)是用陶粒为粗骨料、轻砂(或普通砂)、水泥和水配制而成的干表观密度不大于 1 950 kg/m³ 的混凝土。

陶粒混凝土保证轻质、高强的同时,其自身的多孔结构,以及较低的弹性模量,对吸声、降噪、减震的作用,应引起人们的重视,以达到降低噪声污染,改善行车环境和道路周边环境的目的。目前,我国的高强陶粒混凝土的研究水平仍然很低,而且有关陶砂砂浆用于隧道衬砌的防火以及吸声降噪性能的研究工作在我国还处于探索阶段。

针对上述问题,尝试用普通硅酸盐水泥掺加矿物掺合料的方法以改善陶粒混凝土的工作性能和力学性能,提高陶粒混凝土的强度,改善耐久性,配制出符合要求的混凝土。尝试用白色硅酸盐水泥掺加矿物掺合料的方法以改善陶砂砂浆的工作性和力学性能,提高陶砂砂浆的强度,改善耐久性,配制出符合要求的砂浆,并对陶砂砂浆的防火和吸声性能进行研究。

10.4.1 陶粒混凝土的力学性能研究

1. 陶粒混凝土配合比研究

陶粒混凝土配合比设计的任务主要在于确定能获得预期性能而经济的使用混凝土各组成材料。通过配合比试验,考虑材料的抗折强度、抗压强度、耐火强度以及工作性能等因素,得出了陶粒混凝土的性能影响因素,主要结论如下:

①本研究所选水平范围内,减小水胶比即增大胶凝材料用量、减少陶粒体积用量、提高砂率、增大粉煤灰掺量都可以改善混凝土的工作性。

②通过正交试验,分析了水胶比、粉煤灰掺量、陶粒体积用量对混凝土各龄期强度的影响。其中,水胶比是影响抗压和抗折强度的关键因素,随胶凝材料用量的增加,混凝土强度增大;粉煤灰能降低混凝土的早期强度,但对后期强度有提高;陶粒体积用量对混凝土早期强度影响不大,对后期强度有一定的影响。

③提出满足设计力学条件要求的配合比参数为:净用水量为 170 kg,水胶比为 0.37,粉煤灰掺量为 20%,陶粒体积用量为 2%,砂 679 kg,高效减水剂 2.754 kg。

④陶粒混凝土的表观密度随陶粒体积掺量的增大而降低。

⑤本研究所选水平范围内,减小水胶比即增大胶凝材料用量、增大粉煤灰掺量都可以改善混凝土的工作性。

⑥陶砂所拌制的砂浆其工作性都不是很理想,这是由陶砂的性质所决定的,可以通过调整外加剂的种类和掺量来进行调节。

2. 陶粒混凝土力学性能研究

对于水泥混凝土路面工程,混凝土的抗压强度常作为设计施工的参考指标,抗折强度和抗折弹性模量是两个重要指标,抗拉强度在连续配筋路面中用于计算钢筋间距,轴心抗压强度和抗压弹性模量在一般工程中应用较多,通过对上述力学性能的试验研究,可得出以下结论:

①掺加5%硅灰可大幅提高陶粒混凝土的立方体抗压强度,掺加杜拉纤维和膨胀剂对立方体抗压强度提高不大。

②页岩陶粒混凝土的轴心抗压强度与立方体抗压强度的比值在95%以上,大于普通骨料的轴心抗压强度与立方体抗压强度的比值90%。

③相同强度标号的页岩陶粒混凝土的抗压弹性模量低于普通骨料混凝土的弹性模量,仅有普通骨料混凝土的66%左右。

④掺加硅灰、杜拉纤维和膨胀剂对页岩陶粒混凝土的抗折强度提高不明显,其中,掺加硅灰提高最多,也仅提高3%。

⑤抗压强度基本相同的页岩陶粒混凝土不如普通骨料混凝土的抗折强度大,所以页岩陶粒混凝土的折压比小于普通骨料混凝土的折压比。

⑥相同强度标号的页岩陶粒混凝土的抗折弹性模量小于普通骨料的抗折弹性模量,仅为普通骨料抗折弹性模量的60%左右。

⑦混凝土的劈裂抗拉强度随陶粒体积用量的减小而增大;硅灰对抗拉强度提高最大,可以达到12%,杜拉纤维和膨胀剂对抗拉强度都有一定提高;抗压强度标号相同的条件下,页岩陶粒混凝土的抗拉强度要低于普通骨料混凝土的抗拉强度。

10.4.2 陶粒混凝土的耐久性能试验

耐久性是表征材料抵抗自身和自然环境双重因素长期破坏作用能力重要参数,对陶粒混凝土耐久性具有重要意义。材料的耐久性主要包括抗渗性、抗冻性、抗侵蚀性等参数,对上述参数进行了试验研究,主要结论如下:

①增大陶粒体积用量可相对减小陶粒混凝土的收缩;掺加硅灰和膨胀剂对页岩陶粒混凝土的收缩基本没有影响;掺加杜拉纤维对减小陶粒混凝土的收缩效果最明显,可降低13%左右。

②陶粒在改善混凝土的孔型、界面过渡区结构方面具有普通骨料不可比拟的优越性,所以陶粒混凝土抗渗性优于普通骨料混凝土。

③由于陶粒的孔结构以及陶粒与水泥石之间良好的变形性,陶粒混凝土的抗冻性能优于普通骨料混凝土,随着陶粒体积用量的增加,抗冻性能有所降低,但仍具有良好的抗冻性。

④陶粒水泥混凝土的耐磨耗性能满足《公路水泥混凝土路面滑模施工技术规范》(JTJ/T037.1—2000)中规定水泥混凝土路面磨耗值不大于 3.6 kg/m^2 的要求。

10.4.3 隧道工程中陶砂砂浆的防火性能

隧道和地铁建筑结构复杂,环境相对密闭。在封闭空间内热量不易消散,火灾时温度较高,对于通行载重汽车或油罐槽车等的公路隧道和油槽列车的铁路隧道火灾,温度常达1 000 ℃以上,火灾扑救相当困难,往往会造成重大的人员伤亡和财产损失。对于水下隧道,还有因结构被破坏而导致隧道修复困难的可能。因此,各国对交通隧道和地下铁道的消防安全都十分重视。

陶砂砂浆喷涂在隧道衬砌表面是为了保护衬砌,使衬砌在火灾中尽量减少自己的强度损失。为了检验陶粒砂浆的防火性能进行了相关试验,在100 mm×100 mm×100 mm的试件表面喷涂20 mm的陶砂砂浆或传统的隧道防火涂料(图10.18),在标准条件下养护28 d,然后使喷涂面作为受火面进行燃烧2 h,后冷却到室温,测其背后混凝土试件强度,进行对比试验,得到如下结论:

图10.18 喷涂防火涂层的试件

①自制陶砂砂浆的防火性能试验方案,对陶砂砂浆的防火性能进行了评价。与常用隧道防火涂料进行对比试验,通过自制试验方案得出了燃烧2 h后强度保持率大小依次为:喷涂盛世防火涂料的强度保持率为88.9%,喷涂半防火半吸声陶砂砂浆层的强度保持率为73.1%,喷涂陶砂防火砂浆层的强度保持率为69.8%,喷涂陶砂砂浆吸声层的强度保持率为68.2%。

②综合考虑,推荐的防火方案为:

a. 最优方案:喷涂半防火半吸声陶砂砂浆层,防火层配合比为:水胶比为0.30,粉煤灰掺量为40%,集浆体积比为0.9,陶砂粒径为0～4 mm。吸声层配合比为:水胶比为0.29,集浆体积比为1.63,水泥为普通硅酸盐水泥,陶砂粒径为2～4 mm。

b. 次选方案:喷涂陶砂吸声层,水胶比为0.29,集浆体积比为1.63,水泥为普通硅酸盐水泥,陶砂粒径为2～4 mm。

10.4.4 陶砂砂浆吸声性能研究

为了加强吸声效果,在防火层表面加喷一层陶砂砂浆,具体加喷层要求为:水胶比为0.29,集浆体积比为1.63,水泥为普通硅酸盐水泥,陶粒粒径为2～4 mm。

采用驻波管法进行测量,按照驻波管法的测试方法制作圆柱直径分别为100 mm和30 mm的试件分别进行低、高频的测试,试件如图10.19所示。

驻波管吸声系数测试结果见表10.32。由试验结果可以看出,陶砂砂浆的吸声系数是随着频率的增加而增大,说明陶砂砂浆对高频有较好的吸声效果,远强于普通水泥砂浆,虽然和专业的吸声材料在吸声效果上还有一定差距,但其耐久性、施工方便等特性较适合在隧道中运用,具有较强的推广价值。

图 10.19 测试件

表 10.32 吸声系数测试结果

频率/Hz	125	250	500	1 000	2 000	4 000	8 000
吸声系数	0.04	0.03	0.05	0.11	0.18	0.53	0.56

10.4.5 小结

针对我国的高强陶粒混凝土的研究水平较低的问题,提出了利用普通硅酸盐水泥掺加矿物掺合料的方法以改善陶粒混凝土的工作性和力学性能的思路;提出了利用白色硅酸盐水泥掺加矿物掺合料的方法以改善陶砂砂浆的工作性和力学性能的思路;提高了陶粒混凝土和陶砂砂浆的强度,改善了其耐久性,新型材料在实际防火和吸声工程中得到了较为成功的应用。

10.5 隧道路面阻燃沥青

公路隧道的不断涌现和隧道交通量的增大,隧道火灾发生的频率也会逐渐增大。由于其封闭性,一旦发生事故,特别是火灾事故其后果不堪设想。因此,为了保障隧道的使用安全,隧道的防火救灾问题就显得更为重要。由于地形复杂,湖北沪蓉西高速公路隧道众多工程的特点,重点开展了阻燃沥青材料及其混合料性能的试验研究。

1. 阻燃沥青、阻燃剂材料优选

由于沥青具有燃烧的特性,为了达到沥青阻燃的效果,必须要在沥青中添加阻燃剂。一般讲,添加型的阻燃剂不参与沥青燃烧时所发生的化学反应,但是,当其用量过多时,易出现沉积而使沥青性能的均匀度下降,并使路用性能劣化。

在研究中重点选择了氢氧化铝、十溴二苯醚、三氧化二锑、硼酸锌等阻燃剂制备阻燃沥青。

2. 阻燃沥青阻燃性能

(1) 极限氧指数法

氧指数(OI)计算式为

$$氧指数 = \frac{[O_2]}{[O_2]+[N_2]} \times 100$$

式中,$[O_2]$为临界氧浓度时混合气流中氧的体积流量;$[N_2]$为临界氧浓度时混合气流中氮气的体积流量。

阻燃剂掺入到沥青中,可以提高沥青的氧指数。基质沥青的氧指数大约为20,阻燃剂加入后,沥青的阻燃性能可以得到提高。在相同阻燃剂剂量混合时,单一的阻燃剂对沥青的氧指数改变的相对缓慢,而复合阻燃剂可以对阻燃性能明显提高,如图10.20所示。

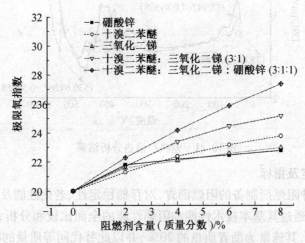

图 10.20　阻燃剂对氧指数的影响

(2)差热分析的方法

基质沥青和阻燃沥青在加热过程中吸放热结果,在温度较低(0～300 ℃)时,随着阻燃剂量的增加,在同一温度下,放热峰下移,这是因为阻燃剂先发生融解或分解要吸收大量的热量。在400 ℃左右都出现了一个放热峰,这是沥青发生玻璃化转变温度的范围,加入阻燃剂后这个转变的温度产生的早,但放热峰比基质沥青的放热峰低,这是阻燃剂加入后增加了沥青的无序结构的结果。图10.21是差热分析结果,由图10.21可知在400 ℃左右并没有发生质量的变化,说明此时沥青并没有发生脱水、分解或氧化等反应,只是相的转变过程。在400 ℃附近出现另一个大的放热峰,说明在此温度范围内沥青开始发生分解,阻燃沥青的放热峰比基质沥青的放热峰小,而且出现放热峰的温度比基质沥青的高一些。阻燃沥青在400～600 ℃出现多个吸热峰,说明阻燃沥青在受热时,阻燃剂吸热产生分解,减少热量,加上分解后产生的物质可以阻断沥青与氧气接触程度,从而达到阻燃的目的。

3. 阻燃沥青胶浆流变性能

沥青胶浆流变试验结果表明,基质沥青加入阻燃剂后复数剪切模量大于基质沥青剪切模量,说明阻燃剂加入后,沥青变硬;从相位角与温度间的关系分析,阻燃剂加入到沥青中,在一定的低温范围内可以改善沥青的弹性性能;阻燃沥青及老化后阻燃沥青的车辙因子远远大于基质沥青抗车辙因子,说明阻燃剂加入后,沥青变硬,抗车辙能力提高。

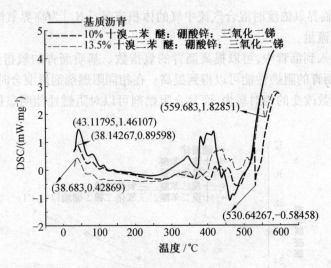

图 10.21 差热扫描热分析结果

4. 阻燃剂选定及指标

初步选定几种阻燃剂制备的阻燃沥青,对存储稳定性、老化性能及阻燃性能三大指标进行试验比较,通过其基本技术性能和阻燃性能的全面比较和分析,选择 ATH(氢氧化铝)无机阻燃剂,其掺量为沥青质量的 20%,并以此替代同等质量的矿粉。

以氧指数作为量化指标:即在规定条件下,试样在氧氮混合气体中维持平衡燃烧所需的最低氧气浓度,以氧所占体积的百分率表示。结合我国隧道内的使用环境条件,试样在 N_2 和 O_2 混合气体中,维持平衡燃烧所需的最低氧气浓度,确定阻燃沥青氧指数不小于 23。

5. 阻燃沥青混合料阻燃性能

采用矿粉与集料等效比表面积换算法研究阻燃沥青混合料的阻燃性能。由阻燃沥青混合料最佳油石比为 6.44% 计算等效比表面积换算后沥青与矿粉的质量比为 49%。用沥青质量与矿粉质量比为 1:1 和 1:2 分别制样进行氧指数测试,并以氢氧化铝进行矿粉部分取代后测试,试验结果如图 10.22 和 10.23 所示。

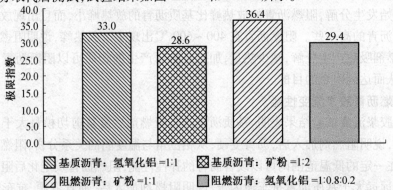

图 10.22 氧指数结果(比例 1:1)

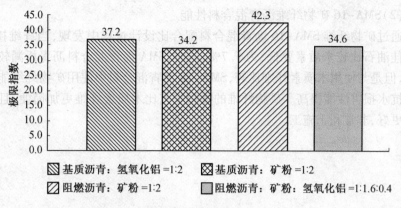

图 10.23　氧指数结果(比例 1∶2)

试验结果表明:基质沥青中掺入矿粉、氢氧化铝等都可以提高沥青的阻燃性能,并且掺量越大阻燃性能越高;相同掺量比例条件下氢氧化铝的阻燃性能比矿粉的阻燃性能高,但是在阻燃沥青中掺入矿粉与基质沥青中掺入氢氧化铝相比,阻燃沥青的阻燃性能更高(沥青:矿粉为 1∶1 时提高 10.3%,沥青:矿粉为 1∶2 时提高 13.7%)。所以从氧指数测试沥青混合料的阻燃性能结果表明:阻燃沥青的阻燃性能高于基质沥青,可以在道路发生火灾时起到阻燃防火的作用。

6. 隧道用矿物纤维沥青混合料性能研究

(1)矿物纤维掺量对纤维沥青黏度的影响

纤维掺量和温度对沥青黏度的影响如图 10.24 所示。由纤维沥青黏度试验结果可知,随着矿物纤维的掺入,纤维沥青的黏度增加,但是当矿物纤维的掺量为 0.1% ~ 0.5%(沥青质量百分数)时,纤维沥青的黏度增加非常有限。当矿物纤维掺量达到 1.0% 时,纤维沥青的黏度有较大幅度的增加,特别是在 60 ~ 135 ℃,黏度增加明显,而在 135 ~ 180 ℃,黏度增加趋势变缓。

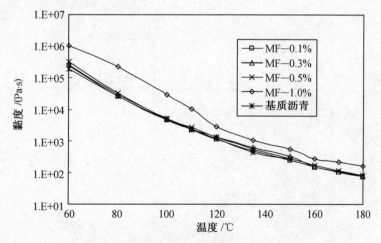

图 10.24　纤维掺量和温度对沥青黏度的影响

(2) SMA-16 矿物纤维沥青混合料性能

通过矿物纤维 SMA-16 沥青混合料配合比设计过程中发现,当纤维掺量为 0.4% 其最佳油石比较木质素要低,为 5.7%;同时,SMA 沥青混合料沥青析漏较木质素纤维严重,但是与使用木质素纤维比较,SMA-16 沥青混合料中使用矿物纤维能使高温稳定性和抗水损害性能提高。矿物纤维的拌和工艺比木质素纤维更加简便,且纤维的分散情况更好,非常利于施工。

第11章 轨道交通

交通运输系统按运载工具和运输方式的不同,可分为轨道交通、道路交通、水路交通、航空交通、管道交通5种基本类型。本章主要介绍轨道交通。

近年来,我国轨道交通建设进入了黄金发展期。"十二五"期间,我国铁路新线投产总规模达3万km,安排铁路投资2.8万亿元,全国铁路运营里程将达12万km左右。此外,我国城市轨道交通建设大步向前发展,国务院批复的地铁建设总投资规模已达9937.3亿元。

轨道交通按其所起的主要运输作用可分为中长途的铁路客货运输和主要用于通勤(从业人员因工作和学习等原因往返于住所与工作单位或学校的过程,主要用于铁路系统)的市郊铁路系统(城市轨道交通系统);按车厢类型、承载和运输能力(有的按轨道质量)可分为轻轨系统和重轨系统;按空间可分为地面、地下、地上(架空)等几种形式。

轨道交通由专用的列车车辆依次沿固定的线路(轨道)行进,交通运输对象须在固定的站场进出线路系统,因而其普遍性便受到很大的限制。为使列车能以一定的速度安全地在线路上行驶,要求路线布设的平面曲率半径不宜过小,而纵向坡度不能太大。这就使轨道交通运输方式的采用较多地受到地形和地质条件的限制,或者在地形较复杂地区需要投入较多的建设资金。轨道交通运输的主要优点是货物或旅客的装载容量很大,而其平均运行速度可为中等(50~100 km/h)到高速(200 km/h)以上,因而其机动性较高。线路、站场和控制管理设施的修建和维护费用较高;货物的运输成本较低,但高速客运的运输成本较高;系统的可靠性和安全性较高;能源消耗较低。轨道交通的这些性能,使之在货物运输方面适宜于中长距离的散装和大宗货物以及集装箱运输,而在旅客运输方面适宜于短中距离(小于500 km)的城市间交通运输及大城市近郊和市区内的有轨交通运输。

11.1 轨道运载工具和运输形式

轨道运载工具依靠车辆外部的轨道进行导向,车辆通过带凸沿的钢轮沿钢轨内侧行驶,轨道起着支撑车辆和导向的作用,而驾驶员的作用仅是控制车辆的行驶速度。钢轮和钢轨之间的滚动阻力约是汽车轮胎在水泥混凝土路面上的滚动阻力的1/10,因而轨道运载工具单位质量的能源消耗最低。同时,其维护的工作量少,耐久性高,行驶平稳舒适,可适应不利的气候条件,对环境的污染小(蒸汽机牵引除外)。因此,轨道载运工具的使用性能好,运营费用低。然而,其初期投资高,且通达性受到限制。此外,其在坡道上行驶性能不如轮胎式车辆,制动距离长(驾驶时须高度注意安全),小半径转弯时噪声大于轮胎式车辆。

轨道载运工具广泛应用于城市间的中长途客货运输、城市内和市郊的公共交通,特别是大量、快速的公共交通。

1. 有轨电车

有轨电车由 1 辆、2 辆或有时为 3 辆车组成,每辆车有 4~6 个轴,长 14~23 m。这种车辆具有较好的动力特性和行驶舒适性,但由于它与公共汽车和汽车共用街道路权,且平交道口多,故运行速度低(通常小于 20 km/h),正点率低,单向输送能力一般低于 1 万人/h。因此有许多国家的城市在 20 世纪五六十年代就基本上拆除了这种工具,取而代之的是无轨电车或公共汽车。

2. 轻轨交通列车

轻轨(Light Rail)交通列车,简称轻轨车,指车辆的轴重在 10 t 左右,高峰每小时单向运输能力为 10 000~30 000 人的中等运量轨道交通系统。轻轨是对传统的有轨电车利用现代科技进行改造后的各种现代有轨电车的总称,由国际公共交通联合会(UITP)于 1978 年 3 月在比利时布鲁塞尔召开的会议上正式统一名称,英文为 Light Rail Transit (LRT)。轻轨的"轻"源自于美国 UMTA 对这种交通方式的描述,实际上"轻"指的是轻载重和快速,而不是轻轴重和轨重,事实上跟轴重、轨重没任何关系,很多人误解轻轨是指轨道的质量轻,实际上轻轨的轨重很多时候是超过国铁的,根本不轻。

城市轨道交通中的"轻轨"与"地铁"相对应,城市公交系统中的有轨电车、导轨胶轮列车与城市轨道交通轻轨列车在技术上完全不同,因此不属于轻轨系统。城市轨道交通中的轻轨指的是在轨距为 1 435 mm 国际标准双轨上运行的列车,列车运行利用自动化信号系统。

轻轨车可分为 4 轴车、6 轴单铰接车、8 轴双铰接车,可单节运行,也可编组运行。一般车辆长度为 14~20 m,铰接车辆长度为 20~32 m;车辆宽度为 2.5~2.8 m。轻轨车加速和减速性能好(1~2 m/s,紧急制动时可达 3 m/s),最大速度通常为 70~80 km/h(有些可能达到 100~125 km/h),运行速度一般为 20~35 km/h。一般的轻轨交通采用有平交的专用道。如果改为全封闭的专用道,则运行速度还可提高,这时称为轻轨快速交通。

车辆上轻轨和有轨电车基本没有区别。有轨电车多数是指传统线路(很多改用现代有轨电车运行以提高效率),与其他交通方式在城市街道混行。而轻轨则通常拥有专有路权(信号、站台等)的现代有轨电车,必要时当然也可以混行,一般轻轨拥有完全封闭的线路和专用的信号,很难和地铁区别开。

与传统的有轨电车相比,轻轨车在电传动、制动、信号、车体结构与材料、空调等技术上做了很多改进,车体更轻,结构更合理、更舒适方便;与地铁相比,轻轨车轴重轻、转弯半径小,可在市区内较好地绕避各类障碍物,但运行速度较低,输送能力较小,单向输送能力为 1~3 万人/h。

有观点认为,轻轨是一个区别于"重轨"的概念,也就是轻型轨道和重型轨道的区别。一般区分这两个概念的是从铁路的运输能力、车辆大小(车重)来判断的。判断轻轨的依据是它必须为轻型轨道,每米轨道质量在 30 kg 以下的称为轻轨,从这个意义上讲,有轨电车也是轻轨。

3. 快速轨道交通列车

快速轨道交通列车由 4 轴车辆编组而成的电动列车,在专用道上行驶。编组车辆一般为 3~8 节,也有少数线路超过 10 节。在市中心区多为地下或高架形式,在市郊多为地面或高架线路形式。每辆车长度为 11~23 m,宽度为 2.5~3.2 m,平均行驶速度为 30~50 km/h,通行能力为 20~40 对/h,单向输送能力可达 3~8 万人/h。这种工具的旅客输送能力大,使用性能好,服务水平高,运营费小。虽然初期投资高,但对于客流量大而集中的城市,其边际费用较其他公共交通小。

4. 城市铁路(市郊铁路列车)

城市铁路建在城市内部或内外结合部,线路设施与干线铁路基本相同,服务对象以城市公共交通客流及短途、通勤旅客为主,而不是如干线铁路一样承担城际或省际的客货交流任务的铁路。按照城市铁路在单元内部服务范围的大小,一般把城市铁路分成两个部分:市郊铁路和城市快速铁路。

市郊铁路列车位于市域范围内、部分或全部服务于城市客运的城市间铁路,通常其路权不属于所在城市的政府,而由铁路部门经营,主要为城市郊区与中心区之间行程较长的通勤或短途旅客服务,故也称通勤铁路。这种铁路通常在郊区采用平交道口形式,在市区为高架或地下铁路。其站距长,运营组织方式与城市间铁路相近,可开行不停靠全部或部分中间站的直达列车。为减少环境污染,多采用电气化牵引方式。

地下铁道,简称地铁,也简称为地下铁,狭义上专指在地下运行为主的城市铁路系统或捷运系统;但广义上,由于许多此类的系统为了配合修筑的环境,可能也会有地面化的路段存在,因此通常涵盖了都会地区各种地下与地面上的高密度交通运输系统。严格讲"地铁"应该是相对于地面铁路,主要在地下区间行驶,属于城市通勤轨道范畴。当然,城市轨道交通也有很多采用地面线路、架空线路,其实也属于"地铁"的范畴。在英文环境中,根据各城市类似系统的发展起源与使用习惯之不同,常称为 Metro(巴黎、中国内地)、MRT(新加坡、台北、高雄等)、MTR(特指香港)、Overground(特指地上轨道)、Railway(特指地上轨道)、Subway(美国及周边地区、北京)、Tube(特指伦敦)或 Underground(特指伦敦)。

绝大多数的城市轨道交通系统都是用来运载市内通勤的乘客,而在很多场合下城市轨道交通系统都会被当成城市交通的骨干。通常,城市轨道交通系统是许多都市用以解决交通堵塞问题的方法。美国的芝加哥曾有用来运载货物的地下铁路,英国伦敦也有专门运载邮件的地下铁路。但两条铁路已先后在 1959 年及 2003 年停用。目前所有城市地下铁路仅为客运服务。在战争(如第二次世界大战)时,地下铁路也会被用作工厂或防空洞。有些地方的地下铁路建筑在地底下为的不单是避开地面的繁忙交通及房屋,还有为避免铁路系统受到户外的恶劣天气的破坏,负面教材如莫斯科地铁地面线 4 号及 L1 号线,受到极端寒冷天气的肆虐导致维修费用已经远远高过地下线的建造及维修费用。另外,城市轨道交通系统也被用作展示国家在经济、社会以及技术上高人一等的指标。例如,前苏联的地下铁路系统便以车站装饰华丽出名,而朝鲜首都平壤的地下铁路系统也有华丽的装饰。

地铁的优点:节省土地、减少噪音、较少干扰、减少污染、节省时间、节约能源、大众喜欢搭乘从而减少私家车运行。

地铁缺点:建造成本高、前期时间长、可能会对地下水循环系统造成影响。

地铁安全性能:虽然地铁对雪灾和冰雹的抵御能力较强,但是对地震、水灾、火灾等抵御能力很弱。

5. 铁路客货运输车

铁路客货运输车由机车牵引若干辆挂车组成的旅客或货物列车。我国旅客列车挂有 12~18 节车辆,分为软卧车、硬卧车、软坐车、硬座车、餐车、行李车和邮政车,每辆车的定员为 32~120 人,车辆自重为 390~450 kN,总重为 510~640 kN,2001 年全国的平均运行速度达到 69.4 km/h。货物列车由棚车、敞车、平车、罐车、保温车等车辆组成,平均长度为 14 m,自重为 219 kN,总重为 773 kN,每延米 55.26 kN,2001 年的平均运行速度为 32.9 km/h。

6. 高速铁路列车

由高功率机车牵引若干挂车,或者同若干带动力的车辆一起组成的列车。这种列车的最高速度可达到 250~300 km/h(1990 年的最高纪录为 550 km/h),平均运行速度可达到 160~200 km/h。由于它的速度快、运量大、能耗低、舒适而安全、对环境污染小、经济效益好,因而成为极有发展前途的一种长途高速运载工具。

7. 独轨交通

独轨交通指车辆在一根导向轨道上运行的轨道交通工具,通常为跨座式和悬挂式两种。跨坐式是指车辆跨坐在轨道梁上行驶,悬挂式是指车辆悬挂在轨道梁下方行驶。

8. 磁浮交通

磁浮交通是一种非轮轨黏着传动、悬浮于地面的交通运输系统,是一种介于常规高速铁路和航空运输之间的独特的运输方式。磁浮列车利用常导磁体产生的吸力或斥力使车辆悬浮在运行轨道上方,用以上的复合技术产生导向力,并用直线电机产生牵引动力而行驶。

9. 其他轨道式交通车辆或列车

世界各国还应用不同的概念研制了多种轨道式车辆,如钢缆绳车(钢缆绳轨道车、悬挂式缆车)、自动化导轨快速交通 AGT(Automated Guideway Trainsit)车辆、城际高速轨道交通、橡胶轮和钢轮双用车辆或橡胶轮车辆等。

11.2　城市轨道交通轨道结构材料

城市轨道交通是指利用轨道作为车辆导向的运输方式,并以客运为主,包括地铁、轻轨交通、单轨交通、有轨电车和市郊铁路 5 种子系统。

轨道结构作为主要的线路设备是城市轨道交通系统的主要组成部分。轨道结构是列车行驶的基础,列车必须沿着轨道行驶,轨道给行驶的列车提供了导向作用和承载作用。

目前,城市轨道交通使用的轨道结构有传统的有砟轨道和无砟的新型轨道。各种轨道结构在使用性能、适用环境、维修、使用周期费用以及减振降噪等方面各有不同的优势。

城市轨道交通可采取地面、地下、高架等不同的轨下基础,轨道结构将采取不同的形式与之适应。另外,还有些新型的轨道交通系统,对应采用特殊的轨道形式,如磁悬浮结构、橡胶轮轨结构和独轨结构等。

传统的轨道结构由钢轨、轨枕、连接零件、道床、道岔和防爬器、轨距拉杆及其他附属设备等组成。

11.2.1 钢轨及连接零件

钢轨与列车车轮直接接触,是轨道结构的主要部件,用于引导列车行驶,并将所承受的载荷传布于轨枕、道床及路基。同时,为车轮的滚动提供阻力最小的接触面。钢轨由轨头、轨底和轨腰三部分组成。

1. 钢轨功能

①钢轨必须为车轮提供连续、平顺和阻力最小的滚动表面,以引导轨道交通车辆前进。对车辆来说,要求钢轨有一个光滑的表面,以获得较小的滚动阻力,但对动车来说,则要求钢轨顶面粗糙,使车轮和钢轨之间产生足够的摩擦力来牵引列车前进。

除了材料本身的性能之外,钢轨的阻力既与接触面积有关也与压强或列车重量有关,因此为提供阻力最小的接触面,应该首先选择好钢轨材料,然后根据不同的列车重量,设计不同的接触面积和接触形式,以求达到最佳的阻力设计。

②钢轨的工作条件十分复杂。它承受来自车轮的垂直、横向水平和纵向水平等力,此外还要受到温度变化及其他因素的影响,因而在钢轨中产生了压缩、伸长、弯曲、扭转、压溃、磨耗等变形,为此钢轨要有足够的强度和韧性来抵抗磨耗。此外,为了减轻车辆对钢轨的动力冲击作用,防止轨道交通车辆行走部分与钢轨的折损,要求钢轨具有必要的弹性。硬度与韧性、刚度与弹性之间是矛盾的,必须加以正确处理。

2. 钢轨的类型、断面和性能

钢轨的类型习惯上以每米大致质量数来表示,目前我国铁路的钢轨类型主要有 43 kg/m、50 kg/m、60 kg/m、75 kg/m。质量越大,表示断面尺寸越大,钢轨强度等性能指标越高。在我国城市轨道交通的线路中,早期的北京地铁使用了 50 kg/m 钢轨,20 世纪 90 年代新建的上海、广州地铁都采用了较重的 60 kg/m 钢轨,以期延长维修周期。轨道交通的停车线、站场线等非运营线路则采用较轻的 50 kg/m 钢轨,以减少投资。

我国生产的钢轨长度有 12.5 m 和 25 m 两种标准轨长。规范规定左右两股钢轨的接缝应尽量在一个断面上。为了校正曲线地带内、外轨的接头位置,在曲线轨道中,曲线内股采用一定缩短量的缩短轨。相应标准缩短量:12.5 m 标准规的缩短量为 40 mm、80 mm、120 mm;25 m 标准规的缩短量为 40 mm、80 mm、160 mm。

作用于直线轨道钢轨上的力主要是竖直力,其结果是使钢轨挠曲,因为钢轨被视为弹性基础上的连续长梁,而梁抵抗挠曲的最佳断面形状为工字形,因此钢轨采用工字形断面,如图 11.1 所示。

我国的钢轨标准断面如图 11.2 所示。钢轨断面的形状符合钢轨受力的力学要求;轨头表面要对应车轮轮踏面形状,以改善轮轨的接触条件;还要考虑连接两根钢轨时安装接头夹板的要求;以及把轨头、轨腰、轨底三部分组成整体,应减少可能出现的局部应力集中等要求。钢轨断面图中标注的尺寸量根据不同的钢轨类型而有所不同,见表 11.1。

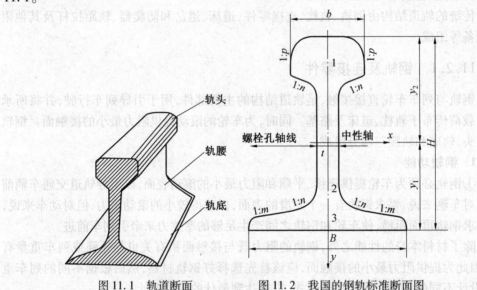

图 11.1　轨道断面　　　图 11.2　我国的钢轨标准断面图

表 11.1　钢轨断面尺寸及类型

项目	类型/(kg·m^{-1})			
	75	60	50	43
每米质量 m/kg	74.414	60.64	51.514	44.653
断面面积 F/cm^2	95.037	77.45	65.8	57
中心距轨底面的距离 y_1/mm	88	81	71	69
对水平轴的惯性矩 J_x/cm^4	4 490	3 217	2 037	1 489
对竖直轴的惯性矩 J_y/cm^4	665	524	377	260
底部断面系数 W_1/cm^3	509	396	287	217
底部头部断面系数 W_2/cm^3	432	339	251	208
轨底横向挠曲断面系数 W_y/cm^3	89	70	57	46
轨头所占面积百分比 A_h/%	37.42	37.47	38.68	42.83
轨腰所占面积百分比 A_w/%	26.54	25.29	23.77	21.31
轨底所占面积百分比 A_b/%	36.54	37.24	37.55	35.86

续表 11.1

项目	类型/(kg·m^{-1})			
	75	60	50	43
钢轨高度 H/mm	192	176	152	140
钢轨底宽 B/mm	150	150	132	111
轨头高度 h/mm	55.3	48.5	42	42
轨头宽度 b/mm	75	73	70	70
轨腰厚度 t/mm	20	16.5	15.5	14.5

城市地面有轨电车的钢轨轨顶面和路面相平,为减少由于车辆的蛇形运动造成轮沿对路面的破坏,特意做了一个轮沿槽。

钢轨的材质是指钢的化学成分及其组织,是钢轨质量的第一个特征。钢轨中铁是主要成分,其次是碳,碳是钢轨抗拉强度和硬度的主要来源,一般含量为 0.65%(质量分数)。锰可提高钢的强度、韧性和耐磨性能,但焊接性能大大降低。目前我国使用的道岔、辙叉部分都是采用了锰含量较高的钢种。钢轨的化学成分、机械性能及使用范围见表 11.2。

表 11.2 钢轨的化学成分、机械性能及使用范围

序号	钢号	化学成分(质量分数)/%						抗拉强度 δ_b/MPa	延伸率 δ_s/%	使用范围 钢轨类型/(kg·m^{-1})
		C	Si	Mn	Cu	P	S			
1	U71	0.64~0.77	0.13~0.28	0.60~0.90		≤0.04	≤0.05	785	10	50
2	U74	0.67~0.80	0.13~0.28	0.70~1.00		≤0.04	≤0.05	785	9	50、60、75
3	U71Cu	0.65~0.77	0.15~0.30	0.70~1.00	0.10~0.40	≤0.04	≤0.05	785	9	50
4	U71Mn	0.65~0.77	0.15~0.35	1.10~1.50		≤0.04	≤0.04	883	8	50、60、75
5	U71MnSi	0.65~0.75	0.85~1.15	0.85~1.15		≤0.04	≤0.04	883	8	小半径曲线 50
6	U71MnSiCu	0.65~0.77	0.70~1.10	0.80~1.20	0.10~0.40	≤0.04	≤0.04	883	8	50

表 11.2 中 U 表示钢轨的符号;71、74 表示钢轨含碳质量分数分别为 0.71% 和 0.74%;Cu、Mn、Si 表示合金钢轨的成分;序号 1~2 为普通碳素轨,3~6 为低合金轨;U71Mn 为中锰轨,U71MnSi 为高硅钢,其耐磨性能为碳素钢的 2~4 倍。

机械性能是钢轨质量的第二特征,它包括强度极限 σ_b、屈服极限 σ_s、疲劳极限 σ_r、伸长率(或称延伸率)δ_s、断面收缩率 Ψ、冲击韧性(落锤实验)δ_h、硬度等指标。这些指标对钢轨的承载能力、磨耗、压溃、断裂和其他伤损有很大的影响。

3. 钢轨的连接

在轨道上用定长的钢轨连接成连续的钢轨,在两根定长的钢轨之间用夹板连接,称为钢轨接头。如以 25 m 标准轨铺设,每公里接头就有 40 多个在城市轨道交通的轨道交通结构中,已大量采用无缝线路结构。将多根标准轨依次焊接在一起,钢轨接头数量大大减少,但是在无缝线路的缓冲区、轨道电路的绝缘区、有道岔的线路区段中,钢轨接头还是不能少的。

钢轨接头的连接零件包括夹板、螺栓、螺母、弹簧垫圈等,钢轨夹板的形状如图 11.3 所示。其作用是在接头处把钢轨连接起来,使钢轨接头部分具有与钢轨一样的整体性,

以抵抗弯曲和位移。接头处还要满足钢轨伸缩的要求。

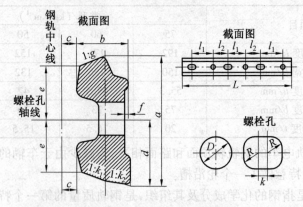

图 11.3　钢轨夹板的形状

夹板的作用是夹紧钢轨,夹板以双头对称式(对称在 10% 以内)为最常用。目前我国标准钢轨用夹板均为斜坡支撑性双头对称式夹板。夹板的上下两面均有斜坡,使能楔入轨腰空间,但不贴住轨腰。这样,当夹板稍有磨耗,以致连接松弛时,仍可重新旋紧螺栓,保持接头连接的牢固。每块夹板上有螺栓孔 6 个,圆形孔与长圆形孔相间孔径较螺栓孔径略大。

钢轨接头按接头连接形式相对于轨枕的位置可分为悬空式和承垫式;按两股钢轨接头相互位置分为相对式和相错式,我国一般采用相对悬空式为标准接头;按接头连接的用途及工作性分为普通接头、异型接头、传电接头(导电接头)、绝缘接头、尖轨接头、冻结接头、焊接接头等。

为适应钢轨热胀冷缩的需要,在钢轨接头处要预留轨缝。

钢轨接头是轨道结构的薄弱环节。接头虽能保证必要的几何形位,但却在一定程度上破坏了它的连续性,主要表现在轨缝、台阶、折角三个方面。钢轨连续性破坏后,接头部分受到很大的冲击力,接头区钢轨的破坏主要为轨头的打塌和剥离、鞍形磨耗、螺孔裂纹、夹板弯曲等,此外由于道床的沉陷、坍塌和板结等,不仅可引起低接头,还会因道床板结、刚性增加而加剧了轮轨间的动力作用。

4. 钢轨的伤损

钢轨在使用过程中常常因发生裂纹、折断和磨耗等伤损而不到使用期限就需更换,因此钢轨的伤损是轨道交通线路上的一个突出问题,严重影响行车安全,造成维修量大和大大增加维护成本。几种常见伤损如下:

(1)轨腰螺栓孔裂纹

轨腰钻孔后,其强度被削弱,螺栓孔周围发生较高的局部应力,在列车冲击载荷的作用下,螺孔裂纹开始形成并发展。

(2)轨头核伤

轨头核伤是最危险的钢轨伤损,它起源于轨头内部小的横向裂纹。在列车荷载的重复作用下,较小的横向裂纹扩展而成核伤,制止核伤四周的钢材不足以抵抗列车载荷应力,使钢材在毫无预兆的情况下突然折断。

(3)轨头剥离

轨头剥离常常发生在轨头与轮缘的内圆角接触处的圆角上,是一种破裂掉块的缺陷。防止轨头剥离则必须改善轮轨的接触条件,改进钢的材质,提高接触疲劳强度,并加强轨道的养护维修,提高线路质量。

(4)钢轨磨耗

钢轨磨耗主要有垂直磨耗、侧面磨耗、波形磨耗。不论在直线或曲线上都存在垂直磨耗,它与作用在钢轨上的垂直压力、轨轮之间的滑动和摩擦有关,它随着通过质量的增加而增大,当超过允许的垂直磨耗量,钢轨必须更换,所以在正常情况下垂直磨耗是确定钢轨使用寿命的重要依据。我国把磨耗钢轨按轨头磨耗程度分为轻伤和重伤两类。侧面磨耗发生在曲线的外股钢轨上,钢轨侧磨的严重性在钢轨伤损中已居突出位置,从摩擦学的角度来看,侧磨属于塑性变形磨损、黏着磨损和疲劳磨损的综合磨损,伴随曲线外轨侧磨的同时,在曲线内轨上出现轨头压溃、轨头压扁、宽度增加等现象。钢轨波形磨耗是指钢轨顶面或侧面上呈现波浪形的不均匀磨损或塑性变形。波形磨耗依据其波长可分为两大类:波长在 30 ~ 80 mm、波深 0.1 ~ 0.5 mm、光亮的波峰和黑暗的波谷规则排列在轨面上的波磨称短波磨耗,又称波纹磨耗;波长 150 ~ 600 mm、波深 0.5 ~ 5 mm、波浪界限分明但不规则、不均匀、波峰和波谷有均匀的光泽的波形磨耗为长波磨耗。车辆在有波形磨耗的钢轨上行驶,不但对轨道结构产生很大的附加动力载荷,而且会产生尖啸声,有人形象地称之为噪声钢轨。

11.2.2 轨枕

轨枕是轨道结构的重要部件,它的功能是支承钢轨、保持规矩和方向、并将钢轨对它的各项压力传递到道床上,使用扣件把轨枕和钢轨连在一起形成"轨道框架",增加了轨道结构的横向刚度。

轨枕依其铺设方法分为横向轨枕、纵向轨枕、短轨枕和宽轨枕等。

横向轨枕与钢轨垂直间隔铺设,是最常用的轨枕,横向铺设所需轨枕根数见表 11.3。

表 11.3　横向轨枕铺设轨枕根数

轨枕类型	Ⅱ型混凝土枕	Ⅲ型混凝土枕	木枕
每千米最多铺设根数	1 840	1 760	1 920

纵向轨枕沿钢轨方向铺设,值得注意的是纵向布置的钢轨和轨枕之间的连接还是采用定距离配置螺栓、扣件的形式,即还是"点支承"的传力形式。但纵向轨枕在我国的线路中较少适用。

短轨枕或称支承墩是在左右两股钢轨下分开铺设的轨枕,只用于混凝土整体道床上。短轨枕有使用木质材料的,但我国普遍使用钢筋混凝土质,采用 C30 混凝土,宜在工厂预制,以期保证质量。

宽轨枕因其底面积比横向轨枕大,减小了对道床的压力和道床的永久变形。

轨枕按其使用部位可分为用于区间线路的普通轨枕、用于道岔上的岔枕、用于无砟桥上的桥枕。

轨枕按其材料可分为木枕、混凝土轨枕和钢枕等。

木枕又称枕木,是轨道交通中最早采用而且到目前为止依然被采用的一种轨枕。其主要的优点是弹性好,易加工,运输、铺设、养护维修方便,绝缘性能好。但其缺点是易于腐朽和机械磨损,使用寿命短,且木材资源缺乏,价格比较昂贵,所以木枕已逐渐被混凝土轨枕所取代。但是在道岔、停车场等站线部位,由于要求不等长的轨枕,混凝土轨枕尚难取代木枕。各种木枕的截面如图 11.4 所示。

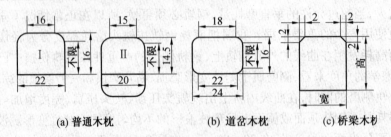

图 11.4　普通木枕、道岔木枕及桥梁木枕断面形状(尺寸单位:mm)

混凝土轨枕现都采用预应力式,简称 PC(Prestressde Concrete)轨枕,已得到各国广泛使用。按其制造方法可分先张法和后张法 PC 轨枕。配筋材料可以是高强度钢丝,也可以是钢筋。混凝土枕的特点是自重大、刚度大,与木枕线路相比其轨底挠度较平顺,故轨道动力坡度小。同时也存在列车通过不平顺的混凝土枕线路时,轨道附加动力增大,故对轨下部件的弹性提出了更高的要求,以提高线路减振性能。

混凝土轨枕按结构形式可分为整体式和组合式,如图 11.5 所示。整体式轨枕整体性强、稳定性好、制作简便,是目前广泛使用的一种类型。组合式轨枕由两个钢筋混凝土块使用一根钢杆连接而成,其整体性不如前者但钢杆承受正负弯矩的能力比较强,我国没有使用这种轨枕,欧洲使用较广泛。我国铁路普遍采用的混凝土轨枕形式如图 11.6 所示。

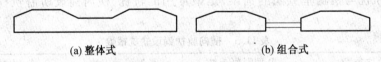

图 11.5　混凝土轨枕形式

轨枕间距也是轨道设计中的重要参数之一,其大小与每公里铺设的轨枕数量有关。

(a) 新Ⅱ型轨枕

(b) ⅡZQ-C 型轨枕

(c) 道岔地段铺设的系列轨枕

图 11.6 我国铁路普遍采用的混凝土轨枕形式

11.2.3 扣件

钢轨与轨枕的连接是通过中间连接零件实现的,中间连接零件也称扣件,其作用是将钢轨固定在轨枕上,即具有一定的扣压力,以保持轨距和阻止钢轨相对于轨枕的纵、横向移动。在钢筋混凝土轨枕轨道和混凝土整体道床中,弹性远小于木枕轨道,扣件还必须提供足够的弹性。为此,扣件必须具有足够的强度、耐久性和良好的弹性,有效地保持钢轨与轨枕的可靠连接;结构力求简单,便于安装和拆卸;应具有良好的绝缘性能。

木枕扣件主要有分开式和混合式两种。混合式扣件是使用最广泛的一种方式,用道钉将钢轨铁垫板与木枕一起扣紧。普通道钉采用 3 号热轧方钢制成,长度为 165 mm。垫板是在钢轨与木枕间插入的钢板,它可将钢轨传来的压力传布于较大的木枕支承面上,减小对木枕的压力,同时还可使钢轨两侧道钉共同起抵抗横向力的作用。

PC 轨枕和无砟轨道使用的扣件较木枕的扣件复杂。它除了具有一定的扣压力外,还应提供必需的弹性和调整轨面标高和轨距的调整量。

扣件按扣压钢轨方式分,可分为弹性扣件和刚性扣件。刚性扣件本身刚度大,扣压钢轨后,弹性很差,在地铁运营线路中很少使用,但由于其工作可靠、结构简单、价格低廉,在场线上时使用。

扣件按其承受横向力方式分,可分为有挡肩和无挡肩两种类型。一般来说,无挡肩结构形式扣件优于有挡肩结构形式扣件。所以结合工程实际,高架桥上应采用无挡肩结构形式扣件。

扣件按扣压件紧固方式分,可分为有螺栓和无螺栓两种类型。从养护维修角度考虑,无螺栓扣件零部件少,养护维修工作量小,更适合轨道交通实际情况。我国的无螺栓扣件采用 e 型弹条,类似英国的 Pandrol 扣件。无螺栓扣件优于有螺栓扣件,但从国内已有工程实际情况看,其弹条在材料的材质、强度和稳定性方面还需进一步研究。

现在城市轨道交通工程中采用的扣件种类很多,各有特点,主要的扣件种类见表11.4。

表 11.4 轨道交通常用扣件表

零部件设计参数 扣件类型	扣压件	固定螺栓	锚固螺栓	轨距调整量/mm	水平调整量/mm	抗横向力/kN	扣件绝缘电阻/Ω	垂直静刚度/(kN·mm)	应用情况
DTⅢ	w弹条	T形螺栓	M24螺旋道钉	+8,-12	+10	35	>10^8	21~25	上海地铁1、2号线地下段、北京复八线
DTⅥ2	e弹条		M24螺旋道钉	+8,-16	+30	40	>10^8	20~40	北京复八线
弹条Ⅱ型	Ⅱ弹条	T形螺栓	M24螺旋道钉	+8,-12	+30	40	>10^8	35~50	深圳、天津设计并采用
DTⅢ2型	w弹条	T形螺栓	M24螺旋道钉	+8,-12	+30	40	>10^8	21~25	明珠二期工程设计并采用
轨道减振器	w弹条	T形螺栓	M24螺旋道钉	+8,-12	+30	40	>10^8	10~14	上海地铁1、2号线地下段、北京复八线
Lord扣件	w弹条	T形螺栓	M24螺旋道钉	+8,-8	+30	30	>10^8	15~20	
DTⅦ	w弹条	T形螺栓	M24螺旋道钉	+8,-12	+30	40	>10^8	21~25	上海地铁2号线东延伸,北京城铁
Wj-2	w弹条	T形螺栓	M24螺旋道钉	±10	+40	40	>10^8	40~60	明珠一期工程、闵行线、共和新路高架等采用

DTⅢ2型扣件是无挡肩弹性分开式,适用于60轨地铁内一般减振地段的枕式点支承混凝土整体道床。

图 11.7 所示为 DTⅢ2 型扣件截面与平面图。橡胶垫板是缓冲轮轨间的振动冲击作用和提供垂直弹性的主要零件。用于 60 kg/m 钢轨的橡胶垫板宽度、长度和高度分别为 148 mm、185 mm、10 mm,用于 50 kg/m 钢轨的橡胶垫板则为 130 mm、185 mm、10 mm。垫板的弹性靠压缩变形而获得。为了增加压缩变形量,通常在垫板的正反面开设凹槽。橡胶的材质可为丁苯、顺丁或天然橡胶。DTⅡ2 型扣件采用了轨下 10 mm 胶垫和铁垫板下 16 mm 胶垫的二阶减振,其减振效果与原 DTⅢ 型扣件相当,优于 WJ-2 型扣件。

DTⅢ2 型扣件由弹条、螺纹道钉、轨距挡板、挡板座及弹性橡胶垫板组成。弹条是用来弹性地扣压钢轨,应具有足够的扣压力。弹条由直径为 13 mm 的 60SiMn 热轧弹簧圆钢制成。轨距挡板用来调整轨距和传递钢轨承受的横向水平力。挡板座用来支撑轨距挡板,保持和调整轨距并传递轨距挡板的横向水平力至轨枕的挡肩上。它应具有足够的强度。此外,还应具有一定的绝缘性能,防止漏电。

将左右两股钢轨内外两侧不同编号的挡板和挡板座相互配合,可以调整一定量的轨距,对于 60 kg/m 钢轨,可调整轨距 $-12 \sim +8$ mm。

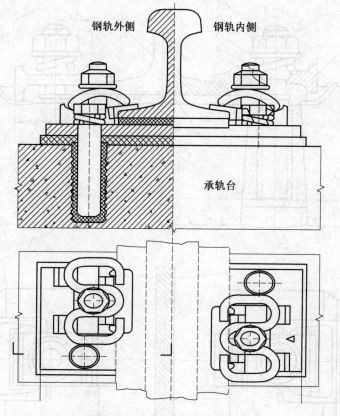

图 11.7　DTⅢ2 型扣件截面与平面

螺纹道钉用硫黄水泥浆锚固在 PC 轨枕预留的孔中,这是我国独创的一种工艺方法,螺纹道钉的抗拔能力可达 588 kN 以上,耐久性也很好,但对环境有影响,在新建轨道交通中已较少使用。

扣板式扣件由螺纹道钉、螺母、平垫圈、弹簧垫圈、扣板、铁座、橡胶垫板(绝缘缓冲垫板)、垫片及衬垫等零件组成,如图 11.8 所示。扣板式扣件与弹条Ⅰ型扣件的不同之处在于扣板是刚性的,所以又称为刚性扣件。

潘德罗(Pandrol)扣件是无螺栓、无挡肩的弹性扣件,它用预埋在 PC 轨枕中的铸铁挡肩承受横向水平力,保持轨距,用弹条作扣压件扣压钢轨,并用尼龙块作绝缘件。这种扣件是 1963 年在英国铁路上使用,效果良好,已有许多国家推广使用。北京复八线铺设的 DTVⅠ2 扣件是我国自行研制的,如图 11.9 所示,类似于无螺栓、无挡肩的潘德罗弹性扣件。

为了减少在列车运行工程中的振动对地面特殊建筑群的影响,在轨下安装减振器是项重要措施。轨道减振器扣件是一种高弹性扣件,其减振是通过橡胶的剪切弹性变形来实现的,可减振 10 dB。轨道减振器扣件扣压力大,具有较强的保持轨距的能力,绝缘性能好,施工维修方便,如图11.10所示。

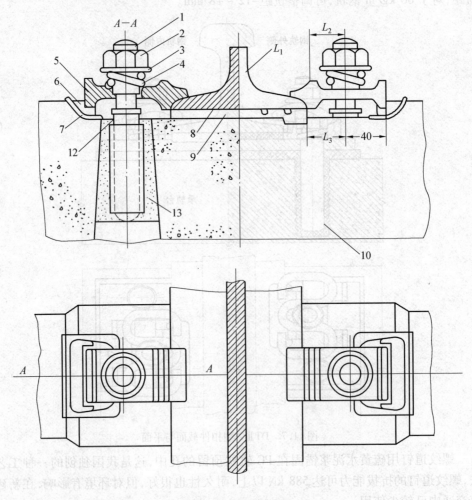

图 11.8 扣板式扣件

1—螺纹道钉;2—螺母;3—平垫圈;4—弹簧垫圈;5—扣板;
6—铁座;7—绝缘缓冲垫片;8—绝缘缓冲垫板;9—衬垫;10—轨枕;11—钢轨

PC 轨枕扣件的工作特性可用扣压力、扣件的竖向弹性和横向弹性来说明,而目前我国设计的扣件中主要考虑扣件的扣压力和竖向弹性。

1. 扣压力

扣件的扣压力是由扣件的弹性扣压件提供。扣压力的大小必须使钢轨经常处于被压紧在轨枕上的状态,使钢轨不会在轨枕上产生纵向爬行,而且要求由扣件所提供的爬行阻力必须大于轨枕底面与道床之间的道床阻力。

在目前的运营条件下,用于无缝线路的每组钢轨扣件的扣压力应为 8.8~9.8 kN。这个数值约为半根轨枕道床纵向阻力 8.7 kN/m 的 1.59~1.78 倍,因而是足够的。

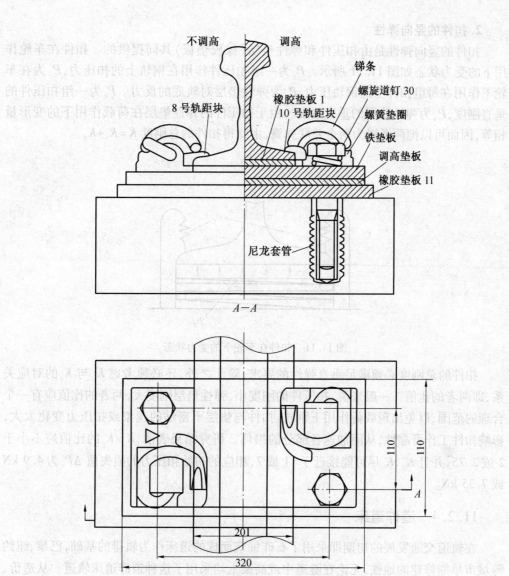

图 11.9 DTV Ⅰ 2 扣件

图 11.10 减振器扣件

2. 扣件的竖向弹性

扣件的竖向弹性是由扣压件和弹性垫层（橡胶垫板）共同提供的。扣件在车轮作用下的受力状态如图 11.11 所示。P_c 为一组扣压件作用在钢轨上的扣压力，P_w 为在车轮下作用在每组扣件上的钢轨压力，P_p 为弹性垫层对轨底的反力。P_c 为一组扣压件的垂直刚度，P_w 为弹性垫层的垂直刚度。由于扣压件的弹性垫层在荷载作用下的变形量相等，因而可以把两者视为两个并联弹簧，由此得扣件的总刚度 $K=K_c+K_p$。

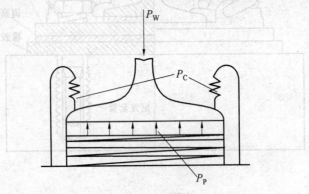

图 11.11 扣件在车轮下的受力状态

扣件的总刚度必须满足垂直弹性的要求，除此之外，还必须考虑 K_p 与 K_c 的对应关系，即两者的比值。一般来说，扣压件的刚度小，弹性垫层刚度大，两者的比值应有一个合理的范围，以免出现载荷作用下钢轨、扣件与垫层不密贴的现象或扣压力变化太大，影响扣件工作可靠性，从而加速各部分的损坏。研究结果表明，K_p/K_c 的比值应不小于 2 或 2.75，并且 K_p、K_c 尽可能接近于 11 或 7，相应的初始扣压力的损失值 ΔP_c 为 4.9 kN 或 7.35 kN。

11.2.4 道砟道床

在轨道交通发展的初期即采用了石砟铺筑而成的道床作为轨排的基础，巴黎、纽约等城市早期修建的地铁，无论在隧道中或高架上均采用了这种道砟道床轨道。从造价、轨道弹性、阻尼、易于维修等方面有砟轨道均优于无砟轨道。但有砟轨道存在自重大、不易保持轨道几何形态、维修工作量大、易脏污等缺陷，在新建的高架、地下轨道交通线路中已不多采用，目前只在轨道交通的地面线、站场线中使用。用作道床的材料，应满足质地坚韧、吸水率低、排水性好、抗冻性强、不易风化、不易压碎、捣碎和磨碎、不易被风吹动和被水冲走等要求。

可以用作道床材料的有碎石、熔炉矿渣、筛选卵石，有 50% 以上卵石含量的天然砂卵石以及粗砂和中砂等。一般来说，应以就地取材为原则。在我国首选的道床材料是碎石道砟。我国的道床多采用双层道床，上面是面砟层，下面是底砟层，道床断面如图 11.12 所示。

我国道床厚度（枕底以下算起）为 26.50 cm，此值指的是双层道床厚度。

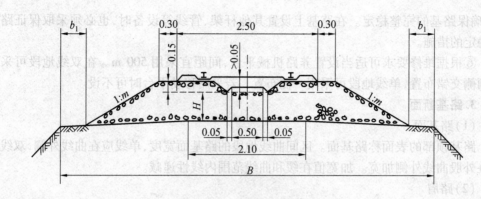

图 11.12 道砟道床的断面图(单位:m)

11.2.5 路基

路基是经开挖和填筑而成的直接支撑轨道的基础结构物,它直接承受由轨道传来的列车动载荷的作用,是轨道的基础。路基工程作为土工结构物,必须具有足够的强度、稳定性和耐久性。路基的稳定性和坚固性、耐久性关系着线路的质量和列车的运行安全。城市轨道交通只有采用碎石道床的地面线路和车场线路才有路基,且数量较少。

1. 路基断面的形式

路基断面的形式有 6 种:路堤、路堑、半路堤、半路堑、半堤半堑、不挖不填,如图 11.13 所示。

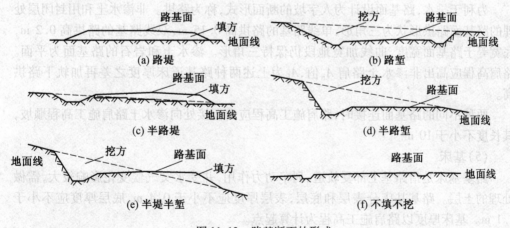

图 11.13 路基断面的形式

2. 对路基的规定要求

①必须具有足够的强度、稳定性和耐久性。
②应优先采用新技术、新结构、新材料和新工艺,并采用机械化施工。
③应符合环境保护的要求,重视沿线的绿化,并与邻近的建筑物相协调。
④应做好防排水设计,确保排水通畅。
⑤路肩和边坡上不应设置电缆沟槽,必须设置时应采取适当措施,并及时回填夯

实,确保路基的完整稳定。在路基上设置其他杆架、管线等设备时,也必须采取保证路基稳定的措施。

⑥根据维修要求可适当设置养路机械平台,间距宜采用 500 m。在双线地段可采用两侧交错布置,单线地段可采用一侧布置。若采用移动平台时可不设。

3. 路基断面

(1) 路基面

路基顶部的表面称路基面。区间曲线地段的路基面宽度,单线应在曲线外侧,双线应在外股曲线外侧加宽。加宽值在缓和曲线范围内线性递减。

(2) 路肩

路肩为路基本体顶面道床坡脚以外的部分,即路基两侧未被道床覆盖的部分,为专业人员通行而设置。正线路肩宽度不小于 0.6 m。当路肩埋有设备时,路堤和路堑的路肩宽度均不得小于 0.6 m,无埋设设备时路肩宽度均不得小于 0.4 m。站场线路不小于 0.4 m。

(3) 边坡

路基横断面两侧边线,即线路外侧的部分称为路基边坡。其中坡底处称为坡脚,坡顶处为砟肩。路基边坡主要根据路基的土质、高度或土质的物理力学性质决定。路堤坡脚外应设宽度不小于 1.0 m 的天然护道。站场线路,由于股道较多,可根据具体情况设置为一面坡、两面坡、锯齿形坡。坡面排水横坡的坡度为 0.2% ~ 0.4%。

(4) 路拱

为利于排水,路基面设计为人字坡的断面形式,称为路拱。非渗水土和用封闭层处理的路基面路拱形状为三角形,单线路基的路拱高 0.15 m,双线路基的路拱高 0.2 m,底宽等于路基面宽度,曲线加宽地段仍保持三角形。渗水土和岩石的路基面为平面。路肩高程应高出非渗水土路肩 A_h 值,A_h 为上述两种路基道床厚度之差再加轨下路拱高。

两种不同的路基面连接时,路肩施工高程应由衔接处向渗水土路肩施工高程顺坡,其长度不小于 10 m。

(5) 基床

路基基床是指路基上部受轨道、列车动力作用,并受水文气候变化影响较大,需做处理的土层。路基基床分表层和底层,表层厚度应不小于 0.4 m,底层厚度应不小于 1.1 m。基床厚度以路肩施工高程为计算起点。

路基设计应考虑地下水的影响,注意路基排水及防护。另外某些情况应设置路基支挡结构物。

11.2.6 无砟轨道

自从地下铁道问世 100 多年以来,它的结构形式就是有砟轨道的轨道结构,如巴黎、伦敦等城市的轨道交通。但在应用中,人们逐渐发现了有砟轨道并不适合于城市轨道交通的特点和要求。一般新建轨道交通的地下及高架线路、车站部分均采用了无砟轨道结构形式。

利用最普遍的无砟轨道为整体道床。它设有传统的道砟层,是用混凝土或钢筋混凝土浇灌于坚实的基础之上形成整体的道床。

1. 整体道床的主要优缺点

①轨道整体性好,养护维修工作量较少。

②构造简单:整体道床用 C30 混凝土或钢筋混凝土就地灌注而成,每延米混凝土用量为 1 m³ 左右、钢筋约 40 kg(单线铁路),不需要厂制混凝土构件(支承块可在工地预制),不需要起重设备和其他大型机械,在一般线路上都可进行施工,也不需要其他特殊材料。与其他类型的轨下基础相比,结构比较简单,造价也相应较低廉,只比碎石道床约高 30%。施工进度一般 8 h 可达数 10 m,如采用大型连续铺筑机,每小时可铺筑整体道床 40~50 m。轨道的方向和水平是在道床的施工过程中调整固定下来的。根据大量的施工和运营经验,整体道床的施工精度是能够满足铺轨要求的。

③外表整洁美观。

④由于整体道床厚度比碎石道床厚度要小,因此隧道净空的高度可以相应减小。

⑤整体道床混凝土为现场灌筑,省略了厂制构件的运输。

⑥但是整体道床发生病害时,修复较为困难,因此要求设计考虑周全,施工要重视质量。

⑦施工精度要求高:整体道床混凝土一经灌筑结硬后,轨道几何尺寸的变动完全取决于钢轨连接扣件的调整能力,而扣件的可调量总是有限的,因此要求整体道床竣工后的轨道质量应符合有关规定,这个要求在一般的施工中是可以达到的。

⑧道床弹性较差,扣件的形式较复杂:为了使整体道床轨道具有与碎石道床轨道相接近的轨道弹性,确保轨道各组成部件处于正常的受力状态,整体道床应采用弹性扣件,同时为了满足整体道床轨道几何尺寸和曲线轨道超高变化的调整,要求扣件还应具有一定的调高和调轨距的能力。

2. 无砟轨道的结构形式

无砟轨道与基床的连接形式主要有三种。

(1)整体灌筑式(无枕式)

整体灌筑式采用就地连续灌筑混凝土基床或纵向承轨台,如图 11.14 所示。国外一些国家修建铁路隧道时常采用这种形式,香港的地铁和新建的轻轨交通也采用这种形式,简称 PACT 型轨道。这种形式结构简单,建筑高度较小,但施工时需采用刚度较大的模架,施工较为复杂。

(2)轨枕式

轨枕式把预制好的混凝土枕或短木枕与混凝土道床浇筑成一整体,如图 11.5 所示。早在 20 世纪 50 年代,前苏联铁路隧道整体道床就采用了这种形式,新加坡的轻轨交通和上海地铁也采用了这种形式。其最大优点是可采用轨排施工,施工进度快,施工精度也容易保证。

图 11.14　整体灌筑式无砟轨道

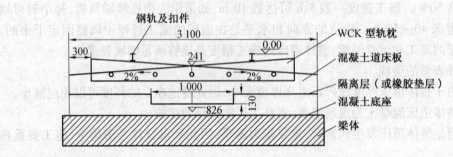

图 11.15　轨枕式无砟轨道横断面

(3) 支承块式

把定制的钢筋混凝土支承块或短木枕与混凝土道床浇筑成一体，如图 11.16 所示。这是世界上许多国家铁路整体道床大量采用的形式。莫斯科地铁曾使用短木枕作支承块，我国北京和天津地铁也均采用混凝土支承块。这种形式整体性及减振性较差，施工较整体灌筑式简单而比轨枕式复杂，成本较低，施工精度较整体浇灌式易保证。

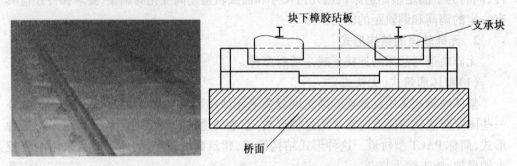

图 11.16　弹性支承块式无砟轨道

3. 板式轨道

板式轨道结构是在类似混凝土高架桥、岩石隧道等坚硬基础上，铺设工厂预制的钢筋混凝土或预应力钢筋混凝土板，因而得名。板与混凝土基床之间填充沥青水泥浆。板式轨道主要在日本铁路和轨道交通线路中使用，我国铁路也引进这项技术。

板式轨道的整体性肯定优于有砟轨道，轨道结构的强度也能得到保证。由于采用工厂预制,构件的精度可以得到保证,施工的进度也能加快,但需要较大型的施工机械和起重设备。

当下部结构沉降或变形过大,超出扣件可调范围时,由于轨枕板与结构或基床混凝土之间填充沥青水泥砂浆,可在此处进行调节,从这个意义上说它也优于整体道床的轨道结构。

日本的板式轨道在板和基础结构间填充沥青水泥材料,如果换成弹性材料则可演化成降振减噪的浮置板结构轨道形式。

4. 浮置板轨道

城市轨道交通快速发展在解决人口密集城区交通拥挤问题的同时,也对轨道周边环境造成了振动影响。国内外的一系列研究表明,浮置板式轨道结构是一种降低城市轨道传振和传声的有效方法,在共振频率下的放大倍数很低,减振降噪效果非常显著。自 1965 年科隆地铁首次采用浮置板式轨道结构以来,德国、英国、美国、日本、韩国、新加坡等国家的大多数城市轨道都采用了这一轨道结构,其减振、降噪的效果得到普遍认同。

在华盛顿地铁轨道的重整过程中,即采用了两种预制的浮置板,一种是具有特殊宽度以支承特殊形式的轨道;另一种是常规宽度的浮置板用于支承标准轨道,而对浮置板进行支承的是聚亚胺酯隔音垫。在浮置板结构改进方面,日本浮置板应用螺旋弹簧降低了轨道的基础以及结构产生的噪声和振动。在这一系统中,混凝土板由弹簧来支撑。测试结果表明,这种浮置板相对于道砟层降振的导轨,能够将振动降低 7 dB。有限元模型和动力车轮载荷模拟分析进一步证明这种浮置板对于轨道运营是安全的。

目前,浮置板轨道结构有三种结构类型,如图 11.17 所示。橡胶块支承的浮置板系统含三层水平垫板(钢轨下橡胶垫板、铁垫板下橡胶垫板、板下橡胶垫板)和一层侧向垫板。浮置板式结构按施工工艺分为两种基本类型:连续现浇浮置板和轨枕板式预制浮置板。图 11.18 为弹簧浮置板的施工过程工艺及采用的弹簧结构。

(a) 橡胶块线支承式浮置板道床　(b) 橡胶块点支承浮置板道床　(c) 弹簧浮置板道床

图 11.17　浮置板轨道结构

在我国,随着城市轨道交通的发展,浮置板式轨道结构也在北京、上海、广州、香港当地得以推广。广州地铁 1 号线、2 号线都采用浮置板轨道结构,是弹性支承轨道结构首次在国内城市轨道采用,其减振性能比轨道减振器扣件强,室内试验可达 9~14 dB,运营测试平均值为 10 dB 左右;北京市轨道交通中,地铁 5 号线首次使用浮置板道床技术;上海轨道交通 9 号线是上海首次在全线"敏感地段"采取了"橡胶弹簧浮置板",6 号线采用"刚弹簧浮置板"减少列车运行时的振动和噪声。

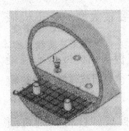  

(a) GSTV 型弹簧浮置板　　　　(a) GSTV 型弹簧浮置板施工现场　　　　(c) GSTV 型弹簧

图 11.18　弹簧浮置板轨道施工工艺

11.2.7　道岔

列车由一条线路转向或越过另一条线路时的设备称为道岔，如图 11.19 所示。道岔有线路连接、线路交叉及线路连接与交叉等三种基本形式，如图 11.20 所示。

图 11.19　列车通过道岔

常见的线路连接设备有普通单开道岔、单式对称道岔及三开道岔。线路交叉设备有直角交叉及菱形交叉。连接与交叉设备有交分道岔及各种交叉渡线。应用这些设备，可以把不同位置和方向的轨道相互连接起来。

城市轨道交通是布设在城市内的，基本采用双线，线路中间站通常不设配线，两个方向线路之间，在线路中区段内也很少有交叉、连接存在。城市轨道交通线路的道岔设备主要用于：设有渡线和折返线的车站、通过设置道岔来实现车辆的转线；在车场、车辆段内，停放车辆的股道通过道岔逐级与走行线连接。

单开普通道岔由引导列车的轮对沿原线行进或转入另一条线路运行的转辙部分、为使轮对能顺利地通过两线钢轨的连接点而形成的辙叉部分、将转辙部分和辙叉连接的连接部分以及岔枕和连接零件等组成，如图 11.21 所示。

单开道岔有左开和右开之分，以适应不同方向的需要。

单开普通道岔占全部道岔总数的 95% 以上，大多数的折返线路、停车场、车辆段的股道设置均可由单开道岔与线路的组合来完成。单开道岔结构简单，具有一定的代表性，了解和掌握这种道岔的基本特征，对道岔的铺设、养护等，有着重要的意义。

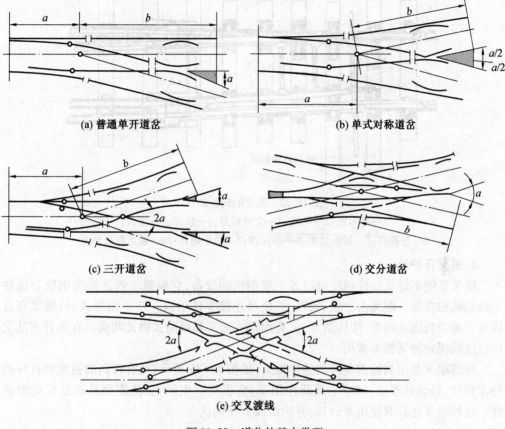

图 11.20 道岔的基本类型
a—道岔前长；b—道岔后长；a+b—道岔全长；α—辙叉角

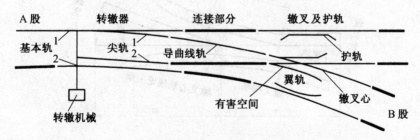

图 11.21 单开普通道岔的组成

1. 转辙部分

单开道岔的转辙器由两根基本轨、两根尖轨、各种连接零件和道岔转辙机构组成，如图 11.22 所示。

最常用的道岔转换设备类型有机械式和电动式。道岔转换设备必须具备转换（改变道岔方向）、锁闭（锁闭道岔，在转辙杆中心处尖轨与基本轨之间，不允许有 4 mm 以上的间隙）和显示（显示道岔的正位和反位）三种功能。

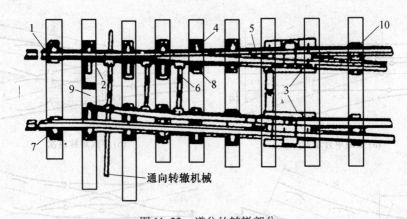

图 11.22 道岔的转辙部分
1—基本轨;2—尖轨;3—尖轨根部;4—轨撑;5—顶铁;
6—连接杆;7—辙前垫板;8—滑床板;9—通常垫板;10—辙后顺坡垫板

2. 辙叉及护轨

辙叉是使车轮从一股钢轨越过另一股钢轨的设备,它设置于道岔侧线钢轨与道岔主线钢轨相交处。辙叉由心轨、翼轨、护轨及连接零件组成。按平面形式分,辙叉有直线辙叉和曲线辙叉两类;按构造分,又有固定式辙叉和可动式辙叉两类。在单开道岔上以直线式固定辙叉最为常用。

整铸辙叉是用高锰钢浇铸的整体辙叉,如图 11.23 所示,具有较高的强度和良好的冲击韧性,经热处理后,在冲击载荷作用下,会很快产生硬化,使表面具有良好的耐磨性。这种辙叉还具有使用寿命长、养护维修方便的优点。

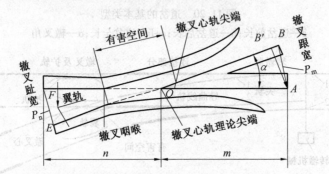

图 11.23 整体辙叉的转辙部分

叉心两侧作用边之间的夹角称为辙叉角 α。道岔号数与辙叉角的关系可表示为

$$N = \operatorname{cta} \alpha$$

城市轨道交通常用的道岔号数和辙叉角见表 11.5。正线以 9 号道岔为主,后方基地的次要线路以 7 号道岔为主,少数城市也使用 6 号道岔。

11.2 城市轨道交通轨道结构材料

表 11.5 道岔号数与辙叉角的关系

道岔号数	6	7	9
辙叉角	9°27′44″	8°07′48″	6°20′25″

辙叉心轨两个工作边的延长线的交点称为辙叉理论中心(理论尖端)。由于制造工艺的原因,实际上的叉心尖端有 6~10 mm 的宽度,此处称为心轨的实际尖端。

翼轨与心轨形成必要的轮缘槽,使车轮轮缘能顺利通过。两翼轨工作边相距最近处称为辙叉咽喉。从辙叉咽喉至心轨实际尖端之间的轨线中断的距离称为"有害空间"。道岔号数越大,辙叉角越小,这个有害空间就越大。车轮通过有害空间时,叉心容易受到撞击。为保证车辆安全通过有害空间,在辙叉两侧相对位置的基本轨内侧设置了护轨,借以引导车轮的行驶方向。

3. 连接部分

连接辙叉器和辙叉的轨道为道岔的连接部分,包括直股连接线和曲股连接线,如图 11.24 所示。直股连接线与区间直线线路的构造基本相同;曲股连接线又称导曲线,目前线路上铺设的道岔导曲线均为圆曲线,当尖轨为曲线形时,尖轨本身就是导曲线的一部分。导曲线由于长度及界限的限制,一般不设超高和轨底坡。

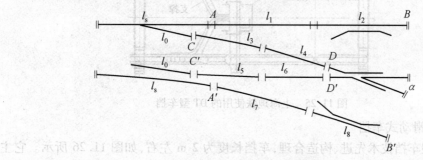

图 11.24 道岔的连接部分

为防止导曲线钢轨在动荷载作用下的外倾和轨距扩张,可设置一定数量的轨撑或轨距拉杆。也可以在导曲线范围内设置一定数量的防爬器及防爬木撑,以减小钢轨的爬行。

连接部分一般配置 8 根钢轨,直股连接线 4 根,曲股连接线 4 根。配轨时要考虑轨道电路接头的位置和满足接头相对的要求,并尽量采用 12.5 m 或 25 m 长的标准钢轨。连接部分使用的短轨,一般不短于 6.25 m,在困难的情况下,不短于 4.5 m。

11.2.8 车挡

车挡位置在线路尽头线末端,用于阻止由于操作不当、轨道交通车辆冲出尽头线或撞坏其他构筑物。国外有磁力式、液压式、滑动式车挡等,前两种车挡构造复杂、造价高,后一种车挡构造较简单,也较实用。

(1)砂堆弯轨式车挡

北京地铁一、二期工程采用砂堆弯轨式车挡,这种车挡被列车撞过后,车挡损坏难以修复,同时砂堆长期埋住钢轨及扣件,使其受到腐蚀。

(2) DT 型车挡

上海地铁 1 号线隧道内采用了 DT 型车挡,如图 11.25 所示。这种车挡构造简单,主体架采用钢轨制造,用夹板与走行轨连接。车挡前面设有缓冲垫,能减缓冲击,又能限制车钩摆动。虽然较砂堆弯轨式车挡有较大改进,但因是固定式,被列车撞过后,车挡性能难以复原。

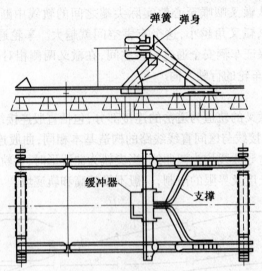

图 11.25　上海地铁使用的 DT 型车挡

(3) 缓冲滑动式车挡

这种新型车挡技术先进、构造合理,车挡长度为 2 m 左右,如图 11.26 所示。它主要由主体架、制动轨卡、挡卡三部分组成。主体架用钢轨制造,底部用制动轨卡夹紧走行轨,以增加摩擦,消耗列车动能,上部设有缓冲垫阻撞车钩。2 对制动轨卡分别设在主体架后面 100 mm 和 180 mm 左右,也是夹紧走行轨,增加摩擦,消耗列车动能。这种车挡安装和维修简便,造价较低,外形整洁美观。车挡的功能是阻装车钩,滑行一段距离使列车停止,不损坏车辆和车挡,确保人身安全。

图 11.26　缓冲式车挡

1995年12月19日,在北京地铁车辆厂对缓冲滑动式车挡进行了现场撞击试验,以不同车速撞击,列车速度为15.65 km/h,撞击车挡滑行10.52 m停住,车辆和车挡完整无损。若再增加一对制动轨卡,共3对,增设一对铁鞋及安装挡卡,滑动距离可缩短到6.5 m,也不会损坏车辆和车挡。

11.2.9 无缝线路

无缝线路是指由标准长度的钢轨焊接起来而没有轨缝的线路,所以又称为焊接长钢轨线路。无缝线路是当今轨道结构的一项重要新技术。

1. 概述

钢轨接头是轨道结构中薄弱的环节,列车通过钢轨接头时会产生很大的冲击力,对轨道结构产生很大的破坏力,列车的振动加剧,导致使用寿命缩短,修理费用增大。养护钢轨接头区所需的费用,约占养护总费用的35%。直至无缝线路问世,为大量减少接头创造了条件,并因此可降低轮轨噪声5~10 dB。根据地铁设计规范,轨道交通的正线应铺设无缝线路。

焊接长钢轨因温度变化会引起较大伸缩,按处理方法不同,无缝线路分温度应力式和放散温度应力式两种。

温度应力式无缝线路的钢轨由一根焊接长轨条及两端2~4根标准轨组成,焊接长轨条与标准轨间的连接采用普通钢轨接头的形式,如图11.27所示。无缝线路铺设后,焊接长轨条因受扣件及道床纵向阻力的抵抗,两端自由伸缩受到一定限制,中间自由伸缩受到完全限制,因而在钢轨内产生温度应力,其值随温度变化而异。这种无缝线路结构简单,铺设养护比较方便,故得到广泛采用。但因钢轨承受很高的温度应力,因此必须满足强度和稳定性方面设计的要求。

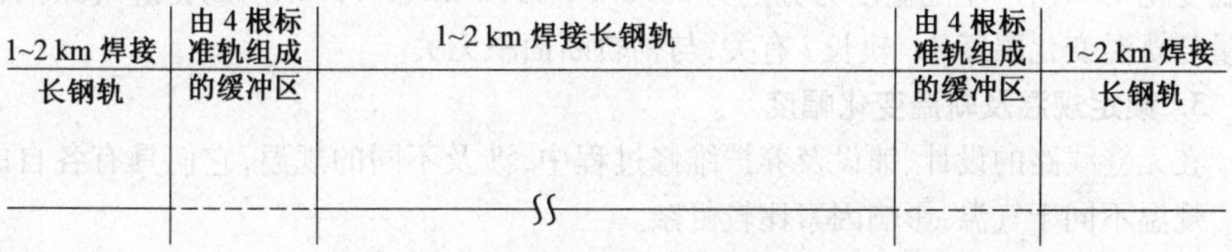

1~2 km 焊接长钢轨	由4根标准轨组成的缓冲区	1~2 km 焊接长钢轨	由4根标准轨组成的缓冲区	1~2 km 焊接长钢轨

图11.27 温度应力式无缝线路示意图

放散温度应力式无缝线路又分为自动放散和定期放散两种。前者是在焊接长轨条两端设置钢轨伸缩调节器(如尖轨接头)来自动释放钢轨内的温度应力,如图11.28所示。这种形式的无缝线路主要用于桥梁(尤其是大桥)上。后者是把钢轨内部的温度应力每年调整放散1~2次。放散时,松开焊接长轨条的全部扣件,使它自由伸缩,放散内部的温度应力,在一定的轨温条件下把扣件全部扣紧。

按焊接长轨条的长度不同分为普通无缝线路和超长无缝线路。前者的焊接钢轨的长度一般为1~2 km,超长无缝线路为焊接长轨条贯通区间,并与车站道岔焊接。取消了缓冲区,彻底实现了线路的无缝化,从而全面提高了线路的平顺性,也为列车运行条件的平稳与舒适提供了良好的条件。在发展超长无缝线路时,必须解决无缝线路与锰钢辙叉的绝缘连接及焊接的技术难题。

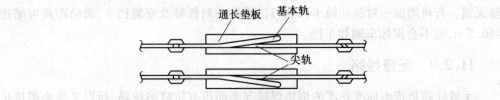

图 11.28 尖轨接头

我国钢轨焊接技术最早是采用电弧焊,后来采用铝热焊、气压焊、电接触焊等焊接方法。其中以电接触焊焊接的长钢轨质量最好、效率最高。

长轨条的焊接方法一般是在焊轨厂将钢轨焊接成一定长度(250 m)的长钢轨,然后运往工地,用铝热焊接或小型气压焊接成设计长度的长轨条。目前出现了在施工现场设立焊轨基地,用移动焊接列车在线路上焊接长轨条,就近运往工地铺设。

2. 温度力

无缝线路的特点是轨条长,当轨温变化时,钢轨要发生伸缩,但由于有约束作用不能自由伸缩,在钢轨内部产生很大的轴向温度力,一根钢轨中的温度力为

$$P_t = 2.48 \Delta t \cdot F$$

式中,F 为钢轨的断面积,mm^2;Δt 为轨温变化幅度或称轨温差,℃。

由此可得知:①在两端固定的钢轨中所产生的温度力,仅与轨温变化幅度有关,而与钢轨本身长度无关。因此从理论上讲,钢轨可焊成任意长,而对轨内温度力没有影响,控制温度力大小的关键是如何控制轨温变化幅度 Δt。②对于不同类型的钢轨,同一轨温变化幅度内产生的温度力大小不同。对于 75 kg/m、60 kg/m、50 kg/m 钢轨,如轨温变化 1 ℃所产生的温度力分别为 23.6 kN、19.2 kN、16.3 kN。③无缝线路钢轨伸长量与轨温变化幅度 Δt、轨长 l 有关,与钢轨断面积无关。

3. 锁定规温及轨温变化幅度

在无缝线路的设计、铺设及养护维修过程中,涉及不同的规温,它们具有各自的含义。规温不同于气温,影响因素比较复杂。

根据大量观测,最高轨温 T_{max} 要比当地最高气温高 20 ℃,最低轨温 T_{min} 与当地的最低气温大致相同。中间轨温 T_{av} 指两者的代数平均值。

锁定轨温 T_{sf} 是指在施工时,钢轨由扣件扣紧在轨枕上的轨温,并习惯地将它称为应力轨温。但由于长轨条的锁定施工需要一定的时间,所以规定把长轨条始终端就位于轨枕承轨台上(或称落槽)时,轨温的平均值作为施工锁定轨温,同时要求始终端就位时的轨温必须在设计锁定轨温允许变动的范围内。

锁定轨温是无缝线路设计、铺设和养护的重要技术资料。合理确定锁定轨温是降低钢轨内部温度应力的关键。

4. 强度与稳定性

为防止钢轨断裂,无缝线路的焊接长钢轨应有足够的强度。无缝线路强度计算的

要求是,在轨道交通车辆的动力作用下,焊接长钢轨所受的动弯应力、温度拉(压)力及制动力的总和,不超过钢轨钢料的允许应力。在高架线路上还应考虑由于梁的伸缩及挠曲而引起的附加伸缩力和挠曲力,应根据具体情况进行必要的验算。

无缝线路除满足强度要求外,更重要的是还必须满足稳定性的要求。

实践和理论表明,无缝线路在垂直面上丧失稳定(膨曲)的可能性是很小的。无缝线路的失稳往往在水平面上发生。无缝线路的膨曲首先在轨道的原始弯曲处开始。轨道的原始弯曲分弹性弯曲和塑性弯曲(死弯)两种。前者是在温度力和车辆横向力的作用下产生的,因而能在作用力消失后恢复原状。后者是在钢轨轧制、运输、焊接和铺设过程中形成的,也是无法恢复的。当轨温不高,温度应力不大时,轨道的膨曲变形极小。随着轨温及温度应力的持续增大,轨道变形将随之逐渐增大,但不会引起突然破坏。但当钢轨温度应力升高到某一临界值 P_c 时,如温度应力稍有增加或受外力干扰,轨道变形就会突然增大,最后导致完全破坏。我们称这种现象为无缝线路丧失稳定性,称轨道膨曲的渐变阶段为"胀轨",突变阶段为"跑道"。无缝线路丧失稳定性后,将导致列车脱轨,其后果将是十分严重的。

理论和实践还证明,无缝线路的稳定性问题是一个力学平衡问题。平衡因素以温度应力和轨道原始弯曲为一方,而以轨道框架(焊接长钢轨通过扣件和混凝土轨枕组成的框架)刚度和道床横向阻力为另一方,前者为破坏线路稳定的因素,后者为保持线路稳定的因素。无缝线路稳定与否,就是这两种因素消长变化的结果。

11.2.10　城市轨道交通其他类型结构

传统的钢轮钢轨系统中,通常是导向轮与支承轮合一,由旋转电机或直线电机牵引。由于高科技的飞速发展,中等运量的轨道交通系统已不完全局限在传统的钢轮钢轨系统方面,而是形成了一个形式多样的全新概念,因而也相应出现了多种新型轨道结构,橡胶轮轻轨系统采用全高架运行,不占用地面道路,具有振动小、噪声低、爬坡能力大、转弯半径小、投资较省等优点,当前的独轨、自动导向系统(AGT)均属橡胶轮系统。橡胶轮系统是以橡胶轮为导向和支承为主,而且导向轮与支承轮分开,一般由旋转电机牵引,最近也出现了由直线电机牵引的。

1. 独轨(Monorail)

独轨交通按结构形式一般分为悬挂式和跨座式两种。相对来讲,采用跨座式较多,轨道梁、转向架是独轨系统的关键技术。

由于采用橡胶轮胎,因而车体结构必须轻量化,轨道梁和支座材料的耐温、耐潮湿、耐酸性要求也较高。重庆市轨道交通采用的就是这种形式。重庆市独轨轨道梁为宽0.85 m、高1.5 m 工字形结构,中间为供电轨,梁跨20～24 m,车辆骑跨于梁上行驶。图11.29、图11.30 分别是跨座式独轨轨道梁结构图和梁支座构造图。

轨道梁是集承重、导向、供电等多种功能的关键产品,生产安装的工艺和技术要求极高。

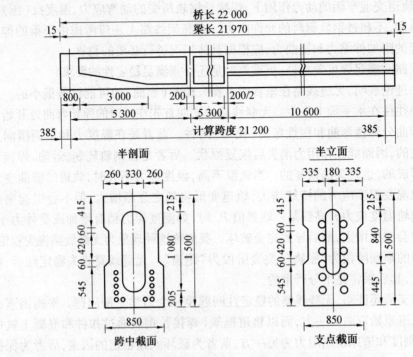

图 11.29　跨座式独轨轨道梁构造图(单位:cm)

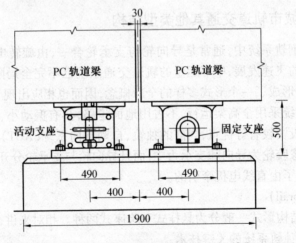

图 11.30　跨座式独轨轨道梁支座构造图(单位:mm)

2. 磁悬浮

虽然磁悬浮列车仍然属于路上有轨交通运输系统,并保留了轨道、道岔和车辆转向架及悬挂系统等许多传统列车的特点,但由于列车在牵引运行时与轨道之间无机械接触,因此从根本上克服了传统轨道黏着限制、机械噪声和磨损等问题。

世界上首次运营的磁悬浮系统是英国车站与伯明翰国际机场航站大厦之间,全长620 m,其轨道是采用预制混凝土结构,距地面约 5 m 高,柱距 5 m。轨道梁断面采用 T 字形式,线路中有两个曲线地段,曲线半径约 50 m,线路纵坡度约 1.5‰。

轨道是中低速磁悬浮列车的关键技术之一。中低速磁悬浮列车的轨道与普通铁轨不一样,它是采用 F 形导轨,其轨排加工、安装精度和轨道线形直接影响列车运行平稳性。由于轨道是一段段轨排连接起来的,轨排太短,则安装时难以达到轨道设计要求;太长则加工需要大型的数控机床,加工难度大。

高速磁悬浮轨道线路系统采用上部结构为精密焊接的钢结构或钢筋混凝土结构的轨道梁,下部结构为钢筋混凝土支墩和基础。上海磁悬浮系统即采用此种结构。

磁悬浮线路道岔结构庞大而复杂。轮轨铁路通过钢轨道岔实现列车的转辙。磁悬浮列车的轨道由钢梁或混凝土梁构成,道岔只能移动整梁,实践中采用刚结构多跨连续梁,用 8 台液压千斤顶,以约 50 t 的转辙力使数百吨重的梁移动数米行程,转辙后锁定困难,可靠性不易保证。

磁悬浮运行原理决定了磁浮线路在线路出岔时,采用整根道岔钢梁强制弹性变形的方法换线。道岔钢梁首先要满足轨道梁的基本要求。道岔钢梁采用箱型断面,总长约 150 m;钢箱梁两侧设置平行于底板的翼缘,用来安装功能件,功能件与箱梁整体加工。

道岔弯曲是由安装在下部结构顶端的顶推装置完成,道岔的弯曲线形受速度控制。从车辆和设备本身考虑,在道岔偏转时,必须保证必要的平整度,从受力性能和耐久性考虑,钢梁应尽量减少扭转的产生。上述原因限制了车辆的最大侧向过岔速度,目前采用的最大侧向过岔速度仅为 196 km/h,但直线过岔速度不受此限制,最大可达 500 km/h。

上海磁悬浮线路道岔一共有 8 处,设置在国际机场站、龙阳路车站、出入库线、维修基地等处。除维修基地厨为 3 开道岔外,其余均为 2 开道岔。

11.3 城市轨道交通其他材料

城市轨道交通所用材料种类繁多,并且随着技术的不断发展,新的材料和结构不断出现。

1. 隧道围岩材料

隧道围岩是指隧道周围一定范围内,对洞身的稳定性有影响的岩(土)体。

区间隧道的工程材料应根据结构类型、受力条件、使用要求和所处环境等选用,并考虑可靠性、耐久性和经济性,主要受力结构可采用钢筋混凝土结构。混凝土的原材料和配比、最低强度等级、最大水胶比和单立方米混凝土的胶凝材料最小用量等应符合耐久性要求,满足抗裂、抗渗、抗冻和抗侵蚀的需要。一般环境条件下的地铁建筑结构混凝土设计强度等级不得低于表 11.6 的规定。

表 11.6 地铁建筑结构混凝土的最低设计强度等级

明挖法			盾构法			矿山法		顶进法
整体式钢筋混凝土结构	装配式钢筋混凝土结构	地下连续墙	装配式钢筋混凝土管片	整体式钢筋混凝土衬砌	挤压混凝土衬砌	喷射混凝土衬砌	现浇混凝土或钢筋混凝土衬砌	钢筋混凝土结构
C30	C30	C30	C50	C30	C30	C20	C30	C30

2. 防水材料

防水材料最初是指焦油沥青和石油沥青纸胎油毡,起源于欧美,1925年传入中国。通过几十年来的不断发展,以及高分子防水卷材等新材料的问世,我国逐渐形成了卷材、涂料和密封材料三大系列的防水材料。

地下铁道若修建在含水层或透水地层中,则将受到地下水的有害作用,并受到地面水的影响。若没有可靠的防水措施,地下水就会渗入,以致危害运营和影响结构使用寿命。而防水材料的选择是防水措施实施的重要部分。同时,由于防水材料品种和性能各异,因而有不同的特点,也有相应的适用范围和要求,因此施工中正确选择和合理使用防水材料对防水工程的质量、经济成本及施工的难易程度都有较大影响。

(1) 卷材类

卷材类包括高聚物改性沥青防水卷材和合成高分子防水卷材。前者主要有塑料体(以无规聚丙烯 APP 为代表)、弹性体(以 SBS 为代表)改性沥青防水卷材,后者包括橡胶类、塑料类、多种合成树脂类,最常用的有乙烯醋酸乙烯共聚物 EVA、乙烯共聚物沥青 ECB、聚乙烯 PE 合成高分子防水卷材。

(2) 涂料类

防水涂料主要应用在明挖法施工结构防水中。地下铁道施工中选用的涂料主要是焦油聚氨酯涂料。它在固化前为无定形黏稠状液态物,易在任何复杂的基面上施工,其端部手头容易处理,防水工程质量容易保证防水层质量较高。该涂料为化学反应型,几乎不含溶剂,易做成较厚的涂膜,而且涂膜呈整体性,无接缝,有利于提高防水层质量。这种涂料属于橡胶系,涂料具有橡胶弹性,延伸性好,抗拉强度和抗撕强度都较高,对一定范围内的基层变形裂缝有较强的适应性,是一种高档防水涂料。该类涂料在使用时需要训练有素的施工人员操作,在称量拌和时要注意安全。

(3) 密封类

对于盾构法施工的地下铁道管片接缝防水需要采用密封材料,该类防水包括管片间的密封垫防水、隧道内侧临管片间的嵌缝防水及必要时向接缝内注浆等。

3. 车辆

城市轨道车辆是技术含量较高的机电设备,也是城市轨道交通工程中最关键的设备,其选型和技术参数不仅是界定线路技术标准的基础,也是确定系统运营管理模式和维修方式的基本条件,而且还是系统设备选型和确定设备规模的重要依据。各城市的城市轨道交通车辆结构和性能不尽相同,但是它们都是尽可能结合城市各自的特点,以满足城市交通容量大、安全、快速、舒适、美观、节能和环保的要求,并具有先进性、可靠性和实用性。

车辆结构中的转向架是城市轨道交通车辆最重要的组成部件之一,也是保证车辆运行品质、动力性能和行车安全的关键部件。转向架是支承车体并担负车辆沿着轨道行驶的走行装置。其他重要部件和装置有:构架、轮对及轴箱装置、弹簧悬挂装置、中央牵引连接装置等,对材料各有相应的要求。

车辆连接装置(车钩、贯通道)、车体和车门、制动系统、供电系统、电力牵引系统、空调通风装置、车辆照明系统、环境控制系统、交通通信系统、信号系统、交通综合监控系统、自动售检票系统等对轨道交通工程都是很重要的。

4. 高架桥的墩台结构和基础

城市轨道交通同样离不开高架桥建设,高架桥分为上部结构(梁式、拱式、钢架和悬索等基本体系,箱梁、板梁、T 梁、槽型梁,明桥面、道砟桥面、无砟无枕桥面)、附属结构(支座、防水排水系统、伸缩缝、人行道、接触电网、通信设备)、下部结构(桥墩、桥台、基础),上部结构和附属结构的重要性毋庸置疑,而下部结构也是非常重要的。

桥墩、桥台及基础组成桥梁的下部结构,其主要作用是支承上部结构并将上部结构传来的荷载及自重传递到基础。桥墩一般指多跨桥梁的中间支承结构,除支承上部结构的竖向压力和水平力外,还受风力和可能发生的流水压力、冰压力、船只和桥下漂流物的撞击力、地震的作用。此外,桥台还要承受施工时的临时荷载。因此桥墩桥台应有足够的强度、刚度和稳定性,以确保整个桥跨的正常工作。桥墩的类型大体分为重力式实体桥墩(矩形、圆端型、圆形、尖端形)和轻型桥墩(空心、柱式、柔性墩)两大类,桥墩一般由顶帽、墩身及基础三部分组成。

桥台作为桥梁的重要组成部分,起着支承桥跨结构和衔接桥跨与路基的作用。桥台不仅要承受桥跨传来的荷载及自重而且还要承受台背填土的压力及填土上车辆荷载产生的附加土压力。因此桥台本身应具有足够的强度、刚度和稳定性,对桥台地基的承载力、沉降量、地基与基础间的摩阻力等有一定的要求,以避免在荷载作用下桥台发生过大的水平位移、转动或沉降而影响桥跨的正常使用,这也是桥台设计中的主要内容。桥台一般由台顶、台身和基础组成,按其结构形式可分为带翼墙和不带翼墙两类,按受力特征可分为重力式桥台和轻型桥台。

桥梁基础根据埋置深度分为浅置基础和深置基础。浅置基础是在桥台和桥墩下直接修建的埋深较浅的基础(一般小于 5 m)。由于浅层土质不良,有时需要把基础埋置于较深的良好地层上,称为深置基础(埋深大于 5 m)。当需要设置深基础时,则常采用桩基础或沉井基础,特殊桥位也可能采用其他大型基础或组合形式。

参考文献

[1] NEIL JACKSON, RAVINDRA K, DHIR. Civil Engineering Materials(Fifth Education). USA:Palgrave,1996.

[2] 黄晓明,吴少鹏,赵永利. 沥青与沥青混合料[M]. 南京:东南大学出版社,2002,9.

[3] 陈拴发,陈华鑫,郑木莲. 沥青混合料设计与施工[M]. 北京:化学工业出版社,2006,3.

[4] 张金升,张银燕,夏小裕,等. 沥青材料[M]. 北京:化学工业出版社,2009,4.

[5] KENNETH N, DERUCHER, GEORGE P, et al. SAMER EZELDIN. Materials for Civil and Highway Engineering[M]. Englewood Cliffs:Prentice Hall,1994.

[6] 刘中林. 高等级公路沥青混凝土路面新技术[M]. 北京:人民交通出版社,2002.

[7] ATKINS, HAROLD N. Highway Materials, Soils and Concretes[M]. USA:Reston Publishing Company,1980.

[8] 虎增福. 乳化沥青及稀浆封层技术[M]. 北京:人民交通出版社,2001,9.

[9] 刘尚乐. 聚合物沥青及其建筑防水材料[M]. 北京:中国建材工业出版社,2003.

[10] 张金升,张爱勤,李明田,等. 纳米改性沥青研究进展[J]. 材料导报,2005,10:87-90.

[11] 张金升,李志,李明田,等. 纳米改性沥青相容性和分散稳定机理研究[J]. 公路,2005,8:142-146.

[12] 张金升,高友宾,李明田,等. 纳米Fe_3O_4粒子对改性沥青三大指标的影响[J]. 山东交通学院学报,2004,12:10-14.

[13] FRANCIS YOUNG J,et al. Science & Technology for Civil Engineering Materials[M]. USA:Pubulishing House, 2006.

[14] 邰连河,张家平. 新型道路建筑材料[M]. 北京:化学工业出版社,2003,10.

[15] 严家伋. 道路建筑材料[M]. 北京:人民交通出版社,2004,1.

[16] 梁乃兴,韩林,屠书荣. 现代路面与材料[M]. 北京:人民交通出版社,2003,8.

[17] 交通部阳离子乳化沥青课题协作组. 阳离子乳化沥青路面[M]. 北京:人民交通出版社,1999.

[18] 辛德刚,王哲人,周晓龙. 高速公路路面材料与结构[M]. 北京:人民交通出版社,2002.

[19] 沈春林,苏立荣,李芳. 建筑防水密封材料[M]. 北京:化学工业出版社,2003.

[20] 徐世法. 沥青铺装层病害防治与典型实例[M]. 北京:人民交通出版社,2005.

[21] 英国运输科学研究院. 沥青路面道路质量评估及养护指南[M]. 中国路桥(集团)总公司,译. 北京:人民交通出版社,2001.

[22] 邓巧基. 钢纤维混凝土在高速公路桥面铺装层中的应用[J]. 西部交通科技,2006,3:81-83.

[23] 杨露. 柔性纤维混凝土在桥面铺装中的应用研究[D]. 西安:长安大学,2008.

[24] 付智. 桥面铺装新材料与新技术[J]. 混凝土世界,2011,11:22-27.

[25] 刘振川. 桁架式模板的设计[J]. 公路,2006,9:45-49.

[26] 陈向前,等. 纤维增强复合材料模板在桥梁工程中的应用与发展[J]. 世界桥梁,2012,40(1):70-74.

[27] 糜加平. 我国塑料模板的发展与前景[J]. 施工技术,2007,36(17):19-21.

[28] 杨少伟. 道路勘测设计[M]. 北京:人民交通出版社,2011.

[29] 徐茂凯. 碳纤维复合材料斜拉索的发展[J]. 纤维复合材料,2010,9:29-31.

[30] 杨剑. CFRP预应力筋超高性能混凝土梁受力性能研究[D]. 长砂:湖南大学,2007.

[31] 吴海军,等. CFRP在新建桥梁中的应用与展望[J]. 重庆交通学院学报,2004,23(1):1-5.

[32] 交通部公路科学研究所. JT/T 531—2004 桥梁结构用芳纶纤维复合材料[S]. 北京:人民交通出版社,2004.

[33] 张玉玲. 关于2 000 MPa级低松弛钢绞线的研制过程[J]. 天津冶金,2004,5:24-26.

[34] 张正基,等. 2 000 MPa混凝土用预应力钢绞线的开发应用[J]. 金属制品,2004,30(6):9-10.

[35] 费汉兵,等. 环氧涂层填充型钢绞线的制造[C]. 中国预应力技术五十年暨第九届后张预应力学术交流会论文,2006:150-155.

[36] 费汉兵,等. 环氧涂层钢绞线的现行标准[J]. 世界桥梁,2007,1:68-71.

[37] 崔迪. 形状记忆合金及其智能混凝土结构研究[D]. 大连:大连理工大学,2007.

[38] 刑德进. 形状记忆合金在土木工程中的研究与应用[J]. 材料导报,2006,20(8):62-64,68.

[39] 孙伟,等. 丙乳砂浆修补氯盐环境桥梁劣化混凝土的应用[J]. 山西建筑,2009,35(25):309-310.

[40] 周建庭,等. 大中型桥梁加固新技术[M]. 北京:人民交通出版社,2010.

[41] 魏涛,等. CW系列混凝土表面保护修补材料研究与应用[J]. 长江科学院院报,2011,28(10):175-179.

[42] 欧进萍. 重大工程结构智能传感网络与健康监测系统的研究与应用[J]. 中国科学基金,2005,1:8-12.

[43] 欧进萍,等. 混凝土结构用CFRP筋的感知性能试验研究[J]. 复合材料学报,2003,20(6):47-51.

[44] 张雄文,等. PHP泥浆在桥梁超长超大直径钻孔灌注桩施工中的应用[J]. 岩石力学与工程学报,2005,24(14):2571-2575.

[45] 邓如生,等. 超高分子量聚乙烯耐磨复合材料性能与应用[J]. 功能材料,2010,5:133-142.

[46] Liu Chaozong, Ren Luquan, ARNELL R D, et al. Abrasive wear behavior of particle reinforced ultrahigh molecular weight polyethy-lens composites[J]. Wear, 1999, 50:68-73.

[47] 姜稳定. 两款高速铁路桥梁支座滑块的制备及对比研究[J]. 工程塑料应用, 2009, 31(11):51-53.

[48] B. A. 韦连科. 路用新材料[M]. 王福卓, 译. 北京:人民交通出版社, 2008.